AF360848

HISTOIRE

DES SCIENCES

DE L'ORGANISATION

ET DE LEURS PROGRÈS,

COMME BASE DE LA PHILOSOPHIE.

PARIS. — TYPOGRAPHIE DE FIRMIN DIDOT FRÈRES,
RUE JACOB, 56.

HISTOIRE

DES SCIENCES

DE L'ORGANISATION

ET DE LEURS PROGRÈS,

COMME BASE DE LA PHILOSOPHIE;

PAR M. H. DE BLAINVILLE,

DE L'ACADÉMIE DES SCIENCES, PROFESSEUR ADMINISTRATEUR AU MUSÉUM D'HISTOIRE NATURELLE,
PROFESSEUR A LA FACULTÉ DES SCIENCES DE PARIS, ETC., ETC.

Rédigée d'après ses notes et ses leçons faites à la Sorbonne de 1839 à
1841, avec les développements nécessaires et plusieurs additions,

PAR F. L. M. MAUPIED,

PRÊTRE, DOCTEUR ÈS SCIENCES DE LA FACULTÉ DE PARIS,
MEMBRE DE LA SOCIÉTÉ LITTÉRAIRE DE L'UNIVERSITÉ CATHOLIQUE DE LOUVAIN, ETC.

Philosophia veritatem quærit,
Theologia invenit,
Religio sola possidet.
PIC DE LA MIRANDOLE.

Nec verò pietas adversus deos, nec quanta his
gratia debeatur, sine explicatione naturæ intel-
ligi potest.   CICER., DE FINIBUS, III, 2t.

TOME TROISIÈME.

LIBRAIRIE CLASSIQUE DE PERISSE FRÈRES.

PARIS,	LYON,
RUE DU POT DE FER S.-SULPICE, 8.	GRANDE RUE MERCIÈRE, 33.

1845.

HISTOIRE

DES SCIENCES

DE L'ORGANISATION

ET DE LEURS PROGRÈS,

COMME BASE DE LA PHILOSOPHIE.

PÉRIODE VIII.

CONTEMPORAINS.

NOTIONS ZOOLOGIQUES ET ANALYSE PRÉLIMINAIRE.

Dans une histoire de progrès successifs, découlant les uns des autres et tendant à un résultat commun, il est nécessaire de définir nettement les points divers et multiples sur lesquels l'esprit humain doit travailler pour arriver au terme. Si l'on se contente d'énumérer les faits, d'analyser les travaux à mesure que le temps les amène, ce n'est plus qu'un dictionnaire utile, il est vrai, mais sans conception comme sans démonstration possible; il n'apporte aucun résultat progressif à la marche de la science; il apprend des faits, mais ne démontre aucune vérité. C'est pour éviter ce grave inconvénient que, pendant tout le cours de cette histoire, nous nous sommes efforcés de bien définir toutes les parties de la science à mesure qu'elles venaient s'ajouter au progrès, ou qu'elles en recevaient quelque nouveau développement. Dès lors il nous a été facile de montrer ce que chacun avait fait, et d'en conclure le résultat général. La philosophie ou l'ensemble des sciences s'est présentée à nous dans sa marche ascensionnelle, comme un grand et magnifique tableau, où chacun des hommes que nous avons considérés est venu se ranger au temps convenable avec le génie voulu, de manière à compléter l'ensemble harmonique de ce tableau ; mais tous n'y sont pas présentés sous le même jour : les uns s'y montrent de face, les autres de profil ; les uns dans le lointain, les autres plus rapprochés ; les uns dominent tout l'effet du tableau, dont ils sont un personnage principal, les autres ne s'y voient qu'avec des proportions de détails, pour atteindre à former des groupes. Cependant, nul ne pourrait en être retranché sans rompre l'enchaînement de l'idée, et il serait impossible d'y introduire de nouveaux personnages sans faire double emploi, et sans masquer sous la minutie des détails les belles proportions et la netteté harmonieuse de l'ensemble.

Telle est l'idée générale qui a dominé la conception et le plan de cet ouvrage ; et elle en a aussi continuellement dirigé l'exécution. En arrivant aux derniers portraits qui doivent venir se placer au tableau pour le compléter, l'agrandir, le perfectionner et l'achever, cette même idée nous conduit à donner en quelques mots la conception définitive, la plus élevée comme la seule vraie, de la science de l'organisation, et par suite de la

science en général. Quand, par une définition exacte de
toutes les parties de cette science, nous l'aurons fait
connaître et estimer à sa valeur, en mettant le lecteur
au même point de vue que nous, il nous sera plus facile
de lui montrer ensuite la part que chacun des hommes
qu'il nous reste à étudier, a prise au progrès; mais surtout que la succession logique des idées est parallèle à
la succession logique des personnages, à tel point,
qu'elle ne laisse plus au tableau de place pour d'autres
personnages, qui y seraient inutiles.

Une science est tout entière dans sa définition générale et dans les définitions de chacune de ses branches.
Cependant, lorsqu'on se demande ce qu'est une science
en général, on ne tarde pas à se convaincre que de son
progrès même découlent la rigueur et l'excellence de sa
définition, laquelle ne peut être nettement établie que
quand la science est faite ou à peu près. C'est pour cela
qu'on a défini d'une manière extrêmement différente
ce qu'on entend par une science en général. L'école scolastique, qui nous paraît l'avoir mieux compris, a défini
une science : *Disciplina quæ certis demonstrat argumen-
tis quas tradit regulas*. Aujourd'hui, que toute science
ne semble plus être que l'application immédiate à l'u-
tilité de l'espèce humaine, une science est définie : la
coordination des principes qui la concernent pour arriver à la prévision. Tandis que la scolastique, déviée
par la direction actuelle, est ainsi sortie de l'idée catholique, la direction aristotélicienne, cherchant à combiner ce qu'il y a de vrai dans la définition scolastique,
avec ce que l'école actuelle offre de juste dans la sienne,
semble arriver à une définition plus complète. Pour
nous, en effet, une science est la connaissance de l'ensemble des lois qui la concernent, dans leur exposition

et leur application aux divers êtres dont cette science s'occupe, pour arriver à la prévision et à la démonstration des principes ; et le mot principes doit être pris dans le sens où Newton l'a entendu en exposant le système du monde.

Par science de la zoologie, on doit comprendre tout ce qui regarde les animaux. Et alors arrive l'étude de l'organisme en général, d'abord à l'état statique, ce qui renferme : 1° la matière, c'est-à-dire les éléments chimiques et les principes immédiats qui résultent de leurs combinaisons dans l'organisme ; 2° la disposition intime de cette matière, ou la structure organique ; 3° la forme extérieure que cet assemblage de matière affecte.

En second lieu, l'étude de l'organisme à l'état dynamique, dans lequel la matière est considérée en mouvement ; ce qui renferme : 1° la composition, d'où résulte l'augmentation ou l'accroissement du corps ; 2° la décomposition, d'où résulte son décroissement ou sa destruction.

Cette étude générale prépare et conduit à l'étude spéciale des corps organisés animaux, dans lesquels on doit envisager et étudier successivement : 1° la structure, la forme, la disposition, les rapports des différents organes, dont la combinaison produit tel ou tel animal, ce qui constitue l'anatomie, ou la connaissance de l'organisation des animaux ;

2° Le mode d'action de ces différents organes en particulier, et les uns sur les autres, ainsi que les résultats de ces actions, pour produire tel ou tel degré de vie, ou ce qu'on nomme la physiologie animale ;

3° La forme générale et spéciale que ces différentes combinaisons d'organes affectent constamment, et qui fait à nos yeux tel ou tel animal ; l'art de le reconnaître par des moyens plus ou moins artificiels, de le faire reconnaître aux autres, et de disposer les animaux de manière à faciliter l'emploi de la voie d'analogie et d'induction; ce qui constitue la zoologie proprement dite;

4° Enfin les différentes manières dont les combinaisons d'organes, constituant un animal, affectent une forme déterminée, agissent sur les circonstances extérieures pour se nourrir et se propager, c'est-à-dire, les mœurs, les habitudes des animaux; ce qui donne leur histoire naturelle proprement dite.

Fort de cette manière d'envisager complétement le règne animal, l'application immédiate à l'utilité de l'homme devient facile; on n'aurait plus qu'à traiter de l'art de s'emparer, d'élever, de perfectionner les espèces utiles; de celui de poursuivre et de détruire les espèces nuisibles; et enfin, de l'art, bien plus important encore, de connaître les lésions dont le corps animal est susceptible, et d'y remédier.

Cette simple énumération des diverses sortes d'application immédiate de la connaissance des animaux, parmi lesquels il est impossible de comprendre notre espèce, parce qu'elle n'est pas simplement animale, suffit sans doute pour montrer le but et l'importance d'une telle science. Ce but éminemment philosophique ressort comme conséquence de toutes les parties de cette science; il consiste à démontrer, d'une part, par une comparaison exacte des faits et des phénomènes naturels, que l'homme est le chef-d'œuvre, le plus élevé des êtres créés, le seul qui puisse concevoir l'ensemble de ces êtres, et remonter jusqu'à la nécessité d'un Dieu, d'une intelligence souveraine et infinie, qui a créé toutes choses et qui les gouverne toutes. D'autre part, faire voir que si l'intelligence humaine peut s'élever si haut qu'elle semble remonter à sa source, et que si par sa nature elle est essentiellement unie au monde spirituel et soumise aux lois qui le régissent, son corps est cependant soumis aux mêmes lois physiques que tout l'univers créé; que toutefois ces lois physiques sont modifiées en lui par les lois intellectuelles; enfin, comme conséquence, rendre évidente cette influence réciproque du corps et de l'intelligence, par des faits irrécusables pris dans l'étude de tous les animaux, aussi bien que dans celle de l'homme lui-même, et par là arriver à prouver que l'homme n'est ni un animal raisonnable ni simplement une intelligence servie par des organes; mais que, réunissant dans une seule personne, dans un seul être, qui ne peut être complet sans cela, la matière organisée vivante et la substance immatérielle, spirituelle, il est une intelligence incarnée, le nœud du monde et de Dieu, le passage de la matière à l'esprit, le lien qui unit les créatures au Créateur. Il n'est pas l'image de Dieu, mais il est fait à son image et à sa ressemblance; et les êtres qui sont au-dessous de ce chef-d'œuvre de la création, reflètent en eux-mêmes quelques traits de son image à lui-même. Tel est le but le plus noble auquel nous puissions prétendre. Mais il en est un second qui ne l'est peut-être pas moins, et qui offre une utilité plus immédiate, du moins en apparence. C'est de montrer que les systèmes de gouvernement, c'est-à-dire les lois et les règles de la société à laquelle l'homme est nécessairement appelé par sa nature, forment une véritable science d'application, ou mieux, un art déduit d'une science d'observation; que, par conséquent, ces systèmes ne peuvent avoir de base solide que dans l'étude de la double nature de l'homme comparée à celle des autres créatures; qu'ils sont nécessairement variables, progressifs, comme les résultats de toutes les facultés de l'espèce humaine ; qu'ils dépendent des circonstances particulières dans lesquelles existe la société, ainsi que de l'âge auquel elle est parvenue.

Comme principe et comme moyen tout à la fois, la science zoologique doit démontrer encore que l'espèce humaine se distingue nettement de tous les animaux, en ce qu'elle seule a reçu la faculté d'améliorer la succession des individus ou l'espèce, par une éducation et une instruction proportionnelles à l'avancement de la société, ce qui convertit un besoin physique en un devoir moral ; devoir moral qui rend tous les individus de cette espèce solidaires, qui donne à l'espèce entière la domination du monde, en faisant de tous les individus instruits la représentation de l'espèce entière ; au passé, par l'héritage des connaissances de leurs aïeux ; au présent, par les connaissances qu'ils acquièrent eux-mêmes ; au futur, par la prévision et la transmission de leurs connaissances. D'où il suit que, sur cette haute prérogative de l'éducation est réellement fondé l'ordre social, religieux ou moral ; et, par conséquent, l'éducation ne peut être propre au perfectionnement de l'espèce, à l'avancement de la société, qu'autant qu'elle est fondamentalement religieuse.

Enfin, le caractère social et l'éducation progressive conduisent la science zoologique à prouver que cette faculté instinctive, fixe, qui détermine les rapports innés, nécessaires d'un animal avec les circonstances extérieures, est devenue, chez l'homme seulement, raison ou génie, pour se proportionner à l'état de la société et à la difficulté des circonstances dans lesquelles il peut vivre.

Telles sont les considérations les plus dignes et les plus intéressantes qui entrent dans le but de la science zoologique complète, qui en font ressortir la haute importance, et le caractère vraiment philosophique et religieux.

Mais elle ne se borne pas là; elle descend de ces hauteurs jusque dans les détails de la vie domestique, pour fournir des bases aussi solides qu'invariables à l'art de s'emparer des animaux utiles sans tendre à leur destruction, c'est-à-dire, dans des limites déterminées; à celui qui les élève, les modifie dans telle ou telle de leurs parties, et pour un but d'utilité plus ou moins immédiate; à celui qui les emploie comme forces vivantes, les nourrit et les modifie dans ce but; enfin, à l'art qui cherche à poursuivre et à détruire les espèces nuisibles.

La science zoologique est donc la base de l'économie sociale comme de l'économie domestique; elle apprend à l'homme à se connaître lui-même, à devenir meilleur, à connaître les créatures qui l'entourent, à connaître Dieu et ce qu'il lui doit; car Dieu apparaît d'autant plus grand, dit Cyrille de Jérusalem, qu'on connaît mieux les créatures [1]; ce n'est point en vain que Dieu les a faites, puisque la sagesse divine ne dédaigna pas d'enseigner cette connaissance au plus sage des rois. « Dieu lui-même, dit Salomon, m'a donné la vraie science de tout ce qui est, afin que je connaisse la disposition de l'univers et les vertus des éléments, le commencement et la fin et le milieu des temps, les changements successifs et le retour des saisons, le cours des années, la marche des étoiles, la nature des animaux,

---

[1] *Catéch.*, IX.

l'instinct des bêtes, la force des vents et les pensées des hommes, les différences des plantes et les vertus des racines. Et j'ai appris toutes les choses secrètes et ignorées, parce que la Sagesse même, qui a tout fait, m'en a instruit [1]. »

D'après ce court exposé, on doit entendre, par principes zoologiques, les lois qui constituent l'harmonie des êtres animaux en eux-mêmes, et avec les êtres qui les entourent, et par suite les prévisions de toutes sortes qui en découlent. Pour bien faire sentir la déduction de ces principes de l'histoire même de la science, il faudrait l'étendre à tous les êtres organisés, et montrer comment, au fur et à mesure que l'esprit humain trouve un problème plus difficile à résoudre, l'instrument s'aiguise de plus en plus pour atteindre à la solution. C'est ce que nous avons essayé de faire jusqu'ici, autant que les limites de notre cadre nous l'ont permis; ce dont on peut se convaincre en jetant un coup d'œil rétrospectif sur notre marche.

En effet, les efforts divers que nous analysons étaient chacun dans les besoins de la science à l'époque où ils sont venus; ils étaient déterminés par ses progrès mêmes; le génie de chacun des hommes que nous considérons n'aurait pu rien sans cela. L'esprit humain, essentiellement philosophique, n'agit et ne marche que logiquement, c'est-à-dire, suivant un ordre qui est en rapport avec l'essence même et la nature de ses facultés intellectuelles, ces instruments de la connaissance en rapport avec les êtres créés, qui en sont la matière ou le moyen, dont le but est d'élever l'homme jusqu'au Créateur. De là, l'ensemble des sciences suit, dans

____

[1] Sap., VII.

son progrès, une marche ascensionnelle, soutenue et dirigée par des efforts convenablement appliqués pour arriver jusqu'au terme.

Aristote, comprenant la science comme la philosophie, en a conçu l'ensemble et tracé le plan ; il en a vu le but, le terme, à la fois intellectuel, qui tend à remonter à Dieu, et physique, qui, lorsqu'on s'y arrête, vient se perdre dans le matérialisme. Bien qu'il ait vu ce double but, il n'a pourtant pu s'élever jusqu'aux rapports de l'homme avec Dieu ; il fallait la lumière de la révélation pour guider l'esprit humain vers des régions si sublimes. Mais, quand il s'est agi de l'ensemble de la science purement humaine, Aristote a conçu toutes les autres parties du cercle encyclopédique, et il a tout embrassé, sauf l'expérience, qui ne devait venir qu'après l'observation. Alors il a développé les principaux rayons de ce cercle, dans le but de mieux connaître l'homme dans ses rapports de famille, de nation et de monde. Comprenant que l'étude des choses se compose de l'histoire et de l'étiologie, et que, pour parvenir à les connaître, il faut donner à l'esprit la méthode en général, puis la méthode en particulier, ou la classification et la nomenclature, qui permettent de lire l'ordre de la création, manifesté par la dégradation ou la série des êtres, il a créé la méthode, qui est l'art de se prouver à soi-même et de démontrer aux autres la vérité, et de combattre l'erreur. Enfin, il a établi que la recherche des causes doit être le but de la philosophie.

Après un moment de suspension, les faits ont été recueillis sans critique, sans étiologie, dans le but individuel et matériel de Pline, qui ne tend qu'à une application physique, corporelle et empirique ; et, pour cela même, son pas, où il ne pouvait y avoir aucune conception philosophique, a été presque nul.

Nous avons vu la science suivre une marche plus théologique dans les mains de Galien. Étudiant, sous l'influence chrétienne, l'homme sain et l'homme malade, il crée la médecine rationnelle, et dirige l'application à la théologie, tout en ouvrant une voie expérimentale, beaucoup plus développée que son maître Aristote.

Enfin, après un travail d'oscillation, né de la réaction de la méthode sur les dogmes révélés de Dieu, la science humaine semble se séparer encore de son véritable but. Le foyer de son activité est transporté par la Perse en Arabie, pour revenir en Europe se replacer sous les étendards de la vérité théologique, dont les bases divines étaient désormais inébranlables, après une longue succession de combats et de victoires, dont le résultat final fut la rénovation de l'humanité par la puissance du christianisme. Alors apparaît Albert le Grand ; il recueille tous les faits acquis, agrandit le plan d'Aristote, y introduit une observation plus large et la description des êtres ; il termine et complète le cercle d'Aristote, en donnant à la science humaine le caractère théologique, par la grande démonstration de la révélation chrétienne, qui vient déterminer le but de toute science, en lui montrant sa fin suprême dans la connaissance de Dieu. Dès lors, la philosophie devient réellement l'ensemble des connaissances divines et humaines, qui doit conduire à la sagesse ; et la sagesse est de connaître Dieu par ses œuvres et par sa parole, et les créatures en elles-mêmes pour conduire à Dieu. En un mot, c'est la lecture du grand livre de la création et des lois qui la régissent, pour de là nous élever à la glorification du Créateur et du Législateur tout-puissant.

Mais, quand le cercle fut fermé, la difficulté d'en embrasser toutes les parties accrues, fit prendre chacune de ces parties à part, pour les perfectionner l'une après l'autre, autant qu'elles en étaient susceptibles.

C'est ainsi que Gesner, reprenant l'ensemble sous le rapport de l'étude des corps naturels, a constaté l'état de la science; il a fait le bilan de ce qu'elle possédait avant lui, afin de montrer la direction à suivre; il a recueilli les êtres, et montré ce qu'ils étaient en histoire naturelle, dans un but individuel en apparence, mais théologique en réalité, et dans son intention.

De nouvelles investigations demandaient un perfectionnement de la mesure, du terme de comparaison. Vésale va donc introduire une étude plus exacte de cette mesure, c'est-à-dire, de la structure de l'homme, par la connaissance de l'anatomie et de l'usage des parties, ou des fonctions déduites des expériences qu'il a faites, à l'exemple de Galien, sur chacun des organes de l'homme. Il a donc agrandi le but, la connaissance des causes, par la démonstration de la cause prochaine.

Harvey vient continuer, sous ce rapport expérimental, par l'étude des phénomènes les plus importants, déduits de l'organisation, la circulation et la génération ; deux fonctions dont la connaissance, une fois révélée, change la face de la science tout entière.

De ces faits, comme prémisses, sortent des corollaires, dont la déduction entraîne le perfectionnement nécessaire alors, de la méthode, de la logique : l'art d'interpréter la nature, d'abord pour les corps bruts, par Bacon, et l'art de l'observation générale et à priori, par Descartes.

Le nombre des faits simples, en s'accroissant, demandait que la méthode fût perfectionnée, non plus pour arriver à l'interprétation des faits et à l'explication des phénomènes, mais pour classer les corps naturels, afin d'en mieux apercevoir la nature et les rapports, ce qui se fit, artificiellement d'abord et au point de vue théologique, par Ray.

Arrivés à ce degré, le besoin était toujours de perfectionner la méthode, et surtout d'en faire naître la nomenclature, c'est-à-dire, cet art qui, par des expressions, des mots convenablement conçus, analyse une méthode, et traduit les caractères des êtres, de manière à les faire connaître facilement, en quelque grand nombre qu'ils soient. Telle est l'œuvre de Linné : il crée la nomenclature et perfectionne la systématisation artificielle ; mais entre ses mains mêmes, la méthode se distingue en méthode artificielle et en méthode naturelle, laquelle ne repose pas précisément sur la somme des caractères, mais sur leur importance et leur subordination. Cette conception, qu'il ne démontrera pas, lui permettra d'appeler son œuvre *Philosophia botanica*, *Systema naturæ*. Mais il comprend l'homme parmi les animaux.

Voici qu'un autre homme applique la puissance de son génie à un point plus important encore ; il sent et devine les rapports des êtres avec le sol qui les supporte ; il aperçoit l'harmonie de ces êtres entre eux. C'est l'effort de Buffon ; effort nécessairement antagoniste du précédent, son contemporain, tant que celui-ci conserverait son caractère artificiel, mais qui deviendrait d'autant plus élevé, d'autant plus important et plus religieux, que l'étude des rapports des êtres apprendra mieux à connaître ce qu'ils sont.

Buffon crée donc l'histoire naturelle géographique,

et reprend l'étiologie d'en haut, envisagée par rapport à l'homme, mais physiquement, à l'aide de la méthode mathématique. Il abandonne Aristote pour suivre la physique de Descartes ; il crée le monde à sa manière, et veut même arriver jusqu'à la création de l'animal, et, bien plus, à celle de l'homme. Il sort de la direction théologique par ses hypothèses, et marche à l'athéisme, qu'il combat pourtant par ce qu'il lègue de positif à la science ; cependant, il déguise tellement son dessin sous la beauté du coloris, qu'il est impossible de résister à sa puissance, à moins d'avoir une certaine force. — La tendance de Buffon était bonne ; les moyens manquaient : on ne crée pas dans les sciences ; on lit ce qui est créé. La prétention de créer est absurde, même dans les plus grands génies. Linné et surtout Buffon ont été les premiers à se laisser abuser par cette prétention ; car Linné décore en vain *l'homme animal* du titre d'*homo sapiens* ; dès qu'il le place parmi les animaux, ce n'est plus qu'un animal un peu mieux habillé.

Le besoin de la science reconnu et proclamé par Linné, préparé par Buffon, était la méthode naturelle, ou les rapports naturels des êtres ; or, comme de tels rapports ne pourront être reconnus et appréciés que par l'étude comparée de l'organisme et de ses actes intérieurs et extérieurs, on voit comment le pas à faire était une anatomie comparée et une physiologie ; mais l'anatomie comparée appelle de nouvelles recherches pour combler les lacunes qui se trouvent entre les termes comparés : la palæontologie naîtra alors dans ses principes.

La physiologie est venue la première dans les mains de Haller ; l'anatomie physiologique et les premiers principes de palæontologie ont été introduits ensuite par Pallas; et enfin l'anatomie comparée suivra dans les mains de Vicq-d'Azir et de Gærtner.

L'anatomie comparée est celle qui examine, à l'aide d'une mesure, un organe dans toute la série, et fait ainsi connaître les rapports naturels de tous ces organes. Il faut ensuite en connaître le plus ou le moins, et tendre à en expliquer les fonctions; c'est la physiologie.

Dès lors les méthodes, ou classifications naturelles, pourront être senties, en estimant les principaux points nettement établis, d'abord en phytologie, puis en zoologie, en chimie; de là en minéralogie et en géologie.

Mais comme l'esprit humain ne fait pas tout à la fois, la nomenclature suivra ou devra suivre de près ce mouvement d'une manière proportionnelle à l'avancement de la science, et les méthodistes viendront former des groupes, des familles; c'est ce que fera Adanson.

Un pas définitif est celui dans lequel on considère les familles naturelles, en subordonnant la valeur de leurs caractères naturels; c'est par ces principes qu'est arrivée la célèbre méthode de Jussieu et son application à la botanique. Maintenant les botanistes sont, comme les zoologistes, à la recherche de la série, c'est-à-dire de l'ordre dans lequel les êtres doivent se précéder et se suivre; et la zoologie, sous ce rapport, est bien plus avancée.

Mais, dans ce mouvement progressif qui se fit presque tout à la fois dans la dernière moitié du dernier siècle, on perdit généralement de vue le *but religieux*, le *terme de la science*. On prétendit créer les lois des phénomènes, les lois des opérations des corps, au lieu de

les découvrir et de les lire; on s'appuya mal à propos
sur la philosophie de Bacon faussement entendue; on
crut qu'une science ne consistait qu'à connaître la loi
des phénomènes. Comme la chimie fit de grands progrès, soit dans la matière mieux décomposée, soit dans
la connaissance des lois d'un plus grand nombre de
phénomènes, on crut n'avoir plus besoin de remonter
au Créateur; on s'abaissa de plus en plus à l'application immédiate, et dès lors la science, devenue métier,
se décomposa en autant de manières qu'il y eut de directions à fortune.

Cependant l'immoralité du système philosophique où
l'esprit humain était tombé, l'athéisme s'étant démontré fatal par ses effets, on lui donna la forme nouvelle
de *panthéisme;* sous son influence les sciences naturelles prirent une direction tendant à montrer que le
tout est dans la partie. Ce qui conduisit pourtant des esprits hardis à des conceptions scientifiques de haute valeur. Oken et Lamarck représentent cette marche, dans
laquelle on poussa la folie jusqu'à faire de la pensée une
sécrétion, et qui est le comble, le terme de la direction
antithéologique. Ce ne fut plus parce que la pensée créatrice l'avait ainsi voulu, que l'animal avait été disposé
pour tel et tel but; mais c'était, par exemple, un oiseau
de l'ordre des échassiers, qui, pour ne pas mouiller ses
plumes, s'était élevé d'abord sur les pieds, et allait ainsi,
par l'habitude, s'organisant progressivement.

En vain l'éclectisme impuissant essayait-il de faire
rire aux dépens de ces célèbres naturalistes errants,
mais puissants; il ne montra que sa faiblesse; aussi le
but de son apparition est inutile, et ne compte pas dans
la direction où nous sommes.

Mais pendant le même temps, la marche aristotélicienne, continuant ses progrès, arrivait à démontrer de plus en plus la théorie des causes finales, la série croissante et décroissante des organisations, et par suite, non-seulement un plan dans chacune d'elles, mais encore un plan général dans l'ensemble des êtres, comme il y en a un dans les familles, comme il y en a un dans les espèces et dans chaque être. Elle découvrait des rapports nécessaires entre ces êtres, et arrivait ainsi à démontrer le sceau d'un Dieu créateur de toutes choses, aussi évident dans l'ensemble que dans l'individu. Par là, elle est conduite à lire la conception du Dieu tout-puissant, qui a créé l'homme à son image et à sa ressemblance, parce que seul il peut comprendre ce plan, et par conséquent sentir en lui-même le prototype de son Créateur.

C'est là le *desideranda* de la science, le retour au but, au terme religieux, qui peut seul démontrer la fausseté de ces doctrines prises au sérieux, mais avec le respect que l'on doit à ces hommes qui, à l'aide d'une supposition, d'une hypothèse gratuite, approfondissent le sujet, quoique dans une direction fâcheuse; direction dont la puissance d'absurdité nous ramènera invinciblement à la confirmation de la vérité dogmatique, sur laquelle la science est forcée de s'appuyer, tout en la démontrant, sous peine de s'anéantir elle-même.

Telle est la thèse générale dont nous avons suivi jusqu'ici le développement, et dont nous devons terminer l'exposition dans ce volume, où nous aurons à juger la démonstration par l'absurde, et à voir comment elle revient nécessairement à la théologie. Ce n'est pas dans les premiers esprits que la tendance à constituer la science sans Dieu s'est fait sentir; mais nous l'avons vue et nous allons la voir mieux encore sortir de l'induction de Bacon, qui, quoiqu'il ne fût nullement athée, voulait uniquement l'étude des faits. Nous aurons surtout à voir comment cette direction a été poussée dans Broussais, Gall, Lamarck, Oken, et à en déduire comme conséquence notre démonstration.

SECTION I. — DE JUSSIEU.

ANTOINE DE JUSSIEU. 1686—1710—1738.

JOSEPH DE JUSSIEU. 1704—1779.

BERNARD DE JUSSIEU. 1699—1777.

ANTOINE-LAURENT DE JUSSIEU. 1748—1789—1836.

Considéré comme créateur des principes de la méthode naturelle, c'est-à-dire comme méthodiste et non comme botaniste.

I. *Préliminaires.*

Au point où nous sommes arrivés, les sciences naturelles vont reprendre définitivement leur rang dans la philosophie, et par suite, leur haute influence sur la société : les collections publiques se multiplient, les musées se créent, de nombreux voyages sont entrepris pour étudier et recueillir les êtres naturels ; mais ce serait méconnaître la puissance de la pensée humaine, de ne voir là qu'une espèce d'amusement d'enfant ; au fond de ce mouvement, il y avait une pensée de réorganisation qui commençait son œuvre, en même temps que les doctrines de destruction de la philosophie dévoyée et travestie, achevaient de ruiner les bases sociales. Voici le moment, en effet, de rappeler cette déplorable scission qui s'opéra entre la théologie et les sciences, au sortir de l'école de saint Thomas, scission que nous avons vue se perpétuer jusqu'ici d'une manière presque insensible. La théologie perdit un appui, et les sciences n'eurent plus de critérium certain. Bacon, à son insu, et Descartes peut-être encore plus, préparèrent au dix-huitième siècle les armes dont il se servit pour saper toute doctrine et renverser tout principe. Une réaction terrible se fit sentir sur le monde politique, et en modifia pour jamais la face. Le choc a retenti dans tous les sens, et le sol vascille encore, sans qu'on puisse dire quand il reviendra au repos. Cependant, le vide des fausses doctrines ne tarda pas à se faire sentir; quand tout a été détruit, on s'est étonné de ne plus marcher que sur des ruines. En vain de puissants moteurs se sont efforcés de reconstruire avec ces débris; ils étaient vermoulus, et puis les fondements affaissés touchaient au plus profond de l'abîme; ils y touchent encore! Le sort de l'empire a prouvé qu'il n'avait pas trouvé la puissance de régénération; il ne nous est resté de lui que les obstacles qui entravent un retour devenu tous les jours de plus en plus nécessaire, et appelé par tout ce qu'il y a de généreux au cœur de la société. Nous sommes toujours sous son influence, mêlée à celle de la révolution, dont elle n'était que le résultat.

Dans un tel état de choses, la science a, nous le croyons, une grande et immense mission à remplir; elle doit ramener le monde aux principes de vie, en démontrant aux plus incrédules que les grands principes de la foi catholique sont immuables. Elle doit, en un mot, revenir s'adjoindre à la vérité théologique. Telle est toujours notre thèse, confirmée par la marche de la science. En effet, pendant que tout tendait à la dissolution, les sciences naturelles, plus particulièrement, marchaient au contraire vers une organisation solide et vraiment philosophique, malgré toutefois la tendance des hommes qui les cultivaient; ce phénomène, nous l'avons vu dans Buffon, et nous le voyons dans ce mouvement qu'amena la révolution française; toutes les écoles furent détruites; l'exil poussa sur tous les points du globe une foule d'esprits observateurs, qui allèrent apaiser dans l'étude d'une nature lointaine, les regrets de la patrie, et recueillir, pendant le trouble, les éléments de la paix. Les armées de la république et de l'empire enrôlèrent sous leurs drapeaux et portèrent sur toutes les plages ces esprits hardis, ces intelligences puissantes qui servaient leur patrie peut-être encore plus sûrement par la science que par l'épée. L'intérêt matériel, qui avait opéré la ruine, servit aussi la réédification, en cherchant un aliment nécessaire à sa cupidité. La fusion des nations activa le commerce, et fit naître en France et dans les pays voisins, cet esprit d'exploitation et d'industrie, d'où les sciences physiques ont reçu un si merveilleux élan tout en le dirigeant; la géologie positive en est sortie, et malgré tous les efforts qui ont travaillé à l'emprisonner au fond d'une mine, elle s'est élancée jusqu'aux sublimes principes des origines sociales et de la genèse de l'univers. C'est que le principe de la moralité sociale est bien plus puissant que celui de son bien-être physique. De la même tendance est sortie la position véritable des autres branches des sciences naturelles, et surtout de la zoologie, qui devra désormais, avec la géologie bien entendue, former une des bases de l'enseignement de la philosophie; vérité que nous nous réjouissons de voir justifiée et sentie par l'organisation du nouvel enseignement de ces sciences dans les écoles françaises.

Ce fut aussi de cette lutte de la révolution et de
l'empire que naquit ce nouvel élan qui agrandit en
France les collections scientifiques, réorganisa sur de
nouvelles bases les sociétés savantes et les corps ensei-
gnants, où, sans aucun doute, bien des améliorations
sont à désirer et vivement attendues, mais qui n'ont
pas laissé de servir, pour le dire en passant, malgré
elles, le véritable progrès scientifique. C'est sous cette
influence et dans cette direction qu'il nous reste à suivre
la science, en justifiant par de nouveaux faits les idées
que nous émettons, et en achevant par là de démontrer
cette autre thèse que nous avons soutenue, savoir, que
le monde politique et le monde scientifique réagissent
l'un sur l'autre, en laissant toujours l'empire au dernier.
Notre époque en est la dernière preuve. Quand on examine, en effet, ce qu'est notre société, il n'est pas difficile de s'apercevoir que tous ses efforts convergent
jusqu'ici vers l'industrialisme et l'exploitation du sol et
de tous les éléments qui l'entourent. Or, dans une telle
direction, les sciences seules sont appelées pour diriger
sa marche; seules, elles ont accès dans les combinaisons
d'avenir, qui doivent conduire à une fortune plus probable là que partout ailleurs; partant, elles font la base
la plus large d'une éducation, qui n'est malheureusement
scientifique qu'autant que cela est absolument nécessaire pour arriver à un art, à une application de pratique toute matérielle, qui doit absorber tout le reste de
la vie. Le haut enseignement des colléges donne aujour-
d'hui en France, plus que jamais, la plus grande part
à l'enseignement des sciences. Bien plus, les sciences
sont mises à la portée des intelligences les plus bornées.
Cette profusion de manuels scientifiques en tout genre,
qui circulent dans les mains des classes ouvrières, et

forcent ces intelligences à sortir d'elles-mêmes pour suivre souvent en aveugles ce mouvement, qui ne laisse pas d'avoir quelque chose d'effrayant dans la mauvaise direction de la science, ne permet plus aucun doute sur la voie où marche la société tout entière. Celles-là même qui doivent être un jour les mères et les premiers instituteurs de la société à venir, remplacent, hélas! l'étude approfondie de la religion, qui peut seule créer un cœur de mère, par l'étude des sciences physiques et naturelles, qui ornent, sans doute, leur intelligence, mais aux dépens du cœur; non pas que ce soit là leur effet normal, mais seulement celui de leur direction déviée. La société tout entière est donc enlacée dans les filets de la science; elle ne juge plus, n'entend plus, ne voit plus que par ses principes; tout ce qui n'est pas expérience et observation, tout ce qui n'est pas, pour dire le mot, *positif* et à posteriori, n'est plus que *vague*, conception métaphysique, *idée à priori*, qui ne mène à aucun résultat, à aucune démonstration certaine, et partant, ne mérite pas de détourner un instant l'ardeur de l'activité industrielle qui dévore tout. De l'industrie même sortent les chefs et les maîtres du peuple, qui viennent avec le fouet du progrès, le pousser plus activement encore, sans qu'il soit possible désormais de le modérer. En présence de cet ébranlement qui agite toute une société, peut-on douter encore de l'influence de la science?

La science est bonne; elle vient de Dieu. La direction scientifique qui nous pousse ne serait pas mauvaise en elle-même; prise sur ses vraies bases, dominée par le seul principe fécond, elle n'est, nous le croyons, aujourd'hui comme au temps des Albert le Grand, des Thomas d'Aquin, etc., destinée qu'à produire les plus heureux résultats. Mais cette même direction scientifique manquant de base, de principe fécondateur, sans qu'elle puisse les trouver dans les éléments qu'on lui jette, n'est propre qu'à enraciner de plus en plus dans toutes les classes de la société, ce matérialisme pratique, gouffre de toute morale chrétienne et sociale, qui l'a minée jusqu'ici d'une manière si effrayante.

La philosophie est nulle dans son enseignement comme dans les principes qu'elle professe aujourd'hui ; la théologie pure est repoussée du monde ; voilà l'œuvre commencée au quinzième siècle et consommée au dix-huitième. La science seule reste, parce qu'elle est immédiatement liée aux intérêts matériels du monde. Or, la ruine du monde moral entraîne nécessairement la ruine du monde physique. Dieu pourtant ne peut pas vouloir que son œuvre périsse, et l'histoire de la science nous a montré le salut sortant de la lutte continuelle de l'erreur contre la vérité. La science, d'ailleurs, puisqu'elle a pour but Dieu et ses œuvres, l'homme et sa nature, possède dans ses éléments mêmes, tous les moyens de remonter aux principes; et comme sa marche est logique, puisqu'elle est l'œuvre de l'esprit humain qui est essentiellement logique, et que d'autre part, les œuvres de Dieu, qui sont ses éléments, s'enchaînent dans un ordre logique qui remonte jusqu'au Créateur, il faut donc qu'elle arrive, malgré les tendances hostiles, à la confirmation des grands principes du monde moral et de la société. Sa marche bien observée ne laisse là-dessus aucun doute. On a bien pu, en effet, captiver quelque temps la science dans le dénombrement des faits, dans la dissection des êtres et dans leur observation; cela même était nécessaire. Cependant, dès que ce travail a eu préparé les éléments, la puissance de la science a bien su briser les barrières, et contraindre l'esprit humain à formuler des doctrines. Ces doctrines ont dû être et ont été dans la voie que nous avons signalée, le panthéisme matérialiste. Mais il a vainement essayé une réorganisation dont il n'avait ni la puissance, ni le secret. Et pourtant, il n'y avait qu'une alternative nécessaire : *ou le monde expliqué par la foi catholique, ou le monde expliqué par le panthéisme;* toutes les autres données de l'erreur rentrent dans la dernière. Or, la dernière solution, formulée, pour nous, dans Lamarck, Oken, et leurs successeurs, conduit à *l'absurde;* donc, la solution catholique seule est la vraie, ou bien il faut renverser tous les principes de la logique et des mathématiques. Voilà le pas que la science a fait; voilà la mission que tout le monde attend d'elle, tracée : non pas créer une nouvelle religion, une nouvelle morale, non pas un christianisme humanitaire; ce serait la solution absurde du problème; mais corroborer la vérité de l'enseignement catholique, et appuyer ses démonstrations. Et il n'y a pas de doute que cette mission lui est réservée, puisqu'elle possède l'empire du monde et qu'elle vient de Dieu.

C'était pour arriver là qu'après ce travail minutieux de l'observation que nous avons étudié jusqu'ici, et qui, au fur et à mesure, agrandissait la science par un plus grand nombre de faits, par les efforts des Buffon, des Haller, des Pallas, et de tous les observateurs qui se répandirent de la France sur tout l'univers; c'était pour arriver là qu'après ce travail de l'observation qui transforma des collections d'apothicaires en collections monumentales, que les limites de la science de l'organisme durent s'élargir et comprendre un bien plus grand nombre d'objets; elles vont maintenant se porter sur tous les animaux comparés non-seulement entre eux dans les organes comme dans leurs fonctions, mais encore avec les autres corps organisés ou les végétaux, et sur les corps inorganiques ou minéraux ; en un mot, ces limites vont embrasser toute la science de la nature.

En prenant cette extension, il est évident que le premier besoin de la science était la méthode, et surtout la méthode naturelle, qui devait servir à grouper, à disposer les êtres, les organes et les faits mêmes, de quelque nature qu'ils fussent, dans un ordre logique, tel qu'il fût possible d'en tirer des conclusions légitimes, c'est-à-dire de les disposer sous forme de syllogisme.

Mais cette méthode naturelle ne pouvait naître, et surtout être démontrée, que par la découverte d'un principe, d'un nouveau moteur, et c'est là ce qui constitue le principe de la subordination des caractères, la découverte à laquelle le nom de Jussieu est attaché, et que l'on peut considérer comme le premier et le plus important des pas scientifiques faits par les modernes, parce qu'il peut aisément s'appliquer à toutes les branches des sciences naturelles, et qu'on peut le comparer au moteur de la vapeur ou des gaz dans l'industrie et le commerce.

Il ne faut pas croire que ce principe si fécond ait été découvert tout d'un coup ; ce qui a paru peut-être ainsi, parce qu'il est venu au moment où il le fallait ; mais des efforts successifs y avaient conduit, et avaient fourni les éléments à l'aide desquels il serait démontré.

Nous avons vu, en effet, dans l'histoire de Pallas, comment l'idée de familles naturelles, de genres naturels, avait été sentie par ce grand maître, ce créateur de l'anatomie zooclassique. Mais cette idée avait précédé chez les phytologistes, comme cela devait être, puisqu'en

effet les plantes offrent à tous les yeux des agroupe-
ments d'espèces voisines et rapprochées, d'abord à
l'extérieur, et ensuite à l'intérieur, dans des parties plus
profondes.

On peut assurer, en effet, que c'est chez les botanistes qu'ont été reconnues d'abord ce qu'on a nommé
des *familles naturelles* ; mais de là à une classification,
à une méthode naturelle, il y a une distance immense,
qui ne peut être franchie qu'à l'aide du principe de la
subordination des caractères bien appliqué.

Cette application n'est peut-être même pas encore
faite en phytologie ; mais bien certainement elle l'est en
zoologie, parce que dans ce grand assemblage d'êtres
et d'organes qui les constituent, il y a relation de cause
et d'effets, non-seulement entre eux, mais sur le reste
de l'univers créé ; ce qui a facilité l'étude de l'importance des caractères en relation avec celle des fonctions.

Des essais aussi nombreux qu'infructueux avaient été
faits pour atteindre cette méthode naturelle, que Linné,
qui en sentit toute l'importance, avait proclamée le
terme vers lequel tous les efforts des naturalistes devaient tendre. Mais c'était en vain : les botanistes,
les zoologistes, les minéralogistes, les chimistes
vacillaient, erraient de système en système. Ce n'est
que par la définition de ce qu'on doit entendre
par caractères et par subordination des caractères, que
la méthode naturelle a pu être trouvée. Aussi, à son
apparition, les essais ont cessé, comme lorsque Newton
eut démontré le vrai système du monde. Et ce qu'il y
a de bien remarquable, c'est que, transportée en zoologie, en minéralogie, en chimie, elle a produit les plus
heureux effets, et est devenue d'autant plus excellente,

que la subordination des caractères a été plus évidente
et plus indubitable. La création de Jussieu est devenue,
comme celle de Newton, d'autant plus certaine qu'on
l'a appliquée à un plus grand nombre de corps de la
série naturelle, et que ces corps ont joui de propriétés
plus élevées. Ce n'est pas qu'en zoologie, par exemple,
malgré l'introduction du principe, on en ait fait une
mauvaise application qui a retardé les progrès de la
science, parce qu'il a d'abord été mal compris; mais,
à mesure qu'il le sera mieux, il prendra plus de force,
et nous ne devons pas craindre de dire que tous les progrès ultérieurs de la science des corps naturels ne sont
qu'une extension des principes posés par de Jussieu, dans
un livre qui, pour les naturalistes, mérite aussi bien le
titre de principes de la philosophie naturelle que celui
de Newton. Mais il a été présenté avec toute la modestie
du véritable génie, et il s'élaborait dans le silence et à
l'écart, dans le sanctuaire de la piété scientifique, pour
ainsi dire, dans le calme d'une âme et d'une famille
profondément religieuse, pendant que le fracas des passions politiques agitait le monde, et que les flots de la
tourmente amoncelaient les ruines. Il a été produit sans
fracas, sans jactance, et bien plus, ceux qui ont cherché
à en étendre l'application, quoiqu'ils ne l'aient pas
compris malgré leurs grandes prétentions, ont, par le
vacarme de la renommée flatteuse, cherché à étouffer
sa véritable origine ; et un beau jour on a entendu les
complaisants de cette grossière supercherie, de ce hon-
teux escamotage, proclamer comme les créateurs de
cette immense découverte scientifique et intellectuelle,
ceux qui avaient essayé d'en faire une maladroite application. Mais le jour de la justice historique a déjà paru,
et Jussieu, créateur et sans rival dans une des parties

importantes de la science, verra tous les philosophes et tous les naturalistes le proclamer l'une des gloires les plus incontestables de l'esprit humain, et l'une des branches les plus importantes du tronc des sciences naturelles, dont Buffon par la hauteur des conceptions et l'éclat du coloris, Linné par la lucidité de la nomenclature, sont les deux autres branches.

La science des corps naturels peut en effet être considérée comme le tableau de la pensée créatrice, le prototype de l'idée de Dieu dans la création, aperçue, sentie, lue par le génie de l'homme; et, comme dans tout tableau, devant présenter trois parties principales : 1° le dessin ou la délinéation des choses arrêtées, exposées, dénommées; 2° la composition, comprenant la disposition, le costume, l'ordre sous lequel ces idées arrêtées, dessinées, doivent être présentées afin d'en faire un tout; 3° enfin la couleur ou le coloris, l'harmonie, comprenant le clair-obscur qui doit animer cette grande pensée, la répandre, la propager, l'échauffer et la faire pénétrer peu à peu et sans effort dans l'esprit humain, pour s'élever alors à la conception de Dieu par le sentiment de ses œuvres.

Ainsi, il est donc évident que la science devait maintenant chercher une méthode à l'aide de laquelle la conception de la nature pût arriver à celui qui la contemple, et la démonstration à celui qui écoute. C'est cet effort, dû à la célèbre famille de Jussieu, que nous allons étudier. Ce n'a pas été l'œuvre d'un seul esprit, mais le résultat d'une suite d'hommes qui ont tous travaillé dans la même direction. Nous aurons donc à faire connaître Antoine, Joseph, Bernard et Laurent de Jussieu, ce qui comprend depuis 1686 jusqu'à 1836.

II. *Éléments et extrait de Biographie.*

1° Pour les trois premiers, la Biographie de Michaud et leurs écrits.

2° Pour Antoine-Laurent : 1° ses écrits; 2° son Éloge historique, par M. Flourens; 3° une Notice de M. Adolphe Brongniart; 4° une Note de son fils, M. Adrien de Jussieu.

Biographie de Jussieu (Antoine), le chef ou l'aîné, de 1686 à 1738. Il naquit à Lyon, le 8 juillet 1686, de parents dans une honnête aisance : son père, Laurent de Jussieu, médecin et pharmacien, était originaire de Montroti, petit bourg dans les montagnes du Lyonnais. Lucie Cousin, sa mère, était de Lyon. Ils eurent seize enfants. Il était, par la profession de son père, dans une position qui le dirigeait vers la botanique; aussi, dès l'âge de quatorze ans, il herborisait dans les environs de Lyon. A dix-huit ans il étudiait la médecine à Montpellier, sous Magnol, qui a, dit-on, préparé le nom et l'idée de familles naturelles. Plus tard, il fut appelé à Paris par Tournefort, et admis au Jardin des Plantes pour y professer la botanique, comme suppléant de ce célèbre botaniste, dont il devint le successeur en 1710, à vingt-quatre ans, contre le droit qu'en avait Vaillant, démonstrateur sous Tournefort, et qui soutenait la doctrine du sexe des plantes.

Le Jardin des Plantes n'était, comme nous l'avons vu, qu'une déviation du Collége de France, dans la direction de la pratique médicale. Vaillant, né en 1669 et mort en 1722, y fut d'abord introduit par Fagon, alors intendant du Jardin des Plantes et premier médecin du roi. L'enseignement de la botanique se partageait dans cet établissement entre un professeur chargé d'enseigner, et un démonstrateur chargé de faire connaître les plantes, et qui était comme une sorte d'aide pour le professeur; c'était à ce démonstrateur qu'appartenait de droit la succession au professorat. L'ordre fut donc interverti en faveur de Jussieu.

Presque immédiatement après sa nomination au professorat, Jussieu fut nommé de l'Académie des sciences, en 1711. Ce fut alors que, pour étudier les plantes, il voyagea aux frais du gouvernement dans plusieurs provinces de France, les îles d'Hières, la vallée de Nice, les montagnes d'Espagne, d'où il rapporta à Paris un assez grand nombre de plantes. Il s'adonna ensuite à la pratique de la médecine dans la capitale, travailla par conséquent peu à la méthode naturelle; mais il tendit la main à ses deux frères, qui vont la développer. Dans sa pratique médicale, il aimait surtout à soigner les pauvres; il y en avait tous les jours chez lui un grand nombre; il les aidait de ses soins et de sa bourse. Il mourut d'une espèce d'apoplexie, le 22 juin 1758, âgé de soixante-douze ans. Sa fortune était assez considérable; son frère Bernard en fut le seul héritier. Ce Jussieu ne se borna pas à la botanique, mais il enrichit les Annales de l'Académie d'un grand nombre de mémoires.

Son Mémoire sur les champignons prouve qu'il y avait en lui le germe d'un botaniste.

Ses mémoires sur les empreintes de végétaux et surtout de fougères dans les schistes carbonifères, sur l'hippopotame et les os fossiles des environs de Montpellier; sur les bufonites; sur les ammonites, prouvent qu'il était bon observateur, qu'il avait une rare sagacité comparative, et qu'il ne craignait pas de déduire les conséquences qui lui paraissaient légitimes.

Ses Mémoires sur les mines d'Almaden, sur l'eau de la Seine et sa salubrité, prouvent qu'il ne négligeait pas son état de médecin.

C'est dans ces divers travaux qu'il a montré le premier, par la comparaison, que les impressions de fougères qu'on trouve dans les schistes houilliers, ont leurs analogues dans les Indes ; ce qu'il a fait également pour certaines parties d'animaux, entre autres les palais de la raie aigle.

Il a aussi traité de la nécessité d'établir une méthode nouvelle des plantes, et il forme une classe particulière pour les fougères, à laquelle doivent se rapporter non-seulement les champignons, les agarics, mais encore les lichens.

« Quelque difficulté que nous présentent les plantes dans leur configuration, dans leur manière de végéter, de se multiplier, elles ne laissent pas d'avoir entre elles une certaine analogie, sur laquelle *sont établis les rapports qui les font distinguer en familles.*

« Les champignons sont de celles qui s'éloignent le plus de cette analogie, d'où plus de difficulté à leur donner une place convenable dans la méthode nouvelle d'arranger les plantes. » P. 532.

Sur ces entrefaites et dans cette direction, la famille jugea qu'il ne suffisait pas d'avoir des plantes des pays connus, pour établir des principes, mais qu'il fallait encore explorer les pays lointains ; et Joseph de Jussieu alla au Pérou pour y remplir cette mission.

Joseph de Jussieu (le voyageur, le martyr de la botanique), frère d'Antoine et de Bernard de Jussieu. Il naquit à Lyon, le 3 septembre 1704. Il était le dernier des seize enfants de Laurent de Jussieu. Élevé et formé par son frère aîné, il varia dans ses goûts et la direction de ses études. Il s'adonna d'abord à la médecine, et fut reçu docteur à la faculté de Paris; de là il se porta vers l'étude de la botanique; mais il l'abandonna bientôt pour celle des mathématiques, et la profession de médecin pour l'emploi d'ingénieur. Cependant il finit par revenir à la médecine et à la botanique.

En 1735, il fut choisi comme botaniste pour accompagner au Pérou les astronomes de l'Académie, la Condamine, Bouguer et Godin. Il se montra très-utile, même dans les observations astronomiques; mais surtout il s'occupa d'observations botaniques sur le quinquina, et imagina d'en faire un extrait, afin de pouvoir en envoyer en Europe plus facilement.

Lorsque les travaux de cette expédition, qui dura dix ans, furent terminés, au lieu de revenir avec les astronomes, Joseph de Jussieu voulut explorer le Pérou.

En 1743, il fut nommé adjoint botaniste de l'Académie.

Ses connaissances en médecine lui procurèrent les moyens de subsister pendant son exil scientifique; et les Péruviens, poussant l'admiration jusqu'à la tyrannie, l'empêchèrent de quitter le Pérou avant la fin d'une épidémie dans laquelle on avait besoin de son secours; il y eut défense de l'aider à s'échapper, et une récompense promise à qui l'arrêterait s'il tentait de le faire. Enfin, devenu libre, il recommença ses voyages en 1747. Il parcourut le Potosi, et y découvrit les dents de mastodonte. Il s'occupa de toutes les parties de l'histoire naturelle, des minéraux, des plantes, des animaux, et surtout des oiseaux. Il pratiqua, enseigna la médecine; redevint ingénieur, construisit des ponts, rétablit des chemins, et excita l'admiration au point qu'on lui éleva une pyramide.

En 1755, il vint à Lima, et y fut retenu encore pour soigner la femme malade de Xauregui, gouverneur du pays.

En 1758, il fut nommé associé vétéran de l'Académie. Il ne laissait échapper aucune occasion d'envoyer des graines et des plantes en France.

La dépendance de M. de Xauregui le rendit encore plus malheureux. Il quitta au bout de quelques années Lima, et revint à Paris en 1771, après trente-six ans d'absence, pour assister aux derniers moments de son frère aîné, qu'il vit mourir entre les bras de son second frère; mais les fatigues, les ennuis, les chagrins l'avaient abattu et réduit à une sorte d'enfance et d'insensibilité, qui ne lui permirent pas de sentir cette perte. Il mourut lui-même, le 11 avril 1779, âgé de soixante-quatorze ans. Son état de faiblesse, après son retour, ne lui permit pas de rédiger les mémoires de ses voyages, et il n'a jamais rien publié. Il n'a jamais siégé à l'Académie, quoiqu'il en ait été membre pendant trente-six ans.

Nos serres lui doivent l'héliotrope et le cierge du Pérou; c'est également à lui que nous devons le quinquina, la pomme de terre, le topinambour.

Bernard de Jussieu (le fondateur, 1699-1777) fut plus heureux que son frère Joseph. Il naquit à Lyon, le 17 août 1699. Quand il eut fini sa rhétorique au collége des jésuites de cette ville, son frère aîné, Antoine, l'appela à Paris, en 1714, pour terminer ses études sous sa direction. En 1716, il accompagna son frère, chargé par le régent d'aller recueillir des plantes en Espagne, en Portugal, dans les Alpes et le midi de la France. Ce voyage décida le goût de Bernard pour la botanique, à laquelle il se livra avec passion. De retour en France, il herborisa dans les environs de Lyon, et se rendit ensuite à Montpellier, pour y étudier la médecine. Il prit le bonnet de docteur en 1720, et revint à Lyon pour pratiquer l'art de guérir ; mais il ne put en continuer l'exercice, à cause de sa trop grande sensibilité, qui lui faisait partager les souffrances de ses malades avec trop d'énergie. Il se présenta bientôt une carrière plus conforme à ses goûts.

Nous avons vu que la place de Tournefort avait été donnée à Antoine de Jussieu, de préférence à Vaillant, ce que celui-ci regarda comme une injustice ; mais l'estime et l'amitié succédèrent bientôt à ses préventions ; et, sentant que ses infirmités ne lui permettaient plus d'occuper longtemps sa place au Jardin du Roi, il engagea Antoine à faire venir son jeune frère, afin de le remplacer. Vaillant étant mort peu de temps après, Bernard fut nommé démonstrateur, le 30 septembre 1722. De sorte que les deux chaires de botanique furent remplies par les deux frères. C'est dans cette modeste place de démonstrateur que Bernard exerça sur le Jardin des Plantes, sur la botanique et sur plusieurs autres parties des sciences naturelles, une influence qui fait époque.

Les premiers médecins du roi, chargés de l'administration du Jardin des Plantes, le négligeaient singulièrement, et souvent même les fonds affectés à cet établissement étaient détournés. Antoine de Jussieu avait sacrifié ses appointements pour le soutenir ; mais, ayant à exercer une pratique médicale très-étendue, il se déchargea sur Bernard de tout ce qui regardait les plantes, et même les collections du jardin. Le zèle de ce dernier fut bientôt couronné du succès. Il n'existait alors dans l'établissement qu'un droguier : Bernard y joignit beaucoup d'objets d'histoire naturelle. Bientôt Buffon créa le Cabinet d'histoire naturelle, qui, après avoir été considérablement augmenté et classé d'une manière utile, fut ouvert au public : Daubenton en fut nommé démonstrateur. Bernard dirigeait lui-même les jardiniers, recueillait les graines, et en faisait la distribution dans les terres qui convenaient à chaque plante ; mais ses fonctions l'appelaient principalement à faire des herborisations dans la campagne, où il eut l'occasion d'être accompagné par Linné au commencement de sa carrière, et par J. J. Rousseau sur la fin de sa vie.

Quoique Bernard ne pratiquât point la médecine, il possédait à fond la matière médicale, surtout celle qui est tirée des végétaux ; il avait même composé, pour ses élèves, un petit traité, dans lequel étaient exposées, d'une manière simple, les vertus des plantes usuelles.

Il fut nommé membre de l'Académie des sciences, le 1er août 1725. Il fit deux voyages en Angleterre, d'où il rapporta, dans son chapeau, le cèdre du Liban, qui orne encore le Jardin des Plantes. En 1744, il fit, pendant les vacances, un voyage sur les côtes de Normandie, pour expérimenter sur plusieurs zoophytes, que l'on rangeait encore parmi les plantes, et il démontra que c'étaient des animaux de la même nature que les polypes. En 1742, il avait observé le premier polype, ou l'hydre verte, des environs de Paris, et le fit voir à Réaumur, qui avait jusque-là eu peine à croire aux expériences de Trembley. Dans ses courses botaniques, il constata l'utilité de l'alcali volatil contre le venin de la vipère, en guérissant avec, un élève qui avait été mordu par ce reptile.

En 1759, Louis XV, qui aimait les sciences, et qui avait puisé, dans ses fréquentes conversations avec les gens instruits, des connaissances générales, ayant dé-

3.

siré réunir, dans son jardin de Trianon, toutes les plantes cultivées en France, et en former une école de botanique, chargea Bernard de Jussieu de les disposer dans un ordre convenable.

Linné régnait alors, et venait d'opérer une réforme dans la botanique. Cependant, malgré les vœux avec lesquels il appelait l'établissement d'une méthode naturelle, et quoiqu'il eût publié ses familles naturelles, les botanistes s'attachaient presque exclusivement à son système sexuel.

Heister, en 1730, avait, dans l'arrangement du jardin de Helmstædt, suivi un ordre naturel, rompu toutefois par la division en arbres et en herbes, reste de la méthode de Tournefort. Jussieu fit donc planter le jardin de Trianon suivant les ordres naturels proposés par Linné; mais, dans l'exécution, il modifia ces ordres par un assez grand nombre de changements, qui s'éloignaient de plus en plus de ce qu'il avait d'abord adopté. Bien convaincu de l'existence des lois de la nature, il regardait comme la plus importante de ces lois le rapprochement des plantes qui se ressemblent par le plus grand nombre de caractères; mais, reconnaissant que tous ces caractères n'avaient pas un égal degré d'importance, il attacha plus de prix à la structure de l'embryon et à l'insertion des étamines et de la corolle, bien qu'il n'en ait pas assez tiré parti pour coordonner la série de ses ordres. Il ne rendit pas plus compte que Linné des motifs de son arrangement, et il fit un simple catalogue du jardin de Trianon, où il est aisé de voir que les monocotylédones et les dicotylédones ne sont point confondues.

Adanson publia alors ses Familles naturelles, en reconnaissant ce qu'il devait à Jussieu.

Bernard jouissait de la faveur du roi, qui recherchait sa conversation avec empressement. Mais il était trop désintéressé pour profiter des nombreuses occasions qu'il avait de former des demandes pour lui et les siens. Jamais il n'a rien demandé ; aussi n'a-t-il jamais rien reçu de la cour, pas même un dédommagement pour les frais de ses fréquents voyages de Paris à Trianon, et pour le temps qu'il avait employé à disposer les plantes de ce jardin.

Il avait toujours vécu avec son frère aîné, qu'il aimait et respectait comme un père ; la mort le lui enleva en 1758, et il en éprouva un violent chagrin. On lui proposa la place vacante : il aima mieux conserver la seconde. « Les vieillards n'aiment pas le changement, » disait-il ; et Lemonnier obtint la première. Jussieu se consacra dès lors à la retraite ; il ne sortait plus que pour aller au Jardin du Roi, à l'Académie, et pour remplir ses devoirs religieux ; car personne n'a prouvé mieux que lui, combien les sentiments religieux peuvent s'allier à beaucoup de science et de véritables lumières. D'une rigueur méthodique dans ses habitudes, il était toujours plongé dans la méditation, et, assis, travaillant avec son neveu dans la même chambre, sans se parler. Il devint très-mélancolique depuis la mort de son frère Antoine. Mais sa vue s'était considérablement affaiblie. Ne pouvant plus se livrer aux observations microscopiques et peu à la lecture, il y suppléa par la méditation, s'occupant à mettre en ordre l'immensité des faits qu'il avait dans la tête. Devenu, par la mort de son frère, l'héritier de sa fortune, et en quelque sorte le père de sa famille, il avait fait venir à Paris son neveu, Antoine-Laurent de Jussieu, qui devait formuler ses principes. Il s'occupa de son instruction et de son éducation, lui fit faire ses études en médecine. Peu de temps après, il le proposa pour remplacer Lemonnier, devenu premier médecin.

Antoine-Laurent ayant changé la disposition de l'école de botanique, Bernard, qui approuvait ce changement, cessa toutefois de retourner au jardin, parce qu'étant presque entièrement aveugle, il lui était impossible de reconnaître les plantes, que jusqu'alors il trouvait par l'habitude des lieux. Cette vie sédentaire ne tarda pas à lui être funeste. Il éprouva plusieurs attaques d'apoplexie; et, après avoir langui pendant près de six semaines, il reçut les derniers secours et les consolations de la religion, et mourut le 6 novembre 1777, âgé de soixante-dix-huit ans, dans une petite maison de la rue des Bernardins.

Il était membre des académies de Berlin, de Saint-Pétersbourg, d'Upsal, de la société royale de Londres, de l'institut de Bologne, etc. Son immense savoir et son extrême modestie, qui le faisait toujours s'oublier lui-même, et ne blesser jamais personne, donnaient un grand poids à ses opinions : dans l'Académie, son avis était une décision. Sa nature d'esprit, éminemment méthodique, est prouvée aussi bien par ses mœurs, ses habitudes, que par ses ouvrages. C'est lui qui a publié l'une des premières éditions du *Systema naturæ* de Linné, à Paris.

Il a peu écrit; mais il a parlé, et d'autres ont écrit d'après lui. Le petit nombre de ses ouvrages consiste dans : 1º Un manuscrit sur les vertus des plantes, qu'il dictait tous les ans aux élèves dans ses cours.

2º Une édition du livre de Tournefort sur les Plantes qui croissent aux environs de Paris.

3º Un Mémoire sur les *parties de la fructification de*

la pillulaire, le premier qu'il ait publié, Acad. des sc.,
1739. Dans ce mémoire, extrèmement remarquable pour
la forme comme pour le fond, on lit que « cette plante
est du nombre de celles qui n'ont qu'une feuille sémi-
nale, un seul cotylédon ; elle est donc de la classe des
monocotylédones : *classe qui doit être la première
dans une méthode naturelle.*

« Mais ce n'est pas le moment de discuter quelle est la
partie qui doit servir de base universelle et fondamentale à la méthode naturelle des plantes ; je pourrai,
dans une autre occasion , examiner ce point, duquel
le système de botanique a encore besoin, malgré les
différentes méthodes établies. » Pag. 331.

Il dit, pag. 334, qu'il a un grand soin de faire germer ses graines, pour savoir si elles ne poussent d'abord
qu'une ou deux feuilles séminales.

Il accepte la définition du caractère artificiel et du
caractère naturel donnée par Linné. Il entend par caractère naturel, celui dans lequel on désigne toutes les
parties de la fleur, et on en considère le nombre , la
situation , la figure et la proportion. Pag. 338.

Il préféra définir la pillulaire dans les principes du
Genera plantarum de Linné. Il décrit la position des
germes, et rectifie la position dans le système de Linné,
en la faisant passer de la section des algues dans celle
des fougères.

Il parle d'un préjugé qui, depuis quelque temps, a
pris faveur sur l'analogie de la vertu des plantes avec
la conformité de leur caractère (pag. 344); et, sans
en tirer une conclusion trop affirmative et générale , il
avoue qu'il y a à ce sujet des inductions assez fortes et
assez bien démontrées dans les plantes graminées, la-
biées, ombellifères, chicoracées, corymbifères, cinaro-

céphalées, légumineuses, crucifères, etc. Aussi termine-t-il en disant qu'on pourra rendre la méthode botanique plus utile dans la pratique de la médecine, et qu'elle en a beaucoup de perfections à espérer. P. 345.

4° Il a publié encore un Mémoire sur la lentille d'eau ou le lemma.

5° Sur une espèce de plantain (*littorella lacustris*). Acad. des sc., 1741.

6° Sur quelques plantes marines.

7° Ses Ordres naturels, publiés par son neveu.

8° La Plantation du jardin de Trianon.

Réaumur, son contemporain, dit, pag. 48 du vol. I de ses Mémoires pour servir à l'histoire des insectes : « M. Bernard de Jussieu, qui est chargé du soin de faire cultiver les plantes du Jardin du Roi; qui veille avec tant d'assiduité à leur conservation; qui travaille avec un zèle infatigable à accroître le précieux dépôt qui lui est confié; qui, de plus, est par sa place obligé de démontrer les plantes des environs de Paris aux étudiants, et, enfin, qui a beaucoup de connaissances dans toutes les parties des sciences naturelles, a bien voulu me ramasser les insectes qu'il trouvait. M. de Jussieu, à qui les plus petits animaux sont aussi connus que les plus petites plantes, a trouvé des polypes à panaches, aussitôt que je lui eus parlé du plaisir de les avoir.

« C'est lui qui a apporté à Paris l'alcyon de mer. Il prit une part remarquable à l'introduction dans la science du fait des zoophytes lythophytes de la classe des animaux [1]. »

On peut donc conclure qu'il a contribué à l'avancement de plusieurs parties des sciences naturelles ; mais sa grande œuvre a été de tout préparer pour faciliter à

[1] Réaumur, VII, p. 69.

son neveu la démonstration du grand principe de la méthode naturelle.

De Jussieu (Antoine-Laurent, 1748-1836). Comme Newton, Antoine-Laurent de Jussieu n'a eu qu'une pensée, mais elle devait nous mettre à portée de lire l'ordre de la création dans les êtres naturels, comme celle de Newton nous a démontré l'ordre et les lois de la matière agissant à l'état moléculaire ou en masse.

Il naquit à Lyon le 12 avril 1748, de Christophe de Jussieu, l'aîné des seize enfants de Laurent. Il vint à Paris en 1765, à l'âge de dix-huit ans, pour y terminer ses études médicales, sous la direction de son oncle Bernard, qui l'introduisit au Jardin des Plantes, où Lemonnier le choisit pour faire les cours de botanique à sa place, lorsqu'il devint premier médecin de Louis XV; et il fut accepté par Buffon, intendant du Jardin du Roi.

Il se fit recevoir docteur en médecine en 1770, à vingt-deux ans; le sujet de sa thèse est remarquable : *An œconomiam animalem inter et vegetalem analogia?*

Il devint membre de l'Académie des sciences en 1773, et lut à l'Académie un mémoire sur l'examen de la famille des renonculacées. C'est dans ce mémoire qu'il montra toute la direction de ses travaux; c'est là qu'il posa la base de la subordination des caractères. Adanson fut chargé du rapport sur ce premier mémoire, qui détermina son admission dans l'Académie.

Le jardin de botanique avait été disposé d'après la méthode de Tournefort; quand Linné parut, Buffon ne voulut jamais consentir à l'introduction du système sexuel dans l'arrangement du jardin; cette résistance même le prépara à céder aux sollicitations pressantes d'Antoine-Laurent de Jussieu, qui s'occupa immédiatement de l'agrandissement de l'école de botanique, et de sa plantation suivant la méthode des familles naturelles. Il consigna les bases de cette méthode dans son célèbre Mémoire sur le nouvel arrangement de l'école de botanique, dans lequel il développa ses principes d'une manière encore plus étendue qu'il n'avait fait dans le premier.

En 1779, il se maria pour la première fois, et eut deux filles de ce mariage.

M. Desfontaines ayant succédé à Lemonnier dans la place de professeur de botanique, Antoine-Laurent de Jussieu cessa ses démonstrations, dont il avait successivement perfectionné les cahiers depuis 1774, où il avait commencé à les rédiger. De ces deux hommes donnés par Lemonnier au Jardin des Plantes, l'un, M. Desfontaines, introduisit dans la science la physique végétale ; et l'autre, Antoine-Laurent de Jussieu, formula ce grand effort de méthode, qui ne pouvait s'effectuer que dans notre nation et dans une langue logique comme la langue française. En 1784, il fut nommé membre de la commission chargée de faire un rapport sur le magnétisme animal, qui venait d'arriver en France. Entreprise moins nouvelle qu'on ne croit, née de l'Allemagne, comme la crânioscopie, et fondée sur quelques phénomènes naturels, difficiles à expliquer, joints à un grand nombre de supercheries du compérage ; ces théories, qui tiennent autant à l'organisme qu'à la psychologie, n'ont pas encore pu recueillir de données assez certaines pour s'introduire dans une science positive. Les théologiens en ont peut-être trop redouté les conséquences, et les adeptes s'en sont exagéré l'influence et la portée.

Quoi qu'il en soit, M. de Jussieu ne fut pas d'accord avec les autres membres de la commission, il refusa de signer leur rapport, et en fit un qui marque un homme

de bonne foi. La conclusion de ce rapport est que
l'homme produit sur son semblable une action sensible
par le contact, et quelquefois par un simple rapprochement à distance; mais l'auteur attribue cet effet à l'émanation de la chaleur animale, plutôt qu'à un fluide magnétique non encore démontré.

En 1788, il commença l'impression du *Genera plantarum*, au mois de mai; elle fut terminée au mois d'a-
vril de l'année suivante, et il le publia au mois de juillet
1789, sous le titre de *Genera plantarum secundum
ordines naturales disposita, juxta methodum in horto
regio parisiensi exaratum, anno* 1784. Le rapport à l'A-
cadémie des sciences en fut fait par de Lamarck, celui à
l'Académie de médecine par Hallé. Il devait le donner
ensuite en français, comme l'indique sa préface; mais il
n'a pas exécuté ce projet.

La révolution arrivée dans le monde politique ne
laissa pas Antoine-Laurent de Jussieu dans sa carrière
de savant. Il fut nommé, en 1790, par sa section, membre de la municipalité de Paris. Il fit un rapport sur les
hôpitaux, et fut chargé de l'administration des hôpitaux
et hospices de Paris, fonction qu'il remplit jusqu'en
1792 avec beaucoup de zèle, et en travaillant à améliorer ces établissements.

Il se maria pour la seconde fois en 1791; de ce mariage il eut une fille et un fils, M. Adrien de Jussieu,
qui lui a succédé au Jardin des Plantes, et y occupe la
place de professeur de botanique rurale, créée par sa
famille [1]. En 1793, arriva la conversion du Jardin des
Plantes en École spéciale des sciences naturelles, et en
Muséum d'histoire naturelle. Dans la nouvelle organi-

[1] M. Adrien de Jussieu vient de publier, sur la botanique, un ouvrage
qui est un pas remarquable vers la démonstration de la série végétale.

sation, il fut nommé professeur de botanique rurale. Il s'occupa avec un grand zèle de l'administration du Muséum, dont il fut souvent nommé directeur. Il fut aussi nommé membre de l'Institut à sa création; et en 1804, à la création de l'École de Médecine, il fut nommé professeur de matière médicale.

Il reprit la publication de ses travaux dès 1802, et s'occupa de revoir chaque famille naturelle; cette direction devint de plus en plus évidente dans une suite de mémoires qu'il publia de 1804 à 1819. Il publia le dernier de ces mémoires à soixante-douze ans; il a pour objet les rubiacées.

Cependant il ne resta pas oisif; sa vue s'étant considérablement affaiblie, il s'occupa de la rédaction en latin du *Proœmium* qui devait être mis à la tête de la nouvelle édition du *Genera plantarum*. En 1822, à la nouvelle réforme de l'École de Médecine, il en fut exclu, sans doute à cause de son grand âge. En 1826, il se démit de sa place au Muséum, et fut remplacé par son fils, qu'il vit entrer à côté de lui à l'Académie, en 1831. Enfin, après un affaiblissement successif de sa vue et de ses facultés physiques, sans aucune altération de ses facultés intellectuelles, il cessa de vivre au bout de quelques jours de maladie, le 15 septembre 1836, à l'âge de quatre-vingt-huit ans, après soixante-trois ans d'académie, et soixante-six de professorat au Jardin du Roi.

III. *Comment ses ouvrages nous sont parvenus, et éléments de ses ouvrages.*

Antoine-Laurent de Jussieu est venu dans les circonstances les plus favorables que l'on puisse imaginer pour produire son effort; ses ouvrages, d'ailleurs, nous sont parvenus d'une manière extrêmement simple. Nous les avons dans ses leçons orales, que l'on doit toujours compter ; la plantation du jardin de botanique, qui est un livre toujours ouvert ; et, enfin, l'impression pendant toute sa vie de ses travaux et de ses nombreux mémoires, au fur et à mesure qu'il les produisait.

Les éléments de ses ouvrages sont d'abord dans les entretiens et les idées de son oncle Bernard de Jussieu ; dans les catalogues du Jardin de Trianon et les mémoires de son oncle ; dans les herbiers nombreux et considérables laissés par sa famille, qui possédait en outre une collection de cinq ou six cents champignons, laissés par le Père Barrelier, de l'ordre des Minimes ; les herbiers, encore plus nombreux, du Muséum d'histoire naturelle ; et il ne faut pas oublier que les herbiers sont beaucoup plus importants pour le botaniste que les collections pour le zoologiste ; enfin, l'état où la science était parvenue avant lui, par les travaux de ses prédécesseurs. Il faut y joindre encore ses relations amicales et scientifiques avec tous les botanistes de l'époque pendant laquelle il a vécu et auxquels il a survécu.

Mais le point le plus important, c'est l'état où la science était parvenue. Nous avons montré comment les besoins de la science perfectionnée dans la direction de Haller, avaient conduit Pallas à l'établissement des groupes et des genres naturels en zoologie; or, ce travail se faisait en même temps en botanique, et de là est résultée la création du Jardin des Plantes, comme besoin de l'époque; et, par suite, l'histoire naturelle proprement dite sortit du génie de Buffon. A l'époque où Buffon prit la direction du Jardin, la minéralogie était peu ou fort peu étudiée, tellement qu'elle n'était représentée par aucun membre de l'Académie des sciences. Il n'en était pas de même des deux autres parties, surtout de la botanique.

Le Jardin du Roi, créé sous Louis XIII par Gui de la Brosse, pour les élèves en médecine, passa à son neveu Fagon, sous lequel Tournefort y entra. A cette création il faut joindre l'acquisition que fit Louis XIV de la collection de plantes et d'animaux faite par Gaston de France, son oncle, à la mort de celui-ci, le 3 février 1660. — Nicolas Robert, qui l'avait commencée, y fut attaché comme dessinateur; chaque vélin lui était payé cent francs. A l'ouverture du Jardin royal de Paris, le 10 juin 1717, Tournefort prononça un *Discours sur la structure des fleurs, leurs différences et l'usage de leurs parties*. C'est lui qui le premier a commencé à faire dessiner les parties des plantes pour établir les classes et les genres. Aubriet, qui succéda à Jean Joubert, peintre du roi au Jardin royal, y continua la collection de Robert; mais, lorsque Tournefort entreprit ses voyages, Aubriet le suivit dans le Levant pour dessiner les plantes; et c'est à lui que sont dues toutes les figures des voyages de cet auteur, aussi bien que celles des Éléments de botanique. Aubriet continua ses fonctions sous Vaillant. La collection de vélins était d'abord à la Bibliothèque du Roi; depuis la révolution on l'a transportée au Muséum d'histoire naturelle.

Tournefort, en mourant, laissa l'enseignement de la botanique au Jardin des Plantes à Antoine de Jussieu et à Vaillant le démonstrateur. La méthode de Tournefort donnait bien un certain nombre de familles naturelles et mettait sur la voie d'en démontrer un bien plus grand nombre; elle se rapprochait d'ailleurs de la méthode de Magnol, publiée en 1689, sous le titre de *Familiæ plantarum per tabulas dispositæ*; elle devait donc sourire aux Jussieu, qui avaient été à Montpellier les élèves de Magnol, et qui s'y étaient imbus de ses idées.

La reconnaissance, d'ailleurs, faisait à Antoine de Jussieu une sorte de devoir de ne pas combattre, sinon d'embrasser les idées de Tournefort, et de suivre sa méthode, tandis que Vaillant frondait, en suivant dans ses démonstrations le système sexuel. Bernard de Jussieu, qui succéda à Vaillant lui-même, put recueillir tous ces divers éléments, en apprécier la valeur pour la léguer à son neveu.

Ces deux phytologistes célèbres imprimèrent à la botanique une direction que propagèrent leurs nombreux élèves, dont plusieurs entrèrent à l'Académie, entre autres Guettard et Adanson.

Guettard, né à Étampes le 22 septembre 1715, est l'un des hommes qui ont le plus contribué en France à répandre le goût de la minéralogie. Il étudia la botanique sous Jussieu, et suivit ensuite les leçons de Réaumur, qui le fit admettre, en 1734, à l'Académie des sciences. Il communiqua à cette société le résultat de ses observations minéralogiques, et prit l'engagement de faire connaître toutes les richesses de la France en ce genre; travail immense auquel il se livra avec la plus grande activité. Parmi le grand nombre de mémoires qu'il publia dans l'Académie, il faut remarquer: 1° *Mémoire sur la nature et la situation des terrains qui traversent la France et l'Angleterre*, 1746. Il y démontre l'analogie des terrains de ces deux pays, qu'il divise en trois bandes, sablonneuse, marneuse et métallique. 2° *Mémoire sur les granites de France, comparés à ceux d'Égypte*, 1751. 3° *Mémoire sur quelques montagnes de la France qui ont été des volcans*, 1752. Il y prouva, le premier, que les principales montagnes de l'Auvergne sont des volcans éteints. 4° *Mémoire dans lequel on compare le Canada à la Suisse, par rapport à ses miné-*

raux, avec des cartes minéralogiques, 1752. Il y établit que les fossiles de ces deux pays sont absolument semblables; mais son travail, à cet égard, comme il en convient, est très-incomplet. Ses autres ouvrages sont: 1° *Observations sur les plantes;* on y trouve le catalogue des plantes qui croissent aux environs d'Étampes et d'Orléans, et des remarques sur celles qu'il avait observées dans le bas Poitou et l'Aunis. 2° *Histoire de la découverte faite en France de matières semblables à celles dont la porcelaine de la Chine est composée*, 1765. C'est cette découverte si importante qui a donné lieu à l'établissement de la manufacture de Sèvres. 3° *Mémoire sur la minéralogie du Dauphiné.* 4° *Atlas et description minéralogique de la France*, 1780. Cet Atlas, publié par Monnet et dressé par Dupain-Triel, pour la partie géographique, ne contient que trente-deux cartes; on trouve cependant des exemplaires qui en contiennent quarante. Si ce travail avait été terminé, il aurait contenu deux cent seize cartes. Chaque carte, outre l'explication des signes minéralogiques, est accompagnée d'une coupe de terrain. Guettard mourut le 8 janvier 1786. Ses mémoires ont beaucoup servi à Pallas pour l'établissement de sa théorie, et la géologie leur doit beaucoup. Il est probable aussi qu'il dut contribuer à modifier les idées de Buffon dans sa Théorie de la terre.

Adanson naquit à Aix le 7 avril 1727. Son père, attaché au service de M. de Vintimille, alors archevêque de cette ville, le suivit à Paris, où Adanson fit les études les plus brillantes. Il étudia sous Réaumur et Bernard de Jussieu. Destiné d'abord à l'état ecclésiastique, il y renonça pour se livrer tout entier à la science. Les idées qu'il avait puisées à l'école de Jussieu lui firent rejeter la méthode de Linné, et s'en créer à lui-même plusieurs qui lui paraissaient plus en rapport avec la nature. A vingt et un ans il entreprit à ses frais le voyage du Sénégal. Il visita, dans la traversée, les Açores et les Canaries; passa cinq ans au Sénégal, et s'y livra à l'étude et aux recherches de tout genre. C'est là que, mûrissant par l'observation ses idées de méthode et de familles naturelles, il conçut le projet et le plan gigantesque d'une méthode qui devait embrasser tous les êtres, et, suivant son expression, *toutes les existences.* Il adressa plusieurs lettres à Bernard de Jussieu, pour lui faire part de ses idées. Après son retour du Sénégal, il publia, par le secours de M. de Bombarde, *son Histoire naturelle du Sénégal,* 1757 ; ouvrage qu'il termina par une nouvelle classification des *testacés,* ou animaux à coquilles, qu'il rangea suivant sa méthode universelle, dont il commençait ainsi à donner un aperçu. Il publia aussi un Mémoire sur le *baobab,* dans lequel il confirma ce qu'en disaient les voyageurs, et fit connaître l'accroissement progressif de cet arbre extraordinaire, ainsi que la famille des malvacées, à laquelle il le rapportait. En 1759, il fut admis à l'Académie, et il publia ses familles des plantes en 1763.

Plusieurs bizarreries qui se rencontrèrent dans cet ouvrage en empêchèrent tout le fruit. Cependant, poursuivi toujours par l'idée de sa méthode universelle, il conçut le plan d'une encyclopédie complète, le soumit à l'Académie, dans l'espoir que son rapport déterminerait le gouvernement à le seconder dans l'exécution. Mais cette communication ne servit qu'à montrer l'immense étendue des connaissances de son auteur, et son incroyable activité pour le travail.

Adanson traita dans un mémoire la grande question

de savoir si les espèces des plantes changent par le mélange des pollens, ou si elles sont invariables. Il avait,
d'après Linné, adopté la première opinion dans ses familles des plantes; mais de nombreuses observations
lui prouvèrent le contraire. Il a fait bien d'autres travaux intéressants, mais qui n'égalent pas les manuscrits
qu'il a laissés comme parties d'exécution de son Encyclopédie. La révolution vint lui enlever les places qui
fournissaient à son existence, avec les moyens d'étude
et d'observations. Réduit presque à l'indigence, il passait
sa vie dans son lit, pour économiser des moyens d'é-
tudes. Quand l'Institut fut organisé après la tourmente,
Adanson, appelé dans son sein, répondit qu'il ne pouvait s'y rendre, *parce qu'il n'avait pas de souliers.* Il
mourut le 3 août 1806.

La zoologie, moins cultivée que la botanique, commençait cependant à l'être à cette époque.

Réaumur était à la tête de la science, et jouissait
d'une grande considération par sa position sociale, sa
fortune et ses travaux. Il naquit à la Rochelle en 1683.
Après avoir fait son droit, il se livra à l'étude des
sciences, entra à l'Académie à vingt-quatre ans, et l'il-
lustra pendant près de cinquante ans. La physique et
les arts lui doivent un grand nombre de découvertes
et de grands progrès. Mais l'histoire naturelle ne lui doit
pas moins d'observations fines, délicates et nombreuses;
ce qu'il a surtout de remarquable, sont ses *Mémoires
pour servir à l'histoire des insectes,* dont six volumes
ont paru de 1734 à 1742; le septième et le huitième
volume sont demeurés manuscrits. Cet ouvrage est un
des plus intéressants, pour le fond comme pour les détails, qui aient paru sur cette partie de la science; il
plaça Réaumur à la tête des savants, et lui acquit une

considération que Buffon seul put balancer par son style enchanteur; et l'on dit que Réaumur eut la faiblesse d'en être jaloux. Il mourut le 18 octobre 1757, âgé de soixante-quatorze ans. C'est à lui que sont dues les premières collections considérables en zoologie; Brisson, qui en était conservateur, y a puisé toutes ses descriptions pour les quadrupèdes, et surtout pour les oiseaux. Après sa mort, elles formèrent le fond du Muséum.

C'est encore à cette époque que les deux grands hommes, Linné et Buffon, qui ont donné une si vive impulsion à l'étude des sciences naturelles, commencèrent à paraître.

Linné fut bien accueilli en France; et Bernard de Jussieu donna une édition du *Systema naturæ*, à Paris. Le voyage de Linné à Paris eut lieu en 1738.

C'est alors aussi que Buffon parut à la tête des naturalistes, d'abord comme intendant du Jardin du Roi, et ensuite comme se proposant d'écrire une histoire naturelle, générale et particulière, qui devait embrasser la terre dans son ensemble et ses détails, l'homme, les animaux et les plantes. Sa position, et surtout l'immense succès des trois premiers volumes de son ouvrage, qui parurent en 1749, durent éveiller les critiques. Mais, de toutes, la plus sérieuse est celle de Malesherbes, qui est due assez probablement au commerce de celui-ci avec Bernard de Jussieu et Guettard. Cependant il ne publia pas ses recherches critiques immédiatement, parce qu'il devint le confrère de Buffon en entrant à l'Académie; son mémoire n'a été mis au jour que par le Père Abeille. On remarque dans ce Mémoire une doctrine qui est le contre-pied de celle de Buffon : « La philosophie est la science des choses naturelles; elle se partage en deux

4.

parties : la connaissance des effets et la recherche des causes. La connaissance des effets est la science des natures, anatomie et botanique ; la connaissance des causes, à priori, donne les sciences physiques et mathématiques ; à postériori, l'expérience. »

« La vérité est entièrement indépendante de nous ; elle est antérieure à toutes nos connaissances. P. 199.

« La métaphysique est la science des choses surnaturelles ; en quoi elle diffère de la physique, ce sera dans la théologie ; mais, dans l'usage, c'est une partie de la philosophie, qui a pour objet les substances spirituelles et les êtres intellectuels ; d'où deux autres parties : la première, *pneumatologie* ou *psychologie*, qui traite de la nature de l'âme ; la seconde, l'*ontologie*, la science des idées et la connaissance des aptitudes de l'esprit.

« Il serait à désirer que l'histoire naturelle possédât une nomenclature telle que, d'après ses principes, les familles naturelles se trouvassent rapprochées et fissent les classes et les ordres du système.

« Pour les progrès des sciences, il faut de ces génies vifs et hardis qui hasardent, comme il faut de ces esprits lents, mais sages, qui assurent les découvertes. P. 147.

« C'est à la méthode naturelle que doivent tendre *tous nos efforts ; et celui de qui on doit l'attendre n'est peut-être pas si éloigné de nous qu'on se le figure.* P. 148.

« L'histoire naturelle, c'est l'histoire de la nature, c'est la connaissance des productions de la nature et des lois que la nature s'est prescrites.

« Les minéraux n'ont pas de familles régulières, comme les animaux et les végétaux ; aussi y a-t-il beaucoup de variétés.

« La nomenclature, qui n'était qu'une convention, un dictionnaire, est devenue, dans les mains de Linné, une partie considérable de la science. **P.** 171. Le grand nombre de noms individuels des choses naturelles, loin d'être propre à l'avancement d'une science, n'en est que l'abus.

«Les méthodes sont la preuve des progrès faits par une science, et la voie la plus sûre de les constater.»

Il discute ensuite ce qu'on doit entendre par caractère ; il veut que le caractère soit constant et inhérent à la chose. Un naturaliste doit embrasser toutes les productions de la nature, indépendamment de l'utilité qu'il en peut retirer. L'ordre est celui qui est le plus commode pour retenir ses connaissances, pour les communiquer, celui qui est le plus propre à les perfectionner en en faisant apercevoir les rapports. Le premier point ou principe est celui des méthodes artificielles, et le second est la méthode naturelle.

Puis, il examine et défend avec beaucoup d'habileté plusieurs des classes de Linné. Ainsi, tout en combattant Buffon, Malesherbes marchait à l'établissement et à la défense des principes de la méthode, et préparait par conséquent les voies à celui qui devait démontrer la méthode naturelle.

Outre ces divers efforts, nous avons vu le nombre d'objets, de faits, s'accroître dans la science ; il fallait donc un ordre quelconque, une méthode, pour en embrasser la totalité. Par suite devait naître la direction vers la méthode naturelle qui avait commencé d'abord en botanique, par Magnol, par Ray, etc. Car il faut bien le remarquer, il est impossible de ne pas apercevoir la ressemblance et les analogies des ombellifères, des crucifères, des papilionacées, etc., avant de savoir sur quoi repose cette ressemblance. Il fallait donc un génie propre à démontrer ce grand principe de la nature. Jusqu'ici il y avait bien eu des classifications, mais elles étaient toutes artificielles; ce n'étaient que des dictionnaires un peu plus parfaits que les dictionnaires alphabétiques; mais on ne pouvait rien en tirer pour la connaissance de la nature et de ses lois. Il fallait donc que la science fût constituée en méthode naturelle, dans laquelle des principes étant posés, il devait en sortir des conséquences. Ainsi, double besoin : juger les êtres d'après leurs rapports avec d'autres êtres, et en faire ressortir les lois de la nature. C'est là l'œuvre de la famille de Jussieu, qui occupe le dix-huitième siècle. Il était impossible de prendre un seul de ses membres, puisque Antoine-Laurent de Jussieu reconnaît n'avoir fait qu'exécuter ce qui avait été préparé par ses oncles. Avant donc d'entrer dans sa biographie, nous avons vu l'aîné de ses oncles, Antoine, arrivant à Paris dans les circonstances favorables, succéder à Tournefort, en même temps que Vaillant soutenait les errements de Linné. Bernard de Jussieu, succédant à Vaillant, trouve donc tous ces divers éléments, et il les élabore et les unit. Il dut longtemps travailler, longtemps mesurer avant de publier. Son mémoire sur la pillulaire, le plus important et le plus remarquable, est tel qu'il ne serait pas possible de faire mieux aujourd'hui. Aussi y a-t-il jeté toutes les grandes questions qui vont entrer dans la science. Il établit et montre comment il faut abandonner Tournefort pour suivre les errements de Linné, non pas dans le système sexuel, mais dans les rapports de familles naturelles, et c'est d'après ces principes qu'il donne la caractéristique de la plante qui fait l'objet de son mémoire. C'est encore Bernard de Jussieu qui a insisté sur les propriétés des plantes de la même famille. Nous voyons donc là toutes les circonstances les plus favorables, au milieu desquelles s'est trouvé Antoine-Laurent de Jussieu. Il nous reste à voir ce qu'il a fait.

IV. *Énumération et analyse de ses ouvrages.*

Ses travaux n'embrassent évidemment qu'un des rayons du cercle, et même qu'une partie de ce rayon. Car nous n'avons pas à compter le petit nombre de ses autres travaux administratifs ou historiques. Mais, comme il a compris la méthode, autre rayon du cercle, dans celui qu'il a étudié, nous avons dû l'envisager sous ce point de vue; c'est donc comme méthodiste, et non comme botaniste, que nous le considérons.

La série de ses travaux peut être partagée en quatre catégories : 1° ses travaux préliminaires, qui embrassent sa thèse, portent sur la famille des renonculacées, l'ordre des plantes adopté dans les démonstrations du Jardin, les rapports qui existent entre les caractères des plantes et leurs vertus [1]; 2° ses travaux d'exécution ont tous pour but l'établissement de la méthode et son application à l'étude des plantes, depuis le célèbre *Genera plantarum*, jusqu'à la table alphabétique des ordres, des genres et des synonymies [2]; 3° ses travaux d'études et de

[1] I. Les travaux préliminaires d'Ant.-Laur. de Jussieu embrassent sa thèse : *An œconomiam animalem inter et vegetalem analogia?* 1770.

Son Examen de la famille des renonculacées. 1773.

Exposition d'un nouvel ordre des plantes adopté dans les démonstrations du Jardin royal. 1774.

Mémoire sur les rapports qui existent entre les caractères des plantes et leur vertu. (Mém. de la Soc. roy. de méd. 1786.)

[2] II. Ses travaux d'exécution ou de construction renferment :

Genera plantarum secundum ordines naturales disposita, juxtà methodum in horto regio parisiensi exaratam. 1 vol. in-8° de 498 pages. 1789. Une seule édition renfermant :

1° *Introductio in historiam plantarum.* 62 pages; seule partie que

perfectionnements sont dans la même direction, et consistent en plusieurs mémoires sur diverses parties de la
fleur, les caractères généraux de familles, et l'établissement de nouvelles familles [1] ; 4° ses travaux de terme ou
d'exécution terminale sont la conséquence de tous les
travaux précédents, et la démonstration définitive des
principes de la méthode naturelle [2].

nous puissions analyser, parce qu'elle contient les principes qui ne
sont qu'appliqués dans les autres.

2° *B. de Jussieu ordines naturales in Lud. XV horto Trianonensi,
dispositi.* (Ann. 1759. 8 pages.)

3° *Index methodi ordines naturales complectentis.*

4° *Series ordinum naturalium aut familiarum.*

5° *Expositio characteristica, classium ordinum aut familiarum et
generum.* 1754.

6° *Index et expositio plantarum incertæ sedis.* 30 pages.

7° *Appendix corréctiva et addit.*

8° *Index alphabeticus ordinum, generum synonymorum.* 44 pages.

[1] III. Ses travaux d'études et de perfectionnement comprennent :

1° *Note sur le calice et sur la corolle.* (Ann. du Mus., XIX, 181.)

2° *Mémoires sur les caractères généraux de familles,* tirés des
graines et confirmés ou rectifiés par les observations de Gærtner,
au nombre de quatorze, de 1804-1819. (Ann. du Musée.)

3° *Mémoires sur l'établissement de familles nouvelles, et Observations sur quelques familles anciennes,* au nombre de quinze, de 1803–
1820. (Ann. du Mus.)

4° *Mém. sur différ. genres de plantes ou sur quelques espèces,* au
nombre de dix-huit, de 1802-1820. (Ann. du Mus.)

5° *Articles du Dictionnaire des sciences naturelles de* 1804-1825.

[2] IV. Ses travaux de terme ou d'exécution terminale comprennent :

1° *Principes de la méthode naturelle des végétaux.* (Dictionn. des
sciences natur., Paris, 1824.)

2° *Introductio in historiam plantarum, introductionis olim generi-
bus plantarum præmissæ editio altera, posthuma, aucta et maximâ
parte nova ; accedunt ordines naturales in horto parisiensi primûm dispositi, post annum 1774.* Ope posth. à filio et successore A. de
Jussieu publicata in Sc. nat. Ann. 1838.

Analyse de l'Introductio in historiam plantarum.
Après quelques considérations sur l'histoire naturelle
en général, qu'il définit *Scientia quæ animantium, ve-*
getantium et mineralium naturam scrutatur et evolvit, il
montre que l'on doit rejeter la division en trois règnes,
et partager tous les êtres naturels en deux : règne organique et règne inorganique; les uns ayant vie, et les
autres en étant dépourvus.

Il distingue les végétaux des animaux par la vie, qui
est plus simple dans les premiers; ils sont privés de nerfs
et de muscles, et, par conséquent, ne sentent ni ne se
meuvent spontanément.

Animal est corpus organicum vivens, sentiens et agens;
planta vero corpus organicum vitæ compos, sed motûs
propriè et sensationis expers.

Il passe ensuite à la botanique, qu'il définit dans toute
son extension : *Scientia quæ vegetantium naturam in-*
quirens, organorum in ipsis texturam, actionem, situm
mutuum, præstantiam et reciprocam discrepentiam de-
terminat, et indè deducit signa exteriora plantis distin-
guendis, definiendis et ordinandis utilia. D'où il est évident que, pour lui, le dernier terme de la science est la
méthode.

Il donne ensuite l'exposition des parties et de leur
fructification; la différence des parties qu'il énumère et
analyse méthodiquement; la définition des caractères
tirés de la différence de ces parties; la manière dont il
faut s'en servir pour distinguer les espèces et les variétés, pour définir convenablement et établir les *genres;*
pour les nommer, d'où la nomenclature (nomenclatio),
et les décrire, d'où la description (descriptio); pour en
former des classes et composer les systèmes et les méthodes, et il prend pour exemple ceux de Tournefort et
de Linné, qui sont artificiels.

Puis, déduisant du but véritable de la science que la seule bonne méthode est la méthode naturelle, il en expose la nature et les principes.

Il définit la méthode naturelle : *Methodus quæ omnigenas connectit plantas vinculis indivisis sive seriatim expositas velut annulos in catenâ, sive collectas fasciatim quales bacilli in fasciculo plures, aut fasciculi in fasce.*

Par suite de l'impossibilité qu'il voit à établir la série, à cause du manque d'un trop grand nombre de chaînons, il croit qu'il faut perfectionner la méthode sous forme de carte géographique.

Exposant ensuite les principes de la méthode naturelle, il commence par définir l'espèce, *la collection des individus semblables dans toutes leurs parties, et toujours conformes par une série continue de générations.*

Le rapprochement naturel des espèces est produit en joignant celles qui sont conformes par le plus grand nombre de caractères, ce qui constitue le genre, l'assemblage des espèces semblables, dont il est difficile de donner une définition et de fixer les limites, surtout dans la méthode naturelle.

Les règles données par Linné pour la formation des genres ne suffisent pas ; les caractères tirés de la fructification sont incomplets dans la méthode naturelle, qui demande des caractères de toutes les parties, car la nature a sanctionné d'autres lois imprimées dans les plantes mêmes. Parmi ces caractères, les uns sont constants, les autres varient. La triple partition des caractères en stables, semi-stables et instables, ne suffit pas pour établir les genres ; il faut encore peser la valeur des caractères et donner à chacun sa place immuable.

Après que les espèces voisines auront été réunies dans leur genre naturel, il faut, par la même loi d'affinité, réunir les genres en familles ou ordres, puis ceux-ci en classes. Mais les caractères ne doivent pas seulement être comptés, ils doivent encore être pesés et estimés. Et c'est là la base principale de la méthode naturelle, la loi de la subordination des caractères.

Ces caractères se distinguent en trois classes :

1° Primaires, essentiels, toujours uniformes et constants dans tous les genres : ils sont tirés d'organes essentiels ;

2° Secondaires, généraux, presque uniformes, variant seulement par exception : ils sont tirés d'organes non essentiels ;

3° Tertiaires, tantôt uniformes, tantôt variables : ils sont tirés d'organes essentiels ou non essentiels.

Appliqués aux plantes, ces principes donnent comme caractères :

1° Primaires, le nombre des lobes ou cotylédons dans l'embryon, et, conséquemment, dans les dicotylédones, la structure intime stratiforme de la tige environnée d'une écorce, et dans les monocotylédones la même tige fasciculaire et sans écorce distincte. A ce caractère, certainement primaire, se joint prochainement la situation respective des organes sexuels ou l'insertion des étamines ordinairement constante, et, pour cela même, presque essentielle. Il faut y joindre encore l'insertion de la corolle staminifère, qui est en affinité avec l'insertion des étamines.

2° Secondaires, l'existence ou le défaut du calice et de la corolle non staminifère, la structure de la même corolle comme monopétale ou polypétale : auxquels il faut joindre peut-être le défaut ou l'existence, et les caractères du périsperme dans la semence, la situation mutuelle du calice et du pistil, exprimée par le signe du germe supère ou infère, peut-être aussi la situation de l'embryon au dedans de la semence, et de la semence au dedans du fruit.

3° Tertiaires, les caractères tirés des enveloppes florales, de la structure de l'ovaire, des étamines et des stigmates, de leur nombre; des feuilles et de leur situation, des stipules, des bractées, des spathes, de la tige herbacée ou ligneuse.

Ainsi succède aux systèmes divers, la science qui, recherchant non-seulement les noms, mais encore la nature des végétaux, considère leur organisation tout entière, et leurs caractères; qui, s'appuyant sur des principes simples en même temps que certains, montre la série naturelle, ou la méthode établie sur la loi des affinités, de sorte que les végétaux qui se ressemblent par le plus grand nombre de caractères sont associés, et que, dans cette énumération des caractères, on estime davantage les plus importants. Il donne l'application de cette méthode dans le tableau suivant.

Index methodi ordines naturales complectentis.

				Clas.
Acotylédones.				I
Monocotylédones.	stamina hypogyna			II
	— perigyna			III
	— epigyna			IV
Dicotylédones.	apetalæ	stamina epigyna		V
		— perigyna		VI
		— hypogyna		VII
	monopetalæ	corolla hypogyna		VIII
		— perigyna		IX
		— epigyna	antheris connatis	X
			antheris distinctis	XI
	polypetalæ	stamina epigyna		XII
		— hypogyna		XIII
		— perigyna		XIV
	Diclines irregulares			XV

V. *Des faits et des principes laissés par Jussieu à la science des corps organisés.*

Une méthode naturelle est la science tout entière, et Jussieu nous en a donné le principe réel en s'appuyant sur la subordination des caractères ; loi applicable à tous les corps naturels, et sur laquelle M. de Blainville se basera pour démontrer la série animale, non-seulement dans ses grandes coupes, mais même dans les espèces et les variétés.

La méthode diffère de l'ordre et est bien plus importante. L'ordre artificiel n'est que mnémonique ; l'ordre naturel, bien plus important, n'est cependant complet que lorsqu'il est converti en méthode, c'est-à-dire lorsqu'il est établi sur les principes et les lois de la nature, principes et lois qui ressortent de l'étude approfondie des caractères distinctifs des êtres naturels, non pas précisément en comptant ces caractères, mais en les pesant et les rangeant d'après leur importance et leur valeur. Telle est la loi de la subordination des caractères.

C'est ainsi que cette pensée unique, cette seule idée de Jussieu, produite, exécutée, démontrée, devait nous mettre en état de lire l'ordre de la création dans les êtres naturels, et donner à la science la stabilité d'un principe. Dès lors il n'y aura plus qu'à appliquer ce principe pour faire, des sciences naturelles, non plus simplement des sciences d'observation, mais une science de démonstration positive, et par conséquent l'une des bases les plus inébranlables de la philosophie.

L'idée même de Jussieu fut mal appliquée par lui aux animaux, lorsqu'il compara le cœur aux cotylédons, et toute la valeur de son principe n'a été bien appréciée que par les progrès de la méthode en zoologie. Tout l'avantage de Jussieu a été de continuer un effort préparé et commencé depuis longtemps, et par suite d'avoir pu émettre son idée de bonne heure, et, seul peut-être, d'avoir joui de sa gloire scientifique dans la postérité, lui vivant; il n'eut point d'honneurs civils, rarement ils laissent au génie la liberté nécessaire pour créer, et le génie, à son tour, est trop élevé pour s'abaisser à les désirer.

SECTION II. — VICQ - D'AZIR.

1748—1794.

I.

Nous venons de constater un progrès exécuté par toute une famille. Dans l'étude biographique du savant, qui doit produire cet autre grand effort d'étendre à tous les corps organisés la direction donnée par Haller à l'étude de l'homme, en créant l'anatomie comparée, nous allons trouver un exemple entièrement opposé, du moins sous le premier rapport. Ce sera un homme dont la vie scientifique, si pleine, est interrompue brusquement par la mort, au milieu de la carrière la plus active et la plus féconde, dans laquelle il n'avait plus qu'à profiter, pour ainsi dire, de l'impulsion qu'il s'était donnée; un homme dont l'effort scientifique est lui-même suspendu par une crise épouvantable dans l'état social, au point qu'après sa terminaison apparente, on croit voir une seconde renaissance des sciences et des lettres, et que la génération suivante peut à peine remonter jusqu'à l'auteur réel de ce grand effort,

étourdie qu'elle est par les prétentions incessantes de
ses successeurs.

En effet, Vicq-d'Azir, comme organologiste, n'a pas
été encore convenablement jugé. Moreau de la Sarthe,
quoique médecin instruit, ne paraît pas avoir été en
état de l'apprécier, et encore moins Lemontey, qui, du
reste, l'a parfaitement jugé comme écrivain et comme
philosophe.

Nous avons à considérer en lui le créateur de l'organologie, pour l'appliquer à tous les êtres naturels. Prenant l'anatomie de l'homme au point de Haller, il va la
perfectionner dans la direction d'anatomie comparée,
et reprendre ainsi Aristote et Galien oubliés. Comme
conséquence, il va conduire à la signification des parties
dans la série. Telle est l'œuvre commencée et achevée par
Vicq-d'Azir, et qu'un médecin seul pouvait produire.

II. *Éléments et extrait de sa biographie.*

Les éléments de sa biographie ont été assez difficiles
à recueillir; il est mort à quarante-six ans, dans les circonstances les plus pénibles. Nous trouvons peu de
chose dans les préfaces et les avertissements de ses ouvrages, non plus que dans ses Mémoires.

Lorsque la tourmente révolutionnaire fut un peu
apaisée, M. Moreau de la Sarthe donna une édition des
œuvres de Vicq-d'Azir, en 1805; il a inséré dans le premier volume un Discours sur la vie et les ouvrages de
Vicq-d'Azir; mais il ne l'avait pas connu.

M. Lemontey, qui avait vécu avec lui, et en avait
même été protégé, fit son Éloge historique, comme
membre de l'Académie française, le 25 août 1825; mais
il ne l'a point envisagé sous le point de vue scientifique.

L'article de la Biographie de Michaud, par G. Cuvier, en 1827, est plus satisfaisant.

Félix Vicq-d'Azir naquit à Valognes en Normandie, le 28 avril 1748. Son père pratiquait la médecine dans cette ville, et sa mère s'appelait Catherine le Chevalier. Il fit ses premières études, jusqu'en rhétorique, au collége de sa ville natale, qui était alors sur un très-bon pied, et qui a conservé, dit-on, sa valeur. Il alla les terminer par sa philosophie à Caen, où il eut pour condisciple le célèbre Laplace, Normand comme lui, dont il devint l'ami. Vicq-d'Azir dut donc prendre une direction mathématique. Il balança quelque temps pour le choix d'un état, entre la littérature, le sacerdoce et la médecine. Il penchait vers l'état ecclésiastique, dans le but de pousser ses études plus largement qu'en médecine, où le préjugé semblait alors renfermer les médecins dans une sphère étroite. Son père le détermina à embrasser sa profession, et, à dix-sept ans, en 1765, il vint commencer son cours de médecine à Paris. Il eut pour maître et pour ami Antoine Petit.

A cette époque, la chirurgie française était arrivée à son plus haut point de gloire, par un grand nombre d'hommes distingués qui ont laissé un nom fort recommandable, et surtout par les Mémoires de son académie. L'anatomie même n'était pas sans éclat. Mais il n'en était pas de même de la médecine dans l'école de Paris; elle semblait encore abaissée sous les coups satiriques que nous avons vu Molière lui porter, tandis que l'école de Montpellier était au contraire très-florissante.

Vicq-d'Azir se livra avec ardeur à l'étude de la médecine et des sciences qui lui servent d'auxiliaires. Il entra en licence avec un éclat surprenant. Il choisit, pour l'une de ses thèses, la seule originale, un sujet très-intéressant, celui de déterminer le poids que supporte le sphénoïde dans les diverses charges de la téte; direction, comme on le voit, de mécanique animale, que l'on peut considérer comme le résultat de ses liaisons avec Laplace; il s'en tira d'une manière extrêmement brillante. Ses autres thèses ne furent que des sujets qu'il choisit dans le recueil de la Faculté.

Après sa licence, en 1773, il ouvrit pendant les vacances un cours d'anatomie humaine, éclairée par sa comparaison avec celle des animaux. L'étendue de ses connaissances, l'élégance, la clarté et la chaleur qu'il savait mettre dans son exposition, lui obtinrent un succès prodigieux, et attirèrent malgré les vacances un très-grand nombre d'auditeurs, maîtres et élèves. On rapporte qu'à la rentrée des écoles, la jalousie de quelques médecins lui fit refuser l'usage de la salle de la Faculté. Antoine Petit, professeur d'anatomie au Jardin du Roi, qui lui-même avait une grande réputation comme professeur, le choisit alors pour faire des leçons à sa place; et, sur ce nouveau théâtre, Vicq-d'Azir n'eut ni moins de succès, ni plus de bonheur. Petit aurait voulu lui ménager la survivance de sa chaire; mais Buffon préféra M. Portal. Alors Vicq-d'Azir ouvrit à son domicile un cours particulier d'anatomie, qui fut suivi par tous les hommes les plus distingués; et la Faculté ne vit d'autre moyen de ramener les élèves qu'en appelant Vicq-d'Azir dans son sein. Il fut chargé pendant deux ans d'enseigner l'anatomie dans l'école, ce qu'il fit suivant un plan qu'il a exposé dans son discours préliminaire de l'Encyclopédie méthodique. Ce fut Vicq-d'Azir qui commença à professer de vive voix, sans aucune lecture de ses cahiers, comme le pratiquaient les autres professeurs.

Quelque temps avant cette époque, mademoiselle Lenoir, nièce de Daubenton, passant avec sa mère devant la maison de Vicq-d'Azir, y fut prise d'un évanouissement. On appela ce médecin pour lui donner des secours; et cet accident fut l'origine d'une liaison qui se termina par un mariage. Dès lors Daubenton procura à Vicq-d'Azir les moyens d'étendre ses recherches à des animaux étrangers. Atteint, par suite de travaux assidus et de leçons répétées, d'un crachement de sang, il fut obligé de suspendre ses leçons, et d'aller passer quelques mois de convalescence dans sa ville natale. Mais, au lieu de s'y reposer, il s'y livra à l'étude de l'organisation des poissons, et y composa en effet ses premiers mémoires à ce sujet.

Il entra à l'Académie des sciences à l'âge de vingt-trois ans; il y acquit l'estime et l'amitié de Lassonne, premier médecin du roi. Il fut choisi par l'Académie, sur la demande du ministre Turgot ou par Lassonne, par droit de sa charge, pour aller étudier une épizootie funeste qui désolait les provinces de la Flandre et de la Picardie, et pour en adoucir les ravages.

A son retour, de concert avec Lassonne, son confrère et premier médecin du roi, il travailla fortement à l'établissement de la Société royale de médecine, dont ils avaient conçu le plan de concert. Créée d'abord comme une espèce de bureau contre les épizooties, cette Société prit bientôt toute l'extension qui lui convenait; Vicq-d'Azir en fut élu secrétaire perpétuel, et consacra beaucoup de temps à la soutenir et à la défendre. L'Académie royale de médecine fut instituée d'abord par un arrêt du Conseil en 1776, et par lettres patentes de 1778 à 1780. Vicq-d'Azir publia le premier volume des actes de cette Société.

Lorsqu'en 1778 elle fut définitivement fondée et établie au Louvre, avec séances publiques, rapports, éloges, grands prix, etc., tous les médecins de la Faculté de médecine qui n'en furent pas membres s'en déclarèrent les ennemis; Malouin, qui fut un de ses plus ardents antagonistes, légua une somme d'argent pour que chaque année la Faculté de médecine fît en opposition une solennité académique.

Dès lors, Vicq-d'Azir fut en butte à toutes les animosités de ses rivaux, devenus presque des ennemis, à la rivalité haineuse de la Faculté de médecine, à l'émulation de l'Académie de chirurgie, fondée en 1748. De là résulta la querelle fameuse des facultaires et des sociétaires, et le procès fut porté devant le Parlement de Paris; il y eut même des comédies et des vaudevilles sur cette querelle. Vicq-d'Azir n'y prit pas part directement, mais il y gagna beaucoup de réputation. Par lui, les séances publiques de l'Académie de médecine devinrent un spectacle recherché, et il en fut ainsi pendant dix ans.

Cependant il avait été nommé, dans l'intervalle, professeur d'anatomie comparée à l'École vétérinaire d'Alfort.

En 1788, il remplaça Buffon à l'Académie française; il fut élu, dit Lemontey, sans difficulté, et succéda comme l'héritier légitime; il prononça, à ce sujet, un discours remarquable sur les écrits de ce grand naturaliste, auquel Saint-Lambert répondit. Il y jugea Buffon comme philosophe, comme naturaliste et comme écrivain.

En 1786, il commença la publication de son Traité d'anatomie et de physiologie, avec des planches coloriées représentant au naturel les divers organes de l'homme et des animaux, dédié au roi.

5.

En 1789, il fut nommé premier médecin de la reine Marie-Antoinette, par son propre mérite et sans acheter sa charge. Il sut mériter la confiance de cette malheureuse princesse, sans obséquiosités; aussi le nommait-elle son philosophe. On dit qu'il était chargé de sa correspondance. Il eut aussi la survivance du premier médecin du roi, dont Lemonnier eut la charge.

Et cependant, malgré ses devoirs à Versailles, malgré une pratique en ville fort étendue, malgré sa charge de secrétaire de l'Académie de médecine, il ne discontinua pas ses travaux d'anatomie et de physiologie.

Il eut la sagesse de résister à l'espèce de folie qui porta la plupart des savants de cette époque dans la lice politique; mais il remplit son devoir de médecin en adressant aux états généraux un plan de réforme de la médecine et de l'instruction publique en général; il y proposa la création d'un institut, formé des diverses académies.

Plus tard, on lui offrit un asile et une position digne de lui dans les pays étrangers, mais il la refusa.

Il continua de remplir ses devoirs de médecin auprès de la reine et de la famille royale, dans toutes les positions où elle se trouva et jusqu'au dernier moment. La catastrophe du 10 août le frappa avec elle.

Le 28 février 1792, il prononça son dernier éloge, celui de Murray, l'élève de Linné; il fut lu devant la Société royale de médecine. En 1793, il composa son dernier écrit sur de Haën, sous le titre de Réflexions critiques.

Dans les crises violentes qui troublaient et trop souvent ensanglantaient Paris à cette époque, il se retirait à la campagne, à Amiens, près Paris, dans la maison de M. Riche de Prony.

Il avait vu périr successivement, après la famille royale, ses amis les plus chers, le duc de Larochefoucault, Bailly, Lavoisier, Malesherbes. Menacé lui-même dans son existence, comme le prouve l'entretien de Couthon et de Portal, rapporté par Lemontey[1]; dominé par la terreur, frappé de douleurs qui l'épuisaient, il prévit lui-même qu'il ne pouvait plus vivre; et, un jour, entrant à la Société des arts, dont ses amis l'avaient fait nommer membre pour le sauver, il serra la main de ses collègues et leur dit : « *Adieu, mes amis, il en est temps, je vais mourir.* »

En effet, ayant été obligé d'assister à la cérémonie où Robespierre proclama l'Être suprême, il en éprouva une telle fatigue, qu'en rentrant chez lui la fièvre le saisit; et peu de jours après il avait cessé d'exister à la fin d'un délire affreux, où il ne voyait que du sang et des supplices. Cuvier dit qu'il mourut d'une inflammation de poitrine, et qu'il était depuis longtemps atteint d'un anévrisme et de crachements de sang. Il mourut le 20 juin 1794, à l'âge de quarante-six ans.

Vicq-d'Azir paraît avoir joui d'une bonne santé, la maladie qu'il fit au commencement de sa carrière prouve que son tempérament était sanguin; et l'activité incessante de ses travaux, que sa constitution était forte. Il était d'un aspect remarquable par la noblesse et la beauté de ses traits, par l'élégance de ses manières, l'animation de son regard, sa physionomie ouverte et le timbre sonore et agréable de sa voix. Aussi ne voulut-il pas se soumettre aux exigences de la mode, qui, à cette époque, imposait aux médecins, jeunes ou non,

---

[1] Couthon, après la suppression des corporations, demanda à Portal où était Vicq-d'Azir.

la perruque, l'habit noir et la canne à bec de corbin.

Ses ouvrages brillent d'une éloquence animée; il n'é-crivit en latin que sa première thèse; tous ses autres écrits furent composés en français. Son style est à la fois élégant et profond, méthodique et précis, sans effort ni recherches, sans ornements factices, sans boursou-flures. Ses observations, ses remarques sont fines, sans pédanterie. Il avait une élocution extrêmement facile; il professait sans cahiers, exemple qui devint bientôt une règle.

Sa conversation était empreinte de bon sens et de bonne foi, et cependant pleine de feu. Dans l'intimité, sa gaieté prenait un caractère de jeunesse. Il redoutait de se trouver seul dans les ténèbres, au point d'en pa-raître pusillanime.

Son activité au travail fut grande, sans doute, pour qu'au milieu d'aussi nombreuses occupations il pût trouver du temps pour la science. Il était praticien à la cour et à la ville, secrétaire et l'âme, pour ainsi dire, d'une académie nouvellement créée, et en butte à la ja-lousie de la Faculté de médecine et à la rivalité de l'Aca-démie de chirurgie; membre de l'Académie des sciences, professeur à l'École d'Alfort, il put cependant trouver le temps de disséquer beaucoup et de composer ses nom-breux mémoires. Aussi passait-il la plus grande partie des nuits au travail, et fut-il obligé de se faire aider.

Au milieu de tant de circonstances variées et varia-bles, dans le centre et le foyer de l'activité humaine, à une époque où les esprits étaient entraînés vers un re-nouvellement de toutes les institutions sociales, et ne pouvaient avoir cette régularité et ce calme nécessaires à un esprit studieux, il sut se mettre en dehors du mou-vement et demeurer dans une tranquillité de progrès.

Sa fortune primitive était peu considérable; mais les emplois élevés auxquels il fut appelé, la portèrent bientôt à un assez haut point; et comme il n'avait ni femme ni enfants, il lui fut possible de l'employer comme éléments de ses travaux. Sa bibliothèque paraît avoir été considérable, choisie et établie avec un certain luxe dans la forme comme dans le fond; Lemontey dit même une rare magnificence.

S'il faut en juger par plusieurs passages de ses écrits et de sa vie, sa sensibilité était très-grande, et son style en est empreint. Naturel et simple, son âme était bonne, vive et entraînante. Il fut bon, sincère, désintéressé, dit Lemontey. Il avait épousé une femme, qu'il perdit au bout de dix-huit mois, et il passa le reste de sa vie comme sans intérêt et sans but; il ne se remaria pas, et ses relations de famille furent par conséquent à peu près nulles.

Ses relations d'amitié eurent lieu avec tous les hommes les plus éminents et les plus sages de l'époque, le duc de Larochefoucault, Malesherbes, Turgot, Lavoisier, Bailly, Daubenton, Antoine Petit.

Il eut pour élèves et pour aides J.-L. Riche et Fragonard.

Ses relations scientifiques furent surtout avec Antoine Petit, qu'il nommait son maître, et avec Daubenton, qui fut son protecteur.

Ses relations sociales et politiques furent déterminées par sa position auprès de la reine et de la famille royale, par la connaissance approfondie des excellentes intentions du roi. Pour cela même il ne contribua en rien à la destruction de la monarchie, qu'il vit s'exécuter sous ses yeux, et dont il fut, comme tant d'autres, une victime indirecte.

III. *Éléments et histoire de ses ouvrages.*

Tous les ouvrages de Vicq-d'Azir ont été publiés sous ses yeux et par lui-même; tous ses mémoires, dans les Mémoires de l'Académie, ses grands ouvrages ont été également publiés par lui. Ses Éloges n'ont pas eu tout le succès de ceux de Condorcet, par exemple; mais ils n'en ont pas moins de valeur. Ses OEuvres ont été réunies en 6 volumes in-8°, 1806, par Moreau de la Sarthe, alors sous-bibliothécaire de l'École de médecine, mais sur un plan peu propre à les faire bien juger.

Les éléments des ouvrages de Vicq-d'Azir n'ont pas été aussi nombreux qu'on pourrait le croire. Haller voulut voir ce qu'il y avait de fait, pour connaître dans quelle direction il fallait diriger ses efforts; aussi la bibliographie fut-elle chez lui un goût dominant. Vicq-d'Azir fut un sage innovateur; il ne marcha point sur les traces battues : il prit la science où il la trouva, sans s'inquiéter d'où et comment elle était venue; il lut par conséquent peu, et peut-être trop peu. Les éléments de ses travaux furent les animaux qu'il pouvait se procucurer, et ceux qui mouraient à Alfort. Dans cette école on prenait des soins tout particuliers pour l'anatomie, et Vicq-d'Azir a eu seul l'avantage de disséquer un rhinocéros. Il était un peu en rivalité avec Camper et Hunter, pour ses publications. Il sentait bien lui-même qu'il avait trop négligé les auteurs précédents, et se vit obligé d'employer ses élèves à recueillir dans ces auteurs ce qui lui manquait; il avait fait un plan qu'ils remplissaient.

Ses élèves et aides étaient : Faure, médecin et chirurgien, son principal aide comme analyste; Ailhaud, chi-

rurgien et anatomiste à Alfort, comme anatomiste; le
Riche, docteur-médecin de Montpellier.

IV. *Énumération et analyse de ses principaux travaux.*

Après avoir fait connaître l'effort de la famille de
Jussieu, nous sommes arrivés à Vicq-d'Azir, qui peut
être considéré comme un prolongement de Haller. Il
s'était en effet pénétré des travaux de ce grand homme,
et, dans plusieurs de ses écrits, il déclare le prendre
pour modèle et marcher sur ses traces. Dans cette voie
donc, Vicq-d'Azir perfectionne l'étude de la mesure,
ou de l'homme sous un nouveau point de vue; et, après
l'avoir perfectionnée, il l'applique à la série pour en
mesurer les divers échelons. Il ne la porte pas seulement sur les animaux, mais même sur les végétaux, et
sur leurs rapports avec leur habitation, la terre, comme
on peut s'en convaincre par ses discours sur l'anatomie. Le seul défaut que l'on puisse reprocher à Vicq-
d'Azir, c'est de n'avoir point été assez zoologiste.

Sa biographie nous a appris qu'il s'est trouvé dans
des circonstances favorables, tant par la nature de son
génie que par les personnes qui le protégèrent; et nous
avons vu aussi le malheur des temps le conduire à la
tombe, en le ravissant trop tôt à la science; et pourtant,
dans un espace de temps assez petit, il a pu en changer
toute la direction.

Nous avons dit, en outre, comment ses ouvrages,
malheureusement interrompus par les circonstances,
nous sont parvenus. Nous avons acquis la preuve qu'il
en a puisé les éléments en lui, et que, loin d'être,
comme Haller, appuyé sur ses prédécesseurs, il avait,
pourtant, dans la direction de celui-ci, été heureux

innovateur. Ses élèves l'aidèrent : l'un suppléa, par ses recherches, à son défaut de lecture, et l'autre seconda ses travaux anatomiques.

Nous avons donc maintenant à juger ses ouvrages. Ils sont fort nombreux, et paraissent décousus, si on les prend par ordre de date, ou si l'on suit le plan de l'éditeur de ses œuvres, Moreau de la Sarthe; mais si, comme nous l'avons fait pour Aristote et les autres, nous les rangeons dans un ordre méthodique et rationnel, Vicq-d'Azir nous paraîtra un tout autre homme, et justice, nous l'espérons, lui sera rendue.

Ses travaux ont porté 1° sur l'anatomie physiologique comparée : il n'a jamais fait d'anatomie descriptive, chirurgicale, pathologique ou purement humaine.

Cette anatomie physiologique comparée sera ou générale ou spéciale.

2° Dans une autre partie de ses ouvrages, nous verrons l'anatomie physiologique appliquée.

Un des buts de Vicq-d'Azir a été encore de relever la médecine à l'égal de l'académie de chirurgie, et il fit pour cela lui-même des travaux de chirurgie. Il est le premier qui ait fait sentir la nécessité et la convenance de la réunion de la médecine et de la chirurgie. Et à ce point de vue il a créé la médecine comparée, en montrant que ce n'était qu'une seule science, embrassant toutes les lésions des corps organisés, animaux et végétaux. Il l'a même appliquée à l'administration de l'hygiène, en cherchant à faire connaître dans quelles circonstances doivent être placés les êtres pour prévenir les maladies, circonstances d'abord physiques, et ensuite morales; car tous ces grands hommes, en arrivant au bout de leur carrière scientifique, avaient pour but non-seulement le mieux-être physique, mais aussi le mieux-être moral de l'humanité. Par la création de l'Académie de médecine et des éloges historiques, Vicq-d'Azir a encore placé les médecins au niveau des hommes les plus élevés. — Voici donc le plan de ses ouvrages.

I. *Anatomie physiologique comparée en général.* Arrivant à l'époque où Haller venait de poser la distinction des fibres irritables et sensibles, Vicq-d'Azir ne put échapper à l'influence de cette grande découverte ; et il répéta les expériences de Haller sur un grand nombre de sujets que l'on était forcé d'abattre pendant l'épizootie qu'il fut chargé d'étudier. Il les publia sous le titre d'*Expériences sur les animaux vivants ; sur la sensibilité et sur l'irritabilité.* (Moreau , t. IV.)

Une nomenclature anatomique parfaite, en même temps qu'elle serait la preuve des grands progrès de la science, en faciliterait l'étude et le développement. Vicq-d'Azir l'avait très-bien senti ; et il y a, dans ses ouvrages beaucoup de remarques de la plus haute portée sur la nomenclature anatomique. Il en a vu toute la difficulté, et a parfaitement compris que la science n'était pas encore assez avancée de son temps pour y arriver. Chaussier, qui a essayé cette nomenclature, n'a pas parfaitement réussi ; nous avons toujours à désirer sous ce rapport, et les vues et les principes de Vicq-d'Azir demeurent encore à appliquer. C'est dans ce but qu'il a publié :

Ses Considérations sur la nomenclature anatomique ;

Et un *Vocabulaire anatomique.*

Ses vues sur les progrès de l'anatomie, ses moyens de la perfectionner, se trouvent dans ses Discours préliminaires.

Discours I et II sur l'anatomie, tirés de son grand ouvrage, et t. IV des OEuvres, par Moreau.

Plan d'un cours d'anatomie et de physiologie, t. IV
de ses OEuvres (Moreau), tiré des Discours préliminaires, avec des remarques de l'éditeur.

*Discours préliminaire du système anatomique de l'En-
cyclopédie méthodique;* il forme près de 200 pages. —
Il est terminé par un Supplément qui embrasse la terre,
considérée géologiquement et comme base de la vie;
l'air et l'eau comme en fournissant les éléments; **la
géographie physiologique et géologique.**

C'est à ces discours de Vicq-d'Azir que nous devons
cette ère nouvelle de l'anatomie dans laquelle **nous**
sommes maintenant : Cuvier lui en fait hommage.

Son Discours préliminaire du système anatomique
de l'Encyclopédie méthodique a été pillé par toutes les
personnes qui se sont occupées de ces généralités.

C'est dans ce discours que l'on voit le plan de Vicq-
d'Azir. Il commence par traiter une question qui n'a
été proposée que par lui : l'ordre dans lequel il faut
étudier et comparer les parties pour arriver à des **résul-**
tats certains et faciles; question que M. de Blainville
ne manque jamais de traiter de prime abord. Bien que
Vicq-d'Azir se soit trompé sur le choix des animaux
sur lesquels il portait sa comparaison, et sur la série
des fonctions de l'ordre qu'il établit, il n'en avait pas
moins posé le principe.

Il détermine donc d'abord la série des fonctions ou
des organes dans un ordre qu'il n'avait pas assez approfondi évidemment [1].

---

[1] Il range ces fonctions sous neuf titres : 1° la digestion ; 2° la
nutrition; 3° la circulation ; 4° la respiration ; 5° les sécrétions ;
6° l'ossification; 7° la génération ; 8° l'irritabilité ; 9° la sensibilité.

Il place la nutrition avant la circulation dont elle est la suite, et
il met la respiration après la circulation. Après les sécrétions, il

Il entre ensuite dans la considération de la série des êtres, et il parle des minéraux, des végétaux et des animaux.

Ses considérations générales montrent un puissant philosophe; mais il n'avait pas assez de faits à sa disposition, il les emprunte aux autres. Il admet la division en deux règnes, comme Aristote, Pallas et Jussieu. Il cherche à établir des familles naturelles; mais on ne voit pas qu'il ait même lu le livre de Jussieu. Il commence par les aruns, les dicotylédones, et finit par les acotylédones. On voit, malgré ses tableaux, qu'il n'avait pas assez étudié; ses détails sont toujours pris et copiés dans les phytologistes, avec plus ou moins de bonheur.

Il passe ensuite à l'établissement de la série animale; et à ce sujet il fait une observation fort juste : il dit que la méthode qui se base sur l'extérieur est fausse, aussi bien que celle qui ne se base que sur l'anatomie, mais qu'il faut réunir les deux. Il n'y avait donc plus qu'à sentir et à démontrer le rapport de l'une et de l'autre par la loi de la subordination des caractères, pour être au point où nous sommes.

Il passe ensuite à l'ordre dans lequel il faut étudier les animaux; mais ici encore, il a adopté les observations des autres, celles de Daubenton, qui était un observateur minutieux et consciencieux, mais absolument sans vues. Vicq-d'Azir commence donc par les vers, et

place l'ossification, qui n'est qu'une espèce de nutrition, et il l'érige en une fonction particulière. Il n'y avait donc pas là de conception élevée; elle n'était pas non plus dans Haller; il fallait Bichat et l'école de Montpellier pour nous la donner. Cependant il y avait toujours le grand point de rechercher dans quel ordre il fallait étudier les organes; ce qui n'était même pas dans Haller.

termine par les vertébrés; ceci appartient à Daubenton. Mais Vicq-d'Azir fait plus, il y ajoute un tableau de l'organisation. Il prend les poissons et les oiseaux de Daubenton, les quadrupèdes vivipares aussi; et c'est la preuve qu'il avait été obligé d'adopter l'influence de Buffon sur Daubenton. Tous ces tableaux annoncent que Vicq-d'Azir s'était formé un plan vaste; mais dans l'exécution ce ne sont que des coupures de divers auteurs mises sous les titres de sa division sériale. De manière que c'est un ouvrage utile, mais que l'on ne peut lire.

Voilà donc son anatomie physiologique traitée d'une manière vraiment large; considérations de nomenclature, ordre d'étude pour arriver à la démonstration de la vérité. Son supplément est surtout du plus haut intérêt; il traduit parfaitement l'état de la science à cette époque.

II. *Anatomie physiologique spéciale.* Il a ensuite étudié un grand nombre de faits spéciaux. Il a considéré l'homme comme individu et comme espèce. Il montre qu'il peut vivre dans tous les climats, se nourrir de tous les aliments; varier, suivant le climat, la nourriture et les mœurs. Sa fécondité est en rapport avec l'abondance des substances alimentaires.

Il a surtout étudié le système nerveux 1° *de la moelle épinière*, Mor. t. VI, pag. 203, tiré d'un mémoire lu à l'Académie des sciences. 2° *Mémoire sur la structure du cerveau des animaux comparée avec celle du cerveau de l'homme*, VI, p. 211-220, extrait des Mémoires de l'Académie. 3° *Recherches sur quelques points de la structure du cerveau*, V, p. 221. 4° *Sur l'origine et la distribution de la deuxième et de la troisième paire de nerfs cérébraux.* 5° *Mémoire sur la structure du cerveau, de la moelle épi-*

nière, *de l'origine des nerfs de l'homme et des animaux.*
6º *Traité d'anatomie et de physiologie, avec des plan-*
ches coloriées représentant au naturel les divers organes
de l'homme et des animaux; 1786, in-folio. Il n'en a
paru qu'un volume, contenant le discours préliminaire
et trente-cinq planches qui ne traitent que du cerveau,
sans même atteindre la moelle épinière.

Ces travaux sur le système nerveux sont de la plus
grande valeur; non-seulement un grand nombre de
faits y sont confirmés, éclairés et découverts, mais ils
renferment tous les germes des travaux de Gall.

Il a fait un mémoire *sur la position des testicules dans*
l'embryon humain; Académie des sciences, 1781.

Il y traite aussi des hernies, maladie uniquement
affectée à l'espèce humaine, à cause de sa station verticale.

Il y a montré comment le testicule est originairement
dans l'intérieur comme chez les animaux; et comment
il descend ensuite dans les replis de la peau qui forment le *scrotum.*

Recherches sur différents points de l'anatomie de
l'homme et des animaux, Mor., V, pag. 342-351.

Sous ce titre Moreau a compris les articles : 1º sur
les glandes de la vésicule du fiel; 2º sur la membrane
pupillaire du fœtus; 3º des mouvements de pronation
et de supination.

Ses autres travaux, très-nombreux, sont encore plus
spécialement consacrés aux animaux comparés à l'homme; ils portent :

1º Sur les organes des sens.

Mémoire sur la structure de l'organe de l'ouïe des
oiseaux, comparé avec celui de l'homme, des quadrupèdes,
des reptiles et des poissons, t. IV, pag. 338-354.

Travail qui contient des découvertes très-intéressantes. Il en est de même

Du *Mémoire sur la structure des organes qui servent à la formation de la voix, considérée dans l'homme et dans les différentes classes d'animaux*, tome **IV**, page 355.

Il y montre le rapport de la voix avec l'ouïe; il explique le renflement de l'os hyoïde de l'alouatte dans le même temps que Camper; les sacs thyroïdiens des singes. Il y donne beaucoup de particularités sur d'autres mammifères et sur les oiseaux. C'est donc un très-beau travail, surtout pour les singes et les oiseaux, chez lesquels M. Cuvier a fait faire des progrès.

Mais voici deux Mémoires qui démontrent bien mieux la portée de Vicq-d'Azir dans deux points qui vont le conduire à l'anatomie comparée de signification :

Le premier est *sur la comparaison des membres antérieurs et des membres postérieurs dans l'homme et les quadrupèdes*. Malheureusement il ne l'a pas poussée aux cinq classes, et il a commis quelques erreurs assez graves, entre autres, de regarder le tibia comme l'analogue du cubitus, tandis qu'il est l'analogue du radius. Il compare toutes les parties de l'un et l'autre membre, et montre, par suite, la haute supériorité de l'homme. Il exposait toutes les analogies des diverses parties du bras et de la jambe; il était même arrivé à démontrer l'identité de la tubérosité du calcaneum et du pisiforme; et que plus la différence entre les deux extrémités est grande, plus l'animal est élevé, *et vice versâ*.

Quoiqu'il n'ait pas descendu au delà des vertébrés, il a pourtant ouvert la marche à M. Geoffroy Saint-Hilaire et à M. de Blainville dans la comparaison de l'épaule et du bassin.

Le second mémoire, borné aux quadrupèdes, porte *sur la clavicule et les os claviculaires.*

Ses *Mémoires sur l'organisation des oiseaux*, au nombre de trois, Acad. des sc., 1774, sont du plus haut intérêt; il s'y occupe beaucoup du mécanisme du vol. Toute la partie myologique est parfaite; elle a été copiée et pillée par tous ceux qui sont venus ensuite. Il n'y a que pour la signification des parties à laquelle il n'est pas arrivé; mais on n'est pas encore d'accord aujourd'hui.

Deux *Mémoires sur l'organisation des poissons*, également du plus haut intérêt et d'une grande importance. Il y compare les poissons cartilagineux et osseux entre eux et avec les autres ostéozoaires; il y pose la question de leur place dans la série.

Description anatomique des singes en général, Moreau, t. V, pag. 295, tirée de l'Encyclopédie méthodique, mais arrangée suivant un nouvel ordre, qui n'est pas celui de Vicq-d'Azir.

Sur le mandrill et quelques autres singes, Acad. des sc. C'est dans ce mémoire qu'il donne l'observation, qui lui est due, de l'indépendance des extenseurs propres des doigts humains, tandis qu'il n'en est pas de même des mandrills, qui commencent à faire patte.

Description anatomique du sarigue, tirée sans doute du Système anatomique. (Moreau , t. V.)

Il a également fait de très-jolies observations *sur les organes de la génération des canards.* (Bulletin pour la soc. philomat. ; non repris par Moreau.)

Sur le jaune de l'œuf des oiseaux. (Bulletin pour la soc. philomat.) Il a examiné l'œuf dans l'ovaire, l'oviducte, etc.

Moreau intitule ce travail : Fragments sur l'anatomie

et la physiologie de l'œuf, tirés du *Vocabulaire anato-mique*, et d'un Mémoire inédit sur ce qui arrive au jaune après l'incubation ; t. IV, pag. 388-408.

Enfin, il a son grand ouvrage, son *Système anato-mique* (quadrupèdes), dans l'Encyclopédie méthod., par ordre de matières, in-4°, 1792, t. II. Il y donne l'anatomie de vingt-huit espèces de singes : 3 makis, 1 loris, 1 tarsier, 7 marsupiaux, et ensuite un résumé ou description anatomique des singes en général; Supplément à l'histoire anatomique des singes.

9 sciuriens, 3 écureuils volants, 19 glirins, 10 murins, 4 surmurins, 5 essorrillés, 2 planiqueues, 5 sauteurs, 7 double-dents, lapin, etc. : 4 épineux. Résumé ou Description anatomique des rongeurs en général.

Il contient donc l'anatomie comparée de cent sept animaux quadrupèdes.

Voilà déjà un ensemble assez remarquable des travaux de Vicq-d'Azir, mais comme anatomiste il était encyclopédiste, et nous avons à le considérer maintenant en :

II. *Anatomie physiologique appliquée à l'homme*. En médecine. *Fragments d'anatomie pathologique*, ou Recherches sur l'anatomie considérée relativement au siége des maladies. Moreau, éd., t. V, pag. 356.

Idée générale de la médecine et de ses différentes parties. Mor. t. V, pag. 45.

Réflexions sur les abus dans l'enseignement et l'exercice de la médecine, t. V, pag. 57.

Vues générales ; aphorismes tirés des observations anatomiques, recueillies sur les plaies de la tête ; remarques sur la gibbosité ; aphorismes sur les causes des dilatations du cœur et des gros vaisseaux ; considérations sur les signes de la mort du fœtus ; observations sur une extrémité inférieure, dont les muscles ont été changés en tissu graisseux, sans aucune altération dans la forme extérieure, t. V, pag. 356-365.

Remarques sur la médecine agissante, art. *Aiguillon, Adustion, Acupuncture* de l'Encyclopédie méthodique.

Du principe vital. Mor., tome V, page 32, et Vocab. anat.

Sur les irritants, les virus, et sur celui de la vipère en particulier.

En chirurgie. *Thesis an inter ossa capitis varii nisus absumantur communicatione, vibratione, oppositione.*

Sur la laryngotomie. Soc. roy. de méd., 1776.

Sur la taille latérale de Cheselden pour l'extraction de la pierre. Soc. roy. de méd., 1776.

Sur la manière de retirer le stylet de Méjan dans la fistule lacrymale. Soc. roy. de méd., 1776.

Anatomie physiologique appliquée aux animaux.

Médecine comparée. Dict. de méd. de l'Encycl.

Instructions sur les épizooties comparées aux pestes humaines, 1774, 1775, 1776, réunies sous le titre de : Médecine des bêtes à cornes ; 2 vol. in-8°.

Nous verrons, sous Pinel, comment la médecine avait besoin de revenir à la nature, à la méthode hippocratique ; et voilà déjà Vicq-d'Azir qui ouvre cette voie en traitant de la médecine agissante.

Dans ses travaux sur la chirurgie, son but était toujours de montrer que l'art de guérir est un. Il était bien aise aussi de faire voir, contre Louis, qui était alors à la tête de l'Académie de chirurgie, que le médecin était aussi capable de faire de la chirurgie. Il travaillait en même temps à réunir ces deux branches de l'art ; et ce fut là le sujet de son Mémoire à l'Assemblée constituante,

Il voulait même aller plus loin, et tirer les vétérinaires du fer du cheval, où ils sont peut-être encore, pour les placer à la hauteur de la science.

Dans ses prescriptions contre l'épizootie, il a peut-être été blâmé pour avoir demandé trop souvent l'abattement des individus attaqués.

III. *Anatomie physiologique appliquée à l'hygiène et à l'administration.* 1° *Matérielle.*

Traité sur les lieux et les dangers des sépultures dans les églises, traduit librement de *Piattoli*, avec notes et additions.

2° *Intellectuelle et morale.*

Projet de réforme de la médecine, dans lequel il a donné l'idée de l'Institut.

Éloges historiques, dans lesquels il a eu le talent d'apprécier des hommes de travaux si divers, dans leur propre nature, et dans un style à la fois correct, élégant, et souvent même éloquent.

Réflexions sur la sociabilité de l'homme, et sur l'influence des lettres et des arts, en réponse aux objections tirées des écrits de J. J. Rousseau.

Vicq-d'Azir avait donc embrassé toute une encyclopédie anatomique.

VI. *Principes et faits importants introduits dans la science.*

I. ANATOMIE COMPARÉE. Vicq-d'Azir est la conséquence de Haller; dès lors il adopte et défend l'anatomie physiologique, ou l'union de la physiologie et de l'anatomie : « Enseigner la physiologie sans l'anatomie, dit-il, ce serait s'éloigner des connaissances qui peuvent seules être les bases d'une saine théorie ; ce serait ouvrir de toutes parts un champ libre à l'erreur.

« Haller est le premier qui ait établi ce principe, et qui l'ait consacré dans ses écrits. . . . Les *primæ Lineæ* de Haller éprouvèrent d'abord de l'opposition ; mais bientôt cet ouvrage obtint tous les suffrages.

« Comme il n'est point de partie de la médecine sur laquelle on ait tant écrit, il n'en est point non plus sur laquelle les bons traités soient aussi rares. Les livres de Galien sur l'Usage des parties, le Système anatomique de Collins, dont le plan est vaste et vraiment encyclopédique ; quelques-uns des livres de Sthal, les Instituts de Boerhaave, l'ouvrage de Borelli sur les Mouvements, et celui de Halès sur la Statique des animaux, sont en effet, depuis le siècle d'Hippocrate jusqu'à l'époque où Haller a écrit, à peu près les seuls traités de physiologie dignes qu'on les lise et qu'on les conserve ; presque tous les autres sont défectueux et déjà tombés dans l'oubli. »

Si les auteurs que nous venons de citer ont mérité cette exception, on doit l'attribuer surtout à ce qu'ils n'ont point séparé la physiologie de l'anatomie. Comment donc toutes les facultés ont-elles confié l'enseignement de ces deux sciences à deux professeurs différents ? Dans celle de Paris, c'est le professeur de physiologie qui fait le cours d'anatomie, par lequel il termine son exercice. Mais il vaut mieux encore réunir ces deux études, et les faire marcher d'un pas égal, de sorte qu'elles se servent l'une à l'autre de preuve et de complément.

Il suit de ces dispositions que l'enseignement de la chaire que Vicq-d'Azir a occupée et créée, était, sous lui, composé de quatre parties ; savoir : l'anatomie humaine, l'anatomie comparée, la physiologie théorique e¹ la ¡h siologie e périmentale; et M. de Blainville, qui occupe aujourd'¡ ui ce te chaire au Muséum, donne encore en partie cette division dans chacune de ses leçons.

Dans cette direction, Vicq-d'Azir a d'abord perfectionné la mesure, et l'a comparée aux animaux. Il a senti ce que devait être l'anatomie comparée, et l'a créée en en donnant les principes. « On distingue, dit-il, deux espèces d'anatomie, dont l'une est simple, et l'autre comparée. La première s'exerce sur des objets qu'elle considère seuls, et sans aucune relation avec ceux dont ils sont environnés. La seconde en montre les rapports [1].

« L'homme est, parmi les corps vivants, celui dont l'organisation est la mieux connue. On a aussi disséqué les animaux et les plantes, et on s'est enfin aperçu que c'est la comparaison des organes, considérés à différents intervalles dans le système des êtres, qui peut répandre le plus de jour sur le mécanisme et sur l'usage de leurs parties [2].

« L'anatomie comparée existe à peine ; tous ceux qui ont écrit sur l'art vétérinaire n'ont traité que de l'anatomie simple des animaux, sans les comparer avec l'homme, ou entre eux [3].... On a beaucoup recueilli, et on a peu comparé ; jamais on n'a travaillé sur un plan commun ; chacun a décrit à sa manière...., quelquefois même sans aucun ordre déterminé. Il n'y a eu jusqu'ici rien d'arrêté dans la nomenclature, par suite

---

[1] *Discours sur l'anatomie considérée dans ses rapports avec l'histoire naturelle.*

[2] *Discours sur l'anat. simple et comparée.*

[3] *Disc. sur l'anam. consid.,* etc.

impossibilité de distinguer les différences et les rapports [1]. »

Avoir ainsi senti le besoin, c'est déjà l'avoir satisfait : « Aussi, continue-t-il, c'est à M. Daubenton, notre maître et notre modèle, qu'appartient l'honneur d'avoir créé parmi nous l'anatomie comparée proprement dite. Tout ce qui concerne la forme générale et extérieure du squelette et des grands viscères des quadrupèdes est exposé dans ses écrits. » Cet hommage de la reconnaissance est très-louable, mais n'est pas exact; en effet, ce qu'il appelait anatomie comparée, n'est que de l'anatomie des animaux. La véritable anatomie comparée est celle dont il dit :

« Mais il nous reste une autre espèce d'anatomie comparée, dont toutes les parties correspondent à celles de l'anatomie humaine. L'on n'a pas encore décrit les articulations, les ligaments, les muscles, les vaisseaux, les nerfs, les glandes, ni la structure interne des viscères considérés dans les différentes classes d'animaux. J'ai commencé, depuis plusieurs années, ce travail dont les difficultés sont immenses; je continuerai de m'y livrer avec courage, espérant que ceux qui l'achèveront un jour avec gloire, me sauront quelque gré de la peine que j'aurai prise pour jeter les fondements d'un édifice dont les matériaux sont épars ou entassés sans ordre dans des constructions vicieuses ou cachés dans le sein de la nature [2]. »

Il a montré les défauts à éviter dans la dissection; déterminé les genres anatomiques les plus frappants, et leurs différences générales; donné une idée de ce qu'on

[1] *Disc. sur l'anat. simp. et comp.*
[2] *Disc. sur l'anat. consid.*, etc.

a fait en anatomie, de ce qu'il y a lui-même ajouté, et de ce qu'il y a à faire.

Il résulte de ce qui précède, que l'anatomie comparée, pour Vicq-d'Azir, c'est comparer les animaux à l'homme pris comme mesure, pour arriver à la connaissance de leurs différences et de leurs rapports, et, par suite, à une connaissance plus approfondie de l'organisme.

Mais, pour y atteindre, il est nécessaire de suivre un plan méthodique; et deux moyens se sont présentés à lui pour l'exécution de ce plan : 1° ranger ses recherches suivant une méthode qui soit la même pour chaque être, et qui soit également comparable pour tous; 2° marquer, à des distances déterminées dans les différentes classes d'animaux, des individus dont la dissection et la description soient faites suivant des principes identiques, et dont les rapports et les différences bien connues dévoilent les vrais caractères anatomiques propres à chaque grande division des corps vivants. Pour cela, il faut examiner, dans les individus indiqués, les mêmes parties dans le même ordre, et les décrire dans le même style; il faudrait perfectionner avant tout la nomenclature. Pour arriver là, il pose comme principes : 1° « Tout organe que l'on se propose de décrire doit être traité comme un solide géométrique, dont on examinera d'abord à l'extérieur les faces, les bords et les angles, et dont on considérera ensuite l'intérieur avec les mêmes divisions. Dans les dénominations que l'on donnera aux faces, aux bords et aux angles de ces organes, on n'emploiera que des noms que l'on puisse appliquer à tous les animaux qui en sont pourvus, et ces noms seront composés de ceux des parties les plus remarquables de ces organes, ou de ceux des régions

environnantes, ou des usages, lorsqu'ils seront bien
déterminés et faciles à saisir, pour qu'il ne puisse y
avoir aucune équivoque à cet égard. »

Il rejette les expressions : *antérieur, postérieur, supérieur, inférieur,* comme ne pouvant convenir aux
mêmes parties dans l'homme et les animaux.

« Non-seulement, ajoute-t-il, les régions correspondantes du même organe doivent être désignées de la
même manière, mais ces organes doivent aussi porter
le même nom dans tous les animaux ; sans quoi les rapprochements que nos travaux requièrent ne pourraient
s'exécuter. » '

Il conclut la nécessité d'une nouvelle nomenclature ;
mais il la croit impossible pour le moment, à cause du
peu de connaissance de l'anatomie des animaux.

Voilà les principes posés ; il en vient ensuite à leur
application, et il détermine l'ordre dans lequel doivent
être rangés les organes des corps vivants dont on décrit
la structure. Il donne un projet de division, destiné à
la description de l'homme et des quadrupèdes vivipares, et il annonce que les tableaux dont il se servira
dans l'histoire des autres classes des corps vivants, seront extraits du premier, avec lequel ils correspondent
dans tous les points principaux. Mais, nous l'avons
déjà fait voir, il n'a pas été heureux dans son application. Il n'a donc ici que la gloire d'avoir posé le principe,
et c'est déjà beaucoup. Il a été plus heureux dans les
autres applications, par exemple, dans l'examen général, dans la série de ces mêmes fonctions mal divisées ;
chacune d'elles, prise à part, est parfaitement envisagée : cela est contenu dans un tableau des fonctions ou
caractères propres aux corps vivants. Ce tableau fait connaître quels sont, dans les différentes classes, l'in-

fluence et l'étendue des neuf fonctions qu'il a admises.

Il adopte la division des corps naturels en deux règnes, les corps bruts et les corps vivants.

Il donne de ces deux sortes de corps une comparaison générale qui lui appartient, et qui depuis lui a été rebattue par tous ceux qui se sont occupés de cette question.

Après avoir posé les généralités, il est entré dans l'anatomie comparée de détails, et là il reconnaît deux manières de ranger les corps vivants dont on décrit la structure. « La première, qui est la plus usitée, consiste à placer l'homme en tête, et à décrire successivement, après lui, ceux des corps vivants avec lesquels il a plus d'analogie ; de sorte que, dans cette série, le nombre des organes aille toujours en décroissant, comme il suit : l'homme, les quadrupèdes vivipares, les cétacés, les oiseaux, les quadrupèdes ovipares, les serpents, les poissons, les insectes, les vers, les végétaux. J'ai suivi cette méthode. »

La seconde méthode serait absolument l'inverse. Il croit qu'il y aurait ici plus de logique en allant du simple au composé ; mais il a oublié que l'homme étant le mieux connu, il est évidemment plus logique d'aller du connu à l'inconnu.

Il a donné un exemple de la seconde méthode dans les tableaux de la seconde partie du Discours préliminaire de l'Encyclopédie méthodique. Enfin, il ne s'est pas contenté de créer l'anatomie comparée, mais il a cherché à en faire l'application aux deux grandes divisions du règne organique.

II. RÈGNE VÉGÉTAL. Il expose, en botanique, un ordre des familles, qui lui a paru propre à généraliser les idées qui découlent des observations déjà recueillies sur l'anatomie et la physiologie des végétaux.

Il donne sur chaque famille quelques généralités. Sa classification n'est pas heureuse : les détails sont tirés des phytologistes.

Mais il y a une plus grande valeur dans un tableau qu'il donne des organes des plantes, considérés : 1° dans leur structure, ou dans l'appareil de leurs parties internes ; 2° dans leur organisation extérieure. Ce tableau est très-important sous le rapport de l'anatomie et de la physiologie végétale, et on a dû s'en servir avec fruit.

Il traite ensuite des principales qualités ou propriétés que les végétaux présentent dans l'étude de leur anatomie et de leur physiologie ; il entre là-dessus dans des généralités détaillées avec beaucoup d'intérêt, et il finit par comparer physiologiquement la génération des végétaux avec celle des animaux.

III. RÈGNE ANIMAL. Il base l'animalité sur la sensibilité : « La sensibilité est le grand caractère de la vie animale[1]. » C'est par là qu'il distingue les animaux des plantes. « De toutes les propriétés particulières aux animaux, la sensibilité est celle qui les distingue le mieux d'avec les corps dont ils se rapprochent le plus, tels que les plantes. » C'est elle aussi qu'il regarde comme caractère de première valeur pour la distinction des animaux entre eux ; « ceux dans lesquels elle a le plus d'influence sont regardés comme les plus parfaits, et la pulpe nerveuse, qui en est le siége, semble être destinée à établir une liaison constante entre les corps auxquels elle appartient et tout ce qui les environne[2]. »

---

[1] *Discours sur l'anat. simp. et comparée.*

[2] **Mém.** *sur l'org. de l'ouïe.*

Après avoir défini l'animal, il détermine ce qu'on doit entendre par une classe naturelle en zoologie. « Une classe naturelle résulte de l'assemblage d'un certain nombre d'espèces qui se tiennent entre elles par un nombre de rapports plus grand qu'il n'en existe entre chacune d'elles et les espèces des autres classes [1]. »

Il montre ensuite d'après quelle méthode on doit choisir les caractères. « Dans l'histoire naturelle, on ne considère que les formes extérieures. L'anatomie proprement dite borne son examen à la structure interne. Ni l'une ni l'autre de ces classifications n'est la véritable méthode naturelle. Je les ai fait marcher ensemble, persuadé que l'étude de l'extérieur et celle de l'intérieur d'un animal doivent appartenir à la même science [2]. »

Il n'y avait donc plus qu'à appliquer la loi de la subordination des caractères d'une manière convenable, pour arriver à la méthode naturelle en zoologie. Mais il ne paraît pas que Vicq-d'Azir ait senti l'importance de cette loi, ni qu'il l'ait même connue. Cependant il a presque deviné les caractères de première valeur dans la sensibilité; vérité qui sera démontrée dans la science par M. de Blainville, en posant la sensibilité comme base, pour en déduire, comme conséquence, la locomotion.

Vicq-d'Azir détermine donc les caractères qui doivent servir à classer les êtres. « Quoique la faculté de l'irritabilité soit très-bornée dans les végétaux, ils en sont pourtant doués, et elle ne peut servir à les distinguer des animaux; mais ce qui distingue ces derniers sans exception, c'est l'existence d'un canal destiné à la première digestion des aliments.

« Le système nerveux offre encore un caractère très-

[1] *Disc. prélim. de l'Encycl. méth.*
[2] *Ibid.*

frappant. On n'en trouve aucune trace dans les végétaux [1]. »

Il donne ensuite un tableau des animaux dans l'ordre
de leur composition anatomique; il y montre comment
on peut concevoir que se fait, du simple au composé,
la combinaison progressive dans les différentes classes
des animaux [2].

[1] *Disc. prélim. de l'Enc. méth.*

[2] TABLEAU DES ANIMAUX DANS L'ORDRE DE LEUR COMPOSITION
ANATOMIQUE.

Les animaux sont composés de tissu cellulaire et de fibres musculaires.

1° Avec un estomac.......... { polypes, *hydra.* / vers des zoophytes. / — des lithophytes. / biphores. / vibrio-paxillifer.

Plus   2°..des intestins............ { actinies. / méduses. / sèches. / argonautes. / héroé. / la plup. des vers infusoires. / vorticelles. / brachiones. / botryles.

Plus   3°.. { un organe extérieur de res-piration aqueuse......

Plus   4°.. { quelques viscères; un sys-tème de vaisseaux lym-phatiques; des organes de génération (sans or-ganes de coït); un ré-seau nerveux.......... } thétis. / anomie. / néréis. / les animaux des coquilles bivalves et univalves?

Plus   5°.. { un vaisseau sanguin; quel-quefois le sens de la vue. } les vers intestinaux.

Plus   6°.. { des organes de coït (herma-phrodites); un cœur (lim-phatique) sans oreillettes, avec des pulsations dis-tinctes; des ganglions; le sens de la vue; un organe masticatoire im-parfait, intérieur ou ex-térieur .... } les sangsues. / les limaces. / l'aplysia. / les animaux des coquilles univalves.

IV. *Anatomie plus spécialement appliquée aux ani-*
maux. Jusqu'ici Vicq-d'Azir a donné des principes et
des caractères généraux pour la classification ; il va en
donner de plus spécialement propres aux quadrupèdes
vivipares et à l'homme.

« Les quadrupèdes étant ceux des animaux qui ressemblent le plus à l'homme, ce sont ceux aussi qui ont
mérité le plus d'attention de notre part.... Les formes
des pieds et des doigts des quadrupèdes ont de grandes
liaisons avec celles de l'avant-bras et de la jambe. Nous
connaîtrons, par leur examen , les rapports de l'animal
avec le sol qui le soutient, avec le milieu où il vit, et
avec les corps dont il est environné [1].» Voilà donc posée
la loi des modifications de l'organisme en rapport avec
les milieux ; loi dont M. de Blainville prouvera l'importance pour l'application du principe de la subordination

Plus 7°..	un cerveau ; des membres pour la locomotion ; des organes de la génération séparés entre les mâles et les femelles ; quelquefois le sens de l'ouïe ; un système osseux extérieur.............. ..	les insectes.
Plus 8°..	les premiers rudiments d'un système osseux intérieur; un cœur ; des vaisseaux sanguins.............	les poissons cartilagineux (branchiostéges chondro-ptérygiens).
Plus 9°..	un système osseux intérieur................	les poissons proprement dits.
Plus 10°..	des poumons intérieurs, un organe de l'odorat.....	les amphibies.
Plus 11° .	un cœur biloculaire......	les oiseaux.
Plus 12°..	des organes parfaits de goût et de mastication ; des organes de lactation ; une matrice.........	les cétacés. les mamellifères.

[1] *Disc. prélim. de l'Encycl. méth.*

des caractères, en montrant que cette modification n'est pas essentielle à l'organisme, mais qu'elle a un but final, qui ne doit préjudicier en rien à la détermination du caractère essentiel et de première valeur de l'organe.

Vicq-d'Azir a encore remarqué, d'après Daubenton, l'articulation de la tête avec l'atlas, tantôt verticale, comme dans l'homme, le plus souvent horizontale dans les animaux ; la diminution du cerveau, en rapport avec l'augmentation des filets nerveux de la périphérie ; la clavicule ; sa présence dans les uns, son absence dans les autres. La langue, l'os hyoïde, les organes de la digestion, ont des rapports constants avec le genre de nourriture : autre loi analogue à la loi des milieux, et dont M. de Blainville fixera également la valeur.

Il a encore remarqué la diverse position du cœur suivant les divers animaux ; le rapport des organes de la phonation et de l'audition ; le nombre et la grosseur des mamelles en rapport avec l'étendue des cornes utérines, parce que les unes et les autres sont relatives au nombre des fœtus à loger et des petits à nourrir.

« A l'aide de ces caractères, ajoute-t-il, nous déterminerons ce qui est propre à l'homme, et ce qu'il partage avec les quadrupèdes [1]. »

Voilà donc les principes de l'anatomie comparée, et de l'anatomie de signification, posés ; suivons-le maintenant dans l'application de ces principes, pour voir ce qu'il a apporté à la science dans l'étude des divers organes et de leurs fonctions.

Nous y verrons comment, prenant toujours l'homme pour mesure, il le sépare totalement de tous les ani-

[1] *Disc. prélim. de l'Enc. méth.*

maux en montrant sa supériorité ; thèse qu'il pose nettement dans son premier Discours sur l'anatomie en
général, en même temps qu'il développe, sous un autre
point de vue, ce qu'il entend par anatomie comparée.

« L'homme, dit-il, occupe, sans doute, le premier
rang dans ce bel ensemble (de la nature), puisqu'il
connaît sa place, et qu'il en a mesuré tous les rapports ;
il est sans doute le roi de animaux, puisqu'il les sub-
jugue et qu'il leur commande. Sa description doit être
faite la première ; elle doit être la plus étendue, soit
parce qu'elle nous intéresse de plus près, soit parce
que, indépendamment de ce motif, les organes étant
toujours composés en raison de leurs effets, c'est-à-dire,
de l'industrie de chaque classe d'animaux, c'est encore
l'homme qu'il faut, sous cet aspect, étudier avec le plus
de soin et le plus longtemps.

« Il entre dans mon plan de considérer le corps humain dans tous les âges et dans les diverses circonstances où il peut se trouver, d'en examiner toutes les
parties, et d'écrire l'histoire de leurs phénomènes, objet trop négligé par les physiologistes...

« Mais, dans ce travail, il ne faut pas considérer
l'homme seul ; on doit le rapprocher des autres animaux : ainsi rassemblés, ils forment un tableau impo-
sant par son étendue, et piquant par sa variété. L'homme
isolé ne paraît pas aussi grand ; on ne voit pas aussi
bien ce qu'il est : les animaux, sans l'homme, semblent
éloignés de leur type, et on ne sait à quel centre les rapporter. » Les différents corps organisés et vivants devaient donc être réunis dans cet ouvrage, comme ils le
sont dans la nature.

Combien de fois, dans le cours de mes recherches,
j'ai joui d'avance du plaisir de voir rangés sur une

même ligne tous ces cerveaux qui, dans la suite du règne animal, semblent décroître comme l'industrie ; tous ces cœurs dont la structure devient d'autant plus simple qu'il y a moins d'organes à vivifier et à mouvoir ; tous ces viscères où se filtre de tant de manières, le fluide élastique que nous respirons ; tous ces foyers où s'élaborent tant de substances différentes, destinées à se convertir en chyle, et d'où se séparent les molécules grossières des os ; l'esprit éthéré, dont les nerfs paraissent être les conducteurs ; le ferment de la digestion, qui maintient la vie au dedans de l'individu, et cette liqueur, plus surprenante encore, quoiqu'elle ne coûte pas plus à la nature, qui propage l'existence au dehors, et qui contient mille fois en elle l'image ou plutôt l'abrégé de toutes ces merveilles ! »

Dans le même discours, après avoir donné de nombreux et intéressants détails d'anatomie comparée, sur les muscles, les os, etc., il conclut : « Mais ne retrouve-t-on pas ici évidemment la marche de la nature, qui semble procéder toujours d'après un même modèle primitif et général, et dont on rencontre partout des traces ? »

Il prépare donc des éléments à la démonstration de la série dont il a senti le plan. Entrons dans les détails.

1° *Organes des sens.* 1° *Toucher.* « On sent combien l'homme a d'avantage pour la délicatesse et l'étendue du toucher : ses doigts sont un instrument d'adresse et de sensibilité ; il n'y a pas, dans toute l'étendue de son corps, un point où cette fonction ne s'exerce, tandis que presque toutes les parties externes des animaux sont encroûtées et endurcies [1]. »

---

[1] *De la Sensibilité Mor.*, t. V, p. 35.

2° *Le goût*. Il n'a fait aucun travail spécial sur ce sens ; mais il l'a étudié dans les animaux dont il a fait l'anatomie.

3° Il en est de même de l'odorat et de la vue.

4° Mais il a étudié d'une manière spéciale l'organe de l'ouïe des oiseaux, comparé avec celui de l'homme, des quadrupèdes, des reptiles et des poissons. Après les détails les plus intéressants sur cet organe dans la série, il tire immédiatement les conséquences suivantes, qui traduisent nettement l'état de la science, et auxquelles on a fort peu ajouté.

1° L'existence des osselets, si elle n'est pas essentielle, est au moins très-utile pour la perception des sons, puisqu'on la trouve, sans aucune exception, dans tous les animaux susceptibles de les entendre : mais il n'est pas nécessaire qu'il y en ait plusieurs, puisqu'un seul suffit aux oiseaux et aux reptiles.

« 2° Il est également démontré que les conduits demi-circulaires sont une partie essentielle à l'organe de l'ouïe, puisqu'ils existent dans tous les animaux, où cet organe a été aperçu et bien décrit.

« 3° Enfin, le limaçon, qui est particulier à l'homme et aux quadrupèdes, n'est pas indispensablement nécessaire aux fonctions de l'oreille interne, puisque les oiseaux, qui en sont dépourvus, entendent très-bien.

« Il y a apparence (nous prions qu'on veuille bien nous permettre cette conjecture), que le limaçon forme, avec les conduits demi-circulaires, dans chaque oreille, un double instrument composé de deux parties très-distinctes, dans lesquelles la perception des sons se fait séparément, mais avec des rapports déterminés, ce qui doit ajouter à l'harmonie, à la sensibilité, et, pour ainsi dire, à l'intelligence de l'organe.

« Ne pourrait-on pas, d'après ces réflexions, considérer le sens de l'ouïe sous un double point de vue : premièrement, par rapport aux parties essentielles à sa structure, qui sont une membrane, au moins un osselet, des conduits demi-circulaires et une pulpe nerveuse ; secondement, par rapport à ses parties accessoires, qui sont la conque, le conduit auditif interne, plusieurs osselets, des muscles, la corde du tympan, et surtout le limaçon ? Ainsi les animaux dans lesquels on a démontré cet organe, pourraient être divisés en deux classes : les uns réunissent, en effet, toutes les parties qui le constituent ; les autres ont seulement celles que nous avons dit lui être essentielles. L'homme et les quadrupèdes doivent être rangés dans le premier ordre : outre que les oiseaux sont à la tête du second, on peut encore ajouter qu'ils ont les parties essentielles à l'organe de l'ouïe, les seules dont ils soient pourvus, beaucoup plus développées que l'homme et tous les autres animaux ; de sorte que le sens de l'ouïe, dans les oiseaux, est aussi parfait qu'il est simple ; et jusqu'à ce que l'on ait déterminé, avec plus d'exactitude, l'usage de la lame spirale du limaçon, qui leur manque, nous ne croyons pas que l'on puisse rien dire de plus précis sur la place qu'il convient de leur assigner. »

Ce mémoire, si plein de faits neufs, est un modèle admirable de méthode en anatomie comparée. Il y définit l'organe, et le décrit dans son état complet dans l'homme, puis il le décompose, en en faisant voir les différences dans la série.

Locomotion. Ostéologie. Il a traité en détail du squelette des poissons, des oiseaux et des mammifères, dans des mémoires spéciaux et dans le Système anatomique de l'Encyclopédie méthodique. Il nous serait impossible de le suivre dans ces détails, et nous nous contenterons de faire remarquer quelques-uns des faits généraux qu'il constate.

« 1° Les vertèbres, les côtes, le sternum et les os du bassin, composent la charpente du tronc. Les vertèbres du cou sont, dans tous les quadrupèdes, au nombre de sept. » L'unau, qui n'était pas connu de Vicq-d'Azir, fait seul exception à cette règle. «La constance de ce nombre s'étend jusqu'aux cétacés, où il subsiste malgré la réunion apparente de plusieurs de ces vertèbres.... Le nombre des vertèbres du dos est toujours en raison de celui des côtes. Les vertèbres lombaires varient beaucoup.... Le nombre semble s'accroître à mesure que celui des vertèbres sacrées diminue. Plus on s'éloigne de l'homme, plus aussi on voit le coccyx se prolonger. Les pièces qui le forment sont au nombre de trente dans le phalanger, et de quarante-deux dans le fourmilier[1]. » Il a vu aussi que, dans les oiseaux, le plus grand nombre des vertèbres est au cou.

« Le sternum est beaucoup plus étroit dans les quadrupèdes que dans l'homme, et le nombre des osselets qui le composent est toujours proportionné à celui des côtes que les anatomistes appellent vraies, et auxquelles j'ai donné le nom de sterno-vertébrales, » appelant les fausses côtes vertébrales. Il entre dans le détail de toutes ces parties dans les différents animaux, comme aussi sur les côtes et leur nombre. En général, la poitrine des quadrupèdes étant plus étroite que celle de l'homme, doit être plus longue, puisqu'elle a les mêmes viscères à contenir, et il fallait que les côtes qui

---

[1] *Disc. prél. de l'Enc. méth.*

en forment l'enceinte fussent aussi plus nombreuses.

« L'homme est conformé pour se tenir debout, en appuyant le talon sur la terre comme le reste du pied. L'articulation de la tête avec le cou, par le milieu de la base du crâne, concourt à prouver que l'homme est conformé pour marcher debout.

« Les animaux ne peuvent se tenir debout sur les pieds de derrière, et ils n'appuient pas le talon sur la terre avec le reste du pied. » Il démontre que plus on s'éloigne de l'homme, plus les animaux tendent à marcher sur le bout des doigts. Il compare aussi le nombre des doigts dans la série des quadrupèdes.

Il fait encore remarquer que l'homme seul est bipède, « c'est-à-dire, que lui seul a deux pouces aux mains sans en avoir aux pieds, tous les autres ayant un pouce à chaque extrémité, comme les singes et les makis ; ou en étant tout à fait dépourvus, comme la plupart des quadrupèdes ; ou n'en ayant qu'aux extrémités postérieures, comme le sarigue, etc. Il compare, en détail, les extrémités du squelette des quadupèdes avec celles de l'homme, puis leur station, et il conclut : « Ainsi, plus l'on s'éloigne de l'homme, plus on voit le pied se rétrécir et s'allonger ; plus la partie qui sert d'appui diminue, et plus l'angle que le talon fait avec la jambe devient aigu. »

Myologie. C'est surtout dans la myologie des singes et des oiseaux qu'il a fait le plus d'observations neuves ; mais ici encore il démontre la supériorité de l'homme.

« Que l'on ne croie pas que la main des singes et autres animaux jouisse de la même force et de la même mobilité que celle de l'homme. » Il examine, en confirmation et dans le plus grand détail, les muscles extenseurs des doigts, d'une manière neuve, et qui lui appartient ; il montre dans l'homme l'indépendance des extenseurs, qui n'existe pas dans les singes, etc. « Il suit de cette structure, conclut-il, que les singes doivent le plus souvent étendre plusieurs doigts ensemble, et qu'ils ne peuvent fléchir le pouce de la main, sans fléchir en même temps, plus ou moins, les autres doigts. Il suit qu'ils sont dépourvus de ces mouvements dans lesquels l'action du pouce se combine avec celle du doigt indicateur et du médius, mouvements indispensables dans toutes les opérations un peu délicates, et sans lesquels il n'existerait peut-être aucune trace de l'industrie des hommes. Il suit enfin que la main n'est, pour les singes, qu'un instrument propre à saisir les corps ; et c'est en la comparant avec celle de l'homme que l'on découvre pourquoi lui seul a créé les arts.

« En continuant l'examen de la main postérieure ou pied du singe, j'ai appris que chacun des muscles perforés fournit un tendon au pouce, sans doute afin que, dans toutes les attitudes et dans toutes les circonstances possibles, ce doigt soit fléchi sans peine ; et, par une suite nécessaire de la disposition des parties, cette structure doit être très-utile à ces animaux, qui ne sont pas, à parler rigoureusement, des habitants de la terre, mais qui vivent sur des arbres, aux branches desquels ils sont sans cesse accrochés et suspendus. Considérons-les sous cet aspect, et nous verrons que l'étroitesse de leur bassin, que la forme de leur corps qui se rétrécit de haut en bas, que la demi-flexion des cuisses sur l'os des iles, que la direction des callosités, que la séparation du pouce d'avec les autres doigts du pied, sont très-propres à cette habitation, et répondent à toutes les conditions de cette hypothèse.

« Je suis bien loin d'avoir épuisé la matière. De nouveaux faits viennent appuyer ma conjecture, et la changent en démonstration. Dans l'homme, les muscles
fléchisseurs de la jambe se terminent par des contours
doucement arrondis vers la région la plus élevée de l'os
tibia. Dans le singe, ces mêmes muscles se portent très-
loin sur la face interne de cette partie, où ils forment une
corde, qui rend très-difficile et très-rare sa parfaite extension sur la cuisse. Mais c'est surtout dans la manière
dont le tendon élargi du muscle plantaire passe sur le
calcanéum du singe, que j'ai trouvé la raison pour laquelle cet animal ne peut marcher droit. Comment,
en effet, tout le poids du corps pourrait-il être soutenu
sur une base osseuse qui, comprimant et gênant le
muscle fléchisseur, rendrait imparfaits et pénibles des
mouvements sans lesquels la station et la marche n'auraient aucune solidité ? L'homme, au contraire, a le
talon nu et dépouillé de toute expansion musculaire,
et lui seul est ainsi conformé. »

Nutrition. Dans les divers organes qui exécutent les
diverses fonctions de la nutrition, Vicq-d'Azir a encore
fait connaître des faits nouveaux. Il les a étudiés dans
un grand nombre d'animaux.

Il donne une étude comparée des dents, de leur
nombre, de leur forme et de leur structure, dont « les
différences constituent, dit-il, les caractères les plus
sûrs dont les naturalistes puissent faire usage. »

Il compare, dans les différentes classes, les mouvements de la mâchoire dans la mastication.

La forme des dents lui a montré une loi d'équilibre
harmonique de la nature; « car des rapports constants
existent entre la structure des dents des carnivores et
celle de leurs muscles, de leurs doigts, de leurs ongles,

de leur langue, de leur estomac et de leurs intestins. Cet appareil doit évidemment servir à poursuivre, à tuer des animaux, à déchirer leurs membres, à digérer leur chair, à s'abreuver de leur sang. Se pourrait-il que cette guerre non interrompue entrât dans le plan de la nature ! Par elle, le fort fut armé contre le faible; par elle, fut aiguisée la dent du lion et du tigre; par elle, les substances végétales furent destinées à nourrir des animaux, qui, dévorés à leur tour, se replongent successivement dans ce règne muet et insensible où tout s'abîme et s'engloutit; par elle, enfin, furent organisés ces grands quadrupèdes qu'on ne retrouve plus, et dont les débris épars laissent entrevoir que le domaine de la vie a déjà reçu quelque atteinte, et que celui de la mort s'élève sur ses ruines, et s'agrandit à ses dépens [1]. »

Il a fait voir les différences générales du canal intestinal dans la série, et donné un tableau des dimensions comparées de l'estomac et des intestins de l'homme et des animaux, d'après Daubenton.

Respiration. Dans l'appareil de la respiration, c'est surtout pour la partie de cet appareil qui produit les sons, qu'il a fait les travaux les plus intéressants.

Dans son Mémoire sur la voix, il examine la structure des organes qui servent à la formation de la voix dans l'homme et dans les différentes classes d'animaux, depuis l'homme jusqu'aux reptiles.

Il décrit d'abord la forme et la structure du larynx humain; puis il ajoute : « Parmi les quadrupèdes, il n'y en a peut-être aucun qui n'ait dans le larynx à peu près le même appareil, et il y en a beaucoup dans les-

_____
[1] *Disc. prél. de l'Enc. méth.*

quels la dissection fait apercevoir des pièces sur-ajou-
tées à celles dont le larynx humain est dépourvu; de
sorte que, si la plupart de ces animaux, avec beaucoup
de moyens, ne produisent que des sons désagréables,
la prééminence de la voix de l'homme ne doit pas être
regardée seulement comme l'effet physique de sa constitution, mais encore comme le fruit de son industrie,
et du besoin qu'il a de modifier ses sons pour exprimer un plus grand nombre d'idées. »

Il décrit ensuite l'organe de la phonation dans les singes; fait connaître, pour la première fois, le renflement
hyoïdien de la luette; passe ensuite aux quadrupèdes,
puis aux oiseaux, chez lesquels il démontre que l'organe de la voix est à la bifurcation des bronches. De
ces observations il tire les conséquences suivantes :

« 1° La glotte étant formée, dans la plupart des quadrupèdes, par des bords presque entièrement cartilagineux, qui ne sont susceptibles d'aucune tension
graduée; cette ouverture étant, dans les oiseaux, très-
éloignée de l'organe vraiment sonore, et ne produisant
qu'un sifflement dans les serpents, où elle est seule,
ne peut-on pas en conclure qu'elle n'est point essentielle à la formation des sons ?

« 2° Les ligaments inférieurs étant, dans plusieurs
quadrupèdes et dans quelques reptiles, les seules parties
capables de vibrer, des membranes élastiques en étant
également susceptibles dans les oiseaux, n'est-on pas
conduit à penser que ces différentes parties ont un usage
marqué dans la formation des sons ?

« 3° Le timbre de la voix augmentant dans les conduits recourbés et dans les cavités formées par des parois cartilagineuses et élastiques, n'est-il pas probable
que tout l'appareil dont quelques animaux sont pour-

vus, ne tend qu'à augmenter la résonnance de la voix, sans influer sur son intonation? »

M. Cuvier a été plus loin dans l'étude du larynx des oiseaux.

Génération. C'est encore Vicq-d'Azir qui a fait connaître la position intérieure des testicules dans le fœtus humain. Il a aussi étudié l'œuf anatomiquement et physiologiquement. Il a décrit les organes de la génération du canard.

Il avait déjà remarqué que la manière de se reproduire des poissons cartilagineux, analogue à celle des animaux ovipares et vivipares, semble prouver que le mécanisme de la génération n'est pas aussi différent qu'on le croit dans ces deux classes d'animaux.

Il a vu les rapports entre les mamelles et les cornes de la matrice et le nombre des petits. Il a fait la comparaison des organes de la génération des animaux et même des végétaux. Il a vu que toutes les espèces donnaient au produit de la génération une éducation plus ou moins étendue, mais qu'elle est individuelle dans tous les animaux, tandis que pour l'homme seul existe l'éducation de l'espèce, preuve la plus élevée de la sociabilité de l'homme, qu'il a d'ailleurs examinée à part.

Système nerveux. Enfin, nous arrivons à l'une des parties les plus importantes et les plus glorieuses des travaux de Vicq-d'Azir : ce sont ses travaux sur le système nerveux et la sensibilité. Il a compris toute la hauteur et toute la portée d'une telle question sous le rapport intellectuel, psychologique, anatomique et physiologique. S'il n'en a pas résolu toutes les difficultés, il est entré bien avant dans la voie qui doit mener à cette solution. Il a préparé la marche à Gall et à ses successeurs. Les découvertes et les faits qui ont signalé les travaux de Gall sont en germe dans Vicq-d'Azir, qui a su repousser avec sagesse les conséquences trop hâtives de théories non encore solidement assises, et qui ne le seront peut-être jamais.

Regardant donc la sensibilité comme le caractère essentiel de l'animalité, il a senti l'importance de l'étude du substratum de cette haute faculté, ou du système nerveux.

Il en a distingué les deux substances anatomiques, en assignant à chacune sa fonction; il a reconnu le système nerveux volontaire, et le système nerveux de la vie organique. Il a étudié tout ce système méthodiquement, dans sa partie centrale et périphérique; il en a beaucoup avancé la description, et en a montré la dégradation sériale, en l'étudiant comparativement dans l'homme et les animaux; de plus, il en a indiqué la haute importance physiologique et psychologique, en demeurant toujours dans une mesure pleine de sagesse[1]. On peut

---

[1] Cette note est de la plus haute importance et du plus haut intérêt; elle montrera véritablement la force de Vicq-d'Azir, et apprendra des détails intéressants.

« La distribution des nerfs et la structure du cerveau, du cervelet et des moelles allongées et épinières, offrent à l'anatomiste une nouvelle source de remarques importantes. Ces organes ont avec l'âme des rapports inconnus; mais, considérés dans les corps vivants des divers ordres, ils en ont entre eux qu'il est possible de déterminer, et, comparant ensuite le tableau de ces différences physiques avec celui de l'entendement ou de l'instinct, du sentiment ou des passions, des mouvements ou des besoins de chaque classe d'animaux, il semble que l'on puisse espérer d'avoir un jour quelque prise sur l'agent caché qui s'unit et qui commande à la matière; commerce admirable et incompréhensible pour celui même qui en est le sujet; commerce qui sera peut-être à jamais un mystère pour nous, mais dans l'examen duquel il est permis à l'esprit humain de

assurer qu'il a préparé les voies à Gall et à tous ceux qui se sont occupés du système nerveux.

Il ne s'est donc pas contenté de démontrer les prin-

s'essayer, en dirigeant vers cette recherche difficile, toute la finesse de l'observation la plus déliée, et toute la force de la logique la plus exacte.

« Les fautes de ceux qui ont couru la même carrière, ont montré des écueils dans lesquels nous éviterons de tomber avec eux. Loin d'ici ces vaines et dangereuses spéculations sur le siége de l'âme, sur les diverses régions cérébrales auxquelles des auteurs qui la regardaient avec raison comme un être indivisible et simple, avaient cependant pensé, par une contradiction choquante, que ses différents modes pourraient correspondre. Nous n'oublierons point que nous écrivons sur l'anatomie; nous nous bornerons à rechercher quels sont les points dans lesquels il se réunit un plus grand nombre de ces fibres molles, qui sont le foyer du sentiment et du mouvement [*]. »

Dans cette direction, Vicq-d'Azir a parfaitement établi que le système nerveux se compose de deux substances bien distinctes : la substance blanche, fibreuse et plus solide, et la substance cendrée, grise et pulpeuse, molle; que la première est conductrice et comme la servante de la seconde, tandis que celle-ci, la substance pulpeuse, est le siége de la sensibilité et le foyer du mouvement.

Il détermine ensuite les diverses parties de ce grand appareil, le nombre, la qualité et le mode de leurs actions : « Il me semble, dit-il, que l'on peut distinguer dans l'enchaînement des différentes parties qui constituent le système nerveux, trois actions différentes : j'appelle la première *action* ou *communication nerveuse externe;* la seconde, *réaction nerveuse;* la troisième, *action* ou *communication nerveuse interne.* La première s'étend de la circonférence vers le centre; elle se passe dans les organes des sens et dans les nerfs qui communiquent leurs impressions au *sensorium commune;* la seconde s'exerce dans le *sensorium commune* lui-même, et se transmet aux nerfs qui en sortent; la troisième se propage, par leur moyen, soit jusqu'aux muscles, pour leur faire ressentir l'aiguillon de la volonté, soit jusqu'aux viscères, pour les faire participer au ton général du

____

[*] *Disc. sur l'Anat. en général.*

cipes de l'anatomie comparée, mais il les a appliqués
à toutes les parties de l'organisation dans la série; et
même à tous les êtres organisés, végétaux et animaux.

Anatomie de signification. L'anatomie comparée le

système, ou pour en recevoir des modifications que leur différents
états déterminent : en sorte que l'action nerveuse qui s'étend, pour
l'ordinaire, des organes des sens vers le *sensorium commune*, et de là
vers les muscles et les viscères dans certaines circonstances, remonte
de cette extrémité de la chaîne vers la première. C'est toujours
en suivant des lignes droites et non interrompues, que les impressions
des sens se portent au cerveau, et que la réaction nerveuse se dirige
vers les muscles. Dans ces deux cas, le mouvement des cordons
n'est point arrêté par des ganglions ou des plexus, qui sont au contraire très-nombreux le long des nerfs sympathiques des viscères, et
qui, s'ils ne les dérobent pas tout à fait à l'action nerveuse, suffisent
au moins pour les soustraire à l'empire de la volonté dont l'influence
s'égare et se perd, en quelque sorte, dans ces entrelacements, et
aux caprices de laquelle il était important que des fonctions aussi
essentielles ne fussent pas soumises.

« Cette distinction étant bien entendue, il sera facile de faire connaître en quoi les nerfs et le cerveau de l'homme l'emportent sur
ceux de la brute. Les cordons nerveux qui établissent les communications internes et externes, sont disposés à peu près de la
même manière dans l'un et dans l'autre. Ils sont tous placés entre deux pulpes nerveuses, soit entre celle des organes des sens
et celle du *sensorium commune,* comme les cordons destinés aux sensations, c'est-à-dire, à l'action ou communication nerveuse externe,
soit entre cette dernière et celle qui est répandue dans le tissu des
muscles ou des viscères, comme les cordons qui servent aux communications nerveuses internes. Cette dernière pulpe devant être à
peu près semblable dans l'homme et dans les animaux, il nous reste
à rechercher la principale raison de leurs différences dans la structure des organes des sens et dans celle de la masse cérébrale.

« Sous le premier rapport, on sent combien l'homme a d'avantage
par la délicatesse et l'étendue du toucher : ses doigts sont un instrument d'adresse et de sensibilité ; il n'y a pas dans toute l'étendue de
son corps un point où cette fonction ne s'exerce, tandis que pres-

conduisait nécessairement à l'anatomie de signification, qui en est la conséquence immédiate. « On appelle, dit-il, du nom d'anatomie comparée, cette science qui

que toutes les parties externes des animaux sont encroûtées et endurcies.

« Sous le second rapport, sa prééminence est encore plus marquée : dans plusieurs classes d'animaux, les nerfs correspondent seulement à quelques éminences cérébrales pulpeuses qui sont interposées entre les cordons destinés aux actions nerveuses externes et internes, et ces tubercules déterminent d'une manière qui nous est inconnue, la réaction nécessaire pour les besoins physiques. Les viscères en reçoivent la vie, et les muscles le mouvement; ils suffisent donc à ce genre d'existence. Si l'homme était réduit aux mêmes organes, il en recevrait les mêmes services. Non-seulement la nature ne les lui a pas refusés, mais elle lui en a encore accordé plusieurs autres qui forment une masse excédante, dont l'usage est sans doute de concourir à la perfection des fonctions intellectuelles; c'est là que les images se peignent avec plus d'étendue et se combinent avec plus de fécondité. Dans la brute, les sensations concentrées et liées avec un certain ordre de mouvements, ne peuvent offrir qu'un petit nombre de variétés. Dans l'homme, l'action qu'elles excitent, en même temps qu'elles déterminent des contractions musculaires ou sympathiques dont le mécanisme est le même dans les animaux, se réfléchit, en quelque sorte, dans la masse pulpeuse qui lui est particulière, et s'y modifie avec des nuances dont le nombre croît et se multiplie dans une progression très-rapide, en raison des organes sur-ajoutés.

« Il y a donc dans le cerveau de l'homme une partie automatique qui en forme principalement la base, et, au-dessus des tubercules qui la constituent, est une région plus élevée et destinée à des usages plus importants, comme il y a dans son âme un degré de perfection d'où naît sa supériorité, rapprochement que je m'étais proposé d'établir et de prouver par l'observation*. »

Après ces considérations générales et ces principes si nettement posés par Vicq-d'Azir lui-même, nous allons le suivre dans les détails les plus importants de l'anatomie physiologique du système

* *De la Sensibilité Mor.*, t. **V**, p. **33**, etc.

oppose la structure de l'homme à celle des autres animaux, pour en apercevoir les rapports et les différences.
C'est en superposant les objets, c'est en mesurant leurs

nerveux, 1° dans la partie centrale ou moelle vertébrale allongée ;
2° dans le système ganglionnaire sans appareil extérieur ou le cerveau ; 3° dans le système périphérique ou les nerfs.

Nous les étudierons avec lui, d'abord dans l'homme, et puis dans
les animaux.

I. *Système nerveux dans l'homme.* 1° *Partie centrale.* « La moelle
épinière s'étend jusqu'à la seconde vertèbre des lombes, que souvent même elle n'atteint pas ; déprimée de devant en arrière dans le
cou, approchant de la forme quadrangulaire dans la région dorsale,
et un peu aplatie sur les côtés, elle se termine par une pointe au
milieu de la queue de cheval. Sa grosseur varie aussi bien que sa
forme ; elle se renfle un peu vers le milieu du cou, elle diminue de
volume dans la région dorsale, et vers les premières vertèbres lombaires elle semble augmenter de nouveau. »

Il fait remarquer que la moelle épinière est composée de deux
cordons adossés et séparés par deux sillons, l'un antérieur qui se
continue entre les pyramides, et l'autre postérieur qui va jusqu'au
calamus scriptorius.

Qu'il y a dans toute l'étendue de la moelle, entre les deux cordons, une lame blanche, plus épaisse vers le cou ; elle est analogue
au corps calleux, qui établit dans le cerveau une communication
entre les deux hémisphères ; elle fait fonction de commissure.

Que les deux sillons antérieurs et postérieurs contiennent un petit
nombre de très-petits vaisseaux.

« L'on ne peut s'empêcher de reconnaître dans l'épaisseur de la
moelle épinière une certaine quantité de substance cendrée ou corticale. Cette substance doit, dans la moelle, être divisée en trois
parties : l'une moyenne, transversale qui s'étend de droite à gauche ;
plus épaisse et plus large dans le cou, plus déliée et plus étroite
dans le dos, elle acquiert de nouveau plus de volume, sans augmenter de largeur vers les lombes.

« Les deux autres parties de la substance cendrée sont latérales
et courbées de manière que leurs corps convexes sont opposés l'un
à l'autre, tandis que leur concavité est tournée en dehors. On peut

contours et leurs surfaces, que l'on peut en acquérir
une parfaite connaissance... Si donc, l'anatomie comparée a rendu des services aussi importants, ne pour-

y distinguer deux extrémités, et le corps ou partie moyenne : l'extrémité antérieure est la plus grosse, et forme comme une petite
tête ; l'extrémité postérieure est très-déliée ; elle se prolonge par
un trait presque imperceptible jusqu'à la face postérieure de la
moelle épinière, et elle se termine précisément dans le point d'où
sortent les filets qui composent les racines postérieures des nerfs
spinaux. Le corps de cette portion semi-lunaire et latérale de la
substance corticale, que l'on peut comparer à une larme de Job,
va toujours en décroissant, depuis la tête, qui est en devant, jusqu'à
la queue très-fine, par laquelle on la voit finir son trajet en arrière. »

Cette substance corticale enfermée dans la substance blanche de
la moelle, si bien décrite par Vicq-d'Azir, et que M. de Blainville
démontre toujours dans ses cours, s'y présente sous la figure d'une
espèce de x grec.

« Les parties latérales et semi-lunaires de la substance corticale,
ont, dans le haut du cou, plus d'épaisseur que dans le bas de cette
même région ; elles en ont encore moins dans le dos. Vers la partie
inférieure de la région dorsale et dans la lombaire, l'extrémité postérieure de cette demi-lune se renfle ; elle devient, dans les dernières
coupes, près de la queue de cheval, presque égale à la tête ou
extrémité antérieure. Ce qu'il est important de remarquer, c'est sur-
surtout, 1° que le volume de cette substance est, dans les coupes
tout à fait inférieures de la moelle épinière, beaucoup plus considérable que dans le dos et même dans le cou ; 2° que le sillon antérieur
qui, dans tout le reste de la moelle spinale, est plus court que le
postérieur, près de la queue de cheval, lui devient presque égal en
profondeur.

« Sans que l'on en sache précisément la raison, on voit toujours
la substance cendrée correspondre, d'une manière plus ou moins
éloignée, à l'origine des nerfs ; c'est ce que j'ai prouvé en traitant
du cerveau. Ici, on voit de même les radicules des nerfs spinaux
correspondre, en devant, à la tête de la portion semi-lunaire de la
substance corticale, et en arrière, naître du lieu où elle aboutit. Il
n'est donc point surprenant que cette substance corticale devienne

rait-on pas en instituer une seconde, qui ne s'occuperait uniquement que des rapports qu'ont entre elles les parties du même individu? Ces nouvelles considérations

plus volumineuse vers la queue de cheval, et que là elle égale à peu près la substance blanche, par laquelle elle est surpassée dans tout le reste de la moelle épinière, puisqu'il naît de l'extrémité de cette production un très-grand nombre de nerfs lombaires et sacrés. La marche de la nature est toujours la même, et mes observations en démontrent l'identité.

« Tout à fait au haut du cou, vers le bas du corps dentelé ou rhomboïdal des éminences olivaires, la substance corticale a encore une disposition particulière. Lorsqu'on fait dans cette région une coupe perpendiculaire à l'axe de la moelle, on aperçoit les traces du corps dentelé en devant, et en arrière une tache grise assez grande, formée par la substance cendrée qui, dans ce lieu, est réunie en masse, tandis que plus bas, et dans tout le reste de la moelle épinière, elle prend de chaque côté, comme je l'ai dit, une forme semi-lunaire.

« Il résulte de cette description :

« 1° Que la moelle épinière est formée de deux cordons, l'un droit et l'autre gauche, adossés en devant et en arrière, où sont les sillons dont on a parlé ; 2° que la substance blanche est comme excavée dans son épaisseur, pour loger la substance grise ou corticale ; 3° qu'en ouvrant le sillon postérieur, on parvient, sans aucun obstacle, à cette substance corticale ; et qu'en ouvrant le sillon antérieur, une lame blanche très-mince est placée à la manière des commissures, devant cette substance, et compose le fond du sillon ; 4° qu'en détruisant les adhérences qui tiennent rapprochées les parois du sillon, et en coupant la lame blanche ou commissure antérieure, on peut réduire les cordons de la moelle épinière en deux corps très-distincts ; et qu'étant tout à fait séparés l'un de l'autre et de la substance corticale, ces cordons sont un peu aplatis, et ressemblent à des rubans qui, roulés les uns contre les autres, en devant et en arrière, forment une colonne médullaire, telle qu'elle se présente dans le conduit vertébral ; 5° enfin, que, sous un autre rapport, on pourrait admettre, au lieu de ces deux cordons dans la moelle épinière, quatre divisions assez distinctes, dont deux plus petites, plane jetteraient-elles pas un plus grand jour sur les usages, sur le mécanisme des pièces qui le composent? Ne serait-il pas possible qu'elles fissent apercevoir des analo-

cées en arrière entre les portions semi-lunaires et convexes de la substance corticale, et divisées par le sillon postérieur, et les deux autres sur les côtés dans la concavité de ces mêmes portions semi-lunaires de la substance corticale, et en devant divisées par le sillon antérieur *. »

3º *Système ganglionnaire sans appareil extérieur* ou *cerveau*. Il nous est impossible pour cette partie d'entrer dans les détails, par la raison que Vicq-d'Azir n'ayant point encore une conception nette et précise du cerveau, conception qui ne nous sera donnée que par M. de Blainville et M. Foville, il est impossible d'en faire une analyse rationnelle assez claire et assez précise pour satisfaire le lecteur; nous nous contenterons donc de faire remarquer quelques-uns des points principaux.

Vicq-d'Azir procède, dans ses dissections du cerveau et dans ses planches, par tranches horizontales de haut en bas, de la partie frontale et coronale du cerveau à la partie basilaire; il coupe d'abord les hémisphères tranversalement, de manière à arriver au-dessus du corps calleux sans l'attaquer, puis il enlève la partie supérieure du corps calleux de manière à laisser apercevoir le *septum lucidum*, les plexus choroïdes supérieurs, la voûte à trois piliers, une petite partie des couches optiques, les corps cannelés et les cavités digitales.

Il montre dans la substance blanche les traces des vaisseaux coupés dans la préparation par le scalpel.

D'après toutes les descriptions il a parfaitement décrit et distingué la substance grise et la substance blanche.

Dans les hémisphères, les anciens distinguaient trois lobes, antérieur, postérieur et moyen. Haller n'en a distingué que deux. Vicq-d'Azir a montré qu'il est presque toujours impossible de marquer la séparation du lobe postérieur et moyen; et il préfère admettre trois régions, frontale, pariétale et occipitale.

Il observe que les circonvolutions ne sont presque jamais sem-

* *Supplém. au traité de l'anat. du cerv.*, tiré des *Mémoires de l'acad. Mor.*, t. **VI**, p. 205, et suiv.

gies surprenantes? Et, si les parties qui diffèrent le plus
en apparence, se ressemblaient au fond, ne pourrait-on
pas en conclure avec plus de certitude qu'il n'y a qu'un

blables, uniformes et identiques dans le lobe gauche et le lobe droit.

Il décrit le corps calleux, qu'il regarde comme la commissure
des hémisphères, et l'analogue de la commissure blanche des deux
cordons de la moelle. Il y remarque au raphé, que l'entre-croisement
des fibres du côté droit avec celles du côté gauche, n'est encore
prouvé par aucun anatomiste, et qu'il semble plutôt qu'elles passent
d'un hémisphère à l'autre. Il donne les mesures du corps calleux, et
toutes ses dimensions sur divers sujets.

Dans la planche troisième, il dessine de la manière la plus nette
les prolongements ou cornes antérieures des ventricules latéraux.
Ces prolongements ont la même forme que l'extrémité antérieure
des corps striés. Ils ont été dessinés dans une planche d'Eustache :
on y a fait peu d'attention depuis cette époque.

On voit sur ce dessin de Vicq-d'Azir, de la manière la plus nette et
la plus évidente, ce que M. Foville vient de démontrer, que les bosses
frontales du coronal répondent parfaitement, pour la position et la
forme complète, aux cornes antérieures des ventricules ; fait qui
n'ayant point été remarqué ni démontré avant ce savant anatomiste,
a pu laisser croire que ces bosses étaient la traduction des circonvolutions. La même observation peut se faire dans cette planche
pour les ventricules latéraux et les bosses pariétales ; et dans une
ou deux planches suivantes, pour les ventricules postérieurs et les
bosses occipitales. Ce n'est pas que Vicq-d'Azir ait remarqué ces
faits, mais cela prouve la perfection et la précision de ses dessins.

Il décrit dans le plus grand détail le *septum lucidum* et les parties
qui l'entourent, aussi bien que les tubercules quadrijumeaux, le cervelet et toutes leurs dépendances. Il a vu les processus *ad nates*,
les processus *ad testes* et *ad medullam*. Il a aussi aperçu une partie
des rapports de la protubérance annulaire avec les corps olivaires
et les pyramides ; il a décrit cette protubérance, et a vu que des
fibres transversales se dirigent du sillon médian vers les parties latérales de la protubérance ; que la structure de ces fibres blanches
et transversales est assez uniforme vers le milieu ; mais, sur le côté,
elles s'écartent pour faire place au nerf de la cinquième paire, et

8.

ensemble, qu'une forme essentielle, et que l'on reconnaît partout cette fécondité de la nature qui semble avoir imprimé à tous les êtres deux caractères nullement

elles se divisent en quelque sorte en deux petits plans dont l'un est antérieur et l'autre postérieur.

Il décrit aussi « une substance blanche qu'il appelle *perforée*. Cette substance, percée d'un grand nombre de conduits plus ou moins verticaux pour le passage d'un grand nombre d'artérioles, se trouve, dit-il, située vers le tubercule d'où sort le nerf olfactif ; entre la racine externe de ce nerf et le trajet du nerf optique. »

C'est ce même espace que M. Foville a beaucoup mieux connu et décrit sous le nom de *quadrilatère perforé*, qu'il démontre être un centre d'où naissent et où reviennent trois grandes circonvolutions du même ordre, celle de l'ourlet, la grande circonvolution et la circonvolution de la scissure de Sylvius.

Enfin, Vicq-d'Azir a démontré la communication de tous les ventricules entre eux ; il a parlé des membranes du cerveau et des veines qui s'y trouvent.

4° *Système périphérique*. Il a confirmé les expériences de Haller, et prouvé que la membrane qui enveloppe les nerfs, est très-peu sensible.

Il dit « que le tissu des nerfs les plus volumineux, considéré même dans le centre, est plus ferme que celui des nerfs plus grêles. J'ai de plus examiné les uns et les autres au microscope ; je me suis convaincu que, toutes choses d'ailleurs égales, la pulpe qu'ils contiennent est beaucoup plus abondante dans les derniers que dans les premiers. Il faut cependant en excepter le nerf qui tient le milieu de la portion de la moelle épinière appelée queue de cheval, et quelques autres en petit nombre, lesquels ne paraissent contenir que très-peu de substance spongieuse. Il a parfaitement admis la distinction des nerfs sensoriaux et locomoteurs *, que du reste nous avons déjà trouvée dans l'école d'Alexandrie, et dont Vésale parle.

Il se trompe sur l'origine des nerfs, en faisant naître les uns du cerveau, les autres du cervelet, et les autres de la moelle allongée ; leur naissance ne nous sera démontrée que plus tard d'une manière

* *De la Sensibilité en général.*

contradictoires, celui de la constance dans le type, et
de la variété dans les modifications ? »

« L'anatomie offre plusieurs exemples dans lesquels

nette encore par M. Foville ; mais il a parfaitement vu, contre Petit
de Namur, que c'est sur les côtés et non dans le milieu du sillon antérieur de la moelle épinière, que les nerfs spinaux antérieurs prennent leur origine. Il a également vu que les faisceaux radiculaires
de tous les nerfs viennent aboutir à la substance grise.

Il décrit dans toute son étendue la première paire ou paire ol-
factive. Il dit que son extrémité est une espèce de bulbe ou renflement ovale, qui se termine d'une manière insensible en arrière, qui
est formée de substance grise demi-transparente, mêlée de stries
blanches, et dont la face inférieure est soutenue sur la lame criblée
de l'os ethnoïde. Ce nerf, dans sa totalité, est mou et pulpeux. Voilà
pourquoi Galien et tous les anciens anatomistes après lui, ont regardé cette production, non comme un nerf proprement dit, mais
comme un prolongement de la substance du cerveau. Dans la plupart des quadrupèdes, ce nerf est creux ; il n'en est pas de même
dans l'homme ; ce qui était bien connu de Varole, de Vésale et de
Vieussens.

Il décrit ensuite les nerfs optiques ; « leur coupe prouve qu'ils
sont fibreux et bien éloignés d'être mous comme on l'a avancé. » Il
nie, avec Galien, leur entre-croisement, et dit, avec Haller, que leur
substance médullaire communique et se confond, pour ainsi dire,
d'un côté à l'autre.

Dans la planche quinzième, il a figuré et décrit toutes les paires
de nerfs qui naissent de l'encéphale.

Il a fait un travail spécial du plus haut intérêt sur l'origine, la
distribution, les fonctions et les divers rapports des nerfs de la
deuxième et troisième paire. Nous ne le suivrons point dans ces détails.

5° *Système nerveux dans les animaux.* Vicq-d'Azir a fait un mémoire *sur la structure du cerveau des animaux, comparée avec celle du
cerveau de l'homme.*

Il pose d'abord en principe que l'on est forcé d'avouer que tout
ce que l'on sait sur les fonctions des nerfs et du cerveau, se réduit à
peu près aux trois propositions suivantes :

on les trouve de la manière la plus frappante ; c'est
ainsi que les nerfs cervicaux peuvent être assimilés aux
lombaires, les plexus axillaires aux sacrés, les nerfs

1° Le cerveau, le cervelet, la moelle allongée, la moelle épinière
et les nerfs, sont les organes immédiats de la sensibilité, qui ne peut
exister sans eux.

2° En même temps que les nerfs sont les instruments des sensations, ils sont aussi ceux dont la volonté se sert pour mouvoir les
muscles.

3° L'action nerveuse établit entre toutes les parties du corps humain auxquelles elle s'étend, une correspondance, une sympathie,
qui, réunissant tous les efforts des diverses puissances organiques,
maintiennent entre elles une harmonie déterminée par les impressions reçues et transmises dans tout le système nerveux. Les sensations, le mouvement des muscles et les sympathies des viscères, sont
donc les trois principaux effets de cette influence.

En partant de ces principes bien avoués, nous avons essayé de
nous élever, non à la connaissance du mécanisme des fonctions intellectuelles, ce que nul physicien n'oserait peut-être entreprendre,
mais à celle de la disposition qui est particulière au cerveau de
l'homme, et qui le distingue de celui des animaux, dans lesquels la
sensibilité a en général moins d'étendue et d'énergie.

Il étudie ensuite le système nerveux dans les quadrupèdes, les
oiseaux, les poissons, les reptiles, les insectes et les vers.

Nous nous contenterons de résumer avec lui les conséquences qui
peuvent être déduites de ses observations, dont il fait l'application
suivante.

« Ne pourrait-on pas dire, par exemple, qu'en supprimant, dans
le cerveau de l'homme, les grands hémisphères, le corps calleux, le
septum lucidum, la voûte à trois piliers, les cornes d'Ammon, et
leurs annexes, la glande pinéale et ses pédoncules ; en composant
le cervelet d'une ou deux stries fort courtes ; en plaçant sur deux
lignes parallèles, dirigées de devant en arrière les corps striés très-
rétrécis, les couches optiques creusées d'une cavité et réunies par
leur partie supérieure ; en aplatissant la protubérance annulaire,
et en réduisant toute cette masse à un très-petit volume, le système
nerveux de l'homme serait alors le même que celui des poissons ou

diaphragmatiques aux nerfs obturateurs ; c'est ainsi que les extrémités supérieures et inférieures, observées dans la disposition des os, des muscles, des vaisseaux et des nerfs, paraissent faites sur le même moule, mais placées en sens inverse, par l'opposition de leurs saillies et de leurs angles ; c'est ainsi que j'ai tiré de mes recherches le résultat paradoxal, en apparence, mais susceptible de la démonstration la plus rigoureuse, que l'extrémité supérieure de l'homme ou antérieure des quadrupèdes, correspond, dans tous ses points, à l'extrémité inférieure ou postérieure du côté opposé.» «Cette espèce d'anatomie comparée peut s'étendre non-seulement aux os, aux muscles et aux vaisseaux, mais encore aux vis-

des amphibies ; de même, en plaçant en dessus les corps striés, et en les renflant plus que dans les poissons ; en portant les couches optiques en dessous ; en les écartant et en les excavant, toutes les parties dont il a été question restant d'ailleurs supprimées, le cerveau de l'homme ressemblerait à celui des oiseaux ? Enfin, avec d'autres changements plus faciles à déterminer, il serait conformé comme celui des quadrupèdes. Avec les hémisphères sans circonvolutions, il ressemblerait aux rongeurs ; avec les hémisphères et les circonvolutions diminuées, la scissure de Sylvius presque effacée, aux autres quadrupèdes.

« Pour donner plus de poids à ces applications, il est important de remarquer qu'en considérant les organes nerveux dans toute l'étendue de la chaîne, depuis l'homme jusqu'aux reptiles, on aperçoit toujours les traces du même système qui va toujours en décroissant, les brutes ne présentant aucune partie dont l'homme ne soit pourvu, et celui-ci en ayant plusieurs qui leur manquent. »

Tout ce mémoire renferme une foule de faits neufs et intéressants à connaître, et qui le placent encore aujourd'hui à la hauteur de la science.

Si nous avons été aussi long dans l'exposition de cette partie des travaux de Vicq-d'Azir, c'est qu'elle est importante, et une préparation immédiate à l'histoire de Gall que nous aurons bientôt à traiter cères. » Pour faire cette comparaison avec méthode, il a choisi le chat et le chien parmi les fissipèdes non claviculés, le bélier parmi les bisulques, et le cheval parmi les solipèdes.

Il compte quatre principales parties dans chaque extrémité : l'omoplate et l'os des iles, le fémur et l'humérus, l'avant-bras et la jambe, le pied et la main.

Il jette un coup d'œil sur la position de ces différentes pièces. Il démontre ensuite 1° l'analogie de l'omoplate et de l'os des iles; 2° celle de l'humérus et du fémur; 3° de l'avant-bras et de la jambe; mais il se trompe en regardant le tibia comme l'analogue du cubitus. Toutefois, il avait aperçu quelques-uns des faits qui prouvent que le tibia est l'analogue du radius, sans en sentir la conséquence, lorsqu'il dit que, dans les quadrupèdes à canon, le cubitus est le plus court des os de l'avant-bras: c'est un véritable os styloïde, terminé par une grosse apophyse. Le péroné ressemble exactement à un os styloïde; l'avant-bras et la jambe sont donc formés par deux os très-considérables, qui sont le radius et le tibia, et par deux os styloïdes, dont l'un a une grosse apophyse que l'on ne remarque point dans l'autre, et qui paraît avoir été transportée en devant pour former la rotule. Le radius est donc l'os le plus important de l'avant-bras, puisque, plus nous nous éloignons de l'homme, plus nous voyons qu'il augmente, et qu'enfin, il reste presque seul dans les solipèdes, dont le cubitus est réduit presque à rien. Le tibia conserve la même étendue dans l'extrémité postérieure, dont le péroné est tellement diminué, qu'on en retrouvera à peine quelques traces.

Il démontre encore les analogies du métacarpe et du métatarse, du carpe et du tarse, et enfin, des doigts.

Il donne ensuite le même parallèle sur les muscles

qui composent les extrémités, et puis sur les vaisseaux et les nerfs.

C'est encore Vicq-d'Azir qui a introduit dans l'anatomie de signification les os claviculaires. « C'est, dit-il, en disséquant avec soin les muscles des quadrupèdes, que j'ai trouvé des clavicules dans plusieurs où nul anatomiste ne les avait encore aperçues. Elles diffèrent de celles que l'on a décrites jusqu'à présent, en ce qu'elles sont plus courtes et irrégulières, en ce qu'elles sont cachées dans l'épaisseur des muscles, et en grande partie ligamenteuses, ce qui fait que dans quelques pièces, je ne les ai désignées que sous le nom d'os claviculaires. » Il a démontré cet os dans plusieurs rongeurs et dans le chat.

Zoologie méthodique. Outre l'anatomie comparée et l'anatomie de signification, que Vicq-d'Azir a créées, comme nous espérons l'avoir démontré, il s'est encore occupé de zoologie méthodique; mais ici il n'a pas aussi bien réussi; il n'était pas créateur en ce point, il n'a été que le copiste des classifications de Daubenton. Cependant il a préparé des matériaux à la méthode naturelle, qu'il ne connaissait pas, quoiqu'il en ait bien vu tous les éléments, puisque, dans tous ses travaux sur les différents organes, il démontre la dégradation sériale, et a toujours conclu que d'après chaque organe on pouvait classer méthodiquement les animaux. Une seule chose lui manquait donc, la loi de la subordination des caractères, à l'aide de laquelle on pût combiner ces divers caractères suivant leur ordre de plus ou moins grande valeur, de manière à en faire un tout, un système qui traduisît la science dans tout son ensemble. On ne voit pas que Vicq-d'Azir ait connu cette loi, et dès lors il a dû demeurer dans les méthodes artificielles.

Dans cette direction, il a nettement séparé l'homme de tous les animaux ; il n'a admis qu'une espèce humaine. «On ne connaît point, dit-il, deux espèces d'hommes, mais plusieurs variétés se font remarquer dans cette espèce. Kant admet quatre races : l'Européen, l'Américain, le Nègre et l'Indien ; Erxleben en admet six : le Lapon, le Tartare, l'Asiatique, l'Européen, l'Africain et le Mexicain. Chacune de ces races a des caractères de couleur, de forme et de grandeur, qu'il est important de considérer, et qui se trouvent à leur place dans cet ouvrage. » Il cite l'angle facial de Camper et les observations de Blumenbach.

Il a divisé les quadrupèdes qui ont quatre pieds et du poil en quinze classes ; les cétacés en quatre ; les oiseaux en seize classes, fondées sur le nombre et la forme des doigts.

Si l'on remarque que dans sa classification, il a suivi l'ordre ascendant, on verra qu'il avait ici souvent approché de la méthode naturelle sans la chercher, car les perroquets sont pour lui réellement les plus élevés, comme chez M. de Blainville. Il a fait aussi une classe particulière des sponsores, etc.

Il a divisé les reptiles en trois classes, ainsi que les poissons ; les insectes en quatorze classes, et le reste des animaux en dix classes, depuis les vers microscopiques jusqu'aux mollusques.

Ainsi donc, Vicq-d'Azir a perfectionné l'anatomie de l'homme, a créé l'anatomie comparée et l'anatomie de signification : 1° en prouvant que l'homme doit être pris comme terme de comparaison, comme mesure ; en cherchant l'ordre dans lequel les organes et les fonctions doivent être étudiés ; 2° en prenant dans cet ordre chaque organe, chaque fonction à part, pour l'étudier dans la série, et arriver ainsi non plus à étudier tel ou tel organe dans tel ou tel animal, mais l'organisation ou mieux l'organisme en général ; en cherchant par suite l'ordre physiologique dans lequel les êtres doivent être comparés ; 3° en comparant d'après cet ordre les animaux à l'homme ; enfin, en démontrant la nécessité d'une nomenclature, et en en donnant les règles. Dès lors, il a dû pénétrer plus avant, et chercher la signification des organes et de leurs parties, et arriver ainsi à démontrer le plan de l'organisme dans sa structure comme dans ses fonctions. Il a senti que la méthode naturelle ne devait pas se borner aux seules parties externes, comme le faisaient les zoologistes, ni aux parties internes, comme le faisaient les anatomistes, mais qu'elle devait réunir les deux ordres de caractères. Une fois ces principes bien posés, ce sont des prémisses, vont arriver les conséquences naturelles par l'application.

C'est à Vicq-d'Azir qu'est dû d'avoir montré que la médecine et la chirurgie ne font qu'une même science ; et il y a joint comme lumière l'art vétérinaire. Il a relevé la dignité de la médecine, en créant l'Académie royale de médecine et les éloges historiques. Il est le premier moteur de la création de l'Institut. Il a réformé le costume du médecin, introduit dans l'enseignement le débit oral, et il est, avec Buffon, l'auteur de cet immense progrès qui tend à vulgariser la science, à en faciliter les progrès en la traitant dans la langue française, avec assez d'éloquence, de précision, de netteté, de méthode et de logique, pour montrer que cette langue était peut-être plus favorable au développement des sciences qu'aucune autre, et de là une ère nouvelle qui a conduit aux progrès les plus grands, parce qu'il a été plus facile de les formuler.

Nous allons maintenant voir un autre progrès, qui va consister à pénétrer dans le tissu intime pour en chercher la composition, et arriver à connaître le siége des maladies.

SECTION III. — PINEL.

1745—1826.

1. *Préliminaires.*

Jusqu'ici, la science de l'organisation conçue dans son ensemble, avait à peine eu besoin pour ses progrès de l'étude des altérations dont l'organisme est susceptible. Cette marche est logique, car il était nécessaire de s'appliquer exclusivement à l'étude de la mesure à l'état normal et à l'état adulte, pour que cette mesure fût successivement et complétement connue. Dans cette voie et pour ce but, la science a accepté l'anatomie comparée, puis l'organe considéré, séparément de l'animal, d'une manière abstraite dans la série, ce qui conduisait à l'anatomie de signification. Maintenant, cela ne suffit plus ; il faut aller plus loin, et montrer quel est le substratum animal de chaque fonction ; et pour y arriver, entrer non plus simplement dans l'étude de l'organe, mais encore dans l'étude des éléments des organes, du substratum des facultés ; il faut que la science pénètre dans les membranes, dans les tissus, pour connaître leur nature, et par suite, leur influence sur la fonction. De là la nécessité d'une étude aussi bien pathologique que normale ; ce qui ne pouvait se faire tout d'un coup ; il fallait auparavant saisir la conception médicale.

Quand nous avons parlé d'Hippocrate avant Aristote, bien que nous n'ayons pas dissimulé son influence, cependant nous ne l'avons considéré que comme naturaliste et non comme pathologiste. Galien a plutôt été pour nous une application de la philosophie platonicienne et aristotélicienne à la médecine, qu'un pathologiste. Dans les siècles derniers, nous n'avons même pas parlé de Boerhaave, mais bien de Haller, sorti de lui, comme entrant dans la direction de l'anatomie physiologique. C'est que ces hommes, ainsi qu'un grand nombre d'autres, n'entraient pas dans la succession des efforts nécessaires pour l'avancement des sciences qui nous occupent.

Il n'en est plus de même au point où nous sommes parvenus : besoin est de confirmer par un nouveau moyen la loi aperçue, entrevue. Ce moyen ressort de l'état anomal, maladif ou monstrueux, et de la succession des états pour arriver à l'état adulte; c'est là ce qui constitue l'anatomie de développement. Nous avons donc à étudier trois médecins, non comme thérapeutistes, mais comme conduisant à l'étude de la base de l'organisme, dans la direction de la méthode naturelle.

Le premier pas a été fait par Pinel; Bichat l'a perfectionné; et Broussais, en le terminant, sous un certain rapport, l'a poussé à l'extrême et presque à l'absurde. Aussi Pinel est-il revenu à la méthode hippocratique, à l'histoire naturelle des maladies, et trouvant table rase, sa méthode a dû être expectante, tandis que la méthode de Broussais, active et extrême, a été diététique ou thérapeutique.

Pinel doit être considéré comme le *naturaliste patho-*

logique ou comme le créateur de la *pathologie naturelle*, de la *médecine naturelle*, de la *nosologie rationnelle*, et par suite, comme créateur ou promoteur de l'*anatomie médicale* ou générale, par l'introduction de la méthode naturelle en médecine et surtout en nosographie, prouvée par son application au genre le plus élevé et le plus difficile des maladies de l'homme, celui de l'aliénation mentale. Que ne l'a-t-il appliquée aux maladies de l'es-pèce ou des nations? Car on pourrait trouver un beau sujet dans ce point de vue des maladies des nations considérées comme naturelles, suite de l'âge, et comme artificielles, suite du mauvais régime physique et surtout intellectuel et moral.

Jusqu'à Pinel, on avait bien fait quelques essais de classification des maladies, et c'étaient des phythologistes ou des naturalistes qui les avaient tentés. Mais malgré les efforts laborieux et multipliés de Sauvages, Cullen, Sagar, Vogel, Linné, Nietzki, Van-Den-Heuwell, etc., pour distribuer toutes les maladies en classes, en ordres, en genres, en espèces; comme ils travaillaient sans principe dominant qui pût être démontré, ils n'étaient arrivés qu'à des méthodes artificielles, qui avaient toujours pour résultat une extrême surcharge du tableau, une classification arbitraire et vacillante. Pinel arrive à une époque où le progrès des sciences lui fait sentir « la nécessité absolue d'une méthode d'autant plus simple qu'elle serait plus naturelle, afin, dit-il, d'épargner au médecin judicieux l'incertitude et les perplexités, au médecin téméraire un parti pris au hasard, une décision précipitée, au malade le danger d'une méprise. » En contact avec les naturalistes et surtout avec les botanistes, plus avancés à cette époque, il conçut cette réforme importante ; aussi, dans tous ses ouvrages, insiste-t-il sur la nécessité d'introduire en médecine les principes des naturalistes, leur méthode d'observation, de description, de classification et de nomenclature.

La médecine est l'art de prévenir et de guérir les maladies ou altérations dont les corps organisés vivants sont susceptibles, à l'aide de moyens variés, qu'elle emprunte à toutes les sciences. Il suit de cette définition, qu'il n'y a pas une médecine pour l'homme, une médecine pour l'animal, une médecine pour le végétal; la médecine est une; pour arriver à sa pratique, il faut en connaître le sujet ou les corps organisés vivants, et les moyens ou les sciences qui lui prêtent leur secours. Ainsi, l'étude de la psychologie, qui analyse les phénomènes de l'intelligence, est de la plus haute importance pour la guérison des altérations que les facultés intellectuelles peuvent éprouver; l'étude de l'optique est nécessaire pour traiter les lésions de la vision, et celle de l'acoustique pour traiter celles de l'ouïe. Les mathématiques même sont utiles pour enseigner à raisonner. On conçoit donc de quelle importance a été pour la médecine la direction donnée par Pinel.

A l'époque où il est venu la reprendre, la médecine était conçue d'une manière bien différente par l'école de Boerhaave, par celle de Stahl et celle de Montpellier. L'école de Leyde, l'école mécanique, qui avait si bien servi la science en poussant à l'anatomie et à la physiologie, avait considérablement nui par l'étiologie des phénomènes morbifiques, et entre autres, celui des inflammations, en systématisant tous les faits dans un ensemble de connaissances physico-mathématiques. Dans cette école, on calculait le mouvement des fluides dans les vaisseaux, comme on le calcule dans les tuyaux inorganiques, et tellement bien, qu'on faisait sortir du

frottement la chaleur animale. Ce fut Haller qui, le premier, montra que ces calculs mécaniques ne pouvaient
être admis par les faits d'analyse expérimentale. Cette
thèse fut cependant soutenue par un grand nombre de
médecins.

Stahl, dans le même temps, avait eu une idée assez
analogue à celle du phlogistique, en admettant une âme
comme conductrice et régulatrice de tous les phénomènes vitaux, et en rapport avec le système nerveux.
Ce n'était pas l'âme proprement dite, mais une espèce
d'âme organique qui deviendra ensuite le principe vital
de l'école de Montpellier. Tout en combattant la direction de Boerhaave, il avait admis ses natures, et cela
le conduisit à la méthode expectante. Pour lui, les hémorragies étaient déterminées par l'âme, et c'est le commencement de la doctrine des flux. En faisant entrer
dans l'organisme une puissance surnerveuse qui était
matérielle et réglait cet organisme, il n'y avait plus
d'anatomie ni de physiologie, si ce n'est une physiologie
de pure création, forte, à la vérité, mais sans base. « Le
caractère distinctif de l'école de Stahl fut de dédaigner
ces applications frivoles de la physique et ces notions
étrangères aux lois de l'économie animale; de combiner
profondément sa marche dans la doctrine des hémorragies, et de reprendre avec sévérité le fil de l'observation, presque abandonné sur ce point depuis Hippocrate. » (Pinel, Nosol.)

Ainsi, dans l'école de Boerhaave : vues les plus fines
d'anatomie et de mécanique, mises habilement à con-
tribution et trop souvent exagérées; lutte de l'école de
Stahl contre celle de Boerhaave, pour proscrire toute
application de la mécanique aux symptômes de l'inflammation, et pour faire considérer celle-ci comme un

effet non-seulement utile, mais même nécessaire, de l'énergie vitale.

Les idées saines et fécondes de Van-Helmont et de Stahl sur les phlegmasies, et toute la direction de cette école fut reprise par celle de Montpellier, représentée alors par Lamure, Bordeu et Barthez. L'âme organique de Stahl fut remplacée par le principe vital qui n'est pas mieux démontré. En exagérant dans cette voie, il en résulta l'oubli de l'anatomie et de la voie expérimentale.

L'école d'Édimbourg, représentée par Cullen et surtout par Brown, se rapprochait un peu de Stahl et de l'école de Montpellier, en ce qu'elle admettait l'existence et l'influence des forces vitales dans les maladies. Partant de là, Brown ne considère les fièvres, les maladies aiguës que comme un excès de forces vitales. Le seul objet à remplir, suivant lui, est de faire cesser ces excès, de réitérer les purgatifs, de verser le sang à grands flots, d'employer l'action débilitante du froid, à l'intérieur par des boissons froides, et à l'extérieur par l'impression de l'air atmosphérique, comme si la guérison était un effet exclusif de ces moyens suprêmes. Frank, médecin de Pavie, a encore exagéré dans ce système.

C'est alors que Pinel, élève de Toulouse, école identique, pour la doctrine, à celle de Montpellier, concevant par le principe vital l'organisme et ses fonctions, va venir dans l'école de Paris, trop positive à cette époque. Il va prendre le rôle de naturaliste en médecine, n'étudier et ne poser pour base que l'observation naturelle des phénomènes, pure et simple, calculée, jugée en mathématicien logique, et, par là, il donnera à la science médicale des fondements immortels. Philosophe et naturaliste profond, il vit qu'il fallait emprunter la marche qui avait si bien réussi aux naturalistes, et alors il a introduit dans la médecine : 1° l'observation pure et simple, autant que cela était possible ; 2° par l'analyse des phénomènes, il a introduit leur vraie subordination des caractères, en insistant sur leur degré d'importance, leurs rapports primitifs et successifs indiqués par ces phénomènes mêmes ; 3° le groupement et la classification naturelle des maladies, classification fondée non plus seulement sur la région affectée, ni même sur les parties ou organes, mais bien mieux, sur les éléments anatomiques de ces organes, les membranes et les tissus ; 4° de là il était conduit à l'essai d'une nomenclature en rapport avec l'observation des phénomènes et avec leur classification : y a-t-il réussi? Nous n'avons pas à le juger sous ce rapport; 5° enfin, comme conséquence de cette direction, il était conduit, suivant la méthode de Stahl, à la médecine expectante d'abord, et thérapeutique rationnelle ensuite, sans négliger totalement l'empirisme.

Voilà ce que Pinel a fait et ce qu'il s'agit de démontrer. Nous verrons tout d'abord que cette marche vient du génie de Pinel, auquel les circonstances sont toujours opposées.

II. *Éléments et extrait de la biographie de Pinel.*

Les éléments de sa biographie se trouvent : 1° dans les préfaces de ses ouvrages et dans ses mémoires ;

2° Dans son éloge, prononcé par M. Pariset, secrétaire de l'Académie de médecine, t. I, p. 189-223; 1828;

3° Dans le rapport sur l'inauguration du buste de Pinel, par M. Esquirol, son élève, p. 226-231, ibid.

Biographie. Philippe Pinel naquit le 11 avril 1745, à Saint-André d'Alaysac, village peu distant de la ville de Castres, département du Tarn. Ses parents étaient dans

une position de fortune très-médiocre, et leur famille
était nombreuse ; il ne put donc en recevoir que fort peu
de secours. Son père était médecin et chirurgien de
village ; sa mère était une femme fort pieuse. La première
direction de Pinel fut vers l'état ecclésiastique. Il fit ses
premières études au collége de Lavaur, et se rendit ensuite à Toulouse pour y étudier la philosophie et la théologie. Il eut l'avantage de tomber entre les mains d'un
maître qui connaissait les mathématiques, et qui lui en
donna le goût. Mais n'ayant pas de vocation pour l'état
ecclésiastique, il abandonna l'Université, et dirigea ses
études vers la médecine. Pour suffire à ses besoins et
aux frais de ses études, il fut obligé de donner des leçons
particulières de mathématiques. Il se livra à la poésie
avec assez de succès pour concourir aux jeux floraux et
y être couronné. Il prit successivement tous ses degrés
en médecine à ses frais, et il fut reçu docteur à vingt-
neuf ans, le 22 décembre 1773. Ce succès fut le fruit
d'un travail opiniâtre. Il enseignait les mathématiques
le jour pour gagner sa vie, et la nuit il étudiait la médecine. Cette position, jointe à l'étude des langues
grecque, latine, anglaise et italienne, qu'il connaissait
parfaitement, avait un peu retardé sa carrière médicale. Avant de passer sa thèse, il avait aussi suppléé un
des professeurs de l'école.

Ayant perdu son père, étant sans fortune, vivant
difficilement et pauvrement du produit de ses leçons,
il quitta Toulouse, en 1775, pour se rendre à Montpellier. L'école de Montpellier, illustrée par un grand
nombre de savants professeurs, était à l'époque de toute
sa gloire, et d'autant plus célèbre, que celle de Paris
était tombée dans une sorte d'oubli. Pinel s'y rendit
dans l'espérance de trouver quelques ressources, et aussi

dans le but de perfectionner ses études. Il accepta de faire l'éducation du fils de M. Benezech, et, grâce à ses secours, Pinel, au-dessus du besoin, put se fortifier de plus en plus dans l'étude des langues anciennes et modernes. C'était dans ce but que, tout en utilisant ses loisirs, il composait des thèses pour les jeunes gens qui aspiraient aux degrés de la Faculté de médecine. Ces thèses, remarquables par l'élégance et la sagesse de leur rédaction, roulaient essentiellement sur l'hygiène.

Quelque temps après, il se lia d'une étroite amitié avec le fils d'un médecin de cette ville, M. le comte Chaptal, devenu depuis pair de France. Il se livra avec ce jeune homme, dans l'intention de calmer la fougue de son imagination, à l'étude de la philosophie, en lisant et commentant ensemble Hippocrate, Plutarque et Montaigne.

Puis, par suite même de ses connaissances en mathématiques, Pinel se trouva tout naturellement conduit à s'occuper de mécanique animale, et à étendre l'ouvrage de Borelli à l'homme. Il communiqua la première partie de son travail à l'Académie des sciences de Montpellier, et rédigea la seconde dans l'intention de l'adresser à l'Académie de Paris. Il devait publier une nouvelle édition de cet ouvrage de Borelli, avec des commentaires; mais il ne nous en est venu que quelques mémoires.

En 1778, il se rendit à Paris, avec un Anglais qui étudiait la médecine. Il fut recommandé à un professeur de calcul intégral au collége de France, M. Cousin, qui lui procura des leçons de mathématiques, afin de l'aider à vivre.

Il fit connaissance et se lia d'intimité avec M. Desfontaines, puis avec M. Roussel, avec Cabanis, et entra aussi dans la société de madame Helvétius. Mais alors il était difficile d'aller plus loin : il n'appartenait point à la Faculté de Paris; il n'était pas éloquent, et avait beaucoup de timidité.

En 1784, il concourut pour une place de professeur régent dans la Faculté de médecine de Paris, mais sans succès. On dit qu'il avait déjà concouru trois fois auparavant.

Lemonnier, premier médecin du roi, chercha, à la recommandation de son ami Desfontaines, à placer Pinel comme médecin dans la maison de Mesdames, tantes de Louis XVI; mais, lorsqu'il se présenta, sa timidité le rendit muet. Les princesses prirent une fausse idée de son talent, et il fut obligé de renoncer encore à obtenir ce poste honorable. Ces échecs le forcèrent de se livrer à la rédaction des journaux ; et il ne laissa pas d'y acquérir une certaine force, en s'habituant à présenter rapidement les sujets divers. Il écrivit dans le Journal de Paris, et rédigea la Gazette de Santé avec succès pendant plusieurs années.

En 1789, il publia la traduction de l'abrégé des Transactions philosophiques de Londres, sur la chimie, l'anatomie et la physiologie, la médecine et la chirurgie, la matière médicale et la pharmacie, auxquelles il ajouta des notes.

En 1786, il avait publié, dans le journal de Physique, la description d'un enfant hermaphrodite.

Il fit un mémoire sur un cerveau pétrifié, dont Baron avait parlé à l'Académie des sciences en 1753, et qui fut remis à Pinel. Continuant ses études sur la mécanique animale, il traita des luxations dans deux mémoires lus à l'Académie. C'est à lui qu'est dû le rapport du condyle de la mâchoire inférieure avec l'estomac. Dans le même travail, il donne l'articulation de la mâchoire inférieure chez les mammifères, comme moyen de classification. Il a encore fait un mémoire sur les phalanges onguéales et la rétractilité des ongles des carnassiers, et un autre sur la tête de l'éléphant.

Il continua d'étudier la botanique avec Desfontaines, et la chimie avec Fourcroy, en même temps qu'il travaillait pour l'Encyclopédie méthodique.

Il traduisit Cullen de l'anglais, et donna une édition de Baglivi, avec des notes et une introduction très-remarquable. Il suivait toujours les hôpitaux, mais sans chercher la clientèle; ses travaux multipliés suffisaient à peine pour le mettre au-dessus du besoin, et l'on dit que le sentiment de sa position lui inspirait des accès de mélancolie. Cependant, en 1791, la Société royale de médecine ayant proposé un prix : *Sur les moyens les plus efficaces de traiter les maladies des aliénés*, Pinel concourut, et obtint le prix. Le médecin Thouret, administrateur des hospices, était un des juges du concours ; il reconnut le talent de Pinel, et ce fut là le commencement de l'élévation de celui-ci.

Dans le même temps, en 1792, il fit des cours d'anatomie comparée, dans le lieu des séances de la Société d'histoire naturelle, pour servir de suite au cours de zoologie systématique qu'y avait fait Millin.

C'est à cette époque qu'à l'âge de cinquante ans, Pinel fut appelé, par la force des choses, aux hôpitaux, dont on entreprit alors l'heureuse amélioration. Il avait déjà contribué à l'érection d'une maison d'aliénés, et y avait soigné une personne chère. Il fut naturellement porté à la place de médecin des aliénés de Bicêtre, sur la présentation de Cousin, Thouret et Cabanis, administrateurs des hôpitaux. Sous sa direction, cet hospice devint ce qu'il est : c'est là qu'il donna asile à Condorcet.

Il conserva cette place durant l'an II et l'an III de la république ; elle lui ouvrit un vaste champ pour poursuivre des recherches sur la manie, commencées à Paris depuis plusieurs années. Les vices du local de l'hospice, une instabilité continuelle dans les administrations, et la difficulté d'obtenir souvent les objets nécessaires, furent loin de le rebuter, et il en triompha en grande partie.

En 1794, il passa, au même titre, à l'hospice de la Salpêtrière, où l'on transporta, de l'Hôtel-Dieu, le traitement des aliénés.

En 1801, il commença la publication de son Essai médico-philosophique sur l'aliénation mentale, dont il avait commencé à publier des parties dans les Mémoires de l'Institut.

Il fut ensuite appelé à faire partie de l'École de médecine, d'abord comme professeur d'hygiène, puis comme professeur de pathologie interne, ce qu'il a continué jusque vers la fin de sa vie.

En 1798, il publia la première édition de sa *Nosographie philosophique*, ou *Méthode de l'analyse appliquée à la médecine,* en 2 vol. in-8°.

Il fut successivement appelé aux honneurs. Il devint membre de l'Institut en 1803, en remplacement de Cuvier, nommé secrétaire perpétuel ; il fut créé chevalier de la Légion d'honneur, et, en 1818, chevalier de l'ordre de Saint-Michel.

A l'époque où Corvisart étonnait par sa sagacité en clinique à l'hospice de la Charité, Pinel créait cet art, en donnant des leçons publiques au lit des malades, d'après des règles et des principes qui devaient porter leur fruit.

Dans les temps d'anarchie et de terreur, les prisons de Bicêtre étaient remplies de prisonniers, que l'on voulait en extraire pour les faire périr sur l'échafaud; Pinel s'y oppose avec énergie, affirme qu'ils sont en traitement, et parvient à leur sauver la vie.

En 1822, lors de la nouvelle réorganisation de l'École de médecine, il n'y fut pas compris à cause de son grand âge.

En 1823, il éprouva une première attaque d'apoplexie, qui le laissa dans un grand état de faiblesse physique et intellectuelle. Il mourut d'une dernière attaque, le 25 octobre 1826.

Pinel était évidemment assez robuste; aussi ne fut-il que rarement malade, et pouvait-il employer beaucoup de temps au travail. Il était de petite taille; sa physionomie peu imposante était douce, mais s'animait aisément, et devenait alors fort mobile. Son activité au travail était fort grande, d'abord par nécessité, et ensuite par goût et par habitude. Ses mœurs étaient fort simples, et sa vie assez retirée. Sa fortune fut toujours fort modeste; cependant, si dans la première moitié de sa carrière il fut dans la gêne, il jouit dans la dernière d'une honnête aisance. Il ne recherchait point le luxe de bibliothèque ni de cabinet; il ne voulait que le nécessaire.

Les qualités de son esprit étaient solides, analytiques, sérieuses, positives, réfléchies. Il était très-distrait, peu éloquent, et cependant mettant quelque chaleur dans ses leçons. Les qualités de son style se ressentirent du défaut d'éloquence; aussi affecte-t-il le style coupé, aphoristique, sans liaison, quelquefois incorrect, et cependant fort clair. Sa moralité était complète : une grande bonne foi, beaucoup de modestie, une timidité qui empêchait même de le juger ce qu'il valait ; du reste, il fut désintéressé et généreux, équitable et dominé par l'amour du bien et du beau : aussi remplissait-il exactement ses obligations, et ne descendit-il jamais à l'intrigue.

Ses relations de famille furent peu nombreuses ; mais il fit tout ce qu'il put pour les siens. Ses relations d'amitié furent solides et prolongées, sans nuages, avec Desfontaines, Chaptal, etc. Dans ses relations scientifiques, il fut d'une aménité parfaite avec ses confrères, toute paternelle avec ses élèves : aussi pas un d'eux n'a pu l'oublier.

Toujours étranger aux affaires administratives, il blâma le mal avec énergie, et approuva hautement le bien. Esquirol, son élève, a donc pu dire : Il eut le génie d'un grand homme, et les vertus d'un homme de bien.

Ses relations politiques furent nulles, et ses relations religieuses également ; on rencontre même, dans ses écrits, des traits d'une hostilité bien marquée, qui prouvent qu'il avait payé le tribut à son siècle ; c'est ainsi qu'il range les prophètes et les extatiques surnaturels parmi les aliénés, et les miracles, etc., parmi les maladies mentales ; et, ailleurs, il a félicité la médecine de n'avoir plus aucun contact avec la religion : comme si les prophéties et les miracles n'étaient pas des faits qui tombent sous le domaine de l'observation, et qu'il fût possible de trouver quelque trait de folie dans la résurrection d'un mort, ou dans des hommes qui annoncent, jusque dans leurs plus petites circonstances, des faits qui n'arriveront que dans quelques centaines d'années, et que l'expérience nous a démontré être exactement ce qu'ils avaient annoncé ! Quel rapport y a-t-il entre de pareils faits et l'aliénation mentale? Si ces hommes se disaient inspirés de Dieu, ou ses envoyés, ils le prouvaient par des miracles. Quand les aliénés de Bicêtre, de la Salpétrière ou de Charenton feront des miracles bien avérés, alors il pourra se trouver un terme de comparaison; mais jusque-là il faut bien avouer que Pinel, et ceux qui l'ont copié, n'avaient point approfondi cette question, et que leurs études psychologiques étaient tronquées.

III. *Comment ses travaux nous sont parvenus.*

Les travaux de Pinel nous sont parvenus bien directement, d'abord par ses leçons orales à l'École de médecine; elles ont été la base de sa Nosographie. Créateur de la clinique pour ses élèves, ses leçons à la Salpétrière étaient extrêmement suivies. Voici l'ordre qu'il y établit : « Une malade est-elle transportée aux infirmeries, l'exploration des affections diverses qu'elle éprouve, a lieu dans un ordre qui sera exposé dans le cours de cet ouvrage (la Médecine clinique). L'histoire en est recueillie, à différentes reprises, par un des élèves les plus instruits et les plus exercés; elle est ensuite rédigée et lue à haute voix au chevet du malade. Je fixe , pendant cette lecture, l'attention des élèves sur les traits, qu'on peut regarder comme spécifiques de la maladie, et dès lors j'assigne la place qu'elle doit occuper dans mon cadre nosographique. Dans certains cas douteux, je discute le plus ou moins de valeur, ou le caractère équivoque de certains signes, et quelquefois j'ajourne mon jugement jusqu'à ce que la maladie soit plus avancée dans ses périodes. Par cette méthode, la science des signes, si cultivée par les anciens et si souvent réduite en maximes générales, se trouve liée avec le caractère spécifique des maladies, et reste ainsi profondément gravée dans la mémoire, sans pouvoir donner lieu à des méprises par des applications vagues et indéterminées. » C'est là l'origine des histoires de maladies qu'il donne dans son ouvrage, et qui furent rédigées par M. Esquirol, son élève, et soumises à sa révision. C'est par là aussi qu'il est arrivé à former un grand nombre de médecins distingués.

Ses ouvrages ont été imprimés de son vivant sous ses yeux, et traduits dans toutes les langues.

IV. *Éléments de ses travaux.*

Les éléments de ses travaux sont 1°, sans aucune espèce de doute, les leçons qu'il avait entendues à Toulouse et à Montpellier. Les leçons de l'école de Paris ne lui furent pas inutiles, surtout les études d'histoire naturelle, qui étaient alors dans leur grand travail de méthode, ce qui le conduisit à l'idée d'application de leur marche à la médecine.

2° Les ouvrages des médecins observateurs étaient par suite les plus essentiels pour Pinel. Sydenham, Hippocrate, Stahl, Baglivi, furent ses auteurs favoris; il n'en fut pas de même des théoriciens, dont souvent les systèmes ont nui aux progrès de la médecine. Les Aphorismes de Stahl sur les fièvres, la Pyrétologie de Selle, lui ont aussi fourni des matériaux de son goût; car, pour lui, il fallait d'abord étudier la maladie avant d'être thérapeutiste.

3° La troisième source des travaux de Pinel, et qui venait confirmer et corroborer ou rectifier les précédentes, ç'a été l'observation directe dans les hôpitaux.

4° Enfin, une quatrième source de la plus haute importance, puisqu'elle va nous conduire à l'objet le plus élevé de la science, les phénomènes intellectuels et la moralité humaine, a été l'étude des moralistes et des philosophes. Condillac et Locke ont été étudiés par Pinel d'une manière profonde. Il avait senti la nécessité de cette étude pour arriver au traitement moral des maladies mentales, partie de la science qu'il a commentée, que son disciple Esquirol et beaucoup d'autres ont continuée.

Mais ici, il faut bien l'avouer, la science a travaillé en dehors de la véritable direction de la nature. La science de la psychologie est loin d'être arrivée, dans la philosophie, au point de perfection où sont les autres branches. Cela ne tiendrait-il point à l'influence de la marche qu'on a suivie et des vues qu'on a apportées dans son étude? Condillac, Locke, et toute cette école, ont en effet commis la faute immense que Buffon a introduite dans les sciences naturelles, celle d'abstraire les facultés intellectuelles pour les créer à leur manière, tandis qu'il fallait y apporter la méthode de l'observation la plus rigoureuse; il fallait s'étudier soi-même, avec la plus grande attention, dans toutes les circonstances de la vie; étudier ses penchants et ses affections, leur enchaînement et leur genèse, et la manière de les diriger et de les régler; et de là sortait la connaissance d'abord, et l'application ensuite.

Cette étude, pour être fructueuse, devait être dominée par cette haute et importante vérité, que le monde créé est régi par deux sortes de lois, tout aussi essentielles, tout aussi nécessaires les unes que les autres, les lois qui régissent le monde physique, et les lois qui régissent le monde moral. Ces deux sortes de

lois ont un même but, une même fin, la perpétuité de
l'harmonie de la création; ces lois ont entre elles des
rapports essentiels et une corrélation nécessaire, parce
que le monde moral et le monde physique ne font
qu'un, en ce sens qu'ils sont faits l'un pour l'autre.

La preuve de ces vérités ressort d'une méditation
attentive du monde physique et du monde moral, méditation qui nous conduit à la démonstration indubitable de ces deux ordres de lois. En effet, qu'on retranche
de l'univers les lois qui régissent le monde sidéral,
l'attraction générale, etc., qu'arrive-t-il? La confusion
et le retour dans le chaos! Qu'on vienne à supprimer
de l'échelle animale le grand échelon des carnassiers,
dans tous les types, et d'abord l'homme, le plus terrible
de tous, les carnassiers mammifères, oiseaux, reptiles, poissons, insectes, mollusques, le résultat sera
la multiplication, bientôt prodigieuse, de tous les
herbivores divers, et par suite le ravage presque général du règne végétal, l'équilibre harmonique détruit,
et enfin la disparition de la vie sur le globe. La même
conséquence suit de la violation de toutes les lois physiques.

En sera-t-il de même des lois morales? Qu'on suppose,
par exemple, ce qui n'est que trop souvent une réalité,
la violation de la loi morale qui commande la tempé-
rance et la chasteté? Le premier fruit, la première peine
d'une telle violation, est l'abrutissement de l'intelligence
et la consomption lente de l'organisme. L'abus des passions est une des causes les plus énergiques des maladies mentales et de toutes les affections qui se portent
si fréquemment sur le système lymphatique, sans parler
des autres. De là donc suit la destruction de l'individu
coupable. Mais qu'au lieu d'un individu, une famille

tout entière perpétue dans son sein cette cause terrible de destruction, la loi morale sera bientôt vengée par l'extinction des coupables; et c'est là qu'il faut chercher la première raison de la disparition des familles dans une société. Que toute une société se rende coupable de la même violation, et bientôt la vie s'épuisera en elle, l'immoralité éteindra son énergie et la livrera à une dissolution complète, et à la mort sociale. Chaque page de l'histoire constate ces conséquences effrayantes, mais logiques. En poursuivant cette démonstration, que nous ne faisons qu'indiquer, nous arriverions encore à la disparition de la vie sur le globe désert, au milieu du silence éternel de la mort, sanction irrévocable des lois qui régissent le monde moral.

La nécessité des lois morales posée, il fallait partir de leur rapport avec les intelligences pour arriver à une psychologie raisonnable et solide. Il fallait chercher d'abord en quoi consiste la perfection ou le bonheur d'une intelligence créée; quels moyens elle a en elle ou hors d'elle pour y arriver; ce qui conduit à la nature, au nombre et à l'usage des puissances intellectuelles; l'observation de leur action, leur influence réciproque, leur accord ou leurs combats, conduisaient naturellement à la recherche des moyens de les diriger vers le but unique, la perfection ou le bonheur de l'intelligence. Mais un tel travail ne pouvait être fait qu'en prenant l'homme dans sa nature et dans sa destinée, en un mot, l'homme créé par une intelligence souveraine, pour une fin digne de cette intelligence. Cependant, il ne faut pas croire qu'une science aussi importante n'ait pas été faite telle qu'elle doit être; elle existe, et elle existe plus parfaite qu'aucune autre, mais elle est ignorée de la plupart des hommes qui s'occupent de la science de l'homme [1], et voilà pourquoi on paraît désirer ce que l'on a près de soi. Cette haute psychologie est le résultat des méditations profondes de ces hommes remarquables qui ont passé leur vie à s'étudier eux-mêmes, et qui ayant compris leur fin, n'ont eu d'autre désir que celui de l'atteindre. Qu'on médite avec attention, et surtout qu'on pratique les enseignements des ascétiques que le christianisme a instruits et formés, et l'on sera forcé d'avouer que là est une psychologie profonde, et les principes féconds de la guérison des maladies de l'intelligence, l'art de les prévenir, comme celui de les rétablir dans leur état normal, lorsque cela est encore possible.

C'est donc avec le sentiment d'une tristesse profonde que l'on voit, au contraire, les hommes appelés par vocation à remédier aux maux de la société, se précipiter en aveugles dans les tâtonnements aventureux d'une science qu'ils ignorent. Ils ignorent la nature de l'homme, son but et sa destinée, la marche qu'il doit suivre pour y arriver, et ils veulent l'y ramener quand l'égarement du malade est plus visible que celui où ils sont eux-mêmes. Faut-il encore s'étonner s'ils réussissent si rare-

---

[1] Le docteur Descuret vient de publier la deuxième édition d'un excellent ouvrage, intitulé : *la Médecine des passions*. Dans ce premier et heureux essai de médecine morale, l'auteur a compris la vraie nature de l'homme, et qu'il fallait sortir la médecine de l'isolement religieux où elle se trouve malheureusement depuis longtemps. Il serait à désirer que mon savant ami agrandît son travail, en lui donnant des bases plus larges et plus philosophiques ; il en est capable. Que ne le fait-il donc ? Les traductions de cette pathologie morale, déjà faites en plusieurs langues, prouvent sa valeur. L'auteur n'aurait qu'à développer le beau résumé qu'il a donné dans cette deuxième édition, pour remplir notre vœu.

ment? Qu'ils se guérissent d'abord, et qu'ensuite ils profitent de leur expérience pour guérir les autres.

Loin de nous pourtant de décourager les louables efforts entrepris dans la direction des Pinel, des Esquirol; nous n'avons qu'un désir, c'est de les rectifier; et alors, ce que Pinel a ignoré, ce qu'il a même repoussé, l'alliance de la religion, qui peut seule créer une morale solide, avec la médecine et le gouvernement des peuples, produira une science profonde, applicable non-seulement à la réparation des lésions de l'intelligence, mais encore la seule capable de les prévenir par une éducation sociale sérieusement religieuse.

Bien que Pinel ait erré dans les principes de cette étude importante, les qualités de son cœur rectifièrent souvent l'application, et le conduisirent, dans un grand nombre de cas, à d'heureux résultats.

Nous pouvons donc dire de Pinel que, malgré les circonstances défavorables qui se rencontrèrent sur sa route, les besoins de la science furent remplis par la direction de son esprit : son effort a eu son effet dès le temps même de sa vie, et encore après, puisque nous sommes sous son influence; confirmation remarquable de la thèse que nous avons posée si souvent, qu'un effort scientifique produit son effet malgré tout, quand il vient dans le temps où la science en a besoin.

C'est un point très-important de voir comment une science si vaste que celle de l'organisation sur la terre, s'est développée par des directions qui ne semblaient pas tendre à ce but. Nous avons vu par les détails où nous sommes déjà entrés sur Pinel, qu'il était le résultat de travaux philosophiques et phytologiques précédents, sans lesquels, malgré son génie, il ne serait jamais arrivé à la démonstration de la nosoclassie. Plusieurs médecins avant lui s'étaient occupés de la classification des maladies; mais le principe n'étant pas encore venu, leur entreprise était demeurée infructueuse. Cela devait s'effectuer dans la langue française et à Paris, parce que c'était là que le principe avait été démontré par les Jussieu, et que la langue française, essentiellement logique, en favorisait l'application plus qu'aucune autre.

Nous avons vu comment Pinel, préparé par des études mathématiques et philosophiques, s'est essayé d'abord sur la mécanique animale; il en est résulté quelques bons mémoires extraits d'un plus grand ouvrage qui n'a point été terminé; ce n'était pas là sa vocation. Il arrive à Paris, et ce n'est qu'à cinquante ans presque qu'il est placé dans les circonstances favorables. Il fut forcé d'étudier philosophiquement les maladies, et de poser ainsi la clef qui va servir à Bichat.

V. *Énumération et analyse de ses ouvrages.*

Mathématicien, Pinel a commencé par l'application des mathématiques à la mécanique animale; philosophe, il a continué par l'étude approfondie des maladies mentales; naturaliste et observateur, il s'est avancé dans la méthode naturelle appliquée à la médecine, et sur la fin, il est retombé dans ses premiers goûts en embrassant cette thèse chimérique de l'application du calcul des probabilités à la médecine, ou la statique médicale; comme si le nombre des malades pouvait faire quelque chose aux variantes infinies de tempéraments, de nourriture, de localité, etc., qui influent sur leurs affections, et les rend si diverses d'un individu à un autre individu.

Ses travaux, comme ceux de la plupart des hommes véritablement savants, se divisent en travaux préparatoires ou préliminaires, en travaux d'ensemble ou d'exécution, et en travaux d'amélioration ou de perfectionnement.

Nous ne connaissons de ses travaux préliminaires préparatoires que les mémoires qu'il a publiés : 1° sur l'articulation maxillo-temporale; 2° sur le crâne de l'éléphant; 3° sur la disposition des griffes des carnassiers; 4° observations anatomiques sur l'huître. Ces travaux préparatoires avaient rapport au grand ouvrage qu'il avait élaboré sur la mécanique animale, et qu'il n'a pas terminé, quoiqu'il en ait communiqué plusieurs parties aux sociétés savantes. Il l'abandonna pour suivre sa direction naturelle.

Nous connaissons encore moins ses travaux sur l'hygiène, partie de la science qu'il avait, à ce qu'il paraît, étudiée de prédilection, et sur laquelle ses biographes nous apprennent qu'il a écrit plusieurs thèses à Montpellier. Cependant, il a publié dans le second volume du journal de Fourcroy, *la Médecine éclairée par les sciences physiques*, un excellent mémoire d'hygiène, intitulé Réflexions sur la buanderie comme objet d'économie domestique, de salubrité, et applications de ces principes à un établissement à l'île du pont de Sèvres, p. 112, 1791.

Nous insisterons donc presque exclusivement sur ses trois grands ouvrages : l'un, sa *Nosographie philosophique*, considérée dans son ensemble et dans les principes qui en ont dirigé l'exécution;

L'autre, son *Traité philosophique sur la manie*, que l'on peut donner comme un exemple de la manière élevée dont Pinel envisageait chaque partie de la méde-

cine, en y comprenant aussi bien l'étiologie que le diagnostic, le prognostic et la thérapeutique. Ses travaux
préparatoires sur ce beau sujet sont ceux qui datent de
plus loin ;

Et enfin, le troisième, intitulé : *la Médecine clinique
rendue plus précise et plus exacte par l'application de
l'analyse*. Cet ouvrage peut être considéré comme la base,
le sujet des deux autres, et principalement du premier, et
par conséquent antérieur en logique ; car si Pinel n'avait
pas eu des observations qui lui fussent propres, il n'aurait pu rien faire, et ce livre, en effet, renferme les éléments qui lui ont servi à composer les deux autres, en
sorte que, quoiqu'il soit le dernier en date, l'ordre rationnel demande que nous commencions l'examen de
ces trois ouvrages si importants par celui-ci, et alors
nous avons : 1° *médecine clinique*, base ; 2° *nosographie
philosophique*, édifice ; 3° *aliénation mentale*, exemple
d'application. Par là nous pourrons mesurer toute la
valeur de Pinel.

La conception générale de la médecine, pour Pinel,
n'était peut-être pas assez pratique ; il ne l'envisageait
que comme science, et dès lors il a pu dire : « La vraie
médecine est celle qui est fondée sur des principes, et
qui consiste bien moins dans l'administration des médicaments que dans la connaissance approfondie des maladies, par la méthode hippocratique et la marche rigoureuse de l'observation.... d'où le problème à résoudre
est : *une maladie étant donnée, déterminer son vrai
caractère et le rang qu'elle doit occuper dans un tableau
nosologique*. » (Nosog., introd.) Il nous semble qu'il se
trompe, car la chose la plus importante, à notre avis,
c'est la guérison de la maladie ; et il faudrait, par conséquent, remplacer son problème par celui-ci, qu'il a re-

jeté en partie : *une maladie étant donnée, la connaître, et, par cette connaissance, trouver le remède.*

On l'a dit humoriste, on l'a dit solidiste; mais dans la réalité, il n'était ni l'un ni l'autre : il était médecin naturaliste et observateur; et dans ses remarques sur la troisième édition, il déclare qu'il n'adopte aucune hypothèse, ni le *solidisme*, ni l'*humorisme.*

Il admet dans la science des gradations lumineuses qu'on doit distinguer avec lui. 1° Les connaissances qui dérivent d'un nombre très-répété d'observations faites ou recueillies.

2° Les connaissances relatives au traitement des maladies qui lui paraissent, comme, par exemple, les maladies aiguës, être arrivées à une assez bonne description et à des principes fixes, pour qu'on puisse y appliquer un traitement rationnel, ce qui devenait ici un moyen d'établir des familles naturelles.

3° La méthode de disposer les maladies suivant un ordre de classification fondée sur leurs affinités, c'est-à-dire, sur l'étude judicieuse des symptômes et *sur la structure et les fonctions organiques des parties.*

Voilà donc trois grands degrés de la science médicale : d'abord les faits, qui sont ici les maladies; 2° le mode de traitement; 3° la méthode. Ensuite, il a vu que pour les progrès réels de la science, il fallait faire une classe d'*incertæ sedis*, un magasin pour le perfectionnement. C'est un des procédés les plus importants, et il est encore d'Aristote. Quant aux raisonnements arbitraires, il n'en fait nul cas, il les met au dernier degré.

Énumération de ses ouvrages. Ses travaux sont assez nombreux, mais tous dans sa direction de médecin naturaliste.

1° *Mémoire sur la manie périodique ou intermittente,*

par Philippe Pinel, professeur à l'École de médecine de
Paris, dans les Mémoires de la Société médicale d'émulation, 1ʳᵉ année, pag. 28-53, 1797, an v de la république.

Il y dit que la médecine des maladies mentales est
peu avancée; il reste à reprendre l'histoire entière des
accès de manie, à faire connaître la saison ordinaire de
leur retour, leurs causes, leurs signes précurseurs,
leurs symptômes, leurs périodes successifs, leurs formes
variées, leur durée, leur terminaison, les indices qui
doivent faire espérer ou craindre.

On l'a traitée empiriquement, comme si le traitement
de toute maladie, sans la connaissance exacte de ses
symptômes et de sa marche, n'était pas aussi dangereux
qu'illusoire.

Il essaye de satisfaire successivement, dans ce mémoire, à la plupart de ces *desiderata,* qu'il signale.

Il considère ensuite la manie dans ses rapports avec
les diverses fonctions de l'entendement humain, et leur
abolition partielle ou totale suivant les sujets, et il conclut : « Tout cet ensemble de faits peut-il se concilier
avec l'opinion d'un siége ou principe unique et indivisible de l'entendement? Que deviennent alors des milliers de volumes sur la métaphysique?» Voilà l'idée première qui a servi de matrice au système de Gall : la
divisibilité des facultés de l'entendement. Nous en aurons
besoin plus tard pour l'examiner plus à fond.

Pinel décrit ensuite l'état et les phénomènes de la
manie développée, et puis les symptômes de sa terminaison.

Il examine les moyens curatifs, et il y admet pour
une grande part le traitement moral [1].

----

[1] Incomplet dès qu'il n'est pas religieux.

« Le moment, ajoute-t-il, est peut-être venu, où la médecine française, dégagée des entraves que lui donnaient l'esprit de routine, l'ambition de parvenir, son association avec des institutions religieuses, et sa défaveur dans l'opinion publique, peut désormais affermir sa marche, porter une sévérité rigoureuse dans l'observation des faits, les généraliser, et marcher ainsi de front avec toutes les autres parties de l'histoire naturelle. »

« Le médecin pourra-t-il tracer les altérations de l'entendement humain, s'il n'a profondément médité les écrits de Locke et de Condillac, et s'il ne s'est rendu familiers leurs principes ? »

Nous avons apprécié ces idées, et nous devons convenir que Pinel avait plutôt senti le besoin qu'il n'en a trouvé le vrai remède. Il n'a compris ni le traitement moral, ni la vraie nature de l'homme; il lui manquait, ou plutôt à son siècle, le sens de l'homme créé religieux.

2° *Recherches et observations sur le traitement moral des aliénés*, par Ph. Pinel. Mém. de la Soc. méd. d'ém., 2e année, p. 215, pour l'an VI, publié l'an VII de la république, 1799.

Ce n'est guère qu'un recueil de cas divers où des moyens moraux ont réussi à opérer la guérison. On y remarque qu'il est sous l'influence de Voltaire et de la révolution, et qu'il repousse les idées religieuses.

3° *Mémoire sur le traitement ou sur la manie,* communiqué à la Société royale de médecine; non publié, mais refondu dans son grand ouvrage.

4° *Observations sur les aliénés, et leur division en espèces distinctes*, par Ph. Pinel. Mém. de la Soc. méd. d'émul., 3e année, an VII, publié l'an VIII, 1800, p. 1-26.

« La marche imposante, y dit-il, qu'a communiquée dans ce siècle à l'histoire naturelle l'esprit d'observation,

ne doit-elle point servir d'exemple et de guide en médecine, et chaque objet nouveau de recherches n'en
montre-t-il point la nécessité? C'est une épreuve que
j'ai faite moi-même, en voulant appliquer aux aliénés de
Bicêtre des études antérieures faites sur la manie......
Les distributions arbitraires et incomplètes admises par
Sauvages ou Cullen, étaient bien moins propres à simplifier le travail qu'à m'égarer. »

Il lui a fallu commencer par rassembler des faits sans
idée systématique.

« Il fallut donc revenir sur mes pas, et faire entrer
dans l'ordre de mes études les écrits de nos psychologistes modernes, Locke, Harris, Condillac, Smith,
Stewart, etc., pour saisir et tracer les variétés comprises
dans la dénomination générique d'aliénation de l'esprit.
Ce n'est d'ailleurs qu'après avoir acquis ces connaissances préliminaires, que j'ai pu maintenant établir sur
une base solide la distinction des espèces. »

Puis il donne sa classification des maladies mentales,
qu'il divise en cinq espèces.

1re espèce. Mélancolie, ou délire sur un objet, sans
fureur.

2e espèce. Fureur maniaque non délirante.

3e espèce. Délire maniaque, ou délire avec des actes
d'extravagance ou de fureur.

4e espèce. Démence ou abolition de la pensée.

5e espèce. Idiotisme ou altération des facultés intellectuelles et affectives.

Il donne en détail les caractères divers de chaque espèce, leurs symptômes, etc., à l'aide d'exemples, et puis
il résume, sous une forme aphoristique, le caractère
spécifique.

5° *Nouvelles observations sur la structure et la confor-*

mation de la tête de l'éléphant, par Ph. Pinel, Mém. de la Soc. médic. d'émulat., 3ᵉ année, p. 253-376, pour l'an VII, publié l'an VIII, avec figures.

Ce mémoire est fort remarquable, en ce que Pinel y établit qu'un des premiers objets qui doivent occuper le zoologiste, un des plus heureux acheminements à une méthode naturelle de classification des quadrupèdes, lui a toujours paru être l'étude et l'examen réfléchi de la tête de ces animaux, en se bornant d'abord à la charpente osseuse, qui sert de base et de point d'appui aux autres parties molles.

Que cette étude de l'ostéologie de la tête est liée à l'histoire des os fossiles qu'on trouve dans différentes contrées, ou plutôt à l'histoire entière des révolutions qu'a éprouvées le globe.

« Une question bien plus intéressante à résoudre, dit-il, est de savoir si, en connaissant les os incisifs d'un éléphant et la longueur de ses défenses ainsi que leur poids, on ne peut point parvenir à déterminer les défenses d'un autre éléphant dont on connaît seulement les os incisifs ou les défenses, et par conséquent, si on ne pourrait pas par là jeter quelque lumière sur des espèces antiques qui ne sont connues que par des ossements fossiles placés à une profondeur plus ou moins grande dans les entrailles de la terre. Je vais rappeler dans cette vue quelques notions de mathématiques. »

Il se sert du compas de réduction. Après avoir déterminé approximativement les dimensions d'un éléphant fossile des environs de Rome, il conclut : « Or, comment supposer qu'un pareil animal n'offre pas au moins une grande variété, sinon une espèce différente de celle qui est connue? Quelle immense consommation ne devait point faire un animal aussi énorme, et comment une pareille espèce aurait-elle pu se maintenir sur la terre au moment où l'accroissement de la population du genre humain a dû diminuer ses ressources, ou faire trouver des armes pour le combattre? Combien donc n'est-il pas probable que la défense fossile dont je parle a appartenu à un individu dont la race n'a existé que dans l'antiquité la plus reculée, et qui s'est éteinte peut-être des milliers de siècles avant la fondation de Rome. »

« Il est curieux, dit-il encore, de voir avec quelle sorte de profusion la nature a varié les formes et les traits accessoires, en conservant cependant toujours une certaine conformité dans le type primitif qu'elle paraît avoir adopté. »

Il indique, dans une note, combien il attache d'importance à l'os incisif, et quelle preuve on pourrait en tirer pour la distribution des quadrupèdes en ordres et en genres; ce qu'il se propose de faire voir dans un un autre lieu.

Il a également des observations très-justes sur la composition lamelleuse des dents molaires du jeune éléphant.

6° *Exemple frappant de l'abus de la saignée dans les maladies aiguës de la poitrine.* Méd. éclairc., t. II, p. 39, 1791. — *Observations sur les vices originaires de conformation des parties génitales de l'homme, et sur le caractère apparent ou réel des hermaphrodites*, par Ph. Pinel. Mém. de la Soc. méd. d'émul., 4ᵉ année, pour l'an VIII, publié l'an IX (1801).

Ce travail est intéressant, mais sans importance scientifique réelle.

7° *Nosographie philosophique, ou la Méthode de l'analyse appliquée à la médecine*, par Ph. Pinel, médecin de l'hospice national de la Salpêtrière, et professeur à l'École de méd. de Paris, 2 vol. in-8°. Paris, an VI (1798), 1ʳᵉ édition. La 3ᵉ édition, de 1807, contient trois volumes.

8° Mémoire sur les ongles rétractiles des animaux carnassiers, par le citoyen Pinel ; *Décade philosophique*.

C'est de l'anatomie comparée. Il a pris pour sujet la panthère, et la compare à l'homme. Il fait entrer cette propriété des ongles des carnassiers dans la classification, comme un caractère de leur famille naturelle, sous le nom de *rétractilité, rétroductilité*.

9° *La Médecine clinique rendue plus précise et plus exacte par l'application de l'analyse*, 1ʳᵉ édit. ; 2ᵉ édit., an XII (1804), par Philippe Pinel, membre de l'Institut, professeur à l'École de médecine, médecin en chef de l'hospice de la Salpêtrière.

10° *Observations anatomiques sur l'huître*, par Ph. Pinel, lues à la Société d'hist. nat.

Observation exacte sur l'antagonisme de l'élasticité du ligament des huîtres pour ouvrir la coquille.

11° *Rapports à la Société d'histoire naturelle*, germinal an III, sur deux mémoires de Flandrin, l'un sur la liqueur de macération, ou pour les préparations anatomiques ; l'autre, sur son explication de la structure de l'iris, dont il montre la continuité avec la choroïde. Soc. ph., an III, n° 43-44.

12° *Observations sur une esquinancie membraneuse*, ou *angine polypeuse*, guérie à l'aide de la vapeur de l'éther, extrait du Bulletin de la Société philom., an VII, n° 18.

13° *Recherches anatomiques sur les vices de conformation du crâne des aliénés*. Institut national.

14° 1801. *Traité médico-philosophique sur l'aliénation mentale ou la manie*, par Ph. Pinel, 1 vol. in-8°, de 318 pag., avec figures, an IX.

Cette série de travaux nous prouve que Pinel était naturaliste. Analysons méthodiquement chacun de ses trois grands ouvrages, sans entrer dans la direction médicale. Il avait tellement bien senti la marche qu'il devait suivre, qu'il dit, dans son introduction aux Transactions philosophiques : « La médecine et la chirurgie auraient peut-être toujours tenu le premier rang parmi les sciences naturelles, si elles avaient été traitées avec la même solidité qu'elles le sont dans les Transactions philosophiques. »

Les maladies sont en médecine les espèces ; elles doivent donc être soigneusement *décrites* et *définies*. Elles sont de tout temps, sous tous les climats ; elles sont malheureusement aussi naturelles que l'état de santé ; elles sont les mêmes sur Socrate que sur un criminel, sur un roi que sur le dernier sujet ; qu'elles soient ou non un effort de la nature : « Une maladie est un tout indivisible, depuis son début jusqu'à sa terminaison, un ensemble régulier de symptômes caractéristiques, et une succession de périodes, avec une tendance de la nature, le plus souvent favorable et quelquefois funeste [1].

I. *La médecine clinique, rendue plus précise et plus exacte par l'application de l'analyse, ou Recueil et Résultat d'observations sur les maladies aiguës, faites à la Salpêtrière.*

Remarquons qu'il dit dans son titre : *La médecine clinique rendue* plus *précise, plus exacte ;* il n'a pas dit plus *facile,* quoique au fond cela soit ; mais certainement plus *sûre,* parce qu'elle était basée sur des principes.

---

[1] *Nosogr. p hil.,* introduction, VII.

Son épigraphe est également digne d'attention. Il voyait bien que les médecins ne lui étaient pas beaucoup plus favorables qu'à Vicq-d'Azir; mais il n'avait pas la force de celui-ci pour lutter contre eux, et il comprit qu'il ne devait chercher qu'à agir sur la jeunesse, et non sur la génération écoulée; de là cette épigraphe : *Il faut chercher seulement à penser et à parler juste, sans vouloir amener les autres à notre goût et à nos sentiments; c'est une trop grande entreprise.* (**La Bruyère.**)

Pinel éprouva la difficulté de cette entreprise, et il ne chercha pas à la vaincre; mais il agit fortement sur la jeunesse.

Cependant, à son début dans la carrière, il se trouva, par l'état de la science même, dans un embarras difficile à vaincre; et alors on voit l'honnête homme rentrer en lui-même, et se demander : Mérité-je la confiance publique ? et aussitôt travailler à s'en rendre digne. C'est à une telle conduite qu'est due cette belle médecine clinique, comme il nous l'apprend lui-même, alors qu'il dit que, dans l'embarras où il se trouva quand il fut appelé à exercer la médecine dans un hôpital, pour éviter des erreurs, souvent dangereuses, il se créa une méthode qui pût rapprocher l'enseignement clinique de la médecine, de celui *de toutes les autres parties des sciences naturelles.* Et nous avons vu quel ordre il établit dans cet enseignement pour ses élèves. Ce fut même un d'eux, M. Esquirol, qui rédigea les observations que contient cet ouvrage, et Pinel les revit.

La médecine clinique devait évidemment servir de base à la nosographie, comme fournissant les observations ou les êtres à comparer.

Cet ouvrage devait essentiellement porter sur les règles de l'observation et de la description ; mais, comme
il le dit lui-même, ces règles étaient encore bien plus
importantes en médecine qu'en histoire naturelle ; car
c'est le seul portrait dont les maladies sont susceptibles ;
on ne peut les reproduire à volonté, tandis qu'on a
toujours des animaux, des végétaux. En outre, les
limites des variations sont bien plus étendues ; et, en
effet, pour connaître un animal, il faut bien l'étudier
dans l'œuf, à l'état adulte et à l'état de mort ; pourtant nous nous contentons souvent du médium, l'état
adulte ; mais il n'en est pas de même d'une maladie.
Nous avons, par hypothèse, une péripneumonie : il
faut étudier non-seulement son origine, son augment
et sa terminaison, mais, de plus, les circonstances dans
lesquelles sera l'être affecté ; circonstances internes, le
tempérament ; circonstances externes, le climat, la saison, la nourriture ; ensuite l'âge, le sexe, etc. Joignez-y de
la thérapeutique irrationnelle, qui n'y est malheureusement que trop souvent ; et alors quelle sagacité ne faut-
il pas dans l'observateur pour arriver à une connaissance
exacte, et par conséquent à l'application du remède convenable. Voilà pourquoi Hippocrate sera éternellement
ce qu'il est, parce qu'il a fait l'histoire naturelle des
maladies. Voilà aussi pourquoi Pinel, agissant comme
naturaliste, devait accorder à ce point bien plus d'importance que les autres nosologistes ; et par là même
il fut obligé d'avoir recours à la bonne méthode expectante, pour arriver à la connaissance des êtres *maladies*, et en faire l'histoire naturelle.

Sydenham avait parfaitement senti cette importance,
lorsqu'il avait dit : « Toutes les maladies doivent être
réduites à des espèces certaines et définies, comme le

sont les plantes par les botanistes;» mais à Pinel appartient la démonstration de cette vérité par l'application de la loi de la subordination des caractères.

Ici, il est de toute évidence qu'en écrivant l'histoire d'une maladie, il faut soigneusement en retrancher toute hypothèse philosophique, afin que les phénomènes naturels en ressortent mieux.

« Il faut soigneusement distinguer les phénomènes propres et constants de ceux qui sont accidentels, et surtout l'influence des saisons pour produire des espèces de maladies et causer leur variation. »

C'est fondé sur ce principe qu'il a pu dire « qu'une suite de maladies, bien observées et bien décrites, peut être réduite en un ordre aussi régulier et aussi méthodique qu'aucun autre objet d'histoire naturelle...... Les maladies, ainsi étudiées dans le rapport de leurs affinités, forment un enchaînement naturel d'idées, sont classifiées d'après les signes extérieurs, comme tous les autres objets d'histoire naturelle, et finissent par être soumises à des dénominations exactes et invariables..., sans que je me dissimule cependant que certaines parties de ce cadre pourront être perfectionnées à mesure que les faits observés se multiplieront, ou que des circonstances rares en produiront d'un nouveau caractère. »

Enfin, en appliquant ces principes, il a décrit la position atmosphérique de la Salpêtrière, lieu de ses observations, sa position géographique, la disposition intérieure de cet établissement. Il a fait l'analyse de l'eau, de l'espèce de nourriture, etc.

Pinel a donc établi comment les espèces *maladies* devaient être introduites dans une méthode par l'observation et la description, etc. C'est là le premier point nécessaire à un classificateur, point important, par suite duquel Pinel a pu dire qu'une maladie est un tout indivisible, depuis son origine jusqu'à sa terminaison, etc..... Ceci est parfait; mais il faut y ajouter la thérapeutique, et alors, dit-il, « Les règles vraies du traitement ne doivent-elles pas être immédiatement déduites de la marche et de la nature des symptômes, et modifiées suivant les variétés accessoires des maladies? »

C'est dans cette vue qu'il indique, dans les histoires des diverses maladies, les médicaments les plus simples, et qu'il termine l'ouvrage par un recueil de formules, « fondées, ajoute-t-il, sur les principes les plus sains de la chimie moderne et sur leur action reconnue, d'après les lois fondamentales de l'économie animale, ou plutôt d'après la structure et les fonctions organiques des parties. »

II. *Nosographie philosophique ou la Méthode de l'analyse appliquée à la médecine.* Pinel savait très-bien qu'on avait cherché à classer les maladies avant lui, mais aussi qu'on n'avait rien fait de positif. Sydenham paraît être le premier médecin qui ait senti le besoin d'une classification exacte des maladies et de la détermination rigoureuse des espèces. Linné avait aussi tenté cette classification, sans réussir davantage. Cullen s'en était occupé d'une manière spéciale, et on a même dit que Pinel l'avait copié; mais une telle assertion ne fait que prouver combien ces auteurs avaient peu compris ce que c'est qu'une méthode naturelle; car avoir senti la nécessité d'une chose et en avoir démontré l'existence, c'est tout autre; or, c'est là la différence entre Cullen et Pinel. Le premier ne pouvait même arriver à la démonstration de cette méthode, puisqu'il n'en avait pas la loi, qui ne fut introduite dans la science que peu de temps avant Pinel.

Celui-ci est donc arrivé, par sa pratique, à la conception de sa Nosographie, titre essentiellement philosophique ; et, en partant de cette méthode, on arrive à une pratique, non plus individuelle, mais scientifique. Aussi, dit-il que « la simplification des principes de la médecine, et l'art de pouvoir en former un ensemble régulier, doit être l'objet constant des vœux des véritables observateurs. »

Il a montré l'importance de l'*étude* particulière des affinités naturelles des divers genres de maladies pour les coordonner entre eux, et en former une série régulière : « passage sagement gradué d'un ordre à un autre, ou d'une classe à celle qui doit immédiatement la suivre ; distribution des unes et des autres, fondée non sur des rapprochements arbitraires , mais sur la *base immuable de la structure organique ou des fonctions des parties*.

« Une distribution méthodique et régulière suppose dans son objet un ordre permanent et assujetti à certaines lois générales ; or, les maladies ont ce caractère de stabilité... C'est un tout indivisible depuis son début jusqu'à sa terminaison ; et alors, pour arriver à observer ce tout, il a attention de n'employer, dans le traitement, que les remèdes les plus simples, afin de ne point ajouter de nouvelles complications, ou plutôt de nouveaux maux à ceux de la nature. »

« La distribution méthodique des maladies doit être non moins fondée sur le caractère distinctif des signes extérieurs, que sur la structure et les fonctions des parties lésées[1].

[1] Clin., *Introd.*, p. iv.

« Les maladies bien observées, bien décrites, peuvent être réduites en un ordre aussi régulier, aussi méthodique, qu'aucun autre objet d'histoire naturelle.

« Une maladie doit être considérée comme formant un tout unique, résultant de l'ensemble et de la succession de ses symptômes.

« Les maladies étudiées dans le rapport de leurs affinités, forment un enchaînement naturel d'idées, et peuvent alors être classifiées d'après les signes extérieurs, comme tous les autres objets d'histoire naturelle, et elles finissent par être soumises à des démonstrations exactes et invariables [1].

« Ce serait trop présumer de nos connaissances actuelles en nosologie, que de vouloir tracer les caractères d'un ordre suivant la méthode des botanistes, c'est-à-dire, en rapprochant simplement, par voie d'abstraction, les caractères qui conviennent séparément à divers genres. Que d'objets à remplir avant d'adopter cette méthode ! Histoire de la fièvre de chaque ordre à décrire, et distinction sévère de ce qui est douteux d'avec ce qui est constaté ; despotisme d'opinion des hommes célèbres, et des écoles fameuses à détruire..... ; la doctrine des humeurs abandonnée au babil scientifique des gardes-malades ; leur altération toujours considérée comme l'effet d'une lésion primitive des organes destinés à en faire la sécrétion, et nouvelles dénominations pour fixer les circonstances de cette lésion ; indication des observations particulières, ou des épidémies suivant les saisons, les climats, les âges, les dispositions individuelles ; tels sont les détails historiques où j'ai

[1] Clin.

cru devoir entrer, dans chaque ordre de fièvre, pour faire éviter toute équivoque. »

D'après ces principes, il divise les maladies aiguës en six classes. La première est celle des fièvres.

Cl. I. *Fièvres.* « La détermination de la classe des fièvres doit se borner à quelques considérations communes aux différents ordres, mais se garder d'attribuer de la réalité à la fièvre en général, de la considérer comme existante par elle-même, de vouloir la définir; c'est un terme purement abstrait, comme ceux d'*arbre*, *métal*, qui convient à plusieurs objets analogues. »

Le 1er ordre, Angio-téniques, dénote une affection particulière du système vasculaire sanguin.

Le 2e, Méningo-gastriques, a pour objet une irritation spéciale de l'estomac, du duodénum ou des parties adjacentes.

Le 3e, Adino-méningées, indique que cette irritation s'exerce surtout sur les membranes muqueuses du conduit alimentaire.

Le 4e, Adynamiques, ajoute à la considération des changements produits sur ce conduit, celle d'une impression de débilité ou d'atonie, dirigée sur l'irritabilité des muscles.

Le 5e, Ataxiques, a pour objet une lésion profonde, portée sur l'irritabilité et la sensibilité, et marquée par des symptômes nerveux du plus funeste présage.

Le 6e, Adéno-nerveuses, ajoute aux traits caractéristiques de l'ordre précédent, des circonstances particulières de mortalité, de contagion, et d'une affection simultanée des glandes.

« Ces dénominations particulières des ordres servent à fixer les idées, et à faire proscrire les termes vagues d'une médecine humorale, qui leur sont cependant mis en opposition, pour éviter les erreurs et les embarras d'une nouvelle nomenclature.

« Dans les fièvres diverses, on comprendra l'*espèce simple*, par l'abstraction de plusieurs symptômes particuliers, et par la considération de ceux qui sont propres à cet ordre; admission d'autres espèces composées, qui résultent de la complication du mode fébrile avec quelqu'un des modes fébriles antérieurs. Ainsi, par exemple, la fièvre de l'ordre quatrième, compliquée avec celle de l'ordre deuxième ou troisième, donne ce que les auteurs ont appelé fièvre bilio-putride, ou fièvre pituitoso-putride. Chacune de ces espèces comprend sous elle une foule innombrable de variétés, comme l'espèce simple; nouvelle abstraction pour m'élever aux caractères du genre, mais attention de n'admettre, parmi ces traits distinctifs, que ce qui est propre à l'ordre particulier dont je traite, et nullement ce qui est relatif aux complications; et c'est ainsi que j'ai réduit toutes les fièvres primitives à un petit nombre de genres simples, faciles à retenir et à combiner entre eux, pour classer avec précision toutes les fièvres essentielles que peut offrir la lecture des meilleurs auteurs, ou l'exercice de la médecine. »

Cl. II. *Phlegmasies.* « Les lois générales de distribution méthodique, qu'on suit maintenant dans toutes les parties d'histoire naturelle, doivent présider aux grandes divisions de la pathologie interne, et c'est sous ce point de vue que j'ai fait une classe distincte des phlegmasies, en la faisant succéder à celle des fièvres, à cause de leurs affinités respectives.

« Règle assez générale, toute douleur sans symptômes fébriles, tient à une lésion de la sensibilité, ou à une affection nerveuse; celle, au contraire, qui est ac-

compagnée de fièvre, tient à une affection inflamma-
toire.

« Un vice général de toutes les théories de l'inflammation, c'est de regarder ce terme comme univoque,
et comme représentant, dans tous les cas, une même
série de symptômes, tandis qu'il doit être pris avec des
acceptions différentes, suivant que le siége en est dans
les membranes muqueuses, dans les membranes diaphanes, dans les glandes, dans le tissu de la peau, ou
bien dans les muscles ; mais ces parties, si différentes
entre elles quand on les compare, pour le tissu, la
structure, la sensibilité et les fonctions organiques, n'en
ont pas moins certains rapports communs dans les
lésions qu'elles éprouvent par une cause irritante.....
L'inflammation, dans ses diverses acceptions, est donc
une affection purement nerveuse, comme l'avait auguré
Van-Helmont, et comme Vicq-d'Azir l'a si bien développé, pour certains cas, dans son article *Aiguillon*, de
l'Encyclopédie méthodique.

« Si on remonte aux conformités générales des membranes (de la dure-mère, de la plèvre, du péritoine, etc.),
soit par leur tissu, leur structure et leurs fonctions
ordinaires, soit pour les lésions que produit l'état in-
flammatoire, peut-on y méconnaître tous les caractères
d'un ordre naturel ? N'est-ce point une nouvelle preuve
de l'avantage de fonder des distributions méthodiques
des maladies sur des notions exactes d'anatomie et de
physiologie ?

« On doit donc chercher à connaître tout ce que l'a-
natomie et la physiologie ont découvert sur la structure et les fonctions des téguments, redoubler d'ardeur et de zèle pour porter encore plus loin ces découvertes. »

D'après ces principes, les phlegmasies seront donc divisées en différents ordres, suivant l'organe où elles auront leur siége, et on aura les phlegmasies :

1º Des membranes muqueuses ;

2º Des membranes diaphanes, séreuses ;

3º Du tissu cellulaire glanduleux et des parenchymes ;

4º Des muscles ;

5º Cutanées.

« Et qu'importe, par exemple, que la dure-mère, la plèvre, résident dans différentes parties ?

Cl. III. *Hémorragies actives* :

1º Communes aux deux sexes ;

2º Spéciales à la femme.

Cl. IV. *Névroses.* « Les maladies nerveuses, qui établissent une connexion si étroite entre la médecine, l'histoire de l'entendement humain et la philosophie morale, sont loin de se plier aussi facilement que les maladies aiguës aux lois d'une distribution méthodique ; et peut-être que cela tient aux fonctions organiques des parties qui en sont le siége..... Une méthode naturelle de les classer est donc inapplicable dans l'état actuel de nos connaissances, même avec le secours de l'analyse, et il faut se borner à une disposition artificielle. Je la fonde sur la base la plus stable et la moins sujette à des variations, les propriétés de la sensibilité et de l'irritabilité, et les fonctions organiques des parties :

1º Vésanies.

2º Spasmes.

3º Anomalies locales. »

Cl. V. Maladies dont le siége est dans le système lymphatique.

Cl. non déterminée.

1º Ictères.

2° Diabètes.

« Les divisions de mon cadre nosographique pourront être perfectionnées à mesure que les faits observés se multiplieront, ou que des circonstances rares en produiront d'un nouveau caractère. »

Ainsi donc, Pinel a donné comme base de la classification, la structure des organes, puisqu'il a montré que partout où est une membrane muqueuse, il y a l'altération commune à toute membrane muqueuse, plus celle qui est propre à l'organe où elle se trouve; qu'il y avait une tendance à l'hémorragie, suivant que la membrane est dans telle ou telle partie, et là-dessus il a établi ses espèces.

Il a groupé les névroses, et comme leur siége principal est dans l'encéphale, nous sommes dans cette direction en allant chercher dans le cerveau les correspondances des aliénations mentales.

Il a montré que les maladies pouvaient être classées comme tous les objets d'histoire naturelle; qu'une fois bien définies, on pouvait leur appliquer une nomenclature; sur quoi on l'a beaucoup critiqué, quoiqu'il ait en grande partie réussi dans les fièvres et les phlegmasies. Il a donc procédé comme tous les naturalistes, mais il lui fallait plus de sagacité pour arriver à traduire, par des caractères extérieurs, des phénomènes intérieurs. Sentant bien que tout n'était pas parfait dans sa méthode, il a fait une classe d'indéterminées.

III. *Traité philosophique de la manie.* Il développe dans ce traité ses divers mémoires sur ce sujet. Sa subdivision des maladies mentales, que nous avons déjà donnée, est basée sur les phénomènes moraux et intellectuels. Il avait parfaitement rencontré. C'est surtout comme thérapeutique que ce traité est remar-

quable. On a accusé Pinel de n'être que classificateur ;
mais où a-t-on trouvé de la médecine plus admirablement thérapeutique que celle du Traité philosophique
de la manie, quand il dit que la bonté, la justice, etc.,
sont les principaux remèdes de la plupart des maladies
mentales.

Nous pouvons donc dire de Pinel qu'il n'était pas,
comme on a bien voulu le penser, qu'un classificateur
systématique bien au-dessous de Corvisart, médecin de
l'hospice de la Charité dans le même temps, et auquel
on a essayé de le comparer, quoiqu'il n'y eût aucun point
réel de comparaison. Cependant, on a fait de Corvisart
un Buffon, et de Pinel un Linné; comparaison qui
prouve que l'auteur du compte rendu des travaux de
l'Académie de médecine ne savait pas beaucoup mieux
ce qu'étaient Buffon et Linné que Corvisart et Pinel. On
est étonné qu'en France, dans un recueil de médecine,
on ait pu faire de semblables reproches, que nous devons examiner un peu.

On dit que Corvisart et Pinel étaient tous deux adeptes
de la philosophie dominante alors, celle de Condillac,
où l'observation est le principal instrument de nos
connaissances. D'accord; mais philosophie que Pinel
seul a réellement conçue avant de l'admettre. L'un *sent*
ce que l'autre *démontre*. Or, que fait à la science qu'un
homme ait senti? Tout pour elle est dans la démonstration, qui seule reste.

« Corvisart se distinguait par la délicatesse de son
tact, la finesse de son esprit et la rectitude de son jugement; par une abnégation des systèmes, par un éloi-
gnement marqué pour toutes les abstractions. L'éducation médicale des sens était son seul but; la fixation des
indications curatives son seul esprit. C'étaient surtout

les principes et les préceptes de Sydenham et de Stahl
que l'on retrouvait dans les leçons et dans les écrits de
Corvisart. »

Mais, en définitive, qu'a-t-il fait? qu'a-t-il produit?
et surtout, quels principes a-t-il laissés au faisceau scientifique?

Homme d'une haute sagacité individuelle, d'un coup
d'œil rapide, tout est mort avec lui, et ses leçons
ont été inutiles ou à peu près. Le genre de maladies
auquel il a attaché son nom était évidemment le
plus facile dans le diagnostic comme dans le prognostic, et celui où la thérapeutique devait avoir le moins
de succès.

A-t-on pu comparer cet ouvrage à la Nosographie et
au Traité de l'aliénation mentale, dont l'effet, l'impulsion, se produit encore et ne cessera jamais, parce que
cela était fondé sur la nature?

Cependant on dit : « Pinel, de son côté, après avoir
« étudié les objets individuels, s'attachait surtout à les
« systématiser. »

Mais si systématiser, c'est chercher les analogies, les
rapprochements, que pouvait-il faire de mieux? Que
connaît-on sans comparaison ?

« Partant de cette idée, fausse sans doute, que la mé-
« decine n'est qu'une branche de l'histoire naturelle, il
« ne cherchait dans les maladies que des analogies, que
« des rapprochements. »

Comment peut-on douter que l'art de prévenir et de
guérir les maladies des êtres organisés ne soit une
branche de l'histoire naturelle? Que pouvait faire de
mieux Pinel que de procéder par analogie?

Baglivi dit dans sa Pratique médicale [1] : « L'analogie

[1] Liv. I, p. 33.

pour le perfectionnement des arts compris dans la science naturelle, et surtout pour la médecine, est plus convenable que tous les autres modes d'argumenter, et cela, non-seulement parce qu'elle suit la nature et se confond, pour ainsi dire, avec elle, mais encore parce qu'elle montre et réduit les opinions erronées plus clairement qu'aucun autre ordre d'argumentation.» Et il ajoute [1] : «La fourmi recueille et use, comme font les empiriques; l'araignée tire tout d'elle-même par un fil, comme font les médecins spéculatifs ou purement sophistes; l'abeille recueille sur les fleurs le miel brut, ensuite elle le digère, le mûrit, comme fait le vrai genre des médecins.»

«La description graphique des symptômes, continue-«t-on, était la méthode exclusive de cette école, et les «classifications systématiques constituaient son unique «but.»

Combien cela est peu exact, puisque c'est une description analytique et pesée dont Pinel avait justement le plus besoin pour établir ses analogies, ses rapprochements.

«C'est certainement, parmi les médecins, Cullen «qu'il s'était proposé pour modèle.»

Est-ce bien prouvé? Puisque Cullen n'avait pu faire que des classifications arbitraires, vu qu'il n'avait pas la loi de la méthode naturelle.

«Il lui a pris son esprit d'ordre et de méthode dans «la distribution des maladies, et la concision unie à la «fidélité dans les descriptions.»

Que Pinel l'ait pris ou non à Cullen, il l'avait donc, cet esprit d'ordre ou de méthode.

[1] P. 113.

« C'est aux doctrines de Cullen qu'il a emprunté le
« germe de cette *dichotomie aride*, à laquelle il a donné
« involontairement naissance, et pour laquelle il a été
« plus tard si amèrement et si injustement traité. »

Où peut-on trouver une *dichotomie aride* dans la Nosographie de Pinel, où l'on rencontre une précision,
une concision analytique remarquables? Mais il n'était
pas *phraseur ; inde iræ*.

« Dichotomie que l'imagination enfante, et que la na-
« ture repousse, que la paresse accrédite, et que l'expé-
« rience condamne. »

Phrase redondante, fausse dans toutes ses parties.

« Corvisart et Pinel étaient alors dans la médecine ce
« qu'avaient été, quelques années auparavant, Buffon
« et Linné dans l'histoire naturelle. »

Quelle comparaison! et si elle était vraie, combien
elle serait favorable à Pinel!

Ce n'est pas seulement à la médecine d'observation
que Pinel nous a ramenés, mais à la *médecine rationnelle*, ce qui est bien différent. Il a eu la gloire de donner immédiatement à Bichat le thème dont est sorti le
Traité des membranes, et par suite, l'anatomie générale;
et à Broussais la direction qui l'a conduit à démontrer
la non-essentialité des fièvres, et à rectifier ainsi la localisation des maladies.

La médecine d'observation est l'histoire naturelle des
maladies; c'est ce qu'a fait Hippocrate.

La médecine rationnelle est celle qui, des symptômes
analysés, mesurés convenablement, remonte à l'organe,
à la membrane, au tissu altéré, et par suite, aux médications thérapeutiques et au mode le plus convenable
pour les remplir, suivant l'âge, le sexe, le tempérament
de l'être malade, et ç'a été là l'effort de Pinel. Il a suivi

le procédé d'Hippocrate, de faire entrer la médecine dans la philosophie, et la philosophie dans la médecine. Il a montré, pour les maladies mentales, qu'il était aussi bon praticien qu'aucun autre.

Nous devons encore remarquer la critique de Pinel par M. Bérard, dans son éloge de Broussais à l'École de médecine, pag. 21. Après avoir dit que les médecins avaient fini par étudier les maladies comme des objets d'histoire naturelle, et que Pinel, membre de la section de zoologie de l'Institut, voulut faire pour elles ce que Linné avait fait pour des êtres réels, c'est-à-dire, les distribuer en classes, ordres, genres, espèces, variétés, il ajoute qu'une médecine expectante eût été la conséquence de ce *travers*.

Et pag. 22 : « Une apparence de sévérité rigoureuse, « les grands mots de *méthode naturelle*, d'*analyse philo-* « *sophique*, habilement semés dans le texte; un langage « tout à la fois *nerveux, concis, élevé*, obscur quelquefois, « mais visant à la profondeur, fréquemment animé par « l'exclamation et l'apostrophe, avaient dominé toute la « génération médicale de ce temps. »

« Pinel n'avait pas voulu imiter Selle, qui, dans sa « Pyrétologie, avait réuni les fièvres et les inflamma-« tions.... Son idée principale, c'est que dans les fièvres « en général, tous les systèmes de l'économie sont af-« fectés; cependant, que dans certains ordres de fièvres, « on remarque plus particulièrement certaines affections « locales. »

« En dernier résultat, les histoires particulières des maladies ou les faits observés, sont les matériaux primi-tifs de l'édifice, et c'est leur exactitude qui fait la base solide et fondamentale des connaissances médicales. Tout le reste n'est que pour servir à la méthode, aider la mémoire, établir une sorte de connexion entre les principes, et en faciliter l'application au lit du malade.» pag. 10.

La critique si âcre que Broussais fait de l'ouvrage de Pinel, auquel il reproche cependant de s'être armé des formes de la satire, ne porte pas toujours à faux, il s'en faut de beaucoup ; mais elle voudrait qu'un homme qui crée un système, expression de l'état actuel de la science, eût deviné, pour ainsi dire, tous les progrès ultérieurs que ce système, cette nouvelle manière de voir, devra déterminer nécessairement.

VI. *Faits et principes légués à la science par Pinel.*

Nous avons donc analysé les principaux ouvrages de Pinel, afin de montrer qu'il avait mis en usage les mêmes procédés analytiques qui ont été suivis dans les sciences naturelles.

Ce n'est, en effet, qu'après avoir passé plusieurs années à faire des observations, qu'il les a généralisées, et nous avons vu comment il a tiré un très-grand parti de cette méthode, en l'appliquant à la nosologie et à la nosographie.

Nous avons rangé ses ouvrages, non dans l'ordre de leur publication, mais dans l'ordre de leur composition : on n'y a rien ajouté.

Il nous semble que Pinel a démontré que la médecine est une branche des sciences naturelles, et, par conséquent, l'art de connaître et de guérir les maladies ;

Qu'on doit donc procéder dans son étude et son enseignement comme dans toutes les autres sciences naturelles, c'est-à-dire, par l'observation, l'analyse, la méthode analogique, la classification ou méthode naturelle, et par suite, arriver à une nomenclature. On a pu le blâmer de ce dernier essai; c'était, en effet, peut-être trop tôt : s'il l'eût tenté après les travaux de Bichat, nul doute qu'il n'eût mieux réussi.

Il a posé en thèse qu'une maladie est une altération d'un organe dans les parties qui le composent, et par suite, dans les membranes et les tissus, ce qui va devenir l'œuvre de Bichat.

Cette maladie se traduit par des symptômes tirés des organes en consensus avec l'organe affecté; ces symptômes vont constituer un ensemble, une espèce phénoménale qui n'est pas matérielle. Ils seront ici les caractères extérieurs traduisant les intérieurs, et vont remplir le même but qu'en histoire naturelle; et alors, il faudra faire entrer dans leur étude la subordination des caractères.

Il a donc prouvé que les maladies sont les espèces du nosographe; mais il faut prendre tout le *cursus* de la maladie pour avoir toute l'espèce maladie, c'est-à-dire, la série des phénomènes, depuis son origine jusqu'à son augment, et depuis son augment jusqu'à sa terminaison. Il faut de plus y faire entrer l'état de l'individu, les circonstances extérieures, et c'est ici la difficulté des espèces nosographes; or, la limite des variations est extrêmement large. Cependant, Pinel a démontré qu'en étudiant convenablement ces diverses choses, on arrive à connaître parfaitement l'espèce.

De ce que ces phénomènes ont naturellement une tendance favorable ou défavorable, dans une bien plus grande étendue que les espèces créées statiques, Pinel a été conduit à revenir à la méthode expectante, la méthode hippocratique. De là il a pu grouper ces espèces d'une manière naturelle, en ayant égard au siége de la maladie, traduit par les phénomènes extérieurs.

Il est de toute évidence que pour établir le diagnostic d'une maladie, il faut faire attention au degré où elle est arrivée, et alors encore, il est établi sur l'analyse des symptômes. Ainsi, par exemple, dans les enfants, la susceptibilité nerveuse étant considérable, la moindre affection déterminera des convulsions, et si l'on n'apporte la plus grande attention à l'examen des symptômes, on se laissera facilement tromper.

Il en est du prognostic comme du diagnostic.

De cela seul que Pinel a pu classer les maladies d'une manière naturelle, il a pu établir son diagnostic et son prognostic, ce qu'il appelle la maladie, et par suite de leur connaissance, dire : C'est là la maladie, et demander une thérapeutique rationnelle. Il n'a pas pour cela refusé le traitement spécifique ou la thérapeutique pratique, mais il a surtout dirigé ses efforts vers l'introduction de la thérapeutique rationnelle. Il a atteint son but pour les maladies qu'on appelle fièvres, et le traitement de Bordeu s'est trouvé confirmé par lui. Il n'y a là rien d'étonnant, puisqu'il a introduit dans l'école de **Paris,** l'école plus avancée de Montpellier.

Il a enfin donné un bel exemple de cette thérapeutique rationnelle, dans le traitement des maladies mentales.

Pinel est donc le premier qui ait conçu l'application de la méthode naturelle à la médecine considérée dans son ensemble et dans chacune de ses parties. Il est le *naturaliste pathologique*, le créateur de la médecine naturelle et rationnelle.

Il est le premier qui ait senti que la médecine **rationnelle** est celle qui, des symptômes, des signes, **des caractères** analysés, mesurés convenablement, remonte à l'organe, à la membrane, au tissu altéré ou affecté, et

par suite, à l'étiologie de la maladie, et de là aux indications thérapeutiques et au mode le plus convenable
pour les remplir, suivant l'âge, le sexe, le tempérament
de l'être malade.

Et nous ne croyons pas que, dans la suite des siècles,
une direction plus belle et plus large puisse être donnée
à la science des maladies.

Il nous reste à voir sa suite dans les deux hommes
qui l'ont continué.

SECTION IV. — MARIE-FRANÇOIS-XAVIER BICHAT.

1771 — 1802.

Nous avons apprécié l'effort de Pinel, l'application
de la méthode naturelle à l'art de guérir ; il se résume
tout entier en ces deux mots. De cette impulsion, nous
l'avons vu, devaient naître, comme suite naturelle et
nécessaire, *l'anatomie générale*, *l'anatomie de tissu*,
nommée quelquefois l'*anatomie médicale*, parce que, en
effet, d'elle devait sortir l'anatomie pathologique. Ce
nouveau progrès ne pouvait s'exécuter que dans l'école
de Bichat, bien que Morgani doive être considéré
comme ayant tenté cette voie avec assez de puissance,
mais sans pouvoir atteindre jusqu'au but véritable, car
il fallait que l'état normal fût connu avant d'arriver à
l'altération. Ainsi, par exemple, l'estomac étant, dans
sa composition et ses fonctions, soumis aux systèmes
musculaire, crypteux et muqueux, il faudra bien, dans

ses lésions, avoir égard à ces trois tissus différents dans leurs propriétés et leurs fonctions, pour connaître, par les symptômes divers, lequel est altéré, afin de le ramener à son état normal.

Comme suite encore de cette direction, devra naître l'*anatomie de développement,* qui conduira à l'appréciation, suivant les différents âges, des phénomènes divers qui peuvent se présenter ; et par là même, on arrivera à une connaissance exacte de l'organisme dans ses diverses périodes ; car en considérant, par exemple, que dans un très-jeune sujet, les valvules intestinales ne sont point encore développées, tandis qu'elles le sont dans l'adulte, on conclurait mal du premier qu'il n'y a pas de valvule.

Le but essentiel de la médecine étant de guérir, il fallait que la direction de Pinel fût introduite dans la pathologie ; mais elle devait être générale, puisqu'elle portait sur les tissus, qui sont la base de tout l'organisme. Il fallait donc qu'un bras vînt agir dans cette direction de la pathologie générale devenant pathologie physiologique, qui appelait à son tour la thérapeutique rationnelle, dont l'effort devait réagir sur la science de l'organisation, en l'éclairant dans la physiologie.

Ce sont les effets de ces deux impulsions, ou mieux, *la continuation de l'impulsion de Pinel* dans ces deux directions, que nous allons voir s'achever par deux esprits vigoureux de jeunesse et de nature, dans des circonstances devenues favorables par l'effort même de Pinel, agissant et réagissant contre une opposition nécessaire.

L'un, Bichat, mort victime de l'énergique activité qu'il employa pour développer la science médicale dans ses bases les plus incontestables, l'anatomie et la physiologie, et dans toutes ses parties d'application comme art.

L'autre, Broussais, prolongeant sa carrière de luttes et de combats acharnés, autant qu'il le fallait pour donner à la pathologie générale et à la thérapeutique rationnelle les bases physiologiques sur lesquelles ces parties de la science reposent, mais discutées, éclaircies, épurées même de l'exagération dans laquelle il s'était lui-même laissé entraîner.

Le premier, présentant au plus haut degré le dévouement continuel et paisible de tous les moments de sa vie à la science, pour la science elle-même, sans s'occuper de répondre aux objections, aux attaques dont il est l'objet.

Le second, au contraire, frappant de tous côtés, quelquefois même plus fort que juste, sur les opposants aux doctrines qu'il croit vraies et bonnes; employant aussi bien les sarcasmes, l'ironie, contre ses adversaries, que les arguments de la plus vigoureuse dialectique.

Ainsi, dans les trois hommes éminents qui ont changé la face de la médecine de nos jours, Pinel, analyste, méthodiste profond, démontre la marche que doivent suivre la science, dans toutes ses parties, pour mériter ce nom, et l'art, pour devenir rationnel. Il pose les bases immuables, mais d'une manière philosophique et calme.

Bichat emploie toute l'activité de sa jeunesse, toute la sagacité de son génie à reprendre ces bases en sous-œuvre, à les sonder, à les étendre proportionnellement à la grandeur de l'édifice, dont il commence l'élévation; mais le temps ne lui permet pas de le terminer.

Broussais, initié de bonne heure à cet effort, à cette direction, emploie la vigueur de son âge, la force de son esprit, non-seulement à soutenir les bases, mais

à couronner l'œuvre par une large conception pathologique et thérapeutique, dont il a pu exagérer l'application, mais qui n'en restera pas moins comme une des
preuves les plus fortes de son génie médical.

Et voilà, dans ces trois hommes, un homme de génie.
Bichat et Broussais, conséquences de Pinel, et toute cette
école, ne se sont point occupés de direction morale ;
Bichat seul l'a comprise et respectée ; les deux autres
l'ont combattue dans sa base, et le dernier a travaillé
avec acharnement à sa destruction. Telle est la thèse
que nous avons à développer.

Nous considérons donc Bichat comme continuant
l'impulsion donnée par Pinel dans la direction de l'anatomie et de la physiologie générales ou médicales, mais
avec tout le dévouement et l'entraînement de la jeunesse, en imprimant aux sciences médicales, en général, un mouvement phénoménal ; et cela en moins
de cinq ans.

II. *Éléments et extrait de sa biographie.*

Nous les trouvons, 1º dans un Discours prononcé sur
sa tombe par Lepreux.

2º Dans un Précis historique sur M. F. X. Bichat,
par Buisson, 1802.

3º Une Notice historique sur la vie et les écrits de
Bichat, par Husson, en tête de la deuxième édition du
Traité des membranes, 1802.

4º Éloge de M. F. X. Bichat, par Levacher ; Société
méd. d'Émulation, 1803, t. V.

Buisson, son cousin, ayant commencé et continué
ses études avec lui, doit inspirer le plus de confiance.

Biographie. — Marie-François-Xavier Bichat naquit

le 14 novembre 1771, à Thoirette, village de la province de Bresse, département du Jura, de Jean-Baptiste Bichat, docteur médecin de l'école de Montpellier, et de Marie-Rose Bichat. Bien que la fortune de ses parents fût médiocre, ils prirent un grand soin de son enfance et de son éducation. Il était l'aîné de la famille, et devait, par l'usage, suivre la carrière de son père. Il fit ses humanités au collége de Nantua, avec un assez grand succès pour mériter d'être couronné plusieurs fois dans les petits concours en usage dans les écoles.

En 1788, il entra au séminaire de Saint-Yrénée, à Lyon, pour y terminer ses études par son cours de philosophie, sous la direction de son oncle, le P. Bichat, jésuite. C'est un fait à noter dans l'histoire des sciences, que cette célèbre compagnie de Jésus, qui a toujours fait marcher de front l'étude de la science et de la religion. Après une telle direction, nous ne devrons donc point nous étonner de trouver Bichat religieux et plein de respect pour la vérité ; cela même était en rapport avec l'étendue de ses connaissances.

La philosophie embrassait alors, dans son enseignement chez les jésuites, la physique, les mathématiques et les sciences naturelles. Dans ces nouvelles études, Bichat se montra d'une manière encore plus distinguée. Il s'appliqua surtout à l'étude des mathématiques et à celle de l'histoire naturelle, qui, bien qu'opposée à son goût pour les premières, ne laissa pas de lui inspirer une sorte de passion.

La révolution paralysant toute espèce d'instruction, Bichat quitta Lyon, et rentra dans sa famille, où il reçut de son père les premiers éléments d'anatomie. Ses progrès et son goût prédominant pour les mathématiques le reportèrent à Lyon, où il continua à les étudier en

même temps qu'il suivait le cours d'anatomie et les visites du Grand-Hôpital, qui a toujours fourni à la science
une belle répartition de talents. Il y eut pour maître
Marc-Antoine Petit, chirurgien en chef de l'Hôtel-Dieu
de Lyon. Il obtint bientôt sa confiance entière, et fut
même chargé quelquefois de faire des leçons pour lui
avant l'âge de vingt ans.

Après le siége de Lyon, le séjour de cette ville devenu redoutable pour tout homme qui sentait un peu
vivement, força Bichat à chercher, dans l'école de Paris,
un abri contre la persécution qu'éprouvaient alors les
jeunes gens de son âge pour la réquisition. Son but
était de terminer ses études chirurgicales, et de se mettre en état de prendre du service dans l'armée.

Il arriva donc à Paris, en 1793, dépourvu de toute
espèce de recommandation et livré à lui-même. C'était
l'époque de la plus haute renommée de Desault. Bichat
suivit assidûment la clinique de ce grand chirurgien,
sans chercher à s'en faire connaître, lorsqu'une circonstance fortuite le mit bintôt en évidence. Desault avait
établi un ordre remarquable dans sa clinique : chaque
élève était appelé à son tour pour faire l'analyse de la le-
çon de la veille. Un jour, celui qui en était chargé étant
venu à manquer, Bichat, à son défaut, donna une
analyse qui le couvrit d'applaudissements, en le faisant remarquer par Desault. Celui-ci voulut le connaître plus
à fond, et bientôt après il voulut rapprocher de lui un
talent dont il prévoyait l'étendue; il lui ouvrit sa maison, le traita comme son fils, et comme devant l'aider
et lui succéder. Dès lors Bichat se trouva dans l'obligation de travailler sans relâche, d'abord à s'instruire,
puis à aider Desault dans la rédaction de ses ouvrages. Il partagea réellement tous ses travaux de pra-

tique et de théorie, et surtout ses recherches d'érudition.

La mort de son maître, arrivée subitement, en 1795, ne le découragea pas, quoiqu'il n'eût que vingt-quatre ans. Il commença par payer le tribut de la reconnaissance qu'il devait au grand chirurgien, dans le IVe vol. du Journal de Chirurgie, qu'il termina. Il devint l'appui de sa veuve et de son fils.

On dit que Corvisart s'en fit un aide après la mort de Desault.

Favorablement placé de bonne heure, Bichat put immédiatement ouvrir sa carrière. Pinel avait commencé à faire connaître ses vues. Bichat lut le mémoire où il traite des maladies des membranes diaphanes, muqueuses, etc. ; il fut frappé de la haute portée de ce travail et de cette nouvelle direction ; et, tout en admettant les principes, il aperçut quelque chose qui ne lui plaisait pas dans leur application, et il fit, plutôt pour rectifier que pour combattre, son premier Mémoire sur les membranes : il se trouva ainsi dévié de la direction chirurgicale. Son maître étant mort peu de temps après, il entreprit, à vingt-six ans, pour la première fois, un *cours d'anatomie*, dans lequel il faisait souvent entrer des considérations physiologiques, qui ne contribuèrent pas peu au grand succès qu'il obtint. Il ne faut pas oublier que Bichat fut au fond élève de Montpellier par les premières leçons de son père et par les œuvres de Bordeu. C'est là ce qui nous explique pourquoi il fut bon physiologiste, et comment l'âme des stahliens, devenue le principe vital à Montpellier, va devenir, entre ses mains, les forces et les propriétés vitales inhérentes à l'organisme, comme la pesanteur et l'attraction sont des propriétés inséparables des corps sidéraux et de la matière brute.

Bientôt après, il fit une innovation, en entreprenant un cours d'opération chirugicale, quoiqu'il ne fût pas exercé à la pratique; il le fit avec tant de méthode et d'habileté, qu'il obtint un succès prodigieux.

La fatigue, qui fut le résultat nécessaire des nombreuses leçons qu'il donnait tous les jours, et souvent plusieurs fois par jour (il faisait trois cours à la fois), détermina chez lui des accès d'hémoptysie. Il fut ainsi obligé de suspendre ses travaux pendant le temps assez long que dura sa maladie.

A peine fut-il rétabli, qu'il s'exposa de nouveau et avec plus de courage, en donnant à son cours d'anatomie une plus grande extension. Il ouvrit un amphithéâtre de dissection, où il eut de suite plus de quatre-vingts élèves. Alors il se livra sans interruption à la démonstration, aux préparations anatomiques et à la rédaction. A cette époque, il rédigea et fit paraître l'édition des Œuvres chirurgicales de Desault, qu'il dédia à Corvisart, ami de Desault, et peu après, il commença la publication de ses propres travaux.

Vers ce temps on vit éclore, parmi quelques élèves de l'École de médecine, le noble projet de se réunir, de se communiquer le fruit de leurs recherches, de rendre plus sensible, par la discussion, ce que les leçons des professeurs pouvaient présenter de difficile, de répéter les expériences tentées par les physiologistes les plus habiles. Ce projet, aussitôt exécuté que conçu, eut peu de partisans plus zélés que Bichat, et c'est à lui que la Société médicale d'Émulation doit la rédaction des règlements qui firent si longtemps sa gloire, et l'impulsion étonnante imprimée aux esprits de tous les membres qui la composèrent dans les premiers temps de sa formation [1].

[1] Husson.

C'est dans les actes de cette Société que Bichat commença à publier ses travaux. Il donna d'abord des mémoires sur quelques points particuliers de chirurgie, bientôt après sur les membranes fibreuses, ensuite un premier mémoire sur la physiologie générale.

Il développa son premier Mémoire sur les membranes, et en fit sortir son Traité des membranes, qui eut un si grand succès, que Hallé, dans un rapport à l'Institut, le proposa comme devant mériter les honneurs de la proclamation à la fête du 1er vendémiaire. Ce succès ne doit point étonner; car Bichat se posait hautement comme partant du point de vue de Pinel, qui venait de baser sur les membranes sa classification des maladies, et qui opérait une révolution dans la science.

Bichat, en se montrant ainsi, par son activité et son génie, comme un vrai phénomène au milieu des élèves de Paris, commença alors des cours spéciaux de physiologie, et il en publia les principaux résultats dans ses Recherches sur la vie et la mort.

Il finit, enfin, par donner de nouveaux développements à son Traité des membranes, en allant jusqu'à l'anatomie des tissus qui les composent; et de là est sortie son Anatomie générale. On dit que le succès de cet ouvrage fut si grand, que Bichat obtint tous ses grades à l'École gratis, et qu'il lui tint lieu de thèse. A l'époque où il publia son Anatomie, il n'y avait que des traités d'anatomie descriptive pleins de sécheresse, qui ne laissaient absolument rien dans l'esprit au bout de quelque temps. Cette lacune contribua au triomphe de son ouvrage, qu'il voulut compléter en publiant son Anatomie descriptive; mais il ne put mettre au jour que les deux premiers volumes.

Cela ne suffisait pas à l'étendue de ses vues; la connaissance de l'organisme et de ses lésions conduisait à la recherche des moyens de le ramener à l'état normal. Il étudia la thérapeutique toujours avec la même ardeur. Il s'occupa sérieusement de la matière médicale, fit des leçons sur ce sujet, et se livra, aidé de nombreux élèves, à des travaux assidus sur cette partie de la science, par des expériences au lit du malade. Il fut nommé médecin de l'Hôtel-Dieu, à peine âgé de vingt-huit ans. Il y travailla avec tant d'activité, qu'en six mois, il ouvrit, dit-on, plus de six cents cadavres.

Mais la continuité de travaux aussi approfondis, la nature même de ces travaux dans les hôpitaux, dans les salles de dissection, dans les miasmes des ateliers de macération, mirent bientôt un terme à cette série de découvertes, à cette grande et belle impulsion qu'il avait donnée à la science de l'organisme. Une chute qu'il éprouva en descendant un escalier de l'Hôtel-Dieu, lui fit perdre connaissance ; vainement on lui porta des secours, l'état de débilité, d'épuisement même, dans lequel il se trouvait, donna naissance à une fièvre typhoïde qui, au bout de quatorze jours de maladie, l'enleva à la science, à ses élèves et à ses amis. Il mourut le 3 thermidor an x (28 juillet 1802), à l'âge de trente et un ans. Il est donc mort dans son laboratoire, sur les cadavres, pour ainsi dire.

Bichat était d'une stature moyenne ; sa physionomie était douce, son air gai, franc et ouvert. Son tempérament devait être assez robuste, pour avoir résisté à des travaux aussi immodérés, et dans des circonstances aussi défavorables à la santé. Il paraît cependant qu'il avait une prédisposition aux affections de poitrine. Ses habitudes étaient simples, et déterminées par sa grande activité et son assiduité au travail, auquel ses meilleurs amis avaient tant de peine à l'arracher. Sa fortune paraît avoir été toujours médiocre. Sa bibliothèque, dont nous possédons le catalogue, sans être nombreuse, contenait tous les bons ouvrages, et surtout ceux de Haller et de Vicq-d'Azir.

Son esprit était doué d'une grande force d'analyse et de généralisation. Son style est clair, net, peu verbeux, mais quelquefois assez peu châtié. Sa moralité paraît avoir été parfaite, sans envie, sans jalousie même contre ceux qui couraient la même carrière que lui. Jamais il ne répondit aux critiques de ses ouvrages qu'en les perfectionnant. On doit pourtant lui reprocher de s'être laissé entraîner parfois à la fougue des plaisirs, et d'avoir peut-être par là, en abusant de la vie, abrégé sa carrière.

Ses relations de famille furent toujours parfaitement réglées; son premier ouvrage sur les membranes est dédié à son père comme à son meilleur ami. Nous avons sous les yeux quelques lettres de sa correspondance avec le comte Daubas, employé à la trésorerie nationale, qu'il disait son ancien ami, et qui voulait bien se charger de ses petites affaires; elles nous apprennent qu'il avait des rentes sur l'État de la caisse Lafargue, et que sa sœur, qu'il affectionnait beaucoup, avait épousé un nommé Buisson, qu'il appelle son beau-frère.

Les sentiments qu'il a laissés dans la mémoire de ses amis et de ses contemporains, prouvent qu'il était lui-même susceptible d'une véritable amitié. Ses relations scientifiques paraissent n'avoir guère eu lieu qu'avec Desault et ses confrères de la Société médicale d'Émulation, dont il rédigea les statuts. Ses relations politiques et sociales furent nulles.

Plusieurs passages de ses ouvrages prouvent qu'il

avait des convictions religieuses, qu'il ne méconnaissait pas la puissance de Dieu dans la création, et qu'il respectait la morale.

III. *Comment ses travaux et ses ouvrages nous sont parvenus.*

Les travaux de Bichat produisirent le même effet que ceux de Pinel, parce qu'ils en étaient la conséquence.

L'intensité de l'effort de Bichat nous est parvenue : 1° par ses leçons orales sur toutes les parties de la science médicale, leçons extrêmement lucides, chaudes et pleines de convictions, d'où sont sorties, 2° les thèses in-8° de ses élèves, soutenues à l'École de médecine de son vivant et sous sa direction, et que l'on doit considérer par conséquent comme son œuvre; 3° par ses ouvrages imprimés sous ses yeux et revus par lui-même. Après sa mort, Buisson, son cousin et son ami, qui avait été associé à ses travaux, continua ses ouvrages et y mit la dernière main [1].

---

[1] Buisson était aussi neveu du père Bichat, qui fit son éducation ; il manqua sa vocation ecclésiastique par la révolution, et se tourna vers la médecine qu'il vint étudier et pratiquer à Paris, après avoir suivi les armées en qualité de chirurgien. D'une piété tendre et remarquable, Buisson conserva son innocence au milieu des camps et des amphithéâtres ; il s'adonna à la médecine des pauvres, et employait ses loisirs à combattre les écrits des philosophes. Il travailla avec ardeur à donner à la physiologie une direction chrétienne: la mort le surprit dans cette tâche. Mais sa vie avait été si pure et si sainte, que son panégyriste a pu dire de lui : *Consommatus in brevi explevit tempora multa, placita enim erat Deo anima illius.* (Liv. de la Sag.) Sa mort fut touchante : il répondit aux prières des agonisants; son père le bénit, et lui dit le *proficiscere anima christiana.* Buisson jeta les yeux sur lui, puis vers le ciel, porta son crucifix sur ses lèvres, de

IV. *Éléments des travaux de Bichat.*

Il faut mettre au premier rang les leçons de son père, médecin de l'école de Montpellier, celles d'Antoine Petit, de la même école, et les ouvrages de Bordeu, dans lesquels Bichat puisa une partie de son impulsion; c'est même là qu'il trouva des idées sur les membranes muqueuses.

2° Dans l'école de Paris, les leçons, les entretiens et la collaboration de Desault; les leçons et les entretiens de Corvisart, qui lui tendit la main; mais surtout les leçons et les ouvrages de Pinel; celles même de Chaussier, qui a fait d'excellentes leçons, non pas un cours, cela lui était difficile.

3° Enfin, et c'est là la source principale, ses travaux continuels dans les hôpitaux, dans les amphithéâtres de dissection, où plusieurs élèves distingués l'aidèrent.

Il a donc rencontré des circonstances extrêmement favorables; aussi disait-il peu de temps avant sa mort: « Si je suis allé si vite, c'est que je n'ai point lu; les li-« vres ne doivent être que le mémorial des faits; or, en « est-il besoin dans les sciences où les matériaux sont « toujours près de tous, et où nous avons les livres vi-« vants en quelque sorte : des morts et des malades?» Bichat ne raisonnait pas juste, car il est impossible de créer une science dans tout son ensemble sans antécédents.

ses lèvres sur sa tête par une sorte de mouvement convulsif, et expira.

Son exemple, ses leçons et ses écrits ont pu contribuer à la rénovation religieuse dans l'école de Paris, qui commence à compter dans son sein un assez bon nombre d'hommes aussi remarquables par leur foi que par leur talent. Que n'en est-il de même de tous !

V. *Énumération méthodique et analyse des travaux de Bichat.*

Les ouvrages de Bichat, considérés en général, forment un tout, un ensemble, ayant pour but de continuer, de poursuivre l'impulsion donnée par Pinel, en la développant. On conçoit dès lors qu'ils devaient comprendre l'encyclopédie médicale.

Mais l'exagération généreuse de l'effort ayant détruit la puissance avant que tout son effet fût produit, l'ensemble des travaux est resté incomplet. Toutefois, il n'en est pas moins démontré dans les ouvrages existants, qui sont toujours de trois sortes : 1º travaux préparatoires; 2º d'exécution, et même 3º de révision et de perfectionnement.

1º Ses travaux préparatoires sont les mémoires particuliers sur la chirurgie, *sur la fracture de l'extrémité scapulaire de la clavicule.* Mém. de la Soc. méd. d'Émul., IIe année , p. 3o9 à 3i5, 1798. Il fut publié après la mort de Desault, auquel il rend hommage.

Description d'un nouveau trépan. Mém. de la Soc. méd. d'Ém., IIe année, 1798. Son but est de simplifier et de modifier le trépan commun, ce qu'il a fait en retranchant plusieurs pièces.

Description d'un nouveau procédé pour la ligature des polypes. Ibid., p. 333-339. Il voulait rendre le procédé de Desault plus simple; il le présente comme un hommage rendu aux principes de ce grand homme, qui ne cessait de répéter que retrancher un instrument d'une opération, c'est lui ajouter une perfection. Pag. 339; 1798.

Ces premiers travaux sont le résultat de l'impulsion de Desault et de Petit.

Ses autres travaux préparatoires sont sur la physiologie et l'anatomie.

Mémoire ou dissertation sur les membranes et sur leurs rapports généraux d'organisation. Mém. de la Soc. méd. d'Émul., p. 371-385; 1798. Ce mémoire est évidemment le premier composé, puisqu'il y renvoie dans le mémoire suivant, publié auparavant. Dans le paragraphe II, il cite la manière dont Pinel a envisagé les phlegmasies comme philosophique; acceptant la division comme très-heureuse dans les principes, il le critique parce qu'il rapporte au même ordre, à celui des membranes diaphanes, le périoste, la dure-mère, les capsules ligamenteuses d'une part; et de l'autre, la plèvre, le péritoine, le péricarde. En cela, Pinel a réuni des organes entre lesquels les lois de l'organisation établissent des différences réelles. Bichat annonce qu'il développera ses preuves dans le mémoire dont cet essai est le précis.

Mémoire sur les membranes synoviales des articulations. Ce mémoire est remarquable par la manière logique avec laquelle la question est posée et résolue, combattant même l'opinion de son maître, mais sans phrases. — Il y renvoie à son mémoire sur la classification des membranes. — Il insiste sur ce point, que cette manière de raisonner sur l'organisation des parties d'après leurs affections, mérite plus d'importance qu'on ne lui en accorde communément.

Mémoire sur les rapports qui existent entre les organes à forme symétrique et ceux à forme irrégulière. Mém. de la Soc. méd. d'Émul., p. 477-487; 1798. Il est du plus haut intérêt; il contient le germe de tout son système de physiologie et d'anatomie; c'est là qu'il pose pour la première fois la distinction des deux vies:

Vies { de relation ou extérieure....... { sensation. perception. locomotion. voix. } d'organisation ou intérieure..... { digestion. circulation. respiration. }

2.° Ses travaux d'exécution sur l'anatomie et la physiologie seulement, sont : 1° le *Traité des membranes en général, et des membranes en particulier*, par X. Bichat, 1 vol. in-8° de 326 pag., 1800;

2° *Recherches physiologiques sur la vie et la mort*, par X. Bichat, professeur d'anatomie et de physiologie, 1 vol. in-8° de 450 pages, 1800;

3° *Anatomie descriptive;* 2 vol. seulement ont été publiés par lui, de 1801 à 1802.

3° Les travaux de révision ou de perfectionnement : l'*Anatomie générale, appliquée à la physiologie et à la médecine*, par X. Bichat, médecin du grand hôpital d'humanité, 4 vol. in-8°, an x, 1801.

Analyse de ses ouvrages en particulier. 1° *Mémoire sur les rapports qui existent entre les organes à forme symétrique, et ceux à forme irrégulière.* « C'est dans les formes extérieures, plus que dans l'intime organisation, qu'il faut chercher les grandes limites placées entre le végétal et l'animal. Peu de caractères les distinguent au dedans; au dehors, tout paraît les isoler. » C'est dans la forme extérieure qu'il faut chercher la grande limite entre les animaux et les végétaux, et ce sera la même chose pour les animaux entre eux. C'est donc à Bichat, qui en avait puisé l'idée dans Vicq-d'Azir, qu'est due cette introduction dans la science des rapports extérieurs traduisant l'intérieur. Il l'a démontré anatomiquement, et M. de Blainville le démontrera zoologiquement.

Pour établir sa démonstration, Bichat cherche les organes communs aux végétaux et aux animaux, et ceux qui les différencient, et il arrive à sa grande distinction de la vie de relation et de la vie d'organisation. La vie de relation est extérieure, elle est très-peu variable; la vie organique ou de nutrition est intérieure; on pourrait aussi l'appeler vie d'animalisation, en ne la considérant que dans les animaux.

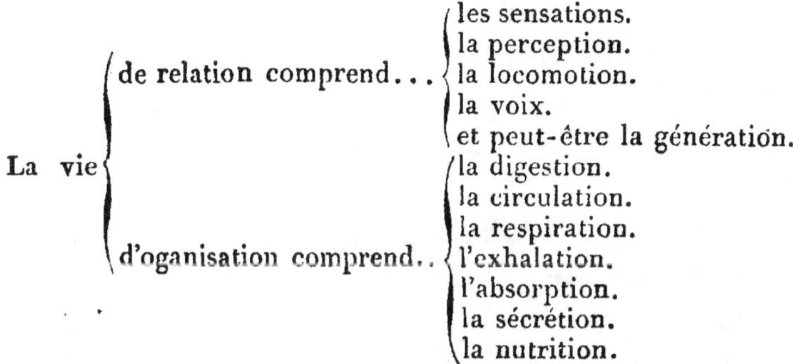

Il s'est trompé pour la génération, qui appartient à la vie organique.

« La vie de relation disparaît entièrement dans le végétal.... tandis que la plupart des fonctions d'organisation s'y retrouvent..., en sorte qu'il est vrai de dire, en considérant l'animal et le végétal sous le rapport de leurs fonctions, que la vie de relation est ce qui les distingue, et que la vie d'organisation est ce qui les rapproche.

« Il suit de là que les organes appartenant à l'une et à l'autre vie de l'animal, doivent être en partie très-distincts, en partie très-rapprochés de ceux du végétal, car, en général, on trouve entre les organes la même proportion qu'entre les fonctions qu'ils exécutent. Or, c'est précisément ce qu'on observe ici dans leurs fonctions extérieures relativement à la ligne médiane. Les organes qui, dans l'animal, correspondent à la vie de relation, ont constamment une symétrie qu'on ne retrouve jamais dans le végétal. Ceux de la vie d'organisation, au contraire, présentent une irrégularité qui se rencontre aussi dans toutes les parties de celui-ci. En sorte qu'en envisageant les deux règnes sous le rapport de la forme de leurs organes, il est vrai de dire que la symétrie est ce qui les distingue, et que l'irrégularité est ce qui les rapproche. »

Il démontre la symétrie dans les organes des sens spéciaux et la peau, dans les nerfs sensoriaux, le cerveau, les nerfs locomoteurs, les organes de la locomotion.

Puis la non-symétrie dans l'appareil digestif, l'estomac, l'intestin, la rate, le foie, les vaisseaux chylifères; dans le système vasculaire, l'appareil respiratoire, ce qui est moins marqué; les organes de l'exhalation et de l'absorption, le système glanduleux.

D'où il conclut *que les organes attachés à la vie de relation sont partout symétriques*, tandis *que l'irrégularité des formes est un des caractères de tous les organes de la vie intérieure.*

Il confirme sa thèse par un aperçu général sur les diverses classes d'animaux. « La nature fait tout par gradation; elle passe insensiblement d'un règne organique à l'autre; elle fait disparaître peu à peu les fonctions essentiellement caractéristiques de l'animal, à mesure que dans la chaîne, elle descend vers le végétal; de sorte que le dernier individu des animaux a peut-être plus d'analogie avec le premier des végétaux qu'avec l'animal le plus parfait. Ce décroissement successif des fonctions, et, par conséquent, des organes, porte spécialement sur la vie de relation ; mais ce qu'il y a de remarquable, c'est que la symétrie extérieure décroît à proportion. » Il compare l'homme et l'huître.

Il prouve encore sa thèse par les zoophytes et par les métamorphoses des insectes ; par les maladies, ictère d'un côté, hémiplégie ; et enfin, il donne une preuve morale de la beauté de la symétrie.

Nous avons maintenant à analyser un travail qui contient le germe et toute la direction de Bichat. Il est donc de la plus haute importance d'en bien apprécier la source et le mobile, et d'en bien connaître le fond, pour pouvoir en suivre les développements. Ce travail est sa *Dissertation sur les membranes et sur leurs rapports généraux d'organisation.*

« Mon mémoire sur la membrane synoviale, dit-il, suppose en plusieurs endroits une classification générale des membranes, qu'on ne trouve point dans les traités d'anatomie. » Cette classification était donc, dans la conception de Bichat, antérieure au traité sur la membrane synoviale, et, par conséquent, le premier de tous ses travaux.

Il montre ensuite qu'en anatomie, les membranes ne sont pas traitées d'une manière générale comme le système osseux, musculaire, vasculaire et nerveux.

« Ce vide, continue-t-il, est d'autant plus essentiel à remplir dans les ouvrages d'anatomie, qu'une classification méthodique des membranes pourrait offrir à la pratique les plus utiles inductions. La manière philosophique dont le citoyen Pinel a envisagé les phlegmasies, en est une preuve remarquable. Il a choisi des caractères organiques pour présider à chacun des ordres de cette classe, fondés, sans doute, sur cette donnée généralement vraie, que des parties liées entre elles par la structure, doivent l'être aussi par leurs affections. Cette division, très-heureuse dans son principe général, l'est-elle autant dans ses détails? Il me semble que non, au moins si on considère les choses sous le rapport anato-mique, le seul d'après lequel je me permets de juger. Je crois qu'en rapportant au même ordre, à celui des mem-branes diaphanes, le périoste, la dure-mère, les capsules ligamenteuses, etc., d'une part; de l'autre, la plèvre, le péritoine, le péricarde, etc., le citoyen Pinel a réuni des organes entre lesquels les lois de l'organisation éta-blissent une ligne de démarcation réelle.» Il en donne les preuves.

Nous avons vu Pinel demander à chaque page de sa Nosographie les recherches de l'anatomie et de la phy-siologie, pour éclairer, développer et appuyer sa grande thèse; et voici Bichat qui, sentant ce vide, travaille à combler cette lacune et à satisfaire ce besoin; besoin d'autant plus vivement senti, qu'il a compris toute la portée de l'effort de Pinel, qu'il appelle philosophique. Il en admet le principe général, et va travailler unique-ment à en rectifier l'application; autre vœu de Pinel, qui affirmait que sa thèse générale était solide, mais que d'autres pourraient mieux faire dans les détails.

Ce mémoire est donc la thèse de Pinel tout entière; c'est le même principe général, c'est le même but : éclai-rer la pathologie et la thérapeutique par l'anatomie et la physiologie; il n'y a de nouveau que le développe-ment et la rectification des détails. Voilà la source et le principe de ce travail de Bichat.

Il donne ensuite cette nouvelle classification des membranes :

1° Les membranes muqueuses, qui renferment celles du canal intestinal, de la trachée-artère, des bronches, de la vessie, de l'urètre, du vagin, de la matrice, des narines, de la conjonctive.

2° Les membranes lymphatiques ou séreuses comprennent le péricarde, la plèvre, le péritoine, la tunique vaginale, l'arachnoïde, les capsules des tendons, la membrane synoviale.

3° Les membranes fibreuses comprennent le périoste, la sclérotique, la tunique albuginée du testicule, la membrane externe des corps caverneux, celle du clitoris, du rein, la dure-mère.

4° Les membranes composées : séro-fibreuses, séro-muqueuses.

5° Les membranes d'*incertæ sedis*, classe que Pinel avait aussi admise dans ses maladies. Il y range les kystes et les cicatrices.

Il examine les caractères de ces diverses classes, et annonce que cet essai n'est que le précis d'un mémoire plus étendu, auquel il renvoie en finissant.

Traité des membranes. Voici ce mémoire où il va développer sa conception. Ce traité produisit un prodigieux effet. Quand Bichat vint à Paris, la direction que Pinel venait d'imprimer à la science demandait qu'un anatomiste reprît en sous-œuvre la classification des membranes ou l'application de la méthode naturelle à la médecine d'une manière anatomique. Ce traité de Bichat vient remplir cette lacune que tout le monde sentait.

En effet, l'observation des phénomènes morbifiques avait conduit Pinel à classer les phlegmasies d'après les caractères des affections organiques. Il pensait que ces affections étant variées, la structure des parties membraneuses n'était pas identique. Bichat confirme les vues et l'observation de Pinel. Aussi, dès qu'il eut donné ce traité, qui venait confirmer le principe, tout le monde

13.

français et étranger entra dans la direction de Pinel.

Après des considérations générales sur la nécessité de combler le vide qui existe pour cette partie dans la science, il dit qu'un grand nombre de médecins célèbres, depuis Haller, ont conçu la différence de composition comme de tissu des membranes. « Ils ont senti que dans le système membraneux, diverses limites étaient à établir entre des organes jusqu'ici confondus. L'observation des caractères extrêmement variés que prend l'inflammation sur chaque membrane, leur en a surtout indiqué la nécessité, car souvent l'état morbifique, plus que l'état sain, développe nettement la différence des organes entre eux, parce que dans l'un, plus que dans l'autre cas, *leurs forces vitales* se montrent très-prononcées. Le citoyen Pinel a établi, d'après ces principes, un judicieux rapprochement entre la structure différente et les différentes affections des membranes. C'est en lisant son ouvrage que l'idée de celui-ci s'est présentée à moi, quoique cependant plusieurs résultats s'y trouvent, comme on le verra, très-différents de ceux qu'il a énoncés. »

Bichat lui-même confirme donc la première partie de notre thèse : que Pinel est la source et le principe moteur de ses travaux sur les membranes ; il confirme la seconde également, puisqu'il admet le principe et la thèse générale, et qu'il n'y aura que plusieurs résultats qui différeront, c'est-à-dire qu'il y aura un perfectionnement. Il ne restera donc plus qu'à démontrer qu'il a fait l'application anatomique de la méthode naturelle à la science des maladies, comme Pinel l'avait faite pathologiquement et nosologiquement, et ensuite que ce travail est la base, le principe, le germe de tous ses autres travaux, et c'est ce que nous essayerons de faire.

Après avoir fait sentir la difficulté d'une classification des membranes, il montre cependant qu'elles se rapprochent par leur structure et leurs fonctions. « Il faut donc, ajoute-t-il, fixer avec précision quelles membranes appartiennent à la même classe; quelles sont celles qui s'isolent ou se rapprochent entre elles. Or, observons ici que les caractères de nos divisions ne doivent point être fondés sur des attributs extérieurs, étrangers, pour ainsi dire, à la nature de l'organe, mais bien sur cette nature elle-même. Ce n'est que sur l'identité simultanée de la conformation extérieure, de la structure, des propriétés vitales et des fonctions, que doit être fondée l'attribution de deux membranes à une même classe. Laissons à d'autres sciences les méthodes artificielles de distribution; ce n'est que par les méthodes naturelles que nous pouvons être conduits ici à d'utiles résultats. »

Il rapporte toujours les membranes à deux grandes divisions générales : l'une comprenant les membranes simples, l'autre, les membranes composées.

1° Les membranes simples : muqueuses, séreuses, fibreuses.

2° Les membranes composées : fibro-séreuses, séro-muqueuses, fibro-muqueuses.

3° Des membranes d'*incertæ sedis*.

4° Des membranes accidentelles.

C'est donc toujours la division admise dans sa dissertation; il va y joindre les développements.

I. *Membranes muqueuses*. C'est en entrant dans l'étude des membranes muqueuses qu'il va prendre la supériorité sur Pinel. Il traite 1° de l'étendue, du nombre des membranes muqueuses; 2° de l'organisation extérieure des membranes muqueuses; 3° de l'organisation intérieure des membranes muqueuses. Il compare ces di-

verses parties avec la surface cutanée, et de là découle-
ront des considérations pathologiques, par exemple, sur
les sueurs de la peau, les sueurs internes, qui déterminent les diarrhées, etc. Ce sont les flux de Barthez. Bichat repoussait l'anatomie microscopique, et c'est un
reproche à lui faire.

4° Il étudie ensuite les glandes des membranes muqueuses; 5° leur réseau vasculaire; 6° leurs variétés
d'organisation dans diverses régions. Jusqu'ici, ce sont
des considérations anatomiques de l'école de Haller;
maintenant il va y introduire le principe vital de l'école
de Montpellier, transformé en forces vitales qui n'en
sont pas moins de l'ontologie, il est vrai, mais qui
viennent expliquer les phénomènes de l'organisme,
comme la pesanteur et l'attraction expliquent les phénomènes du monde physique général. Il traite donc
7° des forces vitales des membranes muqueuses. 8° Il
étudie ensuite les sympathies des membranes muqueuses, et 9° les fonctions des membranes muqueuses. Il
y a peut-être ici un renversement dans Bichat; il aurait
dû mettre les fonctions avant les sympathies, qui tiennent à l'état pathologique, car on doit étudier ordinairement les fonctions après l'état normal. 10° Remarques
sur les affections des membranes muqueuses.

II. *Membranes séreuses.* C'est lui qui a défini d'une
manière si rigoureuse, une membrane séreuse, « un
sac sans ouverture, déployé sur les organes respectifs
qu'elle embrasse et qui sont tantôt très-nombreux,
comme au péritoine, tantôt uniques, comme au péricarde, enveloppant ces organes de manière qu'ils ne
sont point contenus dans sa cavité, et que, s'il était
possible de les disséquer sur leur surface, on aurait
cette cavité dans son intégrité.» « Presque toutes sont

composées de deux parties distinctes, se regardant par leur face exhalante, l'une libre, pourtant contiguë à elle-même, l'autre adhérente aux organes voisins. »

Son article des membranes séreuses est étudié avec plus de soin que ses membranes muqueuses; il y range l'arachnoïde. Il étudie parfaitement : 1° l'étendue et le nombre des membranes séreuses; 2° leur division ; 3° leur organisation extérieure; 4° intérieure; 5° leurs forces vitales ; 6° leurs sympathies; 7° leurs fonctions; 8° leurs affections. Par tous les caractères qu'il tire de ces divers points, il circonscrit ses membranes séreuses d'une manière vraie, contre laquelle il n'y a pas d'objection sérieuse. C'est dans cet article qu'il a aussi, le premier, mieux exposé la membrane péritonéale.

III. *Membranes fibreuses.* Il prend toujours dans le même ordre les membranes fibreuses ; il les dégage et les classe d'une manière parfaite ; il les étudie comme constituant un groupe naturel, qui embrasse complètement le surtout fibreux enveloppant les os et les muscles. Il considère le périoste comme étant leur centre, leur point commun de réunion ; presque toutes en naissent, y aboutissent, ou communiquent avec lui par divers prolongements. Il résulte de là qu'il a parfaitement senti, avec Aristote et Galien, que le squelette est un tout fibreux, qui ne peut se séparer qu'artificiellement, et qui est enveloppé par la membrane du périoste ; par cette continuité il explique la rapidité du changement des maladies rhumatismales.

Dans tous ces articles, on rencontre continuellement des considérations anatomiques, nosologiques , pathologiques et thérapeutiques. On y voit réellement toute la base de la bonne pathologie.

Quand il a terminé pour toutes les membranes simples, il arrive à sa IVe *classe des membranes composées*, séro-fibreuses, séro-muqueuses, fibro-muqueuses, qu'il ne séparera pas des membranes fibreuses dans son grand ouvrage, quoiqu'on doive peut-être le faire; et puis sa V^e *classe des membranes non classées*, où il range le tissu jaune, la tunique fibreuse des artères et la membrane interne du système vasculaire; et enfin, la VIe *classe des membranes contre nature*, des kystes et des cicatrices.

Tel est ce traité qui mettait Bichat à la tête des anatomistes physiologistes. Par suite de l'impulsion de Pinel, qui doublait son effort, nous l'avons vu embrasser tous les caractères naturels, d'organisation et de fonction, pour distinguer ses membranes les unes des autres, et pour les grouper, et appliquer ainsi, dans toute son étendue, la méthode naturelle, en y joignant ensuite une nomenclature tirée de la nature même de la fonction du sujet, puisque ses membranes simples sont dénommées d'après la substance qu'elles produisent.

Ce petit ouvrage contient même le germe de tous ceux qui vont suivre. C'est là que, dans l'Introduction des Forces vitales et dans leur étude, on trouve le premier jet de toutes les vérités qu'il a développées dans ses Recherches sur la vie et la mort, et dans l'étude des divisions, de la structure, etc., des membranes, toutes celles qu'il développera dans son Anatomie générale. C'est dans ce traité qu'existent essentiellement les premières traces de la méthode qu'il a suivie dans tous les autres.

Nous arrivons donc à son second ouvrage d'exécution, qui est bien plus important, parce qu'il y touche à la pathologie générale, dont il peut être considéré comme l'une des bases. En France, nous avons eu rarement de ces pathologistes et thérapeutistes généraux. Cet ouvrage est intitulé : RECHERCHES PHYSIOLOGIQUES sur *la vie* et sur *la mort*. Il ne s'y est occupé que des principaux organes du trépied vital, le cerveau, le cœur et le poumon.

Il se compose de deux parties : la première sur la vie, la seconde sur la mort. C'est ici qu'il a employé et développé son premier travail sur les organes à forme symétrique et à forme irrégulière. Il en avait déduit que plus la forme serait régulière, paire, plus elle serait animale, et que plus elle serait irrégulière, plus elle serait organique. Il va abandonner cette direction pour l'envisager plus physiologiquement.

Première partie. De la vie. Article 1er. *Division générale.* Il définit la vie, *l'ensemble des fonctions qui résistent à la mort.*

Il la divise en vie animale et vie organique. La dernière, la vie organique, est commune au végétal et à l'animal. Par elle, l'être vit au dedans de lui-même, le végétal naît, croît et périt sur le sol qui en reçut le germe. La première, la vie animale, est propre à l'animal ; par elle il existe hors de lui ; il est l'habitant du monde, et non, comme le végétal, du lieu qui le vit naître. L'homme, qu'il compare ici au végétal, sent, et aperçoit ce qui l'entoure, réfléchit ses sensations, se meut volontairement d'après leur influence, et, le plus souvent, peut communiquer, par la voix, ses désirs et ses craintes, ses plaisirs et ses peines.

« Chacune des deux vies, animale et organique, se compose de deux ordres de fonctions, qui se succèdent, et s'enchaînent dans un sens inverse.

« Dans la vie animale, le premier ordre s'établit de l'extérieur du corps vers le cerveau, et le second, de cet organe vers ceux de la locomotion et de la voix. L'impression des objets affecte successivement les sens, les nerfs et le cerveau. Les premiers reçoivent, les seconds transmettent; le dernier perçoit cette impression, qui, étant ainsi reçue, transmise et perçue, constitue nos sensations.

« L'animal est presque passif dans ce premier ordre de fonctions; il devient actif dans le second, qui résulte des actions successives du cerveau, où naît la volition à la suite des sensations; des nerfs, qui transmettent cette volition; des organes locomoteurs et vocaux, agents de son exécution. Les corps extérieurs agissent sur l'animal par le premier ordre de fonctions; il réagit sur eux par le second.

« Une proportion rigoureuse existe entre ces deux ordres.

« Un double mouvement s'exerce aussi dans la vie organique : l'un compose sans cesse, l'autre décompose l'animal.

« Le premier mouvement, qui est l'ordre d'assimilation, résulte de la digestion, de la circulation, de la respiration et de la nutrition. Toute molécule étrangère au corps reçoit, avant d'en devenir l'élément, l'influence de ces quatre fonctions.

« Quand elle a ensuite concouru quelque temps à former nos organes, l'absorption la leur enlève, et la transmet dans le torrent circulaire, où elle est charriée de nouveau, et d'où elle sort par les exhalations pulmonaire ou cutanée, et par les diverses sécrétions, dont les fluides sont tous rejetés au dehors.

« L'absorption, la circulation, l'exhalation, la sécrétion, forment donc le second ordre des fonctions de la vie organique, ou l'ordre de désassimilation. »

De l'examen de ces diverses fonctions il a pu tirer sa définition de la vie, l'ensemble des fonctions qui résistent à la mort, qui n'est qu'une véritable description abrégée.

Maintenant il va étudier les deux vies, pour ainsi dire, dans leur mode d'action, etc., et alors il arrive à établir les différences des deux vies, en ayant égard :

Art. II. Aux formes extérieures : Toujours symétriques dans la vie animale ; irrégulières dans la vie organique.

Art. III. Au mode d'action : Harmonie dans la vie animale ; discordance dans la vie organique.

Art. IV. A la durée de leur action : Continuité d'action dans la vie organique ; intermittence dans la vie animale.

Art. V. A l'habitude : Elle émousse le sentiment, perfectionne le jugement dans la vie animale ; elle est sans influence dans la vie organique.

Art. VI. Au moral : Tout ce qui est relatif à l'entendement appartient à la vie animale ; tout ce qui est relatif aux passions appartient à la vie organique.

Art. VII. Aux forces vitales : Il montre la différence entre les forces vitales et les lois physiques : les unes sont inhérentes à la matière brute, les autres à la matière organisée ; la différence des propriétés vitales et de celles de tissu.

Il admet deux espèces de sensibilité. La sensibilité organique est la faculté de recevoir une impression ; la sensibilité animale est la faculté de recevoir une impression, plus, de la rapporter à un centre commun.

Il expose les différences de sensibilité propre à chaque organe.

Il admet également deux espèces de contractilité, l'une animale et l'autre organique.

La contractilité organique se divise en sensible et en insensible.

Les propriétés des tissus sont l'extensibilité et la contractilité.

Il résume les propriétés vitales dans ce tableau :

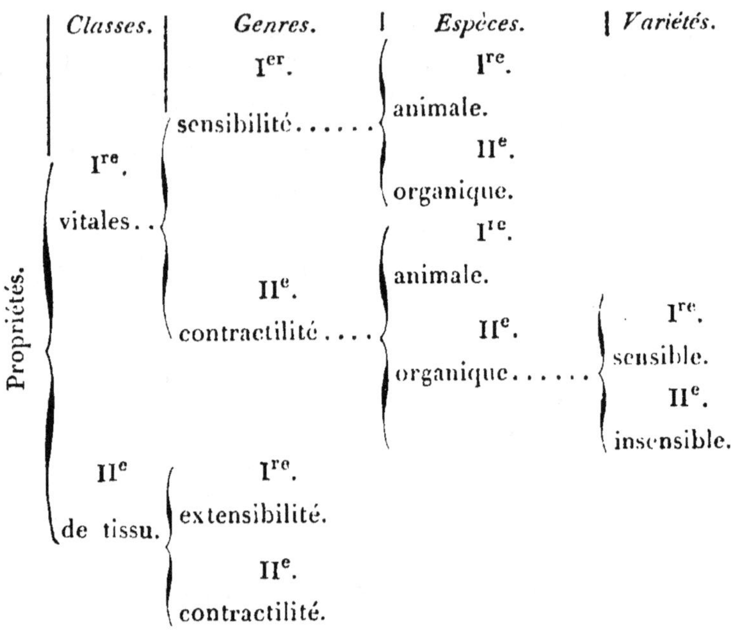

Art. VIII. De l'origine et du développement, 1° de la vie animale, chez le fœtus; après la naissance; 2° de la vie organique, chez le fœtus; après la naissance.

Art. IX. De la fin naturelle des deux vies : 1° de la vie animale : elle cesse la première; 2° de la vie organique : elle continue après la cessation de la vie animale.

Dans cette première partie de son ouvrage, Bichat fait entrer les considérations de pathologie qui découlent des différents articles; par exemple, pour la forme symétrique, les hémiplégies, les paralysies partielles.

Dans sa considération des forces organiques et animales, ce n'est pas autre chose que le principe vital de Montpellier, que Broussais, comme nous le verrons, a trop blâmé ; c'est une valeur donnée de x dans l'équation du problème.

Il fait naître de l'intermittence de la vie animale le sommeil, qui est le résultat général du sommeil partiel de chaque organe ; la fatigue et la lassitude ne sont que des sommeils partiels.

Il cherche, à l'occasion des propriétés, s'il n'y aurait point une loi générale des corps vivants ; et, en traitant de la sensibilité organique, qu'il a exagérée, il entre dans une thèse de l'école de Montpellier, pour expliquer, par la sensibilité diverse, le choix que font les divers tissus, dans le sang, des substances propres à les nourrir.

Il a parfaitement établi les nuances de la contractilité organique et volontaire. On a pu combattre les mots ; mais les faits restent.

Il ne s'est pas borné au *statu quo*, mais il a été jusqu'à l'origine et au développement, dans lequel il fait entrer l'éducation des organes et de l'entendement ; et de ses considérations sortait une haute moralité religieuse, en montrant que l'homme s'élevait jusqu'à Dieu ; toutefois il s'est contenté de dire que les lois de la morale étaient tout aussi certaines que les lois physiques. Il fut arrêté par la Raison, qui se promenait alors en France sous une forme bien singulière ; son vêtement était couvert de sang, et son trône était l'échafaud. Cependant cela suffit pour nous montrer que Bichat avait embrassé tout son sujet.

La seconde partie de cet ouvrage traite de la mort ; c'est la partie la plus expérimentale. Il commence par des considérations générales sur la mort, qu'il divise en naturelle, sénile et accidentelle, subite par accident, ou lente par la maladie.

Il voit que la mort résulte de la cessation des fonctions de l'un des trois pieds du trépied vital, le cœur, le poumon, le cerveau ou l'innervation. Il aurait fait une meilleure analyse s'il eût connu les animaux.

Il étudie ensuite l'influence de la mort du cœur sur celle : Art. 2. du cerveau; — 3. du poumon; — 4. de tous les organes; — 5. sur la mort générale. — L'influence de la mort du poumon sur celle : 6. du cœur; — 7. du cerveau; — 8. de tous les organes; — 9. sur la mort générale. — L'influence de la mort du cerveau sur celle : 10. du poumon; — 11. du cœur; — 12. de tous les organes; — 13. sur la mort générale.

Cet ouvrage ne produisit pas le même effet que son Traité des membranes, quoique, suivant nous, il soit supérieur, surtout la seconde partie, qui nous semble bien au-dessus de la première, quoi qu'on en ait dit.

Il y a fait entrer la morale, et il a rattaché le grand plan de physique sur le moral, de Cabanis, à un grand plan de physiologie, sans toutefois partager ses erreurs.

Anatomie descriptive. Il n'a pas terminé cet ouvrage, mais les deux premiers volumes contiennent ce qu'il y a de plus difficile, l'ostéologie, la myologie, une partie du système nerveux, les appareils de la vie organique et de la génération. Les perfectionnements qu'on y a ajoutés ne l'ont été qu'à l'aide de ses principes. Il a tracé la véritable classification anatomique indiquée par Haller, mais il a été beaucoup plus loin que lui.

Il s'est peu occupé de la physiologie qu'on appelle expérimentale, et dont, à tort, on a fait une étude à part; il faut une physiologie générale et une physiologie spéciale; mais Bichat avait peut-être aussi eu tort de trop négliger cette espèce de physiologie qui cherche, bien qu'il ne soit pas probable qu'elle arrive jamais à trouver.

Sa première partie traite des appareils de la vie animale.

1° *Appareils de la locomotion. Ostéologie et myologie.* Sa division est pour une anatomie générale, et non pour une anatomie comparée. Tout le monde a reconnu que dans l'appréciation du mouvement de chaque muscle, il n'y a encore personne qui ait aussi bien senti que lui. Nous ne parlons pas sous le rapport d'érudition dans la connaissance des ouvrages des autres : il a donné uniquement ce qu'il a vu.

2° *Appareils des sens internes.* Du cerveau et de ses dépendances. On ne peut pas dissimuler que cette partie est peu en rapport avec le besoin de la science; il ne savait même pas ce qui avait été exécuté avant lui. Il a pourtant mieux fait connaître les membranes et mieux démontré certaines parties qui conservent son nom.

3° *Appareils conducteurs du sentiment et du mouvement.* Des nerfs de la vie animale et des nerfs de la vie organique. Cette thèse est tout entière dans sa direction; elle avait bien été pressentie, mais jamais aussi bien établie avant lui.

La seconde partie contient les appareils de la vie organique. Cette partie semble un peu moins avancée.

1° Appareil de la digestion;

2° De la respiration;

3° De la circulation du cœur, des artères, des veines.

4° Il traite ensuite de l'appareil de l'absorption, où il commet une grave erreur en créant un système qui n'a été admis ni avant ni après lui. Il imagine des bouches aux vaisseaux absorbants et aux vaisseaux exhalants. Cette erreur est due à ce qu'il n'avait pas étudié cet ap-

pareil dans les animaux, où il n'y a évidemment point
de bouches absorbantes et exhalantes, comme il le prétend.

5° Il finit par l'appareil des sécrétions. La 3ᵉ partie,
qu'il en a séparée d'une manière très-convenable, traite
de l'appareil de la génération : 1° dans l'homme;
2° dans la femme; 3° du produit de la génération à l'état
d'œuf, de fœtus, et dans son développement.

Ainsi, son plan est extrêmement facile à saisir; on
s'en est aidé, et puis on l'a critiqué. Cet ouvrage a pourtant eu un très-grand succès, moins cependant que le
suivant, dont il nous reste à parler.

Anatomie générale. C'est un chef-d'œuvre de la plus
haute importance, car la pathologie générale, et par suite,
la thérapeutique, en naissent. « Le plan, dit Bichat lui-
même, consiste à considérer isolément, et à présenter
avec tous leurs attributs, chacun des systèmes simples
qui, par leurs combinaisons diverses, forment nos organes. La base de ce plan est anatomique, mais les détails
qu'il embrasse appartiennent aussi à la médecine et à la
physiologie.... Mon Traité des membranes en a offert
l'esquisse. » Nous n'avons donc rien à ajouter pour
prouver qu'il est le développement du Traité des membranes, et qu'il a, par conséquent, pour principe la
thèse de Pinel, dont il est le développement le plus complet. Il rejette la doctrine mécanique de Boerhaave et
celle des Stahliens, pour mettre à la place ses propriétés
vitales, et alors son but est « d'analyser avec précision
les propriétés des corps vivants; montrer que tout phénomène physiologique se rapporte en dernière analyse
à ces propriétés considérées dans leur état naturel; que
tout phénomène pathologique dérive de leur augmentation, de leur diminution ou de leur altération; que

tout phénomène thérapeutique a pour principe leur retour au type naturel, dont elles étaient écartées, etc. »
« On dira peut-être que cette manière de voir est encore
une théorie; je répondrai que c'est donc aussi une théorie dans les sciences physiques, que la doctrine qui
montre la gravité, l'élasticité, l'affinité, etc., comme
principes primitifs de tous les faits observés dans ces
sciences. »

Il commence par des considérations générales qui
contiennent les paragraphes suivants :

1° Remarques générales sur les sciences physiologiques
et physiques.

2° Des propriétés vitales, et de leur influence sur
les phénomènes des sciences physiologiques et physiques.

3° Caractères des propriétés vitales, comparés aux
caractères des propriétés physiques.

4° Des propriétés vitales et de leurs phénomènes considérés relativement aux solides et aux fluides.

5° Des propriétés indépendantes de la vie.

6° Considérations générales sur l'organisation des animaux.

7° Conséquences des principes précédents relativement aux maladies. Et il y montre que chaque tissu
peut être altéré isolément dans un organe.... que les
sympathies n'ont pas lieu dans un organe en totalité,
mais dans tel ou tel tissu de cet organe; que les diverses
inflammations varient suivant chaque tissu, ce qui est,
comme on voit, la thèse de Pinel. Il montre l'influence
de ces considérations, ou mieux, de cette conception
sur l'anatomie pathologique, qui est par là envisagée
d'une nouvelle manière.

8° Remarques sur la classification des fonctions. Et il

en donne un tableau. A cette occasion, il critique la classification des fonctions par Vicq-d'Azir.

La première partie de l'anatomie générale comprend les systèmes généraux à tous les appareils. Il commence par le système cellulaire; viennent ensuite le système nerveux de la vie animale, le système nerveux de la vie organique, le système capillaire, le système exhalant et le système absorbant.

La seconde partie comprend les systèmes particuliers : le système osseux, le système médullaire, le système cartilagineux, le système fibreux, fibro-cartilagineux, musculaire, muqueux, séreux, dermoïde [1].

Il étudie d'abord chacun de ces systèmes dans son état normal, anatomique et physiologique, puis sous le point de vue anormal ou pathologique, et enfin, dans sa formation et son développement.

VI. *Résumé et conclusion.*

Il était de la plus haute importance de montrer dans l'analyse générale, mais complète, des ouvrages de Bichat, l'effort qu'il avait produit. Nous avons vu, et c'est une chose digne de remarque, que presque tous ceux qui ont fait faire des progrès à la science, étaient non-seulement médecins, mais encore fils de médecins; ainsi Vicq-d'Azir, Pinel, Bichat, etc. Nous avons pris Bichat faisant à Lyon sa première éducation sur des bases assez larges; nous l'avons suivi à Paris entre les mains de Desault, le digne représentant de la chirurgie française, alors encore au plus haut point de sa renommée. Devenu libre de sa direction par la mort de son maître, il a pro-

[1] Nous avons supprimé l'analyse plus détaillée de cet ouvrage, qui est entre les mains de tout le monde.

duit son effort en quelques années. Espèce de météore, il n'a brillé qu'un instant, mais en laissant après lui une longue traînée de lumière. Il avait des connaissances géométriques et philosophiques. Il en a été de même de Pinel, de Vicq-d'Azir, etc. : preuve qu'une direction vraiment scientifique ne doit pas se contenter de l'application matérielle de l'art médical.

Mais par-dessus tout, ce qui l'a servi, ce qui l'a développé, ce qui a fait sa gloire et tous ses travaux, c'est d'être venu dans son temps, c'est d'être venu immédiatement après Pinel. Le créateur de la méthode naturelle, appliquée à l'art de guérir, ayant envisagé d'une manière philosophique les phlegmasies, chercha des caractères organiques pour présider à chacun des ordres de cette classe de maladies. Il se fonda sur cette donnée généralement vraie, que des parties liées entre elles par la structure, doivent l'être aussi par leurs affections. Cette nouvelle conception frappa Bichat : il comprit toute la valeur de la méthode naturelle appliquée à l'art de guérir; il en admit le principe général, chercha à confirmer l'un et l'autre en les appliquant à l'étude des tissus. Les principes de Pinel étaient vrais, mais leur application dans les détails ne l'était pas autant. Bichat voulut la rectifier, et il fit son Mémoire sur les membranes et sur leurs rapports généraux d'organisation. Il développe et applique tous les germes de ce premier travail dans deux autres mémoires : l'un sur les membranes synoviales, et l'autre sur la symétrie et l'irrégularité des organes, deux travaux de méthode naturelle. De là sortit son Traité des membranes. Partant du principe de Pinel, adoptant son but pathologique et thérapeutique, il travaille uniquement à rectifier les détails, et arrive, par l'anatomie, à cette classification naturelle des membranes que tout le monde attendait, et il y joint une nomenclature rationnelle. Mais le Traité des membranes lui-même contenait en germe ses Recherches sur la vie et son Anatomie générale, qui est le terme et le perfectionnement de tous ses travaux. C'est dans cette direction qu'il a réellement créé de toutes pièces l'anatomie générale ou l'anatomie des éléments de nos organes, l'anatomie médicale et pathologique, et l'anatomie de développement, et qu'il est arrivé jusqu'à la thérapeutique; et quoiqu'en 93, il ne craint pas de remonter directement à Dieu comme le souverain auteur de l'organisme et le législateur des lois qui le régissent. Il avait donc envisagé la science dans toute son étendue.

En analysant Pinel pour démontrer son effort, nous avons vu que ce philosophe avait véritablement conçu la médecine dans tout son ensemble, et qu'il avait démontré qu'elle n'était qu'une branche des sciences naturelles, et que, par conséquent, elle pouvait et devait opérer son progrès par les mêmes moyens. Bichat, continuant cette direction, a produit un mouvement presque phénoménal dans la science. S'il en a été récompensé de son vivant, il n'en a pas été ainsi après sa mort; bien des gens l'ont pillé sans lui rendre justice et en le combattant. Il avait compris dans son plan toute l'encyclopédie médicale; mais comme il perfectionnait et développait Pinel, Broussais devait venir achever ce que lui-même ne put finir, la thérapeutique.

C'est ainsi que des hommes épars convergent, pour ainsi dire malgré eux, vers un même progrès naturel de l'esprit humain, bien différent de ces progrès factices et fallacieux dont on parle tant sans savoir ce que c'est. La jeunesse avec le dévouement dans Bichat, l'âge viril avec une dialectique incisive dans Broussais, la maturité

avec la profondeur de vues dans Pinel, ont concouru
à produire ce grand progrès; de sorte qu'on peut dire
que Pinel est la tête, Bichat la poitrine, et Broussais le
bras d'une même personne scientifique.

SECTION V. — BROUSSAIS.

1772 — 1858.

I.

En appréciant d'une manière complète le grand et
philosophique effort introduit par Pinel dans le progrès
naturel de la science de l'organisation, non-seulement
en lui-même et pour le moment actuel, mais encore
dans les effets qu'il devait produire par l'impulsion donnée, nous avons vu comment devaient naître, d'un
côté, l'*anatomie* et la *physiologie* générales, devenues
médicales, et marchant à la véritable anatomie pathologique, ainsi qu'à l'anatomie de développement; de
l'autre, la *pathologie physiologique* ou générale, et la
thérapeutique rationnelle, qui portait avec elle le perfectionnement de l'art médicamenteux et pharmaceu-
tique.

De ces deux branches sortant d'un même tronc, nous
venons d'exposer comment Bichat, sans lutte et, pour
ainsi dire naturellement, avait développé l'une d'une
manière si remarquable, qu'il a semblé effacer sa source,
parce que, tout en la reconnaissant comme découlant
de Pinel, il lui a donné une extension qui a réagi sur

elle, en l'élargissant et la rendant plus profonde. Pinel est le tronc; les racines ne sont pas encore suffisamment développées : Bichat les prend, les arrose, et opère une réaction sur la classification de Pinel.

Nous voici maintenant arrivés à montrer comment, à défaut de Bichat qui n'a pu, dans une vie si courte, développer l'autre branche, un homme d'une force majeure, mais d'un autre génie, s'en est emparé, et, après un travail continué pendant longues années, lui a donné une extension et une direction même un peu exagérée, mais telle cependant que, cette exagération enlevée, l'intensité de l'impulsion n'en a pas moins été d'une grande utilité pour le progrès de la science.

Cet homme est Broussais. Il n'a peut-être pas toujours rendu justice à Pinel, qui est aussi bien sa source que celle de Bichat; car Pinel une fois posé, ces deux efforts étaient nécessaires.

Toutefois nous devrions moins nous arrêter à Broussais qu'à Pinel, et surtout qu'à Bichat; d'abord, parce que ce point de la science de l'organisation est moins de notre compétence que tous les autres, et ensuite, parce qu'il est bien plus difficile de parler franchement et complétement d'un homme dont les cendres sont à peine refroidies, et qui, par la nature de son caractère et celle de l'effort dont il était chargé, devait mettre beaucoup de passion dans ses travaux, aussi bien dans la forme que dans le fond, et qui, d'ailleurs, s'est trouvé quelquefois entraîné par le flot populaire, à une époque sociale où les esprits sont plus ou moins influencés, suivant leur nature, par l'ébranlement des principes et la lutte de réorganisation qui s'opère.

Nous tâcherons cependant de démontrer que Broussais n'aurait pu effectuer son effort important pour les progrès de la pathologie générale et particulière, si celui de ses deux prédécesseurs immédiats n'avait eu lieu, et que, loin d'avoir renversé le Pinélisme, comme ses panégyristes l'ont dit, et comme il avait pu le penser lui-même, il en a également approfondi et élargi les bases, en a développé et redressé des branches fort importantes, de manière à donner, dans beaucoup de cas, à l'étiologie, au diagnostic et à la thérapeutique, une rectitude et une certitude bien plus grande qu'avant lui, au point de rendre cette partie de la science susceptible de démonstration.

Nous verrons que du reste il n'a pas créé la médecine physiologique, puisque la médecine ne peut être que physiologique.

Qu'il n'a pas plus détruit l'*ontologie*, parce que ce n'est pas plus de l'ontologie de donner le nom de fièvre à un ensemble de symptômes bien définis, que de donner celui de tonnerre à un phénomène météorologique; d'attraction, à la loi de la pesanteur, qui résume tous les phénomènes des corps sidéraux, soit à l'état de masse, soit à l'état moléculaire ou capillaire; *d'irritation, à l'action des irritants, ou à l'état des parties vivantes irritées.* C'est un procédé qu'emploie souvent l'esprit humain. Il donne un nom à une collection, à un ensemble de symptômes, afin de pouvoir s'entendre; sans cela toute science, comme tout langage, devient impossible. Aussi, pour atteindre la généralisation de son idée étiologique en pathologie, Broussais substitue le mot d'irritation à celui d'inflammation, qui traduisait celui de phlegmasie; et tout cela, qu'est-ce autre chose que de l'ontologie? et son irritation même qu'est-ce autre chose que la transformation du principe vital?

Broussais a fait sur le Pinélisme d'une part, ce que

Bichat avait fait de l'autre; c'est-à-dire qu'en développant ou redressant la branche importante de la pathologie générale, de la thérapeutique rationnelle, il a réagi sur le tronc et les racines de la science, et y a déterminé une extension et un approfondissement considérables.

En effet, appuyer de plus en plus la médecine sur la physiologie, c'est confirmer sa nature, en démontrant toujours qu'elle n'est qu'une branche des sciences naturelles.

II. *Éléments et extrait de sa biographie.*

Les éléments de sa biographie se trouvent : 1º dans ses ouvrages; 2º dans les Discours prononcés sur sa tombe par MM. Larrey, Orfila, Bouillaud, Droz; 3º la Notice historique sur la vie, les travaux, les opinions médicales et philosophiques de F. J. V. Broussais, précédée de sa profession de foi, et suivie des Discours prononcés sur sa tombe par H. de Montègre, son secrétaire pendant plusieurs années.

Jusqu'ici ce ne sont que des panégyriques.

4º M. Bérard a parlé de Broussais dans son Discours prononcé à la Faculté de Médecine, à la séance de novembre 1839.

5º L'article Illustrations scientifiques de la France et des pays étrangers, IV. *Broussais*, de la Revue des deux Mondes, du 1er mai 1839, par H. Gouraud. Dans cet article du plus haut intérêt, Broussais est apprécié comme médecin.

6º Dans le même journal, le 1er juillet 1840, le même titre reproduit l'Étude remarquable sur Broussais, lue le 27 juin, par M. Mignet, à la séance annuelle de l'Académie des sciences morales et politiques. C'est un digne complément de l'article précédent; Broussais y est envisagé surtout comme philosophe.

François-Joseph-Victor Broussais naquit le 17 décembre 1772, à Pleurtuit, petit village de Bretagne, près Saint-Malo et sur le bord de la mer. La même province et la même contrée de cette province a également vu naître Châteaubriand et la Mennais, deux hommes qui ont eu tant d'influence sur leur époque, et que Broussais vient, pour ainsi dire, compléter. Dans cette province aux brûlantes imaginations, Broussais puisa le goût des orages, à une de ces époques de secousses et d'émoi qui enfantent ces génies de niveleurs, à l'audace et à l'acrimonie de destruction, mais aussi à l'impuissance de rien édifier par eux-mêmes. Génies nécessaires dans la marche de l'esprit humain, ils viennent avec tout ce qu'il faut pour détruire, et leur impuissance d'édification n'en sert pas moins le progrès, en préparant à d'autres le terrain sur lequel devra s'élever l'édifice. Broussais, cependant, tout en démolissant, créait, mais non par lui-même : c'était par Pinel et Bichat; car, dans son exagération, il s'efforçait de renverser sa propre base, et si elle n'avait été assise sur la nécessité de la science, elle n'eût pas plus résisté que le reste à ses attaques, et il eût détruit d'une main ce qu'il était forcé d'édifier de l'autre. Il a bien mérité le nom de médecin guerroyant, que lui a donné l'un de ses biographes.

Broussais appartenait à une famille vouée depuis plusieurs générations à la médecine. Son bisaïeul avait été médecin, et son grand-père pharmacien. Son père était aussi médecin ou plutôt chirurgien de village à Pleurtuit. Sa mère, qui portait le nom de Desvergers, était une femme spirituelle et fort vive, qui donna un peu de son caractère à son fils. A part les soins de sa mère et les faibles enseignements de son curé, qui le forma surtout à servir la messe et à chanter au lutrin, l'éducation de son enfance fut fort négligée. Son père l'employait plutôt à l'usage de sa profession qu'il ne soignait son intelligence.

A douze ans, il entra au collége de la petite ville de Dinan ; il y resta huit ans. Il y fit, au rapport de son biographe, d'excellentes humanités, et surtout pour la langue latine, qu'il ne cessa de cultiver en lisant fréquemment les bons écrivains dans cette langue. Il faut bien cependant que son instruction ait été négligée, puisqu'il disait que s'il avait à recommencer sa vie, il emploierait dix ans à s'instruire. D'ailleurs, il ne fit point de philosophie, et il eut défaut par conséquent de la partie de l'instruction la plus nécessaire pour un médecin, la logique, dont on ne se douterait pas qu'il ait manqué en voyant son énergie.

C'est, sans doute, à cet état négligé de son instruction, et surtout de son éducation si peu soignée dans les petits colléges, autant qu'à son naturel, qu'est dû l'état emporté et querelleur de son caractère, qui ne fit que se développer à Dinan. Il allait commencer sa philosophie, lorsque, en 1792, il fut un des premiers à répondre à l'appel de volontaires que fit, à cette époque, l'Assemblée législative, et par conséquent à accepter avec enthousiasme les principes de la révolution ; ce qu'il paya bien cher, puisque ses parents furent plus tard massacrés par un parti de chouans.

Au bout de peu de temps, une maladie dont il fut atteint le força de quitter la vie militaire, quoiqu'il eût déjà obtenu le grade de sergent. Sa famille prit occasion de là pour le déterminer à embrasser la médecine. Dans ce but, il entra dans le service de santé à l'hô-

pital de Saint-Malo ; de là il passa à Brest, à l'hôpital de
la marine, et il y étudia l'anatomie sous Billard et Du-
ret. Il se fit recevoir officier de santé. Après un voyage
de courte durée dans la marine marchande, il fut nommé chirurgien de deuxième classe. En 1795, il se maria
à Marie-Jeanne Froussart, dont il eut six enfants, desquels il ne lui est resté que trois, dont deux médecins
et un avocat. Son mariage ne l'empêcha pas de prendre
du service dans la marine comme chirurgien-major, sur
la corvette *l'Hirondelle* et sur le corsaire *le Bougainville,*
avec assez de succès. De retour à Saint-Malo, il fut
pendant quelque temps attaché à l'hôpital, où les principales maladies qu'il eut à observer furent des typhus
et des affections scorbutiques.

En 1799, il se rendit à Paris pour y continuer ses
études médicales et prendre le grade de docteur. Il avait
alors vingt-sept ans ; il vint seul sans sa femme, et
vécut dans la famille Delaunay. Il se trouva immédiatement au milieu du mouvement médical imprimé par
Pinel et par Bichat, et sous l'influence de Cabanis et
de Chaussier à l'École de Médecine.

Il devint l'ami et l'élève de Bichat, dont les travaux
exercèrent plus tard une influence décisive sur ses idées,
et il adopta, avec une ardeur bouillante, la doctrine
de Pinel.

Après quatre ans de fortes études, il fut reçu docteur. Sa thèse inaugurale est importante ; elle est intitulée : *Recherches sur la fièvre hectique, considérée
comme dépendante d'une lésion d'actions des différents
systèmes, sans vice organique.* Pinel avait admis six
classes de fièvre ; Broussais qui, plus tard, n'en admit
aucune, se basant alors sur Pinel, proposa d'y en ajouter une septième, la fièvre hectique. Le problème que

se proposait Broussais, dans cette thèse, était fonda-
mental, et devait le conduire à l'accomplissement de
toute sa mission scientifique, comme le mémoiré sur les
membranes conduisit Bichat à son terme.

Après avoir exercé la médecine à Paris pendant deux
ans, sans beaucoup de succès pécuniaires, il obtint,
par l'influence de son maître Pinel, et de son ami
M. Desgenettes, d'être nommé médecin aide-major
dans l'armée des Côtes de l'Océan. Il éprouva, au
camp d'Utrecht, une maladie grave, une fièvre adynamique ataxique, qui porta son attention sur la
nature de ces maladies. Il vint à Boulogne avec l'armée, et la suivit à Ulm, à Austerlitz, et dans la plupart de ses courses victorieuses en Europe, depuis
1805 à 1808, et parcourut ainsi successivement, en
qualité de médecin militaire, la Belgique, la Hollande,
l'Autriche et l'Italie.

« Il était éminemment propre à être médecin militaire. Robuste, infatigable, il avait une âme forte, un
caractère décidé, et un courage au-dessus des privations,
des dangers et des épidémies, souvent plus meurtrières
dans les armées que les batailles. Aussi montra-t-il,
dans son noble et périlleux métier, ce zèle de l'aptitude
et de la passion qui l'emporte, s'il se peut, sur le sentiment même du devoir, dont le principe est plus mé-
ritoire, mais dont les impulsions sont quelquefois moins
actives et les résultats moins féconds. Il prodiguait aux
soldats des soins persévérants et les témoignages de
l'humanité la plus compatissante, car il ne s'est jamais
accoutumé à voir souffrir indifféremment, et il a conservé jusqu'à la fin de sa vie cet heureux privilége d'une
bonne nature, que le spectacle continuel de la douleur
et de la mort n'avait pas endurcie. » (Mignet.)

Mais ce qu'il est plus important pour nous de constater, c'est qu'il porta dans les camps l'esprit d'observation,
étudiant les influences de tant de climats divers sur des
hommes de toutes nations et de toutes les constitutions,
introduits dans les ambulances et les hôpitaux. Il suivait tout le cours de leurs maladies, décrivait leurs re-
chutes, et en confirmait l'histoire par des autopsies
exactes et concluantes. Après avoir recueilli une immense
collection de faits, une maladie dont il fut lui-même
atteint lui fit demander un congé, et il vint, en 1808,
passer sa convalescence à Paris, et publier ses Recherches sous le titre d'Histoire des phlegmasies chroniques.

Cet ouvrage passa alors presque inaperçu ; il ne fut
apprécié que par ceux qui étaient à la hauteur de la
science, Pinel et Chaussier.

Dans cet ouvrage, Broussais comblait encore une lacune de Pinel, qui n'avait pas parlé ni pu parler des
phlegmasies chroniques. Voilà donc deux lacunes remplies, l'une sur les fièvres hectiques, et l'autre sur les
phlegmasies chroniques ; ouvrages pleins d'avenir, d'où
sortiront tous les autres travaux de Broussais.

Il partit alors pour l'Espagne en qualité de premier
médecin de l'armée, et jusqu'en 1815, si ce n'est quelques mémoires de physiologie publiés par lui, l'activité
du service militaire et la multiplicité des événements le
tinrent en quelque sorte en réserve.

De retour à Paris en 1814, M. Desgenettes, premier
professeur du Val-de-Grâce, le fit nommer second professeur en 1815. Broussais avait alors trente-huit ans.
Outre sa clinique du Val-de-Grâce, il institua, rue du
Foin, dans un petit amphithéâtre que Bichat avait illus-
tré, des cours publics qui devaient avoir le plus grand
effet ; ils étaient le résultat de longues réflexions et d'ob-

servations multipliées. Son petit amphithéâtre fut bientôt plein, tant à cause de la nouveauté des vues du professeur, que de l'originalité de son talent et de la manière audacieuse et violente avec laquelle il se posait en face de la Faculté. Non-seulement les jeunes élèves affluaient à ses leçons, mais même quelques professeurs. Sa clinique au Val-de-Grâce était en même temps suivie par un nombre immense d'auditeurs.

En 1816, il publia son célèbre ouvrage de l'*Examen de la doctrine médicale généralement adoptée,* sans contredit, l'une de ses œuvres les plus remarquables. Il eut un retentissement prodigieux. Il y indique nettement le but qu'il se propose *de former des médecins d'une pratique plus heureuse que ne peut l'être celle des systématiques à la mode,* et pour cela il imagine le nom de médecine physiologique, sentant bien toute la valeur d'un nom magique. Il combattit, renversa l'essentialité des fièvres, étendit considérablement le cadre des phlegmasies, en ne séparant pas les affections chroniques des affections aiguës, les continues des intermittentes. Dans cet ouvrage, tout de polémique et de guerre active, il crut avoir renversé les choses reçues et établies; sans doute il se méprenait sur la nature de la science: elle ne s'éteint ni ne naît en un jour.

Cependant cet ouvrage rappela l'attention sur l'histoire des phlegmasies chroniques, et il fallut en publier une nouvelle édition qui vint, avec ses leçons, perpétuer la lutte. Ses élèves se chargèrent de la publication de ses leçons particulières sur les *Phlegmasies gastriques.*

En 1820, il fut enfin élevé au grade et aux fonctions de médecin en chef et de premier professeur au Val-de-Grâce, en remplacement de M. Desgenettes, nommé inspecteur général du service de santé des armées.

Alors il étendit sa critique des théories médicales à tous les temps, à toutes les écoles, dans la seconde édition de son *Examen*. Mais cela ne suffisait pas à l'énergie de sa lutte. En 1822, il fonde, en novateur habile, un journal intitulé : *Annales de la médecine physiologique*, dans lequel il soutient et attaque avec une étonnante vigueur tout ce qui lui semble pour ou contre sa manière de voir, chez ses partisans et ses antagonistes.

« En 1828, le monde médical et philosophique retentit tout à coup d'une étonnante nouvelle. Le docteur Broussais, dans un livre intitulé *De l'irritation et de la folie*, venait de reprendre la question des rapports du physique et du moral, laissée par Cabanis, et de relever l'étendard du matérialisme, depuis longtemps abattu. La verve insultante avec laquelle l'auteur traitait les chefs de l'école philosophique dominante, fixa l'attention sur ce livre. » Ici il n'attaque pas Pinel, qui, pour les maladies mentales, n'était qu'observateur, mais il touchait à des questions trop élevées, pour n'être pas vivement combattu.

Dans les changements qui eurent lieu à l'École de Médecine, par suite de la révolution de juillet, en 1830, Casimir Périer, dont il était le médecin, fit créer pour lui une chaire de *pathologie générale* et de *thérapeutique*.

En 1832, dans le rétablissement, par M. Guizot, de la classe des sciences morales et politiques de l'Institut, Broussais fit partie de la section de philosophie, après avoir deux fois tenté vainement d'entrer dans l'Académie des sciences. Chose singulière, celui qui sapait la morale par ses fondements, devenait le représentant des sciences morales. N'y a-t-il pas là de quoi caractériser une époque ?

Gall venait de fonder son célèbre système, et de localiser, sur les proéminences du crâne, les facultés intellectuelles et morales. « M. Broussais avait été d'abord contraire à la phrénologie ; mais, malgré la valeur des objections qu'il lui avait faites, il s'aperçut bientôt qu'il y avait là de quoi servir sa thèse. Il entreprit avec une nouvelle ardeur de propager la phrénologie à la fin de sa carrière, et il se fit le chef de cette école. » « Au fond, il y avait beaucoup de rapport entre la localisation des facultés humaines dans le cerveau, et la localisation des maladies dans les organes. Ces deux systèmes étaient le résultat de la même tendance, et signalaient dans la science une sorte d'anarchie ; le premier, en établissant dans le corps une république d'organes sans unité ; le second, en plaçant dans le cerveau une république de facultés soustraites au gouvernement supérieur de l'âme. [1] »

« Cette analogie ne fut peut-être pas sans influence sur la nouvelle conviction de Broussais. Quoi qu'il en soit, il trouva la division du cerveau en organes distincts, plus adaptée à la variété de ses actes et à leur nature, selon lui, matérielle. Il renonça donc à l'indivisibilité de l'action cérébrale, et consentit à transporter, dans la partie postérieure et à la base du cerveau, les instincts qu'il avait jusque-là placés dans les viscères. Mais, en refusant désormais à ceux-ci la faculté de produire les passions, il leur accordait toujours le droit de les exciter. Après avoir adopté la doctrine phrénologique, M. Broussais mit à son service le talent, l'ardeur, la verve, l'activité, qu'il conservait encore. Introduite dans ses mémoires académiques, propagée par lui dans un

[1] Mignet.

journal, professée dans des cours où il retrouva l'animation de la parole, l'affluence d'auditeurs, et les succès
éclatants de ses plus célèbres années, cette doctrine obtint les derniers efforts de son esprit fatigué et de sa vie
défaillante. Il s'en fit le représentant et le défenseur dans
notre Académie. Assidu à nos séances, facile dans son
commerce, attentif aux idées d'autrui, tout en étant fort
arrêté dans les siennes, il prit part à nos travaux tant
que ses forces le lui permirent. C'était un excellent confrère que nous devions avoir la douleur de perdre trop
tôt [1]. »

Il fit d'abord des cours particuliers de phrénologie
chez lui, et devant un petit nombre de personnes. Il
entreprit ensuite d'en faire un cours public dans sa
chaire de l'École de Médecine, où il eut une affluence
immense d'auditeurs. Le trouble qui en résulta le força
de chercher un autre amphithéâtre; les mêmes raisons
lui firent refuser celui du Muséum d'histoire naturelle.
Ses auditeurs, par une souscription minime, réunirent
une somme qui permit de louer une salle dans la rue
du Bac, et pendant six mois, Broussais continua ses
leçons avec toute la chaleur et la vigueur du jeune âge,
quoiqu'il eût alors soixante-cinq ans.

De l'excédant de la somme provenant de la souscription, les auditeurs firent frapper une médaille, comme
un témoignage de leur reconnaissance, avec l'épigraphe:
*A l'illustre auteur de la Médecine physiologique et du
Cours de phrénologie, ses disciples reconnaissants*, 1836.
Cependant, « si les derniers éclats de ses déclamations
phrénologiques attirèrent encore la foule, ce fut seulement par la curiosité qui s'attachait toujours à sa parole

[1] Mignet.

originale; mais il ne descendait plus de sa chaire aucun enseignement : on allait au spectacle; on n'allait pas à l'école [1]. »

Quelque temps avant sa mort, il lut un long mémoire à l'Académie des sciences morales et politiques, en défense de son ouvrage sur *l'Irritation et la folie*, dont il préparait une seconde édition, qui a été publiée depuis sa mort par son fils, M. Casimir Broussais.

C'est aussi à cette époque que l'excitation continuelle dans laquelle le maintenaient ses travaux, ses discussions verbales et écrites, et son genre de vie, détermina l'altération de sa santé. Les années 1837 et 1838 se passèrent dans les alternatives de grandes douleurs et de soulagements passagers, suite d'une affection cancéreuse du rectum, dont il observa jusqu'au dernier jour, avec une scrupuleuse exactitude, les progrès, et en tint un journal détaillé; mais il s'est toujours abusé sur la nature de sa maladie, dit Gouraud.

S'étant fait transporter à Vitry, dans la maison de campagne de mademoiselle Delaunay, libraire, éditeur de ses ouvrages, et fille du logeur chez lequel il était descendu à Paris quarante ans auparavant, après quelques jours de souffrances plus vives, il cessa de vivre sans avoir perdu un moment connaissance, le samedi 17 novembre 1838, à une heure du matin.

Comme résultat général, on peut donc conclure que Broussais s'est trouvé dans les circonstances les plus favorables pour imprimer à la médecine l'impulsion progressive que demandait son âge.

Les principes de la grande école de Pinel et de Bichat lui ont préparé la voie et fourni une base.

-----

[1] Gouraud.

Ses diverses positions extrêmement favorables à l'observation de faits nouveaux, l'ont conduit à la confirmation et à la rectification de cette thèse. Est venue ensuite une position large et solide où il a pu, en se livrant à de nouvelles observations, espérer d'arriver à la démonstration des principes sentis et acceptés par lui.

Ce qui, joint à sa nature physique, à son tempérament, aux qualités de son esprit, à ses opinions politiques et religieuses, lui a permis de produire l'effet d'un véritable météore, foudroyant, renversant, entraînant par la passion la génération nouvelle.

« Broussais était d'une grande vigueur de corps et d'une grande activité physique et intellectuelle, quoique sujet à des moments d'un assoupissement profond pendant le jour; sa tête était d'une très-heureuse conformation, et sa physionomie, quoique grippée, comme celle d'un homme passionné, exprimait une intelligence vive et hardie. Ses habitudes étaient régulières et sévères; il se levait tous les jours à six heures en hiver, à cinq en été, et ne se couchait pas généralement avant minuit. Le soir était le temps de son travail.

« Sa manière de travailler, à ce qu'il paraît, était celle-ci : pour les œuvres de polémique journalière, il écrivait rapidement, corrigeait, raturait, produisait avec une difficulté réelle; quant aux ouvrages de longue haleine, jamais il ne les écrivait qu'après avoir beaucoup lu, beaucoup pris de notes; mais ce travail d'incubation et de maturation une fois achevé, il écrivait vite, sans grande correction ni rature. Il avait du goût pour la littérature et une heureuse mémoire [1]. »

[1] H. G.

Son tempérament était sanguin-bilieux. Sa fortune n'a jamais été bien élevée. Sa bibliothèque n'était point pour lui une chose importante; sa collection était l'hospice militaire.

« Quelque passionné et quelque acrimonieux qu'il fût dans sa polémique scientifique, quelque intolérant et impitoyable qu'il se montrât pour les **idées médicales** qui n'étaient pas les siennes, il paraît que dans les relations habituelles de la vie, Broussais était d'une grande bienveillance et d'une gaieté intarissable [1]. »

Nous ne parlerons point de ses opinions politiques ni de sa moralité. Il est vivant dans sa famille, et c'est un sanctuaire que la charité chrétienne respecte. Nous ne parlerons de ses opinions religieuses qu'à l'occasion de sa profession de foi [2].

III. *Comment ses travaux nous sont parvenus.*

Les travaux et l'influence de Broussais nous sont venus par des leçons orales et des écrits.

L'invective est un élément populaire, et tout homme qui se moque des autres avec une grande hardiesse et un talent incontestable, est populaire et agit toujours sur les masses ; voilà, outre la simplicité à laquelle il avait réduit la pratique médicale, la source de l'empire de Broussais sur la jeunesse de l'école. Sa démonstration arrivait à l'application immédiate, et devait, par consé-

[1] H. G.

[2] Je tiens d'un des amis de Broussais, qu'il faisait apprendre le catéchisme à sa petite nièce, et que probablement lui-même ne se serait pas refusé aux derniers secours de la religion si on l'y eût fait penser à ses moments suprêmes. Cet ami, médecin distingué, a beaucoup regretté de n'avoir pas été prévenu du danger.

quent, agir sur un bien plus grand nombre de personnes.

Pinel, qui avait posé les principes, ne s'adressait qu'à la science. La pratique véritable, rationnelle, sort logiquement de la science, il est vrai; mais toujours est-il qu'il faut l'en faire sortir, et ce travail, on préfère le trouver tout fait que d'en subir l'effort: voilà pourquoi la conséquence pratique d'un principe fécond aura toujours plus d'action sur les masses que le principe même dont elles ne sont pas appelées à contempler la puissance. Aussi Pinel, qui donna le principe, n'a dominé que les sommités de la science, du moins en apparence, et Broussais, sorti de ce principe, a été le terme où s'est arrêtée la pratique. Dès lors, il ne faut plus s'étonner de son influence momentanée sur la jeunesse des écoles et sur les praticiens qui ne sont que cela. C'est pour eux une sorte d'empirisme accepté *in verbo magistri*, et beaucoup plus facile qu'une pratique basée sur la science. Si elle est rationnelle dans Broussais, tant mieux; mais si elle ne l'était pas, elle n'en serait pas moins acceptée, sauf à durer autant que l'enthousiasme.

Broussais a professé, depuis 1815 jusqu'à sa mort, sur presque toutes les parties de la science. Ses leçons inspirèrent tant d'enthousiasme à ses élèves, qu'ils se chargèrent eux-mêmes de les publier.

Par ses cours publics et ses entretiens particuliers, il agit puissamment sur la génération médicale naissante.

Les écrits de ses élèves, pour ou contre sa doctrine, ceux de ses antagonistes, ont aussi beaucoup contribué à vulgariser sa doctrine et ses opinions.

Tous ses ouvrages écrits ont été imprimés sous ses yeux et publiés de son vivant. Enfin, ses ouvrages posthumes ont été publiés, ainsi que ses rééditions corrigées et augmentées par son fils; sa profession de foi, par son secrétaire.

IV. *Éléments de ses travaux.*

Ces éléments sont l'état de la science à l'époque où il y entra, et d'abord, les leçons et les ouvrages de Pinel, où il puisa, comme il l'avoue, sa première impulsion, qui le dominera tout entier, malgré l'acrimonie avec laquelle il a semblé repousser son maître.

La seconde source, qui n'est que le développement de la précédente, sont les leçons et les ouvrages de Bichat. Les leçons de Chaussier lui furent aussi d'une grande utilité.

Les ouvrages de Cabanis lui donnèrent sa direction philosophique, qu'il poussa jusqu'à l'extrême.

L'école de Montpellier lui fournit le principe vital, qu'il accepta et défendit d'abord avec une énergie contradictoire que l'on ne conçoit pas dans un anti-ontologiste.

L'école d'Édimbourg lui prêta presque toute sa théorie de l'excitation en plus ou en moins, et Broussais, si semblable en tant de points à Brown, n'a fait, pour ainsi dire, que s'enter sur lui. M. H. Gouraud a donné un parallèle de Broussais et de Brown, qui est très-remarquable et frappant de ressemblance. Mêmes mœurs, même caractère, même conduite envers leurs prédécesseurs et leurs maîtres, même enthousiasme dans leurs élèves, même série d'écrits à peu près, même doctrine au fond, si ce n'est que Broussais a fait dans un sens ce que Brown avait fait dans l'autre. Mais nous devons ici comparer les deux doctrines, et nous le ferons avec Broussais lui-même, dans son ouvrage de l'Irritation.

P. 47. « Brown posa d'abord en principe, que la vie ne

s'entretient que par l'excitation, et que vivre n'est autre chose qu'être excité. » P. 58. « Nous professons d'abord, dit Broussais, avec Brown, que la vie ne s'entretient que par l'excitation. » P. 48. « Brown soutint que l'excitabilité, considérée d'une manière générale, comme une modification de la vie, se consume et s'épuise par l'action des excitants ou par l'excitement, et s'accumule par le repos, c'est-à-dire, par le défaut d'excitement. De ce principe il déduisit une foule de conséquences, dont il y en a très-peu de justes. Ainsi, d'après son système, un excitement modéré entretient l'équilibre des forces, ce que personne ne peut contester. Un excitement plus grand produit un surcroît de vigueur, source de toutes les maladies qu'il appelle sthéniques ou par excès de force. Un excitement encore plus énergique épuise l'excitabilité et fait naître la faiblesse ou asthénie indirecte. Mais il est une autre espèce de faiblesse, qu'il nomme directe; elle est constamment le produit du défaut d'excitement, et plus elle augmente, plus l'excitabilité devient extrême.... ce qui se termine par la mort. »

Pag. 58. « L'homme, professe Broussais, ne peut exister que par l'excitation ou la stimulation, car les deux mots sont synonymes, qu'exercent sur ses organes les milieux dans lesquels il est forcé de vivre. » Il décrit les stimulants et leur action.

Et pag. 63. « C'est sous l'influence continuelle de ces nombreuses causes d'excitation que la vie se maintient. Elle en dépend à tel point, que si ces causes viennent à manquer (ou, ce qui est la même chose, si l'excitation s'affaiblit jusqu'à l'extrémité), la mort est inévitable. »

Pag. 76, 77. « La contractilité (qui n'est qu'une excitabilité) doit être admise comme la propriété vitale de la matière des nerfs.... L'albumine ou la fibre nerveuse proprement dite, en jouit comme matière albumineuse. C'est par cette importante matière que nous sommes en rapport.... avec cette source éternelle de la vie qui nous est inconnue dans son essence, et dont l'*excès* ou le *déficit* d'un moment suffisent pour nous anéantir. »

Jusqu'ici, Brown et Broussais, quoi qu'en dise ce dernier, ne sont pas mal d'accord. En quoi diffèrent-ils? Broussais va nous l'apprendre : pag. 48. « Brown traita l'excitation d'une manière abstraite, c'est-à-dire, en la séparant des organes, et se jeta dans l'ontologie; ensuite il appliqua aux organes eux-mêmes ce qu'il avait rêvé sur l'excitabilité. » Voilà la grande lacune du système de Brown.

P. 5o. « Si Brown avait étudié l'excitation dans les organes, au lieu de la considérer d'une manière abstraite, il aurait évité toutes ces erreurs. » Pag. 52. « Mais Brown n'était point praticien, il n'était point anatomiste, et d'ailleurs, de son temps, on ne connaissait pas assez le degré de vitalité de chacun de nos tissus, pour qu'il fût possible d'y bien observer le phénomène de l'excitabilité, et de prendre une juste idée de la manière dont ils se transmettent réciproquement l'excitation. *Il fallait une anatomie analytique, et aucune nation ne possédait encore un Chaussier, un Bichat.* »

Ainsi donc, remplacer l'abstraction, l'entité de l'excitation dans le système de Brown, par l'application d'une anatomie analytique, voilà ce qu'il y avait à faire pour arriver à la médecine physiologique, ou à la théorie des stimulants. Mais l'anatomie n'était pas encore assez avancée du temps de Brown pour permettre ce progrès, car *aucune nation ne possédait encore un Bichat.* Ainsi est prouvée notre thèse: Broussais, qui

est venu faire cette application, est une conséquence
de Bichat, qui lui-même est la conséquence de Pinel.

Enfin, en arrivant à la pratique, Brown pose trois
choses à déterminer : 1° si la maladie est générale ou locale ; 2° si elle est sthénique ou asthénique ; 3° quelle en
est la mesure ou la quantité. Mais il a établi, d'ailleurs,
qu'à peu près constamment la maladie est générale,
qu'à peu près constamment elle est asthénique : ainsi,
il n'y a qu'à savoir quelle dose de toniques le malade
peut supporter. Broussais a encore plus simplifié, mais
dans un sens contraire. Selon lui, il y a aussi trois
choses à déterminer :

1° Quel est l'organe malade ; 2° quelle est la nature
du mal ; mais elle est à peu près constamment inflam-
matoire ; 3° quelle en est la mesure, c'est-à-dire, quels
antiphlogistiques le malade peut supporter.

L'un et l'autre ont ainsi tiré des effets très-remarquables, ou très-bons ou très-mauvais, de leur médication
privilégiée, celui-là de l'opium et du quinquina, celui-
ci de la saignée ; tous deux, par conséquent, nous ont
appris des choses fort importantes sur la valeur, bonne
et mauvaise, sur l'influence salutaire et funeste de ces
deux médications [1].

La dernière et principale source des travaux de Broussais sont ses observations directes faites dans les hôpitaux militaires, dans des pays très-différents, sur des
individus de toutes nations. C'est donc sur son observation propre, et non sur l'observation d'autrui, qu'il
a travaillé.

V. *Énumération et analyse de ses ouvrages.*

I. *Énumération de ses ouvrages.* — Broussais a publié

[1] G. H.

tous ses ouvrages dans un espace de trente-cinq ans, de 1803 à 1838.

Le premier fut sa thèse inaugurale, intitulée : *Recherches sur la fièvre hectique*, etc. Paris, 1803.

2° *Histoire des phlegmasies ou inflammations chroniques*, fondée sur de nouvelles observations de clinique et d'anatomie pathologique ; ouvrage présentant un tableau raisonné des variétés et des combinaisons diverses de ces maladies, avec leurs différentes méthodes de traitement. Paris, 1809.

3° *Mémoire sur la circulation capillaire*, 1811.

4° *Lettre sur le service de santé des corps d'armée*, 1811.

5° *Mémoire sur les particularités de la circulation avant et après la naissance*. Actes de la Société médicale d'Émulation. Ce n'est qu'une suite de vues hypothétiques, comme son Mémoire sur la circulation capillaire.

6° *Examen de la doctrine médicale généralement adoptée*, 1816. Ouvrage intéressant sans doute, mais diatribe dégoûtante de forme et de partialité.

7° *Histoire des phlegmasies*, 2ᵉ édition, 1816.

8° *Réponses aux Réflexions d'un anonyme sur la nouvelle doctrine médicale*.

9° *Réflexions sur les fonctions du système nerveux en général*, 1818.

10° *Examen des doctrines médicales et des systèmes de nosologie ;* 2ᵉ édition, refondue de l'*Examen de la doctrine médicale généralement adoptée*.

11° *Annales de la médecine physiologique*, de 1822-1834, 12 années ; 26 volumes.

12° *Traité de physiologie appliquée à la pathologie*. 1ʳᵉ édition, 1822 ; 2ᵉ édition, 1834.

13₀ *Histoire des phlegmasies*, 3ᵉ édition, revue et augmentée; 3 vol., 1822.

14° *De la théorie médicale, dite pathologique.* Brochure in-8°, 1823.

15° *Catéchisme de la médecine physiologique*, 1824.

16° *Histoire des phlegmasies*, 4ᵉ et 5ᵉ édit.

17° *De l'irritation considérée sous le rapport physiologique et pathologique*, 1826.

18° *De l'irritation et de la folie.* Ouvrage dans lequel les rapports du physique et du moral sont établis sur les bases de la médecine physiologique; 1 vol. in-8°, 1828.

19° *Réponses aux critiques de l'irritation et de la folie.* Brochure de 200 pages; 1829.

20° *Commentaires des propositions de pathologie*, consignés dans l'Examen des doctrines médicales, 2 vol. in-8°, 1829.

21° *Le choléra-morbus* observé et traité selon les principes de la médecine physiologique; 1832.

22° *Mémoire sur l'influence* que les travaux des médecins physiologistes ont exercée sur l'état de la médecine en France, 1832, pour sa première candidature à l'Académie des Sciences.

23° *Mémoire sur la philosophie de la médecine*, 1832; aussi pour sa première candidature à l'Académie.

24° *Mémoire sur l'association du physique et du moral*, 1834, pour sa seconde candidature à l'Académie des Sciences.

25° *Cours de pathologie et de thérapeutique générale*, professé à la Faculté de Médecine, 3 vol. in-8°, sténographié et revu; 1835.

26° *Cours de phrénologie*, fait à la Faculté de Médecine, commencé le 16 avril et terminé le 8 juillet 1836, 1 vol. in-8°, sténographié et revisé.

27° *Mémoire sur le moi, le sentiment personnel*, lu à l'Institut, en octobre 1838.

II. *Analyse générale de ses premiers ouvrages*. Les ouvrages de Broussais sont, comme toujours, préparatoires, d'exécution et de perfectionnement.

1° *Préparatoires*. Ses premiers travaux ont pour but, comme les premiers de Bichat, de rectifier Pinel et de combler les lacunes de ses ouvrages. C'est la même méthode qui a été suivie pour l'*Incertæ sedis* du *Genera plantarum* de Jussieu. Ainsi l'avons-nous vu pour le petit Mémoire des membranes de Bichat. Il en sera de même des Recherches sur la fièvre hectique; elles ont pour but de remplir une lacune dans le cadre de Pinel, en y plaçant cette nouvelle classe de fièvres dont Pinel n'avait point parlé, et en même temps d'étendre la classification des tissus de Bichat.

C'est immédiatement après que, découvrant une nouvelle lacune dans Pinel, qui ne traitait pas des maladies chroniques, il s'en empare dans sa direction et dans celle de Bichat ; direction nécessitée en admettant que c'était l'organisme qui était malade, et que les symptômes n'en étaient, pour ainsi dire, que les cris.

L'Histoire des phlegmasies chroniques vient donc combler une grande et belle lacune, en marchant pleinement dans la direction de la nosographie philosophique et de l'anatomie générale, ce que Broussais reconnaît à cette époque.

Aussi, son troisième travail est-il un Mémoire sur la circulation capillaire, conséquence de l'anatomie des tissus par Bichat, dont il accepte la division des capillaires à sang rouge et des capillaires à sang blanc ; et il cherche à établir que tous les phénomènes vitaux organiques se passent dans cette partie. Enfin, suivant encore Bichat dans l'anatomie de développement, il composa son Mémoire sur les particularités de la circulation avant et après la naissance. Voilà donc Broussais dans la direction de pathologie et de physiologie générale, ce que Pinel avait demandé, mais ce qu'il n'avait pu exécuter, et ce dont Broussais l'a critiqué à tort, comme il a fait pour Brown, *puisqu'aucune nation ne possédait encore un Bichat.*

2°. *Travaux d'exécution.* Le professorat arriva à cette époque pour Broussais, et pour exécuter tout son effort médical, il chercha à faire table rase par son examen des doctrines médicales. Il prit en apparence Hermandez pour point de mire de ses diatribes ; mais en réalité, il tomba à bras raccourci sur Pinel. Il se trouva, en présence de la nosographie philosophique, dans la même position que Buffon à l'égard de Linné. Il ne put comprendre la portée de la classification des maladies, ni l'application de la méthode naturelle et d'observation à la médecine.

Comme suite de l'Examen, arrivent les Réponses aux critiques d'un anonyme sur la nouvelle doctrine médicale.

Il fut ensuite nécessairement conduit à examiner l'influence du système nerveux sur la circulation et sur tout l'organisme, et à en déduire les sympathies, et alors il publia ses Réflexions sur le système nerveux en général.

Tout en marchant ainsi dans la physiologie générale, il remonte dans les âges pour étendre sa critique et son examen jusqu'à Hippocrate, et il passe condamnation sur tout ce qui l'a précédé par l'accusation d'ontologie,

dont il ne comprend ni le sens véritable, ni l'importance; car, en bonne métaphysique comme en toute
science quelconque, il est impossible de ne pas faire de
l'ontologie, sous peine de ne jamais sortir des faits,
sans pouvoir arriver à les relier ensemble par une généralisation logique.

Broussais, ayant arboré son triple drapeau, se trouva
en opposition avec l'ancienne médecine et avec les disciples de Pinel, qui ne comprenaient pas le pinélisme.
Dès lors, besoin fut d'un grand levier pour attaquer et
pour se défendre tout à la fois ; et les Annales de physiologie furent créées, afin de frapper tous les jours pour
sa doctrine et contre ses antagonistes. Il fallait en outre
agir sur les écoles étrangères ; et ses travaux précédents
furent convertis en une physiologie générale, appliquée
à la pathologie, fondée sur l'anatomie générale de Bichat, sorti lui-même de Pinel, comme nous l'avons
démontré. Revint alors une troisième édition de l'Histoire des phlegmasies, dans laquelle se trouve surtout
sa doctrine.

3° *Travaux de perfectionnement.* Voilà Broussais arrivé dans la voie de démonstration, tout en paraissant
s'éloigner de plus en plus de sa source. Alors il crée
ce grand mot de médecine physiologique, mais non la
chose. Afin de faire entrer sa doctrine dans tous les
esprits, il publie ensuite le Catéchisme physiologique,
le plus puissant mode d'un enseignement appelé à
produire un grand effort par sa forme dogmatique.
Enfin vient une nouvelle et dernière édition de ses
Phlegmasies. Mais alors, en étendant la démonstration
de sa physiologie générale et de sa pathologie, il a été
obligé de créer un nom plus général encore, et il publie son Traité de l'irritation, considérée physiologi-

quement, intellectuellement et pathologiquement. Et ici on lui a reproché à bon droit l'ontologie et les entités, lui qui les rejetait avec un sarcasme si amer. Il entre ensuite dans une nouvelle carrière, et cherche à voir si c'est l'irritation du système vasculaire nerveux qui détermine la folie; mais un grand nombre de critiques, plus ou moins amères, lui ont fait sentir qu'il n'était pas dans le vrai.

Arriva le choléra-morbus, et un nouveau champ de bataille s'ouvrit pour Broussais : le fait est que personne n'y entendit grand'chose. C'est aussi à cette époque qu'il essaya d'entrer à l'Académie des Sciences, à bon droit sans aucun doute; mais les portes lui en furent fermées. Ensuite il professa sa pathologie générale, et son cours fut publié, aussi bien qu'en 1836 son cours de phrénologie. Ces deux cours sont au-dessous de lui. Enfin, son dernier travail fut un Mémoire sur le moi, sur la conscience, ce qui le conduisait à la moralité humaine; et, dans sa profession de foi, où il est forcé de reconnaître l'Être créateur, quoiqu'il ne sache pas cependant ce qu'il est, il arrive au grand terme de toute science, et nous prouve, malgré lui par l'absurde, la vérité théologique.

III. *Analyse spéciale. Physiologie générale ou médicale.* 1° Mémoire sur la circulation capillaire, de pure théorie.

2° Sur les particularités de la circulation, avant et après la naissance; de théorie comme le précédent, qu'il rectifie et continue.

3° Réflexions sur les fonctions du système nerveux en général.

4° Traité de physiologie appliquée à la pathologie. Il s'y donne lui-même comme l'héritier des idées de Bichat, fécondées par leur application à la pathologie ; application que nous avons, d'ailleurs, trouvée très-avancée dans Bichat.

De l'irritation, considérée sous le rapport physiologique et pathologique ; ouvrage sorti de la doctrine de Bichat sur les propriétés vitales.

Pathologie spéciale. 1° Recherches sur la fièvre hectique. Venceslas Trnka avait entrepris de traiter ce sujet, aussi vaste qu'intéressant, dans son *Historia febris hecticæ, omnis ævi observata medica continens. Vindobonæ*, 1783. Mais M. Broussais, dit Pinel, a mis non-seulement plus de choix et de méthode dans la distribution des faits, en les rapportant à des affections de diverses parties du système muqueux, sanguin, glanduleux, cutané et nerveux cérébral, mais encore en faisant dépendre la fièvre hectique de l'altération simultanée de plusieurs systèmes.

Il admet des fièvres hectiques provenant des altérations des systèmes de la vie organique, et des *fièvres hectiques morales.*

Et au sujet du diagnostic de celles-ci, M. Pinel dit que les limites qui séparent cette fièvre hectique morale de la fièvre lente nerveuse, sont encore loin d'avoir été nettement posées.

Pinel avait étudié et classé les fièvres aiguës ; Broussais, en marchant dans cette direction, vient donc ajouter une nouvelle classe, les fièvres chroniques ; et il la caractérise par la méthode de son maître sur les symptômes, traduisant l'état des membranes et des tissus divers.

2° Histoire des phlegmasies ou inflammations chroniques, fondée sur de nouvelles observations de clinique et d'anatomie pathologique ; ouvrage présentant un tableau raisonné des variétés et des combinaisons diverses de ces maladies, avec leurs différentes méthodes de traitement.

Nous avons quatre points essentiels à noter dans cet ouvrage : 1° les nouvelles observations cliniques; 2° les observations d'anatomie pathologique; 3° le tableau raisonné des variétés et des combinaisons diverses de ces maladies; 4° leurs différentes méthodes de traitement.

1° *Les nouvelles observations cliniques.* Cette partie de son ouvrage appartient tout entière à l'école de Pinel, que Broussais appelle *le père de la médecine clinique française*, t. II, pag. 6. Tout plein de la doctrine de ce grand maître, « quand il se trouva en présence des maladies, il ne tarda pas, dit-il, à s'apercevoir qu'il était impossible d'acquérir sur aucun genre d'affection morbide des idées générales, claires et satisfaisantes, qu'à force d'en étudier les variétés individuelles, et que nul ne pouvait se flatter de bien connaître une variété, s'il n'avait les moyens de se retracer avec vérité la cause, les progrès et la terminaison de chaque maladie. »

Voilà donc, avec Pinel, les maladies devenues des êtres naturels, dont il admet des genres et des espèces, puisqu'il reconnaît les variétés; et l'espèce est, comme pour Pinel, tout le *cursus* de la maladie, 1° la *cause* ou le *commencement;* 2° les *progrès* ou l'*augment,* et 3° la *terminaison.*

Et il faut dès lors subir la conséquence, en portant, avec Pinel, la méthode d'observation des sciences naturelles sur les êtres-maladies. Aussi, ajoute-t-il, « l'observateur scrupuleux ne saurait donc se dispenser de tracer isolément l'histoire complète des maladies, jusqu'à ce qu'il croie avoir passé en revue la très-grande majorité des cas.

« En recommandant des histoires complètes, nous entendons que cette expression soit prise dans son acception la plus étendue. » Car, toujours dans les principes de Pinel, il reconnaît « que toute maladie a deux terminaisons possibles. Aussi, lorsque les efforts du médecin n'auront pas été couronnés du succès désiré, il ne pourra regarder l'observation comme terminée, qu'autant qu'il aura suivi la maladie jusqu'à la dissolution; car il n'est point d'affection pathologique qui ne puisse imprimer une modification particulière au phénomène qui restitue nos corps aux lois de la matière organique [1]. » Voilà donc toute la thèse de Pinel, que nous avons si souvent entendu demander que l'observation fût portée jusque dans l'anatomie pathologique, et qui l'y a portée lui-même plus d'une fois.

Cependant Pinel n'avait pas borné l'observation naturelle à l'être-maladie pris en lui-même; il l'a observé dans ses rapports avec les milieux divers, les âges, les sexes, etc. Toujours dans la même voie, Broussais ajoute, p. xi : « L'observation clinique et anatomico-pathologique des hôpitaux, toujours féconde par elle-même, donnera cependant des résultats différents, en raison de la différence des sujets, du pays, de la situation, de l'exposition, etc. »

Avec Pinel et Hippocrate, Broussais ne reconnaît donc de médecine possible que par l'histoire naturelle des maladies.

Ce sont ces principes qui l'ont conduit et dirigé dans toutes les observations cliniques qu'il a détaillées dans

---

[1] *Préface de l'hist. des phlegm.*, p. **v, vi, vii.**

son histoire des phlegmasies, à l'instar de la médecine
clinique de Pinel; et l'histoire des phlegmasies, comme
la médecine clinique, a été la base, les éléments de tous
les autres travaux de Broussais; ce sont les faits sur lesquels il a travaillé.

Ce premier point de notre thèse démontré, nous arrivons au second. 2° *Les observations d'anatomie pathologique*. Pinel voulait une anatomie générale physiologique et pathologique; Bichat est venu, fondé sur Pinel,
remplir ce vœu de la science.

Broussais en admet la nécessité et l'importance. «En
comparant souvent, dit-il, après la mort, l'état des organes avec les symptômes qui ont prédominé durant la
vie, on apprend à rapporter ceux-ci à leur véritable
source, à distinguer les altérations d'action purement
sympathiques d'avec celles qui sont dues à la lésion
idiopathique d'un appareil; on s'habitue à devenir cir-
conspect, etc. [1]

«Si le médecin, content d'observer en détail, au
moment de ses visites, ne recueille que des notes générales; s'il borne sa curiosité *anatomique* à l'examen des
cas extraordinaires ou de ceux qui lui paraîtront incer-
tains, il n'échappera point à l'erreur [2]. »

Il reconnait que l'anatomie pathologique a été fort
enrichie par les recherches faites d'après l'exemple du
célèbre Bichat [3].

Si maintenant nous le suivions dans les détails de son
anatomie pathologique, nous démontrerions facilement
qu'elle n'est autre chose que celle de Bichat, développée
pathologiquement. Ainsi, en donnant une idée générale

[1] *Préf.*, p. vii.
[2] *Préf.*, p. viii.
[3] *Introd.*, p. 2.

16.

de l'inflammation, il dit : « La modification vitale qui produit les quatre phénomènes (*tumeur, rougeur, chaleur, douleur*), a son siége dans les vaisseaux capillaires de la partie malade, et dépend manifestement de l'augmentation de leur action organique... L'existence de ces phénomènes est subordonnée à la vitalité des parties où le mouvement organiqne est accéléré... Cette modification, que nous disons consister dans un surcroît d'action organique, a son siége dans les vaisseaux capillaires de la partie malade; mais comme ces capillaires donnent passage à des fluides différents, et que leur degré de susceptibilité varie beaucoup, la couleur du faisceau tuméfié, qui dépend de l'accumulation des fluides, et la douleur, qui n'est que l'altération de la sensibilité, sont également très-variables. »

« Lorsque les capillaires irrités peuvent admettre le sang tout entier, la tumeur est rouge. Comme les tissus où dominent les capillaires sanguins sont les plus sensibles, les tumeurs rouges inflammatoires sont les plus douloureuses. Comme ces capillaires sont les plus mobiles et agissent très-promptement sur leurs fluides, les tumeurs inflammatoires sanguines sont aussi celles où les changements chimiques sont le plus accélérés. Le sentiment de chaleur est l'effet immédiat des changements chimiques [1].... »

Qui ne reconnaîtrait là toute la théorie anatomico-physiologique des capillaires de Bichat, avec son principe de la sensibilité organique, qui, par ses variations, préside aux phénomènes divers, et jusqu'à sa théorie de la chaleur, qui n'est, pour Bichat comme pour Broussais, que le résultat d'une opération chimique de la

---

[1] *Prolégomènes,* p. 6-7.

nutrition? Broussais y a seulement ajouté les phénomènes pathologiques et leur étiologie, fondée sur les principes de Bichat.

Nous pouvons donc conclure que les observations d'anatomie pathologique appartiennent à l'école de Bichat, ce qui apparaîtra encore plus évident par le troisième point.

3° *Le tableau raisonné des variétés et des combinaisons diverses de ces maladies.* Le progrès opéré par Pinel pour faire de la médecine une science positive, a surtout consisté dans l'application de la méthode naturelle à la classification des maladies; ce qui n'est que la généralisation des faits et leur liaison dans un système rationnel. Or Broussais, dans le temps où il était encore sans exaspération, a parfaitement senti la nécessité de cette généralisation, « car, dit-il, lorsqu'on a longtemps observé et rapproché d'après cette méthode (précédemment exposée), il s'agit de procéder aux conclusions; mais il faut le faire avec une extrême sagesse. C'est ici que se montre la mesure du génie. Celui qui ne généralise pas assez nous fait penser qu'une partie de ce qu'il a observé est perdue pour lui; celui qui tombe dans l'excès opposé et qui prononce en dernier ressort, montre sa présomption et son orgueil; l'un et l'autre témoignent qu'ils ont des vues rétrécies; ils ne rendront jamais de grands services à l'art [1]. »

« Que la théorie soit pour vous (médecins), ce qu'elle est pour les autres sciences, *le résultat des faits réduit en principe.* Observez bien, rapprochez avec habileté, concluez avec justesse, et vous aurez une théorie qui ne vous abandonnera point au lit des malades, et

[1] *Préface*, VI, VIII.

que vous respecterez sans doute, puisque chacun de vous aura su l'enrichir et la perfectionner. »

Le voilà donc arrivé en médecine à la méthode na-turelle, qui ne consiste qu'à rapprocher avec habileté, à conclure avec justesse, et qui n'est, en dernière analyse, que *le résultat des faits réduit en principe*, pour en faire sortir des conséquences.

Les maladies avaient été classées d'après les tissus et les membranes, qui en sont le siége, par Pinel; Bichat était venu rectifier anatomiquement cette classification. Pinel s'était d'abord demandé : Qu'est-ce que la maladie? Et il avait répondu : une affection organique, traduite à l'extérieur par un ensemble de symptômes. 2° Quelle différence y a-t-il entre les maladies, suivant qu'elles affectent tels ou tels tissus ou membranes? Et il en avait tiré ses espèces et ses variétés. Bichat y avait ajouté les différences des propriétés vitales. 3° Il avait montré que la sympathie faisait agir l'altération sur les organes en relation avec l'organe affecté, et il avait eu les symptô-mes ou les caractères extérieurs traduisant les intérieurs.

Broussais, résumant Pinel et Bichat, se demande : 1° *Quelle idée doit-on se faire de l'inflammation? 2° Quelle modification ce phénomène reçoit-il des diffé-rences de tissus et des propriétés vitales? 3° Quelles in-fluences l'inflammation exerce-t-elle sur les fonctions en général?* Telles sont les questions qu'il faut nécessaire-ment traiter avant d'entreprendre l'histoire des inflam-mations chroniques de chaque viscère en particulier[1].

C'est d'après ces principes du Pinélisme perfectionné par Bichat, qu'il donne 1° une idée générale de l'inflam-mation, dont il fixe le siége dans les capillaires; qu'il

----

[1] *Prolégom.*, p. 6.

examine, 2° la modification de l'inflammation, selon les différences de tissus et de propriétés vitales du lieu affecté, en adoptant la classification des tissus et des membranes de Bichat.

1° L'inflammation aiguë considérée dans le tissu cellulaire général et dans les parenchymes riches en capillaires sanguins;

2° Dans les capillaires des tissus glanduleux sécréteurs;

3° Dans les capillaires des tissus musculeux, tendineux, ligamenteux, cartilagineux et osseux;

4° Dans les capillaires des tissus membraneux;

5° Dans les capillaires des glandes lymphatiques en général;

Puis 6° l'inflammation aiguë passant à l'état chronique dans ces différents tissus.

Ensuite, il étudie l'inflammation chronique à peu près dans le même ordre, et sur les mêmes tissus ou membranes.

Et enfin, l'influence de l'inflammation sur les fonctions en général, qu'il étudie sur les mêmes organes et dans le même ordre.

Rien donc encore ici au delà du Pinélisme, si ce n'est des développements anatomico-pathologiques.

4° Mais lorsque nous arrivons au quatrième point, *les différentes méthodes de traitement des maladies*, c'est proprement là le grand effort de Broussais, la thérapeutique, déduite de l'observation, de la méthode et de l'anatomie physiologico-pathologique.

C'est d'après ces mêmes principes qu'il va traiter des phlegmasies chroniques, en s'annonçant comme devant combler une lacune. « N'ignorant pas, dit-il, combien les exemples de ces maladies abondent dans les hôpitaux militaires, où j'avais longtemps servi avant d'être chargé en chef du traitement des affections internes, j'étais surpris qu'aucun médecin n'eût daigné s'en occuper d'une manière particulière, tandis qu'on voyait se multiplier sans mesure les traités d'affections aiguës[1].»

Et alors il étudie les inflammations pulmonaires en général, puis dans leurs spécialités, suivies de ses nombreuses observations cliniques.

Puis des inflammations des viscères en général; des gastrites et des entérites spéciales, toujours avec ses observations cliniques.

Et il termine par les inflammations du péritoine.

Il rend, en plusieurs endroits dans cet ouvrage, justice à Pinel. Ainsi, à l'occasion de la membrane interne des gros intestins, et page xx de sa préface : « L'inflammation de la membrane qui tapisse la face externe des viscères abdominaux, était déjà connue par la belle classification de l'illustre Pinel. »

Le grand principe qui domine cet ouvrage, c'est que la plupart des maladies chroniques sont le résultat d'une inflammation aiguë mal guérie. L'histoire des phlegmasies chroniques était donc la continuation de ce que Pinel avait fait dans sa Nosographie philosophique; Bichat dans son Anatomie générale. Broussais faisait pour la pathologie ce que ce dernier avait fait pour l'anatomie et la physiologie. Il faisait connaître les caractères de l'inflammation dans les divers tissus de l'organisme, caractères anatomiques et caractères physiologiques. Il en tirait déjà des conclusions qui faisaient pressentir son système thérapeutique. Ces conclusions étaient :

1° Que sur un grand nombre de malades morts d'af-

---

[1] *Préf.*, p. xiii.

fections réputées générales, et appelées fièvres, on trouvait des traces d'inflammations dans plusieurs organes. Par là il ramenait un grand nombre de fièvres aux phlegmasies ;

2° Que très-souvent, ces inflammations s'observaient dans les organes digestifs et leurs dépendances ;

3° Que le traitement tonique et excitant, généralement opposé à ces fièvres ou inflammations, leur était essentiellement contraire, et devait être remplacé par le traitement antiphlogistique, les saignées générales, les saignées locales, les émollients, les adoucissants.

Cet ouvrage impérissable perpétuera la gloire de M. Broussais aussi longtemps que la saine observation et la vraie science seront en honneur.

Pathologie générale ou Médecine en général. 1° *Examen de la doctrine médicale généralement adoptée, et des systèmes modernes de nosologie, dans lequel on détermine, par les faits et le raisonnement, leur influence sur le traitement et la terminaison des maladies ;*

Suivi d'un plan d'études, fondé sur l'anatomie et la physiologie, pour parvenir à la connaissance des signes et des symptômes des altérations pathologiques, et à la thérapeutique rationnelle. Première édition.

Cette édition fut refondue dans la seconde, où il examine toutes les doctrines médicales depuis Hippocrate jusqu'à nos jours ; 4 vol. Cet ouvrage a été traduit en espagnol.

Art. I. Analyse du Traité du typhus du docteur Hernandez.

Art. II. Conclusions de ce qui a été dit à l'occasion du typhus du docteur Hernandez. Doctrine du typhus proprement dit. Base du traitement de cette maladie.

Art. III. Appréciation des nosologistes modernes.

C'est évidemment et uniquement une critique, toujours amère, quelquefois juste cependant, de la nosographie philosophique de Pinel, mais qu'il n'a pas comprise dans toute sa portée.

Art. IV. Vices des classifications qui viennent d'être examinées. Ce n'est que la confirmation de l'article précédent.

Art. V. Plan d'étude fondé sur l'anatomie et la physiologie, pour servir à la connaissance et au traitement des maladies internes.

Ce livre acheva la révolution commencée par les cours de Broussais. Législateur de la science nouvelle et juge de la science passée, il cita à son tribunal tous ses prédécesseurs, et fit le procès à leurs idées, d'après la loi qu'il venait de promulguer. La passion, l'enthousiasme d'une jeunesse ardente serrèrent une foule de sectateurs autour de lui. Pinel, timide et droit, assailli par son disciple, fut fidèle à son épigraphe, et garda sa noble dignité vis-à-vis de la critique.

Broussais domina seul, et fit secte pendant quelque temps. Mais la pratique, qui est, en médecine surtout, le juge suprême des systèmes, ne tarda pas à trahir l'exagération; et des ennemis, exagérés eux-mêmes, repoussèrent la nouvelle doctrine, dont ils ne saisirent point le côté vrai.

Contre ceux-là parut la Réponse aux Réflexions d'un anonyme sur la nouvelle doctrine médicale.

Et successivement, pour appuyer et développer cette doctrine et la répandre, plusieurs ouvrages, et surtout le Catéchisme de la médecine physiologique et les Annales furent publiés.

Nous avons à étudier plus en détail la dernière partie de l'Examen, le plan d'études pathologiques. Pinel s'é-

tait tracé un plan d'études médicales, car il s'était placé
bien plus haut; il était au point de vue de la science,
tandis que Broussais ne veut uniquement que l'art.
« Mon but, dit-il, est de former des médecins d'une
pratique plus heureuse que ne peut l'être celle des systématiques à la mode.... J'ose espérer d'en élever un
assez bon nombre, pour susciter à l'erreur des ennemis
qui finiront un jour par la détruire. »

Dès lors il dut repousser de toute sa force la médecine
expectante, l'hippocratisme, dans laquelle avait dû rester Pinel, tandis que Broussais va prendre le terme, la
guérison.

Pinel, dans son système de nosologie, n'avait eu
égard à aucune considération d'*étiologie*, de *causes* considérées d'une manière générale. Broussais, au contraire,
doit revenir à cette considération essentielle pour la
thérapeutique, et dès lors il traitera des causes de la
maladie pour les combattre; ensuite étiologie de la
maladie en général, par suite de l'irritation en plus ou
en moins, pour la rétablir à son état normal, et il arrivera à l'étiologie de la fièvre, qu'il sera obligé de faire
comme tout autre; et là il examinera s'il y a des fièvres essentielles ou non. Et il est admirable en ce point
dans la critique de Pinel.

Pinel avait cru devoir séparer *les maladies chroniques
des maladies aiguës*, en considérant les premières
comme provenant *d'une lésion organique*, suite de la
maladie; thèse qui nous semble pouvoir être soutenue.
Broussais cependant ne veut pas l'accepter.

Il va ensuite établir et étudier les maladies d'après
les tissus.

Il s'agit de voir qu'ici il démentit, en apparence
plus qu'en réalité, le plan de Pinel, car sa conception

médicale n'est que celle de Pinel, ajoutée à celle de Brown; et, dans cette première partie même, Broussais n'allait pas jusqu'à la thérapeutique; il n'y arriva que plus tard par la voie des déductions.

Voici ce plan d'étude.

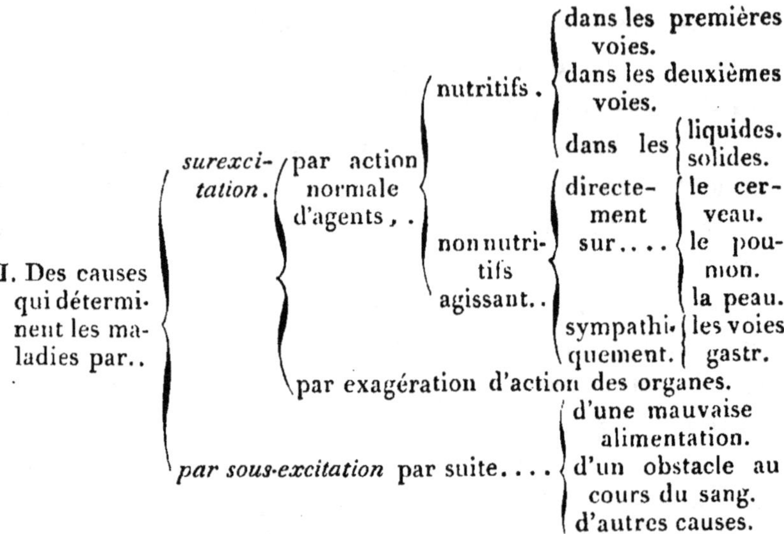

Voilà donc cette sur-excitation et cette sous-excitation qui nous présentent à la fois Brown et l'ontologie.

II. Étiologie de la maladie en général, par suite d'une *irritation*. L'irritation n'a lieu que par le système nerveux. Elle est transmise au cerveau; si elle se borne au système nerveux, elle produit les *névroses*; si elle s'étend sur les capillaires, elle est par son action :

1° Sur les capillaires sanguins;

Susceptible de déterminer l'inflammation, qu'il définit : *Action organique exagérée du système sanguin dans les capillaires*;

Qui, par réaction sur les nerfs entrelacés et confondus avec ces capillaires, et conduite jusqu'au cœur, détermine la *fièvre*;

Qui, se dissipant d'elle-même, donne lieu à la *ré-solution;*

Qui, en étouffant la vie dans la partie, par excès du sang, donne lieu à la gangrène par excès; — en déterminant la suppuration, donne lieu à la gangrène par débilité; — ou bien elle devient chronique; et alors arrivent les effets variés suivant les tissus, etc.

2° Sur les capillaires non sanguins ou blancs;

Non susceptible de déterminer l'inflammation; mais elle produit l'engouement, les obstructions, les affections locales organiques; affections chroniques, scrofules, carreau, phthisies, squirres, cancers.

Voici donc encore les phénomènes généralisés dans l'abstraction onthologique *irritation*, qui produit tout.

III. *Étiologie de la fièvre.* En existe-t-il d'essentielle? c'est-à-dire, existe-t-il des irritations du système sanguin qui ne soient pas l'effet sympathique d'une augmentation vicieuse de l'action organique dans un système ou appareil particulier? Et il résout la question négativement.

Maintenant arrive la classification des maladies d'après l'excitation en plus ou en moins, le brownisme, puis les membranes et les tissus divers, le pinélisme.

IV. Maladies par ...

surexcitation .
d'un tissu limité ..
de la peau......
du tissu cellulaire sous-cutané.... } phlegmons. endurcissements.'
des articulations : depuis l'état phlegmoneux jusqu'aux nuances les plus chroniques de désorganisation et de la goutte.
du squelette et des os.
des ouvertures des membranes mu-queuses......... } antérieures. postérieures.
des membranes muqueuses . } gastriques. pulmonaires. génito-urinaires.
des membranes séreuses.... } péritoine. plèvre.
des parenchy-mes...... arachnoïde.
d'un tissu non limité à un organe dans les....... } scrofules. syphilis. cancers.

sous-excitation ou défaut d'action vitale........
suite réactive d'excitation, ou médiate.
immédiate... } obstacles à la circulation. vices des fluides. défaut de stimulation compliquée.

Pinel avait déjà fait rentrer les fièvres intermittentes dans les fièvres localisées.

Les phlegmasies étaient définies avec ou sans état fébrile par lui, et partagées en

Phlegmasies ....
cutanées.
des membranes muqueuses.
—   —   séreuses.
du tissu cellulaire et parenchymateux.
des tissus musculaires, fibreux.
—   —   synovial.

Il faisait une classe des hémorragies, en les divisant suivant les membranes; une classe des névroses, divisées suivant qu'elles affectaient les organes des sens; enfin, il faisait une classe des lésions organiques.

En jetant un coup d'œil sur ce plan général, on voit:
1° que sa division par sur-excitation et par sous-excitation est celle de tous les médecins qui n'ont point admis la psyché; ce qui n'est pourtant pas le cas de Broussais, car il admet le principe vital.

2° Qu'il divise la sur-excitation des agents nutritifs dans les liquides et dans les solides ; et, plus tard , il a été obligé d'abandonner les liquides, et de laisser ainsi une lacune à remplir.

3° La sur-excitation des agents non nutritifs, agissant directement sur le cerveau, le poumon, la peau et les voies gastriques, n'est que la grande découverte de Pinel, le siége des maladies dans l'organisme. Ces agents vont maintenant déterminer les maladies, suivant l'âge, le sexe, etc.

4° La sous-excitation est étudiée dans tous les mêmes agents et les mêmes circonstances; c'est donc jusqu'ici de l'histoire naturelle, étudier l'être naturel maladie, sous le rapport de sexe, d'âge, de nutrition , etc.

5° Dans l'étiologie de la maladie, l'irritation n'est que le principe admis à la place de la psyché et du principe vital. En admettant que l'action organique exagérée réagit sur le cerveau, et que, conduite jusqu'au cœur, elle détermine la fièvre, il expose plus nettement une idée déjà émise.

6° Mais une nouvelle preuve qu'il était dans la direction de Pinel, c'est qu'il admet, comme tout le monde , que la fièvre pourra par elle-même arriver à une solution dans certains cas, que dans d'autres elle n'y arrivera pas, mais qu'elle passera à une fièvre chronique.

7° En pathologie générale, Broussais en est donc là où en étaient ses prédécesseurs, quoique les considérations physiologiques sur lesquelles repose son système soient souvent douteuses.

8° En traitant d'une manière générale de l'étiologie de la fièvre, suivant le lieu affecté, etc., il démontre qu'elle est un phénomène sympathique, provenant de l'irritation d'un organe en consensus. Or c'est précisément ce que Pinel avait élagué dans son ouvrage, et avec intention; il avait blâmé les humoristes, et s'était rapproché des solidistes, bien qu'il ne fût ni l'un ni l'autre. Broussais sera tout à fait solidiste, et ne pourra pas faire autrement.

La classification de Pinel était de dehors en dedans, et en rapport avec les modifications extérieures. Broussais essaye la sienne sur le principe de l'excitation en plus ou en moins de Brown, et d'après une anatomie chirurgicale, et non pas une anatomie physiologique, comme Pinel. A part cela, c'est donc la classification de ce dernier avec les modifications et les perfectionnements nécessaires. Il n'a pas, et ne pouvait pas changer la direction, mais il l'a développée.

Il est ensuite conduit à la thérapeutique, qui va devenir rationnelle. Là, il sort de notre direction, et nous n'aurons pas à le suivre; mais nous devons jeter un coup d'œil sur son Traité de l'irritation, et sa profession de foi.

Ce n'est pas une chose sans intérêt que de suivre le progrès des idées de Broussais. Comme l'école de Montpellier, comme Bordeu, comme Bichat, il fut d'abord vitaliste. L'esprit du vitalisme domine ses écrits, et a donné une grande puissance à sa critique, à une époque où l'exagération de l'anatomie pathologique pénétrait toute la médecine.

Dans son Traité de pathologie, il parle de la sorte :

« La puissance qui préside à la formation, au développement et à la conservation, est celle qui opère l'assimilation des substances nutritives; qui en tire de la gélatine, de l'albumine, de la fibrine; qui donne à ces formes de la matière animale la propriété contractile; qui règle la forme, la consistance, le volume, la durée de nos organes; qui les rétablit dans les conditions nécesaires à l'état de vie et de santé, lorsqu'ils en ont été écartés par une cause morbifique. Or, je le demande maintenant, est-ce la contractilité qui produirait tous ces effets? Il vaudrait autant dire que la contractilité se produit elle-même, puisque nous avons vu qu'elle tient essentiellement à la forme de la matière animale, que la puissance vitale est seule capable de créer. La contractilité ne saurait donc jamais être considérée que comme un des ouvrages de la force vitale, comme un moyen qu'elle emploie pour exécuter les mouvements qui doivent concourir à l'entretien des fonctions.» «La force ou puissance vitale préexiste donc nécessairement aux propriétés, ou, pour mieux dire, à la propriété fondamentale des tissus. Elle commence par la créer; ensuite elle s'en sert comme d'un instrument, pour se procurer les matériaux avec lesquels elle travaille continuellement à la composition du corps vivant. La contractilité, la sensibilité de relation, quoique ne marchant pas exactement sur la même ligne, sont donc des témoignages, des preuves évidentes de l'existence de la force vitale; mais elles ne sauraient être la force vitale.

— « Cette force vitale est assurément inconnue dans son essence, car c'est une cause première; mais elle se manifeste à nos sens par des changements de forme dans la matière. Ces changements consistent dans une modification spéciale des affinités moléculaires qui président à la chimie des corps inanimés, c'est-à-dire qu'elle se fait connaître par des phénomènes chimiques, mais d'une chimie propre à chacun des corps vivants. Or, cette chimie vivante est le phénomène le plus reculé qui frappe nos sens : elle n'est pas sans doute la force vitale proprement dite, mais elle en est le premier instrument, l'instrument *invisible*, *immatériel*, que nous ne connaissons que par la voie du raisonnement. En un mot, c'est l'instrument par lequel la force vitale, en agissant sur la matière, produit les instruments secondaires, purement matériels, perceptibles à nos sens, et où nous pouvons découvrir ce que nous appelons *les propriétés vitales des tissus.* »

De cette thèse si remarquable est sortie cette conséquence, que « toute maladie est vitale dans son commencement, » et tous les corollaires qui en découlent.

Mais l'effervescence de l'exagération devait conduire Broussais, par la négation de ces mêmes principes, jusqu'au fond de l'abîme du matérialisme et du scepticisme le plus absolu.

De l'irritation et de la folie, ouvrage dans lequel les rapports du physique et du moral sont établis sur les bases de la médecine physiologique.

Épigraphe : Lisez.

Dans sa préface, il se montre le protecteur de la jeunesse, qu'il veut prémunir contre l'envahissement des kanto-platoniciens, qui ont voulu flétrir les fruits de l'observation de l'homme au moyen des sens, à l'aide de mots sacramentaux, vains et ridicules. Ils offrent un appât à notre jeunesse dans l'orgueil de leur éclectisme ; ce sont des illuminés qui aspirent à la domination exclusive des consciences, en repoussant les physiologistes et se mettant à la place des théologiens. Ils n'ont d'attention que pour les forces de la nature ; leurs adeptes sont des orgueilleux, ignorants comme eux. Ils ont la prétention de donner, dans un langage ampoulé, des lois à la médecine, lorsqu'ils ne savent pas ce qu'elle est. Leur doctrine a malheureusement fait quelques pas au milieu de nous ; il faut la repousser.

C'est dans ce but qu'il entre en matière, et donne d'abord une idée de l'irritation, mot qui représente aux médecins l'action des irritants, ou l'état des parties vivantes irritées. Tous les corps vivants sont soumis à l'irritation, ou en d'autres termes sont irritables. Suit l'histoire de l'irritation dans les progrès de la médecine, et l'exposé des principes de la doctrine physiologique sur l'irritation.

Dans cette doctrine, l'archée, le principe vital, les propriétés vitales sont transformées en irritation, qui devient ainsi le seul agent et la raison suprême de tous les phénomènes de la vie, dans la santé comme dans la maladie.

Il en étudie l'influence sur les fonctions du système nerveux dans les phénomènes instinctifs et intellectuels ; et bientôt l'instinct et l'intelligence ne sont plus que l'irritation mise en action ; et l'irritation est elle-même le produit du système nerveux, dont il étudie les fonctions chez l'adulte, ainsi que le développement successif de ces fonctions depuis l'embryon jusqu'à l'adulte, en rapport avec le développement du cerveau.

Il réfute ensuite toutes les théories admises sur les facultés intellectuelles, et montre aux psychologistes que toutes les idées viennent des sensations. Il résout leurs objections, qu'il a grand soin d'affaiblir ; puis celles des rationalistes et des théologiens modernes.

Et alors se regardant comme vainqueur, il expose

le développement des rapports qui existent entre l'appareil nerveux et les phénomènes instinctifs et intellectuels, et enfin, comment ces phénomènes se rattachent à l'irritation, dont ils sont le produit.

Après avoir considéré l'irritation sous le rapport physiologique et intellectuel, il l'envisage sous le rapport pathologique, et montre le rôle qu'elle joue dans la production des maladies; et ici revient le système de l'excitation en plus ou en moins.

Dans la seconde partie, il applique cette doctrine aux maladies mentales.

Voilà donc tout réduit à l'irritation; le mouvement, la vie, l'instinct, l'intelligence, l'âme enfin, ne sont que les résultats purs et simples de l'irritation. Il était impossible de formuler le matérialisme d'une manière plus énergique; mais enfin quelles en sont les conséquences? Où aboutit cette doctrine? Broussais va nous l'apprendre avec l'énergie de sa logique. Il va nous dire le dernier mot. Cherchant à tout expliquer par la puissance de l'irritation, il arrive à conclure qu'il faut admettre cette puissance mystérieuse, sans chercher à l'expliquer. Cependant lui qui s'est acharné contre l'ontologie, fait de l'irritation une abstraction ontologique; elle produit les phénomènes qui nous constituent êtres sensibles, et elle est produite par eux; ou, en d'autres termes, l'irritation produit l'irritation. C'est avec un tel point de départ, avec cette insoutenable et inexplicable théorie, qu'il prétend tout expliquer. Ainsi le principe vital, bien plus, l'âme elle-même, est devenue l'irritation; et l'irritation est tout.

Mais en 1828, M. Dutrochet, ayant proposé de substituer au mot de sensibilité, le mot activité, comme exprimant une propriété capillo-électrique commune aux solides et aux liquides, Broussais s'y opposa. Cependant ses idées avaient fait un grand progrès depuis cette époque jusqu'à sa profession de foi, la dernière de ses œuvres, et par conséquent son dernier mot, son ultimatum; il y admet les activités des molécules ou atomes, variées par les impondérables, comme la seule cause appréciable de tout ce qui existe, et par conséquent au-dessus de l'irritation. Or voici la conclusion rigoureuse de toute la doctrine de Broussais en philosophie; conclusion qu'il n'a point cachée lui-même, qu'il s'est avouée et qu'il a déposée dans le sein de ses amis en mourant: le sentiment d'une intelligence coordinatrice est une chimère, une impossibilité. Il est impossible de savoir ce que c'est que les activités, que les impondérables et les atomes, aussi bien que les créations relatives et absolues. Il ne peut y avoir d'autre culte, d'autre loi morale, que la satisfaction des besoins physiques, c'est-à-dire qu'il est impossible que le monde, ou du moins le genre humain existe. L'autre vie est une chimère. De l'impossibilité de connaître les facultés intellectuelles, il résulte que toute science est une chimère; il ne peut y avoir aucune certitude sur quoi que ce soit, toute affirmation est impossible. Mais comme toutes ces propositions sont des raisonnements, et que *les raisonnements ne peuvent rien*, il s'ensuit que c'est quelque chose d'impossible à exprimer dans aucune langue humaine, puisque le langage n'est et ne peut être qu'une série de raisonnements.

Telle est la solution absurde du grand problème de l'existence du monde et de ses destinées; d'où il faut conclure mathématiquement que la solution catholique est la seule possible, la seule vraie.

Après avoir apprécié, le plus complétement qu'il nous

a été possible pour notre plan, Broussais comme médecin et comme philosophe, nous n'avons plus qu'à rappeler ce qu'il a fait pour la science.

VI. *Principes et faits laissés par Broussais à la science.*

Broussais nous semble avoir exécuté ce que les principes posés par Pinel et par Bichat demandaient comme conséquences;

Ou bien avoir systématisé, dans les principes de Pinel et de Bichat, tout ce qui constitue l'art de la médecine et du médecin.

Aussi a-t-il, avec juste raison, critiqué rigoureusement la méthode dite éclectique et la méthode empirique, acceptant le vitalisme et le principe vital; la *surexcitation* et la *sousexcitation* de Brouwn, par suite des excitants ou des modificateurs internes sur les tissus, et le solidisme de Boerhaave.

Il a commencé par une sorte de physiologie générale ou médicale, dans laquelle il a cherché à apprécier les actions en plus ou en moins des *agents extérieurs* sur les organes et leurs fonctions chez l'homme.

Il reconnaît à la matière vivante une seule propriété fondamentale, qui se manifeste par le resserrement et la contraction (*la contractilité de tissu de Bichat*). Les stimulants la mettent en jeu.

Le plus ou le moins de ces actions, au delà ou en deçà de l'état normal, détermine la maladie.

La maladie est donc l'affection d'un organe et sa souffrance.

Elle est déterminée par suite de l'irritation en plus ou en moins de l'état normal, produite par un *agent extérieur* sur tel ou tel tissu, sur tel ou tel organe, et cela directement ou sympathiquement.

Du solidisme absolu ou presque absolu qu'il accepte, il est conduit à admettre le siége des altérations pathologiques dans le système capillaire des tissus et des organes : *sanguin* pour les maladies aiguës, *non sanguin* pour les maladies chroniques.

Par suite de l'irritation dans le système capillaire, il y a afflux des liquides. Quand l'irritation ne se borne pas à l'organe stimulé, et qu'elle se porte à un autre par sympathie, elle produit des phlegmasies secondaires.

De la sensibilité organique devenue animale par le transport de l'irritation au cerveau, et de l'action de celui-ci sur l'organe central de la circulation, résulte la fièvre de *locale* devenue *générale*.

La fièvre ou la collection des symptômes qui la désignent, n'est donc plus qu'un phénomène sympathique, indice de l'irritation d'un organe ou d'un tissu. Dès lors elle est variable d'intensité et un peu de nature, suivant celle du tissu ou de l'organe en état d'irritation, et *jamais elle n'est essentielle*, mais toujours suite d'une *inflammation* ou *phlegmasie*, aiguë, si celle-là a porté son action sur le système capillaire sanguin, chronique, si c'est le système capillaire non sanguin.

D'où les fièvres muqueuse, gastrique, adynamique, et même ataxique, ne sont que des degrés de la phlegmasie de l'estomac et de l'intestin.

D'où encore la classe des phlegmasies ou inflammations a englobé toutes les fièvres dites essentielles, et comprend la très-grande partie des maladies, et par suite les hémorrhagies et même les névroses.

Du fait que la vie n'est entretenue que par l'action des modificateurs externes, et que celle-ci ne peut avoir lieu que par l'enveloppe externe ou interne, il est évident que c'est dans cette enveloppe, dont l'étendue et la nature varient suivant les usages de ses parties, que les altérations pathologiques seront plus nombreuses et plus variées.

Or, comme le canal intestinal, et surtout l'estomac, sont les parties de l'enveloppe qui sont exposées à la plus grande variété d'actions de la part des modificateurs externes, on voit comment elles seront sujettes à un plus grand nombre d'affections et à plus de variétés dans la forme et dans l'intensité de la fièvre qui les traduit. De cette étiologie des différentes sortes ou degrés de la fièvre ainsi localisée et non essentielle est sorti l'un des principes les plus importants dans le *diagnostic* et dans le *prognostic* des maladies : la recherche de la partie de l'organe en état d'altération.

Et de cette étiologie de l'irritation localisée, généralisée à un si grand nombre de maladies, est sortie une thérapeutique rationnelle bien plus étendue, comprenant :

La médecine expectante ;

Le régime des maladies aiguës;

L'emploi du régime antiphlogistique, et surtout la saignée locale sur le système capillaire sanguin ;

L'emploi localisé du traitement antiphlogistique, sans prendre en considération que très-secondairement les symptômes d'adynamie et d'ataxie.

Ce sont là, évidemment, d'immenses progrès, surtout dans le terme, le but essentiel de la médecine, mais nullement une nouvelle doctrine médicale; c'est une doctrine médicale plus adulte, si l'on peut employer cette expression.

Elle n'est pas plus physiologique qu'aucune autre, mais seulement dans une direction rationnelle plus complète; elle n'a pas renversé le pinélisme, comme Broussais avait fini par le croire et comme l'ont proclamé ses adeptes les plus fervents; mais elle l'a étendu, perfectionné, rectifié dans sa direction, sa nature, et en se servant de ses principes mêmes, c'est-à-dire, les *affections analysées, rapprochées, groupées suivant la nature des tissus, des membranes, et les symptômes, en indiquant leur nature et leur intensité.* En effet, elle n'a pas renversé *l'histoire naturelle des maladies, leur marche naturelle, leur durée naturelle, les crises également naturelles, les constitutions médicales et épidémiques, l'importance de la considération de l'âge, du sexe, et du tempérament.*

Elle n'a pas renversé la méthode de l'analyse pour découvrir, par la subordination des caractères ou symptômes, le tissu, l'organe lésé et l'intensité de la lésion.

Elle n'a pas fait rejeter l'emploi de la méthode naturelle pour la classification des maladies.

Elle n'a pas fait rejeter la méthode expectante dans le traitement des maladies.

Elle n'a pas même renversé l'emploi de l'ontologie, parce que cela est impossible.

Elle n'a pas renversé l'emploi des *spécifiques*, quoiqu'elle ait considérablement étendu le domaine de la thérapeutique rationnelle.

Elle n'a pas même renversé complétement l'essentialité des fièvres, parce qu'elle a exagéré le solidisme, et complétement oublié l'humorisme; or, une certaine altération des fluides pouvait certainement y donner lieu.

Broussais est un bras puissant qui n'a pas senti toute la nature du ressort, du principe qui le mettait en action, quoiqu'il ait dit quelque part : C'est dans les œuvres de Bichat et non ailleurs que j'ai puisé l'idée de ces recherches.

Il n'est, en effet, que Pinel et Bichat, mis en action dans la direction de leurs principes entés sur le brownisme.

N'étant ni naturaliste ni anatomiste, ni physiologiste, il n'a pu sentir le besoin de la méthode naturelle, ni des principes qui la dominent; et cependant, « toute doctrine qui a exercé quelque influence, ne l'a fait, et n'a pu le faire, que par la direction nouvelle qu'elle a imprimée aux esprits; par le point de vue nouveau sous lequel elle a fait considérer les choses, c'est-à-dire, par la méthode, » comme l'a dit M. Victor Cousin.

Mais comme il était puissant dialecticien, sans logique toutefois, un principe senti, accepté par lui, a été poussé dans toutes ses conséquences, et quelquefois jusqu'à l'extrême; témoin, l'irritation arrivée jusqu'à être la cause des phénomènes intellectuels et de leur dérangement; témoin, le traitement antiphlogistique exagéré, le solidisme exclusif, la trop grande extension des maladies sténiques, la localisation trop absolue des fièvres, la guerre faite à l'ontologie.

Dès lors, aussi, il n'a pu adopter l'épigraphe de Pinel, tirée de la Bruyère. « Il faut chercher seulement à penser et à parler juste, sans vouloir amener les autres à notre goût et à notre sentiment; c'est une trop grande entreprise. »

Et il a choisi celle-ci : « Qu'est l'observation, si l'on ignore là où est le siége de la maladie (Bichat)? » Et il a déclaré que son intention était de braver les reproches de manque de respect pour les autorités révérées, pour des gens qu'il estime, et qui l'ont honoré de leur confiance et de leur protection, sans même adoucir sa critique par des éloges accordés à la célébrité.

Aussi, sa vie entière a été une vie de lutte, une vie de combats pour amener les autres à penser comme lui, et pour écraser ceux qui résisteraient. *Ce n'a pas été une trop grande entreprise* pour lui d'attaquer, de rectifier, de renverser ce qu'il croyait et ce qu'il essayait de démontrer erroné.

Par là même, il a produit de son temps, pendant sa vie, un effort de la plus haute importance pour la médecine.

1° Dans l'étiologie générale, et surtout particulière des maladies ;

2° Dans le diagnostic et le prognostic ;

3° Dans la thérapeutique.

Et il a renversé, non le pinélisme qui n'est que la médecine devenue science positive par l'application de la méthode naturelle, l'observation, l'analyse et l'induction, basée sur l'anatomie physiologique et pathologique, et d'où découle la thérapeutique rationnelle ; mais il a renversé l'éclectisme, qui n'est que l'anarchie des doctrines, et l'empirisme, qui n'est que l'aveuglement du hasard. Par là même, il a renversé, dans son germe, la singulière méthode introduite dans ces derniers temps, et qu'on nomme la médecine numérique, que l'on peut définir l'empirisme formulé d'une manière mathématique, en y appliquant le calcul des probabilités, *croix ou pile*.

En renversant l'empirisme, il a beaucoup restreint le nombre des remèdes. Chose remarquable, Pline le matérialiste, en suivant les principes de sa doctrine, avait créé l'empirisme et multiplié d'une manière effrayante les remèdes du hasard ; et Broussais le matérialiste, en travaillant sous l'influence des principes qu'il combat, arrive à la destruction de cet empirisme et à la simplification des remèdes.

De plus, Broussais a eu une influence extrêmement avantageuse sur la médecine, en laissant en germe l'étude des maladies générales et déterminées par les altérations des liquides, et surtout du sang, progrès qui s'opère maintenant; et la distinction plus rigoureuse des maladies dans les organes complexes, comme l'estomac; enfin il a laissé la thérapeutique, qu'il a trop localisée, à suivre dans une direction moins exagérée.

Il n'a point renversé l'ontologie, puisqu'il n'a pu se dispenser de créer des entités. Loin d'avoir renversé l'enseignement du catholicisme et de la théologie, il l'a confirmé au contraire, en montrant par le fait que toute attaque de ce genre, et même la plus rigoureuse, conduit nécessairement à l'absurde.

SECTION IV. — GALL.

1758—1828.

I.

Nous avons essayé de démontrer comment, par l'effort continu de Pinel, de Bichat et de Broussais, la médecine, en entrant dans la voie d'observation, d'analyse et de méthode naturelle, s'élevait jusqu'à la démonstration scientifique, en devenant une branche des sciences naturelles.

Nous devons maintenant étudier cet autre effort qui touche au système nerveux, le dernier terme de l'organisme, et le régulateur de tous les autres organes, en même temps qu'il est le substratum de l'intelligence, les rênes de l'âme. Bichat y avait fait peu d'attention; il avait laissé là une lacune. Pinel, au contraire, en s'attaquant aux maladies mentales, arrivait nécessairement à l'étude du système nerveux. De même Broussais, qui avait repris la direction de la thérapeutique et de la pathologie générales, devait revenir, à la fin de sa carrière, à l'étude de ces maladies et du système nerveux, qui en est le plus souvent le siége, pour les faire rentrer dans ses *irritations*, parce qu'ayant pris tout l'ensemble des maladies, ce que n'avait pas fait Bichat, qui avait pénétré dans les maladies intérieures de tissu, en sortant de la chirurgie, il était conduit, dans l'exagération même de son principe, à ramener tout à une seule cause; mais, lorsque arrivé au terme, il voulut soumettre à ce principe les phénomènes intellectuels, il revint à l'étude du système nerveux dans la direction de Gall : il y porta toujours la même exagération, et en fit sortir le matérialisme.

Bien donc que Gall ne puisse être considéré comme une conséquence directe de Pinel, cependant il est l'accomplissement du dernier besoin de la science, et doit, par conséquent, être regardé comme la nécessité de son époque. Il sera pour nous celui qui a donné à l'étude du système nerveux, la seule base, la seule direction qui devait en assurer les progrès, les hâter, et les faire aboutir au résultat possible, *la physiologie du cerveau*. Il a consacré toute sa vie à l'élaboration de ce seul point, et il est un exemple remarquable, qu'une idée importante et nécessaire peut entrer dans la science par la force d'un seul homme, combattu, négligé, méprisé, ridiculisé même, quand l'époque de la maturité est venue.

Au point où nous sommes parvenus de l'histoire des sciences naturelles, et même de toutes les siences, nous voyons comment le cercle s'est considérablement agrandi dans ses rayons principaux. D'abord, dans la reprise de la méthode par Jussieu; car, quoique les principes de la méthode naturelle n'aient été posés que pour la classification des végétaux, néanmoins, parce que cette méthode était une vérité, elle a été appliquée à toutes les parties de la science des corps : aux maladies, par Pinel; aux organes et aux tissus comme conséquence, par Bichat; et aux maladies considérées physiologiquement et pathologiquement, ainsi qu'à la thérapeutique rationnelle, par Broussais.

Nous avons vu, en second lieu, que l'anatomie de la mesure s'était aussi considérablement agrandie depuis Haller, pour arriver à étudier l'anatomie comparée par Vicq-d'Azir, qui prend la science de l'organisation, et l'étend à toute la série des êtres végétaux et animaux, en y faisant entrer la physiologie. Pleinement dans la direction de Haller, il ne s'est pas borné là; il a appelé la médecine comparée des végétaux et des animaux, pour compléter la médecine de l'homme. Par là nous arrivons à considérer l'organisme, non-seulement à l'état normal, mais encore à l'état anormal; et l'irritation de Broussais n'est que la doctrine exagérée de l'article *Aiguillon* du Dictionnaire de l'Encyclopédie méthodique, dû à Vicq-d'Azir. Voilà où nous amène le créateur de l'anatomie comparée; mais Vicq-d'Azir n'était ni naturaliste, ni méthodiste ; et Storr, qui, le premier, va marcher dans cette voie, commencera à appliquer les principes de la méthode aux mammifères ; mais son effort sera, pour ainsi dire, sans résultat ; on ne marchera pas sur ses traces, tandis que Pinel, enfantant Bichat et Broussais, avait non-seulement appliqué ces principes à toutes les parties de l'art de guérir, mais encore était arrivé jusqu'au terme, en considérant les phénomènes du système nerveux, les phénomènes intellectuels. Quoiqu'il fût arrivé à ce point, des considérations, nées du système intestinal, étaient venues se jeter à la traverse, et rendre la généralisation impossible.

Après ces progrès, quoiqu'il y eût un Lamarck, le point où nous étions arrivés nous conduisait rigoureusement aux doctrines théologiques ; et pourtant on s'est jeté dans le naturisme par l'étude des molécules : on avait exagéré la règle de Bacon, « que les faits sont la base de la science. » Alors on a pris les faits sans examiner qui les introduisait ; on les a comptés, et on n'a voulu qu'eux. Quand, après avoir anéanti les principes qui seuls relient les faits, on a dit : C'est un fait, que voulez-vous dire contre un fait ? on a cru posséder la science ; on a voulu conclure, et on n'a pu aboutir qu'à la matière qui fournit les faits, et la science s'est évanouie ; car il n'y en a point sans démonstration, et, sans principe, toute démonstration est impossible. Ce n'était pas ainsi que Bacon avait entendu que les faits étaient la base de la science ; en faussant sa thèse, on était venu jusqu'à confondre les hypothèses avec les faits sans les distinguer. Une autre cause conduisait au naturisme ; c'était l'entreprise d'expliquer en physiologie les fonctions par la chimie. Les physiologistes n'ont plus voulu envisager, dans les phénomènes, que ce qui était physique et chimique ; et alors, rejetant la puissance du Créateur, ils ont fait de la nature une grande entité, envisagée comme la cause universelle. Par suite de l'exagération de cette thèse physiologique, dans laquelle les faits étaient pressants, on a voulu faire marcher la nature, la faire sentir, percevoir, raisonner et comprendre; on en a fait ce qu'on ne voulait admettre ni dans le principe intellectuel humain, ni dans l'intelligence créatrice. Ainsi le naturisme était conduit à l'âme universelle du monde, créant et organisant toutes choses.

Dans cette voie, la difficulté la plus grande a été celle où l'on est arrivé aux phénomènes de l'intelligence. Ici s'est présenté un mur d'airain, un obstacle infranchissable ; pourtant le courage de Broussais a essayé de l'escalader, et nous avons vu qu'il s'y était brisé. Dès lors on a senti la nécessité d'étudier le système nerveux, le substratum des phénomènes intellectuels ; et, comme ces phénomènes se présentaient divers et variables, on a eu besoin de chercher à localiser, sans toutefois en avoir sondé auparavant la possibilité. Mais, bien que l'étude des rapports de l'intelligence avec son substratum eût été présentée à plusieurs époques, comme elle ne venait pas à son temps, elle avait été abandonnée. Dès qu'un génie est venu dans un moment favorable, tout le monde l'a suivi. C'est dans la fin du dix-huitième siècle que Gall a donné ses premiers travaux; il a consacré sa vie à cette thèse, et transporté sa chaire dans tous les coins de notre Europe.

Il est donc facile de sentir la nécessité et l'importance de cet effort, puisque nous sommes arrivés au terme, l'intelligence humaine, d'où ressortent toutes les questions les plus élevées de physiologie, de métaphysique, de morale et de religion.

Nous allons donc commencer notre marche ordinaire par quelques détails de biographie. Malheureusement, Gall était un Allemand émigré chez nous, et sur lequel nous n'avons que peu de renseignements positifs.

II. *Éléments et extrait de sa biographie.*

Ces éléments se trouvent : 1º dans un Discours prononcé sur la tombe de Gall, en 1828, par le docteur Fossati. Dans une Notice historique sur le docteur Gall, par le même, Journal de la Société philomat., t. I, pag. 90-101.

2º Dans l'Histoire de la maladie du docteur Gall, par Roboam, Clin. des hôpit., t. III, in-8º, art. 1838.

3º Dans un Extrait des Notes cliniques du docteur Broussais; Méd. physiol., vol. IV, pag. 264-273 ; 1828.

Du même, Discours prononcé sur la tombe de Gall; Rev. encyclopéd., août 1828.

4º Notice sur Gall, par Buchez.

5º Renauldin, art. *Gall*, du Supplément à la Biogr. de Michaud, 1838 ; détails biogr. fournis par Fossati.

Jean-Joseph Gall naquit à Tiefenbrunn , dans le grand-duché de Bade, en 1758. Son père, petit marchand de ce village , était chargé d'une nombreuse famille, et ne put soigner l'éducation de Gall. Celui-ci fit ses premières études sous son oncle, qui était curé, et qui lui donna une direction particulière. De très-bonne heure, il s'occupait beaucoup d'histoire naturelle ; elle était pour lui toute dans les rapports des êtres avec les circonstances et les milieux. Dès son jeune âge, il avait fait pour la recherche des nids des considérations très-importantes, qui le conduisaient à deviner dans quels lieux et sous quelle direction des vents les diverses espèces faisaient leurs nids; dès lors aussi la recherche des causes entrait dans ses études.

Il étendait ses observations sur lui-même, sur ses sœurs et ses camarades de collége; il remarquait les qualités qui dominaient dans chacun; et la première remarque qui le frappa fut que tous ceux qui se distinguaient par leur mémoire avaient les yeux gros. Cela le conduisit d'abord à admettre qu'il y avait, dans chaque individu, des qualités dominantes qui tenaient à leur organisation; mais, encore peu hardi dans ses conclusions, il dit avoir été découragé d'abord par la doctrine des philosophes qui prétendaient que tous naissent avec des facultés égales, que l'éducation développe plus ou moins; cependant l'observation plus minutieuse des animaux et de ses camarades l'amena à conclure que les facultés des hommes et des animaux sont innées. C'était un grand point, d'où va, pour ainsi dire, sortir toute sa doctrine.

Il étudia d'abord à Baden, et vint ensuite à Strasbourg, pour suivre les cours de médecine sous Hermann, qui était naturaliste. Il se rendit ensuite à Vienne pour y étudier la pratique : les cours de clinique venaient d'être introduits dans cette école. Sa thèse inaugurale paraît avoir été une thèse de généralisation philosophique sur l'art et la science de la médecine, une thèse de causes et d'effets. Il se livra immédiatement à la pratique dans la ville de Vienne; et il y obtint assez de succès pour être en état de faire cette collection de cerveaux en cire, qu'il promena par toute l'Allemagne, mais qui n'est jamais venue en France.

C'est alors aussi qu'il commença ses cours à Vienne, où il fit la connaissance de Spurzheim, qui embrassa ses idées et devint son bras droit. Gall n'était pas anatomiste; lorsqu'il arrive à ce point, c'est chez lui une anatomie à la Descartes. Il n'était même pas en mesure de démontrer les pédoncules du cerveau, et ce fut Spurzheim qui suppléa à ce grave défaut; il était toujours chargé de la démonstration. Aussi, toute l'anatomie du système nerveux est sortie pour Gall de Willis, Reil, Malpighi, et surtout de Vicq-d'Azir, qui marchait beaucoup plus vers une systématisation. Il emprunta aussi beaucoup à Cuvier qui continuait Vicq-d'Azir.

Cependant ses cours à Vienne furent regardés comme opposés aux idées religieuses, et furent repoussés par les gouvernants soit ecclésiastiques, soit civils; pour lui, il suppose que ce fut le clergé catholique qui le repoussa. Malgré cela, il nous apprend qu'il s'était déjà occupé de faire mouler en plâtre les têtes d'un nombre considérable d'hommes qui avaient acquis de la célébrité par une qualité quelconque. Il se procurait les crânes de ceux qui mouraient. Il dit que S. E. Mgr le comte de Saurau, ministre de la police de la monarchie autrichienne, seconda son désir de rassembler un nombre suffisant de têtes remarquables. Il fit également une collection de crânes d'animaux, et examina les têtes des aliénés, toujours en comparaison avec la nature de leur folie; celles des prisonniers, en comparaison avec leurs délits, leur vie entière et toutes leurs dispositions. « En outre, ajoute-t-il, l'attention que l'on eut de m'envoyer des crânes de criminels fameux me donna la facilité de rendre ma collection plus complète. »

« Je visitai les écoles les plus nombreuses; je me fis montrer les élèves qui avaient un talent éminent, ceux qui étaient bien décidément dépourvus d'un certain talent quelconque. Je comparai entre eux ceux qui avaient les mémes qualités, puis avec ceux dont les qualités étaient opposées, etc. »

Dès lors, ses entretiens avec ses amis prirent de l'intérêt, s'étendirent, et on le pressa de publier sa physiologie du cerveau. Mais il ne tarda pas à éprouver le besoin de faire des recherches sur l'organe général des facultés intellectuelles, et il commença par examiner anatomiquement le cerveau. Il s'aperçut bientôt que nos connaissances sur la structure de cette partie si noble, étaient extrêmement défectueuses. La méthode ordinaire de procéder à son examen ne pouvait le satisfaire; il s'en créa une, l'apprit à Niklas, jeune étudiant qui le seconda beaucoup.

Il continuait ses recherches, lorsque le premier jour de l'an 1805, son père qui demeurait toujours à Tiefenbrunn, lui écrivit ces mots : « Il est tard, et la nuit pourrait n'être pas loin, te verrai-je encore? » Cette circonstance, jointe aux tracasseries qu'il éprouvait à Vienne, le détermina à quitter cette ville, ses travaux, ses malades et ses amis, pour revoir ses chers parents. Il emporta avec lui une partie de sa collection, dans le but de consulter les savants du nord de l'Allemagne. Le docteur Spurzheim, qui depuis longtemps s'était familiarisé avec ses idées, l'accompagna, pour suivre en commun les recherches qui avaient pour but l'anatomie et la physiologie de tout le système nerveux. Ils furent reçus partout avec l'accueil le plus flatteur. Ils eurent de nombreuses conférences, et firent même des cours, ce qui prolongea leur voyage. Gall parcourut la Suisse de la même manière.

C'est alors aussi que s'éleva contre lui une nuée de critiques, des médecins attachés aux gouvernements. Il cite surtout parmi ces critiques, Walter, Ackermann et Steffens. Il fut même combattu par le ridicule et joué sur le théâtre en sa présence.

Cela ne l'empêcha pas de poursuivre ses cours, qui étaient publiés par ses élèves.

Dès 1778, il avait publié son premier essai dont parle Fossati, à l'époque où Pinel venait de publier son grand ouvrage; ce fut à Dretz qu'il publia pour la première fois quelque chose sur la structure du cerveau; il est indubitable que dès lors il s'était adjoint Spurzheim.

Ainsi donc, de 1796 à 1807, il professa dans toute l'Allemagne, et alors il se réfugia à Paris, où il lui fut permis de faire son premier cours en 1808. Et le 14 mars il présenta son premier mémoire à l'Institut. Cuvier en fit le rapport. Mais le chef du gouvernement permettait encore moins que les autres sa direction apparente, et aussitôt il s'éleva une foule de critiques contre lui. Cependant il jouit d'un peu plus de tranquillité à Paris; il en profita pour publier avec Spurzheim son grand ouvrage en six vol. in-8.

Il se vit par sa position pécuniaire obligé de se livrer à la clinique.

En 1813, il se brouilla avec Spurzheim, sans doute parce que celui-ci était le seul démonstrateur dans ses cours. En 1815 ou 1819, il obtint des lettres de naturalisation de Français; et en 1822, il essaya d'entrer à l'Académie des sciences, d'où il fut repoussé.

L'année suivante, sa position, toujours assez peu large, lui fit penser à aller essayer ses cours à Londres, où Spurzheim avait déjà obtenu assez de succès; il en était ensuite parti pour l'Amérique du Nord où il est mort. Gall réussit moins que son disciple en Angleterre; il revint à Paris, reprit ses cours à l'Athénée et périt bientôt d'une demi-paralysie. Il mourut à Mont-rouge, le 22 août 1828, à l'âge de soixante-dix ans. Il ne voulut pas que son corps fût présenté à l'église, et ordonna que son crâne fît partie de sa collection, qu'il légua au Muséum d'anatomie comparée, où elle se trouve en effet.

Gall étudiait peu, réfléchissait beaucoup. Il était d'un extérieur remarquable, bien pris, et il avait le front extrêmement développé, aussi bien que le cervelet. Ses habitudes étaient extrêmement peu régulières; il avait peu d'ordre dans ses affaires, et les circonstances de sa position ont été peu brillantes, mais il n'en voulait pas.

Dans ses leçons, il était d'une originalité extrêmement piquante par son langage germanique exprimé en français.

Ses qualités morales paraissent avoir été assez belles sous certains rapports; on dit en effet qu'il était intéressé, fier, indépendant, qu'il avait peu d'amour-propre et était très-circonspect.

Il avait un grand tact dans l'esprit, était franc et loyal, mais fin et clairvoyant; observateur réfléchi et constant, il avait peu de mémoire.

Ses relations de famille ont été nulles.

Ses relations d'amitié n'ont eu lieu que sous le rapport de la science et dans le but de propager sa doctrine.

Ses relations politiques ont été nulles comme celles de tous ceux qui ont une idée à poursuivre.

Les opinions religieuses de Gall étaient à peu près celles de Broussais à la fin de sa vie, c'est-à-dire un déisme réfléchi.

III. *Travaux de Gall, leur nombre et comment ils nous sont parvenus.*

Les travaux de Gall ne sont pas nombreux [1]; ils n'ont qu'un seul but, l'anatomie et la physiologie du

[1] Énumération de ses ouvrages :

1° *Lettre à M. J.-F. Retzer,* relativement à son Prodrome (déjà terminé) sur les facultés du cerveau de l'homme et des animaux ; dans le nouveau *Mercure allemand*, rédigé par Wiclard, cah. de décembre 1798, à Weimar, avec une réponse de Retzer. Cette lettre a été traduite dans le journal de la Société phrénologique de Paris, avec une lettre de M. le docteur Fossati, vice-président de cette société, adressée au docteur Elliotson, président de celle de Londres.

2° *Recherches médico-philosophiques sur la nature et l'art dans l'état de santé et de maladie* (en allem.), 1 vol. in-8. Vienne, 1791. — Ce n'était que la 1re partie ; le manuscrit de la seconde lui étant parvenu à Paris deux ans avant sa mort, il ne jugea pas convenable de le publier, ne la trouvant plus au courant de la science.

3° *Introduction au cours de physiologie du cerveau*, ou discours prononcé par le docteur Gall, à l'ouverture de son cours public, le 15 janvier 1808. Paris, 1808 ; deux éditions.

4° *Recherches sur le système nerveux en général et sur celui du cerveau en particulier;* mémoire présenté à l'Institut de France, le 14 mars 1808, par MM. J.-J. Gall et G. Spurzheim. Paris, 1809, in-4°, avec planches.

5° *Anatomie et physiologie du système nerveux en général et du cerveau en particulier*, avec observations sur la possibilité de reconnaître plusieurs dispositions intellectuelles et morales de l'homme et des animaux par la conformation de leurs têtes. 4 vol. in-4°, avec atlas de 100 pl. in-fol. Paris, 1810-1819.

6° *Des Dispositions innées de l'âme ; de l'esprit du matérialisme, du fatalisme et de la liberté morale*, avec des réflexions sur l'éducation et la législation criminelle, par J.-J. Gall et Spurzheim. 1 vol. in-8°. Paris, 1812. — Ce sont les trois premières sections de son 2e volume, publiées à part.

7° *Sur l'Origine des qualités morales et des facultés intellectuelles*

système nerveux, et surtout du cerveau, comprenant
la psychologie, la philosophie et la morale. Son premier
ouvrage, sa thèse, n'a pas paru. Le premier travail
publié que nous ayons est une lettre de Gall à Retzer,
sur le cerveau de l'homme et des animaux. Le second, qui n'était pas de lui, est intitulé : *Loi sur
les fonctions du cerveau*, par Blonde, un de ses auditeurs. Il n'y avait point encore d'anatomie; c'est sur cet
ouvrage que porte la critique d'Ossiander, en 1778. Il
n'y était question que de fonctions, quoiqu'il y eût
déjà une conception anatomique.

Sa philosophie médicale, un vol. in-8°, publiée à
Vienne en 1791.

Enfin, son grand ouvrage en quatre vol. in-4°, publié
à Paris, de concert avec Spurzheim, puis plusieurs
articles sur le cerveau par Gall et Spurzheim. Ainsi ses
travaux les plus importants ont été publiés par lui à
Paris, d'abord avec Spurzheim, comme son collaborateur, puis par lui-même, aidé sans doute par quelques-uns de ses élèves; et les autres ont été publiés par
ceux-ci.

de l'homme, et sur les conditions de leur manifestation. 1 vol. in-8°,
1822, G. et Sp.

8° *Sur l'Origine des qualités morales et des facultés intellectuelles,
et sur la pluralité des organes cérébraux.* 2 vol. 1822. G. et Sp.

Influence du cerveau sur la forme du crâne. 1822, t. III.

*Organologie, ou Exposition des instincts, des penchants, des senti-
ments et des talents,* t. IV et V.

*Revue critique de quelques ouvrages anatomico-physiologiques, et ex-
position d'une nouvelle philosophie des qualités morales et des facultés
intellectuelles,* t. IV, 1825.

9° *Du Cerveau,* par Gall et Spurzheim ; *Dict. des sc. médicales,*
32 pages in-8°, t. IV, 1813.

10° *Du Crâne,* par Gall et Spurzheim; *Dict. des sc. méd.,* t. VII,
1813, 5 pages in-8°.

IV. *Éléments de ses travaux.*

Les éléments de ses travaux sont d'abord ses propres observations, comme naturaliste, sur l'homme et sur les animaux. On dit qu'il élevait avec lui des animaux [1].

Ensuite, le secours de Spurzheim, pour ses recherches anatomiques et d'érudition. Les travaux de Willis, Reil, Malpighi et Vicq-d'Azir, sur le système nerveux.

Enfin, l'état général des sciences, à l'époque où il vint. Nous avons déjà exposé le point où étaient arrivées les sciences naturelles et médicales.

Pour nous mettre en mesure de mieux apprécier l'effort produit par Gall dans la marche progressive de la science ou de la philosophie, par suite de ses travaux sur l'anatomie et la physiologie du cerveau, il sera rigoureusement nécessaire de jeter un coup d'œil historique sur cette partie importante de la science de l'organisation, et surtout sur ce qu'elle était au moment où il proposa son système.

Jusqu'alors, les philosophes, les métaphysiciens et les moralistes, se partageaient ces trois branches de la philosophie, la physique, la physiologie et la morale, qui faisaient partie du cours de philosophie dans les universités avant la révolution.

Mais quelque forts que fussent ces hommes, ils raisonnaient plus ou moins à creux, et étaient forcés d'emprunter aux médecins, aux anatomistes, aux physiologistes et aux naturalistes, les faits dont ils avaient besoin pour soutenir le résultat de leurs observations

---

[1] Il a beaucoup observé dans ses voyages, mais il a peu disséqué. Pour l'anatomie du cerveau, il s'est servi de l'ouvrage de Vicq-d'Azir, de celui de Sœmmering.

faites sur eux-mêmes, en se regardant, pour ainsi dire, penser.

Buffon était peut-être le seul qui eût commencé parmi les naturalistes à embrasser le sujet tout entier dans son histoire naturelle de l'homme; mais sa direction ne fut pas suivie.

Aussi, la physiologie, même chez les auteurs qui en faisaient des traités spéciaux, se réduisait-elle à *la connaissance des fonctions qu'exerce l'homme physique,* renvoyant la connaissance de l'homme moral et intellectuel à cette science nommée *métaphysique* d'abord, puis *psychologie, analyse de l'entendement,* et enfin *idéologie.*

A peine si les naturalistes s'occupaient de cette étude. Les médecins commençaient cependant à le faire; on le voit dans l'ouvrage de Cabanis, *des Rapports du physique et du moral de l'homme,* dans lequel il fait entrer les considérations d'histoire naturelle; mais, comme conséquence de la voie fausse qu'il s'était tracée, la négation de l'âme humaine et le plus hideux matérialisme durent conduire à une démonstration par l'absurde; c'est ce que nous avons vu dans Broussais, qui ne fit que reprendre et développer la thèse de Cabanis.

Mais les hommes qui eurent le plus d'influence sur le développement de la thèse actuelle, furent surtout les médecins qui avaient porté leur attention sur les *maladies mentales,* voie dans laquelle marcha Pinel, et où il fut suivi par Crighton.

Cependant, les naturalistes, les médecins, les idéologues s'influencèrent les uns les autres. La physiologie du cerveau, c'est-à-dire, l'histoire et l'analyse des fonctions affectives, intellectuelles et morales, devait être mieux étudiée pour ces fonctions en elles-mêmes et dans leurs rapports avec l'organisation. Destutt de Tracy, l'intermédiaire de Cabanis et de Broussais, avait même déclaré, au commencement de son ouvrage, que l'idéologie est une partie de la zoologie.

En sorte donc que, de même que Bichat et Broussais peuvent être considérés comme des rameaux du tronc, Pinel sortant des racines des sciences naturelles, l'effort de Gall peut aussi être considéré comme une branche du même tronc, branche dont le développement ne devait pas borner son action à l'homme individuel, mais s'étendre à l'homme social pour éclairer l'éducation et la législation ; et par conséquent il devait avoir une portée d'une bien plus grande étendue. Mais aussi l'on conçoit comment son introduction a dû éprouver des difficultés bien autrement grandes en soulevant les passions pour et contre.

Ainsi, les naturalistes, après Buffon, venaient apporter leur quote-part pour montrer que, dans la même espèce animale, les divers individus n'avaient pas la même dose d'intelligence, et par cette convergence universelle vers l'analyse des fonctions du système nerveux, l'effort de Gall était déjà tracé, quoiqu'il ne l'ait peut-être pas aperçu.

Afin de mieux établir l'histoire de cette partie de la science de l'homme, la plus importante sans aucun doute, posons quelques généralités préliminaires. L'histoire de la physiologie du système nerveux peut être partagée en quatre chapitres, suivant qu'elle s'occupe, 1° de la division, de la distinction, de l'analyse et de la définition des *facultés* ou *fonctions* pour ainsi dire à priori ; fonctions affectives, intellectuelles, morales. 2° Du siége général et particulier de chaque classe et de chaque espèce de ces facultés, qu'on a placées dans les viscères de la digestion, de la circulation, et dans le cerveau ; d'où venait la nécessité de l'anatomie. 3° De la traduction de ces facultés à l'extérieur, ou prévision, soit médiate, par le tempérament et la physionomie, soit immédiate, par la forme de la tête. 4° Enfin de la génération ou production de ces facultés.

Dès les temps anciens on avait cherché à sonder la nature de l'intelligence humaine ; on avait divisé, distingué, analysé et défini les facultés intellectuelles. Pour cette étude, Albert le Grand et saint Thomas d'Aquin, son disciple, étaient dans une direction tout aussi excellente que la nôtre, et nous n'avons fait que les suivre. Ils étaient dans la vérité.

Les anciens avaient même cherché le siége des diverses facultés, et leur traduction à l'extérieur, d'abord médiatement par les tempéraments, c'était la méthode d'Hippocrate, d'où sortit la physionomie admise par Aristote et son école ; puis immédiatement, en plaçant le siége dans le cerveau, comme cela se fit dans l'école d'Alexandrie, et en traduisant à l'extérieur par la conformation de la tête, comme le fit Albert le Grand, qui l'avait reçu d'Alexandrie par les Arabes. Enfin dans nos temps on est revenu encore à la physionomie ; Lavater est, pour ainsi dire, le père immédiat de Gall. A peine était-il mort, quand Gall publia son système. La science avait donc marché dans cette direction, mais on n'avait point porté la main sur la difficulté.

Cependant, pourquoi l'esprit humain a-t-il ici commencé par l'étude des facultés plutôt que par celle des organes ? Car, en général, c'est l'étude de l'organe qui a conduit à celle de la fonction dans les autres parties de l'organisme. Ainsi, avant de se former une idée de la vision, on a étudié l'organisation de l'œil. Pour l'intelligence et ses organes immédiats, ç'a été tout le con-traire, et il y en a une raison. Les fonctions furent d'abord étudiées, et on les avait nommées facultés, parce que le mot de fonction ne pouvait être employé avant un organe chargé de fonctionner (*fungi*). Or on était dans l'ignorance de l'organe et même du siége positif des facultés; parce qu'il n'y a point de relation de cause et d'effet entre la mémoire et son organe par exemple, entre le siége positif même des facultés et tous les actes de l'intelligence.

Cette immense difficulté du sujet livra toutes ces grandes questions aux idéologistes; ils rentrèrent dans leur intérieur pour y juger leurs actes; car les actes étaient certains, ce sont des faits positifs. Mais si l'anatomie de l'œil et les lois de l'optique montrent un rapport évident entre les parties de l'organe et plusieurs phénomènes de vision, rien ne peut dire que, dans le cerveau, telle partie soit chargée de telle fonction plutôt que de telle autre. Il faudra, pour arriver à quelques données, observer le cerveau dans la série des animaux, et voir quelles sont les parties de l'organe et les fonctions qui demeurent les dernières; or cela n'a pu se faire que quand l'histoire naturelle a eu démontré que la manifestation des phénomènes instinctifs paraissait être en raison de la masse de cerveau.

Une autre raison qui tient à la religion, de laquelle on s'éloigne en apparence, pour y être ramené malgré soi, c'est que la philosophie chrétienne ou la théologie avait accepté à priori, que toutes ces facultés apparte-naient à l'âme, dont elles démontraient l'existence; âme immortelle, incorporelle, qui s'unit au corps et l'abandonne à la mort. Dès lors cette âme devait avoir ses facultés, et il ne s'agissait pas de chercher où elles étaient, mais ce qu'elles étaient; on les divisait en facultés végétatives, intellectuelles et morales. La science de l'organisme, mieux conçue, ramène la morale dans l'histoire naturelle de l'homme, car la morale n'est pas d'éducation, mais de création, comme l'être humain.

Ainsi donc, bien qu'Albert le Grand ait commencé à localiser les facultés, la difficulté tient après lui à ce que les moralistes et les métaphysiciens prennent la chose à part, en rejetant l'histoire naturelle; et les naturalistes eux-mêmes, sauf Buffon, les médecins, à l'exception de Pinel, ne sentaient pas que, instruits par l'étude des animaux dans leurs actes et dans leur organisation, ils pouvaient lier toutes ces parties d'une même science, la physiologie du système nerveux. Voilà comme tout le monde s'éloignait, avant que l'on eût commencé à généraliser. Gall va réunir tout ce qui était partagé entre les naturalistes, les métaphysiciens et les moralistes. Pour mieux le juger, nous avons à voir plus en détail, dans les quatre chapitres indiqués plus haut, quel était l'état de la science psychologique à l'époque où il est venu.

I. *De la distinction des facultés, des fonctions intellectuelles.* Nous devons rechercher ce qu'on pensait et ce qu'il faut penser du sentiment en général; du sentiment dans les modifications qu'il éprouve suivant qu'il a trait aux besoins ou penchants, aux passions, aux sensations extérieures et intérieures; d'où entendement, intelligence; enfin, du sentiment mis en action par la volonté.

1° Le sentiment est l'actif sentir, le caractère de l'animalité. Ce mot comprend la faculté de sentir, c'est-à-dire d'éprouver une modification à la suite de l'action médiate ou immédiate d'un corps extérieur, ou du sien même.

Le sentiment, dit Desèze, n'est pas une faculté nouvelle résultant de l'organisation des corps, c'est seulement une faculté que cet état d'organisation permet au principe actif de déployer.

Les besoins, les passions, les sensations et les idées ne sont que des modifications du sentiment qu'ils constituent.

Intermédiairement à ce principe et aux organes qui en sont le substratum, la volonté transmet ses ordres, pour ainsi dire, à la fibre contractile pour la faire obéir; et l'harmonie de l'un et de l'autre sera l'état normal. Il en sera de même de la moralité; le sentiment droit et éclairé montre à l'homme le devoir, et la volonté l'accomplit : l'harmonie entre le sentiment et les actes de la volonté sera l'état normal de l'être moral, et l'homme sera réellement le chef-d'œuvre de la Divinité, créé à son image et à sa ressemblance.

De la relation intime du principe et de l'organe, il y aura proportion entre le substratum sensitif et la sensibilité. C'est pour cela que Cabanis a dit avec raison, « sentir, c'est vivre, » en restreignant toutefois l'exagération; car on ne peut vivre sans sentir : le règne végétal tout entier et la pathologie le prouvent.

Le terme de sentiment comprend la faculté de sentir un effet à la suite d'une action médiate ou immédiate. Le sentiment n'est donc pas une sensation transformée.

« Il est pour nous et nos idées ce que l'attraction est pour l'univers et ses parties. Rien de plus clair que le sentiment, parce que rien de plus certain [1].

---

[1] Rivarol, *Discours sur le lang.*

« Le sentiment qui suit les idées s'appelle *esprit* ou *entendement.* Le sentiment qui souffre, joint au désir, est nommé *cœur* ou volonté [1]. On ne peut sentir sans vivre, mais on peut très-bien vivre sans sentir. »

De là il suit que le sentiment est la faculté intellectuelle fondamentale. C'est le principe le plus certain qui révèle l'âme à elle-même, qui lui révèle le corps auquel elle est unie, et par lui, c'est-à-dire par ses organes, le monde matériel, ses lois, et par suite le créateur, Dieu.

Mais qu'est-ce que ce principe en lui-même? « La sensibilité considérée comme faculté n'est que la puissance de percevoir les impressions des corps stimulants ; le sentiment étant la perception même [2]. »

Pour Haller, l'âme est la source unique du sentiment. « Les animaux ne sentent que par les causes physiques, l'homme seul sent par les causes morales [3]. »

Le sentiment qui est la perception même, physique dans les animaux, physique et morale dans l'homme, s'exerce par les instruments organiques créés pour lui. « Les sens externes préparent les matériaux ainsi que le sujet, et les sens internes les instruments à la faculté de sentir [4]. »

Du sentiment, faculté fondamentale, naissent les besoins divers qui n'en sont que des modifications. C'est lui qui va établir ce qu'il y a d'animal en nous, ce qu'il y a d'intellectuel, de moral et de religieux. Il doit donc être étudié suivant qu'il a trait à l'un ou à l'autre de ces points.

[1] Rivarol, *Disc. sur le lang.*
[2] Desèze.
[3] Desèze.
[4] Dumas.

Le sentiment de besoin appartient tout aussi bien à la plante qu'à l'animal, non pas qu'il y ait de sensation dans le végétal, mais besoin éprouvé; les actes et les effets semblent du moins le faire croire. Les besoins sont donc le sentiment du malaise à l'occasion d'un appétit non satisfait. Ils sont de deux sortes, d'incrétion et d'excrétion.

L'appétit est la chose naturelle, « le besoin est la vraie cause du plaisir [1], » et lorsqu'il y aura satisfaction d'un besoin moral, elle fera qu'un homme se sacrifiera pour ses semblables. Aussi Buffon dit qu'il y a appétit pour l'esprit, le besoin de savoir, comme il y a appétit pour le corps. Les besoins comme les appétits sont de diverses sortes et de divers degrés. L'ensemble des appétits et des besoins d'un animal constitue son instinct ou sa *raison fixe*. Dans tous les animaux on a aperçu des instincts particuliers, analogues à des idées innées, admises à cette époque, et vraies dans ce sens ; car « les besoins viennent du dedans; d'où ils sont innés comme le sentiment [2]. » Les besoins naissants donnent lieu à l'inquiétude, à la recherche, à la sensation, et, en s'élevant, aux idées. Mais « les besoins ont précédé les idées. » De là, « on doit dire le sentiment de la faim, et non la sensation [3]. »

Mais il y a *penchant, appétit, besoin*, pour les fonctions intellectuelles, pour les facultés morales et religieuses, aussi bien que pour les fonctions naturelles. Et dans l'un et l'autre cas, le plaisir est l'emploi de l'organe pour satisfaire le besoin, et le bonheur est le besoin satisfait. Dans l'homme seul il y a appétit de savoir,

[1] Desèze.
[2] Riv.
[3] Riv.

besoin de bien, de vérité et de vertu, c'est dans sa nature. L'ensemble des appétits et des besoins physiques, intellectuels et moraux se développent et s'agrandissent, les derniers plus que les premiers, par l'âge, les circonstances, l'éducation, la succession des générations et l'état social, ce qui constitue non plus un instinct, une raison fixe comme dans les animaux, mais une intelligence libre, une raison mobile ou progressive et perfectible.

Les besoins engendrent les passions qui en sont distinctes; ce sont des affections de l'âme, qu'elles viennent des sens ou d'une disposition des organes vitaux. Elles peuvent se partager en deux catégories, suivant qu'elles augmentent ou ralentissent les mouvements vitaux [1].

« Elles doivent être distinguées suivant qu'elles ont trait aux besoins physiques ou aux rapports moraux [2]. »

On pourrait se demander si leur place est bien dans l'ordre des phénomènes cérébraux ou psychologiques? Car les passions, suite d'un besoin, étant mises en jeu par les sensations, il est évident qu'elles doivent être considérées après ces deux ordres de fonctions et peut-être même plus tard.

Quoi qu'il en soit, les passions, suivant Desèze, sont le produit du tempérament, elles ont toutes un besoin pour cause. Mais elles ne sont pas l'appétit; car, dit Richerand, « l'appétit diffère autant de la passion que l'instinct de l'intelligence, ou l'appétit est à la passion ce que l'instinct est à l'intelligence. »

Les passions de l'âme agissent violemment sur les forces vitales des organes et des viscères, dit Dumas,

[1] Richerand.
[2] Dumas.

qui fait sentir l'importance de savoir quel organe est affecté par telle passion, ou qui produit le tout moral qu'on appelle *passion*. Cependant, il ne veut pas qu'on puisse en conclure, comme Buffon, que les passions étrangères au système nerveux appartiennent aux organes vitaux.

Pour Gall, la passion n'est qu'un degré très-élevé d'un penchant, dont le premier degré n'est qu'une velléité. Pour nous, les passions nous semblent devoir être considérées comme des exagérations du senti-ment, suite du désir de satisfaire un besoin, de suivre un penchant, vers la sensation médiate ou immédiate, directe ou réfléchie de son objet naturel. Il peut y avoir passion pour les penchants corporels, physiques, matériels, pour les penchants intellectuels, et pour les penchants moraux ou religieux.

2° *Facultés intellectuelles*. L'ensemble des facultés intellectuelles conduisant à la raison, constitue l'entendement. Dans l'entendement, dit Buffon, il y a deux opérations distinctes : la première, qui compare des sensations et qui s'en forme des idées; la seconde, qui compare les idées mêmes pour en former des raisonnements par lesquels nous nous élevons aux idées générales, aux idées abstraites. De sorte que, pour lui, l'entendement est l'exercice de la puissance de réfléchir. Vanhelmont nomme l'âme sensitive : *Siliqua mentis immortalis*, l'enveloppe de l'esprit immortel. Idée et conscience de sensation semblent la même chose à Dumas. Il suit donc de ces sentiments divers que les sensations donnent naissance aux idées, ce qui fait dire à Dumas que « l'entendement ou l'intelligence consiste à former, combiner, reproduire des idées. » Et Rivarol pense que « les facultés désignées sous les noms de sensation, perception, imagination, mémoire, pensée, attention, réflexion, jugements, doivent être considérées comme des degrés d'une même faculté, et non comme autant de facultés distinctes, autant d'êtres réels. »

Ainsi, les idées ne sont pas innées, puisqu'elles viennent des sensations, et que les sensations viennent du dehors. Le mot idée (εἶδος) est admirable dans son étymologie, puisqu'il veut dire image d'une sensation perçue. L'idée n'est qu'une sensation perçue, un emprunt, une image qui vient après ou pendant la perception, par suite d'une *impression*. Le sentiment éprouvant la sensation devient, par l'attention, *perception*.

La sensation demande *impression*, *transmission* et *perception*. Mais pour arriver au jugement, il faut passer par un certain enchaînement d'opérations graduées de l'entendement.

L'impression appartient aux organes ; c'est, dit Buffon, la continuité de l'ébranlement produit par l'action des sens ou des objets extérieurs. L'attention vient ensuite agir sur cette impression ; l'attention est un acte de la volonté savourant une sensation pour en faciliter la perception ; car, dit Rivarol, le sentiment s'arrêtant plus ou moins sur ses propres opérations convertit la sensation en perception. Mais il y a la perception des sensations présentes, et celle des sensations passées ; celle-ci est l'œuvre de la mémoire ; la mémoire est le sentiment se rappelant les suites de la sensation.

Ainsi, la perception, dit Dumas, transforme en idée ce qui sans elle n'eût été qu'une sensation fugitive. C'est le second degré de l'entendement, la perception étant le premier. L'imagination, qui peut être considérée comme une nuance du second degré, est le sentiment se retraçant la *sensation* avec plus ou moins de netteté, de vivacité, supérieur même à l'impression, à la sensation. C'est par là qu'elle diffère de la mémoire. Ces opérations de l'entendement en appellent une autre, la comparaison des idées pour en tirer des conséquences; ce qui conduit au *raisonnement* qui est le terme, la pensée, laquelle est le sentiment s'arrêtant plus ou moins sur ses propres opérations, et par conséquent presque synonyme de la réflexion. La réflexion, elle, combine les idées par un acte de la volonté; car, suivant Rivarol, la réflexion est le sentiment ou la pensée revenant, s'arrêtant sur un raisonnement, ce qui suppose acte de la volonté.

De ces opérations sort le jugement, qui est, suivant Rivarol, le sentiment sentant et comparant les rapports des sensations, mais qui nous semble plutôt être le résultat de tous les actes de l'intelligence, dont le terme est la raison. La raison donc, qui est le terme des facultés intellectuelles, conduisant à la démonstration, n'est que le sens commun, suivant Rivarol; pour nous c'est l'instinct mobile contre-pesant l'instinct fixe. Son étymologie est admirablement juste : *ratio,* la proportion entre la cause et l'effet.

Le sens commun, qui est la raison pour Rivarol, se forme selon lui de la répétition, de la fréquence, de la constance des sensations. Cela est-il bien certain? N'est-ce pas plutôt la succession naturelle et rapide des actes de l'intelligence, compris entre la sensation et la volonté, comme la marche est la succession naturelle et rapide des mouvements?

Pour Gall, la sensation, la mémoire, l'imagination, le jugement, ne sont pas des facultés fondamentales et abstraites, mais constituent les divers degrés d'un même phénomène, propres à chacune des véritables fonctions phrénologiques [1]. Ce qui veut dire, ce nous semble, que la volonté est un acte du sentiment par lequel l'homme ou l'animal exerce telle ou telle de ses facultés intellectuelles; et, par suite, elle prend des noms différents suivant les facultés.

Ainsi l'attention est un acte de la volonté appliquée aux sensations pour en faciliter la perception. La réflexion est encore un acte de la volonté appliquée à la comparaison des sensations, des idées, afin d'assurer le raisonnement.

Dans tous les degrés d'action de l'entendement, de l'intellect et de l'intelligence, la volonté est nécessaire, et plus elle agit, et plus les actes ont d'intensité. Le degré d'attention supplée au degré de la mémoire; et Helvétius a fait porter là-dessus l'inégalité des esprits; ce qu'il a poussé jusqu'à l'exagération, en disant que tous les hommes peuvent devenir des hommes de génie s'ils forcent leur degré d'attention.

La persévérance est un autre degré de la *volonté* appliquée à un acte déterminé par elle, que cet acte soit physique, intellectuel ou moral.

L'entêtement est un degré encore plus fort dans lequel la passion ou l'habitude entrent pour beaucoup.

Enfin, le phénomène psychologique de la volonté est celui sur lequel repose le *libre arbitre*, le pivot de la nature humaine; libre arbitre qui fait de l'homme un être moral.

3° *Facultés morales*. Il faut comprendre dans cette catégorie des facultés humaines, les sentiments moraux,

---

[1] Comte.

affectueux, les sentiments religieux, d'où sortent la conscience, la justice, l'humanité, le devoir, la vertu, la religion.

La *conscience* est le siége du *moi;* elle est le sens intime, d'après Rivarol. La conscience, sentiment intime qui constitue le *moi*, est composée chez l'homme de la sensation de son existence actuelle et du souvenir de son existence passée, d'après Buffon. Le moi réunit l'âme et le corps, d'après Rivarol. Quoi qu'il en soit de ces sentiments, il nous semble que, dans l'homme, la conscience doit appartenir à la catégorie présente des fonctions psychologiques; elle est, nous semble-t-il, le sentiment, le jugement de nos actes en nous-mêmes et par nous-mêmes, d'après les règles de la justice et de l'équité mises en nous par Dieu, en y faisant entrer le sentiment de l'humanité, c'est-à-dire, ce sentiment d'affection pour nos semblables qui nous porte à ne pas leur nuire, à leur être utile, et qui devient charité par le surnaturel de la religion. Cette définition que nous donnons de la conscience est en harmonie avec celle de saint Thomas, qui dit que la conscience est un acte par lequel nous jugeons que ce qui a été fait est bien fait, ou n'est pas bien fait.

Ces sentiments, qui constituent la conscience, sont en nous par notre propre nature, et par conséquent *innés;* mais ils sont en même temps susceptibles de démonstration par raisonnement, c'est-à-dire, par emploi des facultés intellectuelles.

Des facultés morales naissent encore le devoir, la vertu et la religion; ces facultés morales sont évidemment les plus élevées et les plus caractéristiques de l'espèce humaine; elles ne peuvent exister que chez elle. Dès lors qu'on a admis l'homme comme être créé social, tout cela en naît et est de la sorte parce que telle est la volonté du Créateur, et qu'on ne peut pas démontrer que cela soit autrement. C'était pour les anciens la même chose que pour nous ; et c'est ce qui constitue l'œconomique, la politique et l'éthique des philosophes anciens, c'est-à-dire, les devoirs de l'homme envers sa famille, envers ses concitoyens , envers soi et ses semblables, et même envers les êtres créés ; à quoi la philosophie chrétienne est venue ajouter les rapports des êtres créés avec le Créateur; et alors nous arrivons à ce grand mot de *religion* qui est en lui-même la définition de la plus haute moralité, d'où résulte la théologie, le terme et la fin de la science ou de la philosophie. Et dans ce sens, on peut dire avec Rivarol, que « si le genre humain parvient enfin à découvrir toutes les lois de la nature, alors il aura, dans l'idée de Dieu, équation entre l'esprit et la puissance. »

Nous verrons comment Gall, non compris, et ne se comprenant peut-être pas lui-même, n'a pu, sur ces divers points, répondre aux attaques virulentes dirigées contre lui.

En résumé, le sentiment, qui est la faculté fondamentale, donne naissance aux besoins divers; l'exaltation du sentiment, par le désir de satisfaire un besoin, devient passion, qui peut être physique, intellectuelle et morale. Le sentiment éprouvant la sensation devient, par l'attention volontaire, *perception ;* et du sentiment percevant les sensations, naissent les idées; les idées comparées et combinées entre elles par les degrés divers de la volonté, produisent le raisonnement, la pensée, et, comme terme, le jugement. Ces facultés diverses constituent la raison, qui est le contre-poids de l'instinct fixe, la proportion entre la cause et l'effet.

La volonté nécessaire à tous les degrés d'action de l'entendement, de l'intellect et de la raison, est aussi la source du libre arbitre, qui fait de l'homme un être moral, ayant une conscience, juge inné de ses actes, des sentiments innés de bien, de devoir, de vertu et de religion.

Telles sont les facultés intellectuelles et morales de l'homme, toutes enchaînées et naissant les unes des autres, appartenant toutes à sa puissance spirituelle, mais tellement unies à sa nature physique, à sa nature animale, tellement basées sur le sentiment, faculté animale dans son premier degré et intellectuelle dans ses degrés supérieurs, qu'il est impossible de les séparer pour les considérer isolément.

II. *Siége des fonctions ou facultés intellectuelles.* Après avoir déterminé les fonctions, il fallait en rechercher le siége; ainsi, il fallait chercher le siége des *penchants*, des *passions*, des *sensations*, des *idées*, des *facultés intellectuelles*, du *sens commun*, de *l'âme;* ce qui nous conduit à la confirmation de cet *homo duplex* dont parle saint Paul [1], que Buffon avait accepté, qui n'a pas été repoussé par Gall, mais que Broussais a poursuivi de ses sarcasmes.

Sydenham disait : *Mirabilis homo in quo non inest fieri quid corporei;* et Boerhaave : *Homo totus nervus; homo duplex in humanitate, simplex vero in vitalitate.*

L'*homo duplex* était formé : 1° de penchants, déterminés par des besoins; de passions, de sensations en rapport avec les sentiments; 2° de sentiments moraux, affectueux, religieux.

[1] *Épist. rom.*, ch. VII.

Il s'agissait de trouver le siége, les organes des facultés de cet *homo duplex* ; et ici la difficulté était grande; de là tant de divergences, dont nous devons citer les principales.

Les anciens mettaient le siége des passions dans les viscères principaux; le siége du courage, dans le cœur; celui de la colère, dans le foie ; de la joie, dans la rate; de la concupiscence, dans les organes de la reproduction.

Bacon et Vanhelmont plaçaient le siége des passions de l'âme dans l'estomac; Leart, dans les plexus nerveux.

Willis plaçait le sens commun dans les corps cannelés; l'imagination, dans le corps calleux; la mémoire, dans la substance corticale; d'autres physiologistes, dans les ganglions du grand sympathique.

Le siége de l'âme a été mis par Descartes dans la glande pinéale; Petit le mettait dans le corps calleux. L'organe cérébral est celui dans lequel il paraît que s'élabore et se forme la pensée, dit Dumas.

Sœmmering semblait placer le siége de l'âme dans le fluide qui remplit les ventricules du cerveau, et cela en se fondant sur l'origine des nerfs, qui tous, suivant lui, naissent sur les parois des ventricules.

Le cerveau (organe des sens internes), la moelle épinière et les nerfs doivent être regardés comme faisant un corps continu, dit Buffon.

Le siége de l'âme sensitive était placé par Vanhelmont dans la région épigastrique, ce qui a été adopté par Willis.

C'est vers le centre phrénique, portion tendineuse du diaphragme, que vont se confondre toutes les sensations, dit Desèze; il est, ajoute-t-il, le rendez-vous de l'action de tous les organes; il la recueille après tous leurs mouvements, la retient et la réfléchit. La première des fonctions sensibles, continue-t-il, est la respiration par l'irritation des narines, aidée de l'action du diaphragme; le cœur est le sanctuaire de l'âme.

Haller a attaché la sensibilité au système nerveux seul; et il pense que le sentiment ne se transmet à l'âme que par le moyen des nerfs; et son opinion, fondée sur des faits et des expériences positives, a prévalu.

Cabanis, développant cette opinion, admettait plusieurs centres ou foyers de sensations dans le système nerveux , correspondant entre eux et avec le système nerveux central : 1° région phrénique; 2° région hypocondrique; 3° région générative.

Bichat lui-même partageait cette opinion.

Ainsi, comme résultat de tant de recherches, le système nerveux demeure seul chargé des rapports de l'organisme avec l'âme; il est le siége des facultés intellectuelles et l'instrument immédiat des opérations de l'âme.

Mais Albert le Grand paraît être le premier qui ait localisé certaines facultés de l'intelligence, et qui même en ait donné la figure dans les *Margaritæ philosophicæ,* publiées en 1512.

Bonnet pensait que chaque fibre sensible pouvait être considérée comme un très-petit organe qui a ses fonctions propres.

Vicq-d'Azir avait l'espérance d'apprendre comment le cerveau de l'homme se compose des organes divers répandus dans les animaux.

Pinel avait démontré que les manies suivaient les grandes divisions des facultés admises par tous les métaphysiciens : l'attention, la mémoire, l'imagination, le jugement.

L'Académie de Dijon, suivant en cela les idées de la

Peyronie, avait proposé, pour sujet de prix, la recherche des fonctions vitales et intellectuelles lésées par l'ablation du cerveau.

Arrivés à ce point, la difficulté était en partie comprise ; il s'agissait de la résoudre ; et si l'on y a fait quelques pas depuis, nous sommes encore assez loin du terme.

III. *Traduction extérieure, médiate ou immédiate.* Après la localisation, il fallait traduire à l'extérieur ces proportions d'organes. De très-bonne heure, la science a dû s'occuper de ce sujet important, terme de la science, qui pouvait conduire à la *prévision* et à l'*orthophrénie*. Cette tentative a été essayée par plusieurs moyens en rapport avec les progrès de la localisation : 1° par les tempéraments; 2° par la physionomie; 3° par la forme de la tête; 4° enfin, par la forme de la tête en général et en particulier.

Le célèbre traité des Caractères de Théophraste, élève d'Aristote, en est l'histoire naturelle ; il a été surpassé par notre la Bruyère. C'était un pas ; mais il s'agissait d'aller plus loin. Il fallait rechercher s'il n'y avait pas quelques rapports entre ces caractères et l'organisation ; et de là les physionomies.

Galien avait vu que les mœurs sont conformes à la nature du tempérament ; ce que Stahl a développé. Et de là encore les caractères extérieurs en rapport avec le tempérament. Ces données étaient assez généralement répandues chez les anciens, comme le prouve le mot de César sur Antoine et Cassius : *Florida Antoniorum facies neminem terret, at vultus illos macilentos et adustos reformido.*

Albert le Grand avait traduit sur le crâne ses divisions intérieures des principales facultés intellectuelles.

Ainsi, les ventricules latéraux ou antérieurs, recevant, suivant lui, tous les nerfs des sens spéciaux, étaient le siége d'opération du sens commun, d'où les perceptions étaient transmises au ventricule mitoyen, le siége de la raison et de la pensée, qui les élaborait et les transmettait au troisième ventricule, pour les conserver ou pour agir; car il était le siége de la mémoire et du mouvement. A ces trois ventricules répondaient trois grandes bosses ou trois dépressions frontales, verticales et occipitales, qui signifiaient : les bosses, l'excellence des facultés correspondantes, et les dépressions, leur défaut.

Porta, physicien remarquable du seizième siècle, a écrit quatre livres sur la physionomie humaine. Après avoir établi l'influence des affections de l'âme sur le corps, il traite des différences de chaque partie du corps, et indique les signes auxquels on peut reconnaître les caractères des individus. Il a beaucoup profité des observations d'Aristote, de Palémon et d'Adamantius. Lavater lui a emprunté beaucoup d'idées, qu'il a développées dans son Traité de physiognomonie.

De la Chambre, médecin de Louis XIV, a écrit très-longuement sur les signes caractéristiques de la physionomie, dans son ouvrage intitulé : du Caractère des passions; il paraît même que son jugement sur la physionomie des personnes était souvent consulté par le roi.

C'est, à ce qu'il paraît, Clerc qui a, le premier, dans son Histoire naturelle de l'homme malade, déduit des signes des tempéraments des conséquences physiologiques.

Sans parler de tous les autres physionomistes, résumés et développés par Lavater, qui précéda presque immédiatement Gall , nous devons remarquer qu'on avait cherché d'autres moyens de traduction des facultés intellectuelles : ainsi l'angle facial de Camper, la proportion des aires de la face et du crâne, déjà introduites dans la science avant Cuvier, et reproduites par lui.

Tel était à peu près l'état de cette partie de la science, quand Gall vint la reprendre.

IV. *Fonctions cérébrales, psychologie. Génération, ou mode de production.* On s'est peu occupé de ce point, important peut-être, mais sans doute insoluble, de l'histoire des facultés psychologiques.

Dans l'action musculaire, on a bientôt reconnu qu'il y a changement sinon matériel, certainement physique, dans le substratum de cette faculté, qu'on a nommée contractilité animale. Mais y a-t-il quelque chose de semblable dans l'action nerveuse ou dans la sensibilité mise en acte ? On a supposé *vibration* des filaments nerveux; ce qui a été aisément réfuté, et depuis longtemps rejeté. On a supposé *circulation, transmission* d'un fluide d'esprits animaux, fluide nerveux, opinion qui n'a pas été démontrée, même en établissant la comparaison avec l'électricité.

On a admis mouvement intime, moléculaire, sensible cependant, dans la matière cérébrale ou la moelle épinière, lors des convulsions.

On a admis travail intime, moléculaire dans la matière cérébrale, lors des phénomènes psychologiques.

On a admis *impressions* plus ou moins profondes, et par conséquent matérielles, dans la substance cérébrale par suite des sensations. Mais, au fond, aucune de ces hypothèses n'a pu être amenée à quelque indice de probabilité.

On a cherché à estimer les conditions de production ou de concomitance de la manifestation ; et l'on a vu qu'une pression assez légère, soit par un corps matériel résistant, appliqué à la surface de l'organe, soit par une trop grande abondance de sang dans la substance elle-même, détermine du plus ou du moins dans les facultés cérébrales.

Enfin, on a même osé comparer la production des phénomènes intellectuels à des *sécrétions*, rapprochant le système nerveux du foie.

Il résulte donc de là qu'il n'y a encore aucune donnée scientifique tant soit peu satisfaisante sur la genèse des faits psychologiques, ou mieux sur leurs rapports de production avec l'organe matériel de la sensibilité. Ces phénomènes sont évidemment au-dessus de la puissance de l'organe. Mais quelle part précise y a-t-elle ? Nous devons avouer l'ignorance de la science sur ce point.

V. *État de l'anatomie du cerveau.* Nous avons exposé ce qui avait été fait dans la distinction des fonctions intellectuelles, la recherche de leur siége, leur traduction extérieure, et les vaines tentatives sur leur génération. Nous avons maintenant à dire quelque chose sur l'état de l'anatomie du cerveau qui a été élevée à la physiologie. C'est Spurzheim qui a été ici le grand moteur ; mais on a puisé dans Vicq-d'Azir, et cela est facile à démontrer.

Gall a un peu calomnié sur ce point ses prédécesseurs. Car il n'est pas vrai, comme il le dit, que tous les anatomistes, dans la dissection du cerveau, n'eussent en vue que la dissection mécanique. Il n'est pas vrai qu'ils se bornassent à des coupes sans distinction. Il n'est pas vrai qu'ils procédassent constamment de haut

en bas. Il n'est pas vrai que tous les anatomistes con-
sidérassent le cerveau comme l'origine des nerfs et de
la moelle épinière.

Vicq-d'Azir, en effet, qui continuait et confirmait
Pourfour Petit, avait préparé à Gall presque tous les
faits anatomiques dont il s'est servi. Pour le créateur
de l'anatomie comparée, le système nerveux se compose de trois parties : de la moelle vertébrale, du nœud
ou moelle allongée, et du cerveau, que Gall compara
d'abord à une fleur composée , qui s'épanouit sur sa
tige, et dont chaque fleuron est le siége d'une faculté.
Vicq-d'Azir regardait le cerveau comme composé de
substance blanche , de substance grise et de commissures. Il avait compris toute l'importance de la substance
grise, qu'il dit être la matrice des nerfs. Il a établi que
la substance blanche est fibreuse, l'a étudiée dans les
différentes régions cérébrales, dans sa disposition, et
dans les communications de ses diverses parties. Il a
largement exposé la théorie des commissures blanches
ou transverses et grises. Or, dans le système de Gall,
comme dans tous les systèmes, les commissures sont
d'une haute importance.

Vicq-d'Azir a également montré que les ventricules
n'en forment qu'un. L'origine des nerfs, l'importance
de la protubérance, le corps rhomboïdal, les éminences pyramidales, la structure de la moelle épinière,
avaient fixé son attention et mérité de lui une étude sérieuse. Mais on est étonné qu'avec des faits aussi nombreux , il n'ait pas mis plus d'ordre à les systématiser,
ce que va faire Gall.

V. *Analyse des travaux de Gall.*

1º *Lettre de Gall à de Retzer sur son Prodrome ; sur*

les Fonctions du cerveau de l'homme et des animaux.

Le titre de cette lettre est remarquable : 1° parce qu'il fait voir que le Prodrome de Gall était terminé à la fin de 1798 ; 2° qu'il avait étendu ses observations à l'homme et aux animaux, comme le fait justement observer le docteur Fossati ; 3° qu'il ne s'occupait pas d'anatomie à cette époque : d'où l'on peut conclure que, puisqu'il n'a pas publié ce Prodrome, bien qu'il fût déjà terminé, il avait joint ses travaux à ceux de Spurzheim quand il commença à publier.

La note que l'éditeur allemand ajoute à la fin de cette lettre n'est pas moins curieuse. Il montre que les prétentions de Gall étaient psychologiques et crânioscopiques , plus qu'anatomiques , puisqu'il dit que le docteur Gall entre dans la voie des Camper et des Sœmmering , avec des intentions et des vues toutes différentes.

Gall commence par déclarer que « son véritable but est de déterminer les fonctions du cerveau en général, et celles de ses parties diverses en particulier ; de prouver qu'on peut reconnaître différentes dispositions et inclinations par les protubérances ou les dépressions qui se trouvent sur la tête ou sur le crâne, et de présenter , d'une manière claire, les plus importantes vérités et conséquences qui en découlent pour l'art médical , pour la morale, pour l'éducation, pour la législation, et généralement pour la connaissance plus approfondie de l'homme. »

Puis il entre en matière, toutefois après avoir averti que, pour remplir son but, il serait indispensable d'avoir une nombreuse collection de gravures et de dessins.

La première partie contient les principes, et traite :

1° Des facultés et des penchants, qu'il regarde comme innés dans l'homme et les animaux.

2° Les facultés et les penchants ont leur siége dans le cerveau.

3o et 4° Les facultés sont non-seulement distinctes et indépendantes des penchants ; mais aussi les facultés entre elles, et les penchants entre eux, sont essentiellement indépendants[1]. Ils doivent par conséquent avoir leur siége dans des parties distinctes et indépendantes entre elles.

5o De la différente distribution des différents organes et de leurs divers développements, résultent des formes différentes du cerveau.

6° De l'ensemble et du développement d'organes déterminés résulte une forme déterminée, soit de tout le cerveau, soit de ses parties ou de ses régions partielles.

7° Dans la formation des os de la tête, jusqu'à l'âge le plus avancé, la conformation de la surface interne du crâne est déterminée par la conformation extérieure du cerveau. On peut donc être assuré de certaines facultés et de certains penchants, tant que la surface extérieure s'accorde avec la surface intérieure, ou bien tant que la forme de celui-ci ne s'éloigne pas des déviations connues.

Il démontre d'abord que le crâne n'étant qu'un organe mou, sa forme est dépendante du cerveau, et il faut que les deux tables soient parallèles : thèse bien soutenue d'une manière générale ; mais il n'avait pas compris que la table externe est en rapport avec les muscles.

---

[1] Ceci est avancé sans preuve, et contrairement à la docrine des psychologistes les plus distingués, en opposition avec la saine observation ; et c'est pourtant sur une telle donnée que sera basée la distribution des facultés, des penchants, etc.

La deuxième partie est *l'application des principes généraux*, i^re section, consacrée à l'établissement et à la détermination des facultés, des penchants existant par eux-mêmes.

Il a senti toute la difficulté de cet établissement, et il propose les moyens qui peuvent l'aider :

1° L'observation empirique par la coïncidence réciproque de certaines facultés avec certaines protubérances. Il avait déjà une collection de crânes et de moules en plâtre; mais il nous apprend qu'il n'avait encore pu se procurer qu'un petit nombre de ces crânes.

2° Par la pathologie : les rapports des aliénations mentales et des altérations du cerveau; et il annonce qu'il proposera une toute nouvelle classification des maladies mentales.

3° Par l'organisation : l'examen des parties intégrantes des différents cerveaux et leurs rapports avec les différentes facultés ou penchants ; mais il n'y a aucune indication qu'il eût encore découvert quelque chose de son système anatomique.

4° Par la série animale : l'échelle graduelle des perfectionnements dans la série animale, depuis le zoophyte et le polype jusqu'au philosophe et au théosophe; il paraît attacher une grande importance à ce moyen.

2e section, contenant des sujets divers : 1° des têtes nationales; 2° de la différence entre la tête des hommes et celle des femmes; 3° sur la physionomie.

Cette lettre nous montre donc qu'il s'était d'abord occupé de physionomie, avant même la crâniologie.

II° *Recherches philosophico-médicales sur la nature et l'art chez l'homme dans l'état de santé et de maladie, par J. J. Gall, docteur en philosophie et en médecine, et pratiquant à Vienne.* 1 vol. in-8°, 1791.

Cet ouvrage montre que Gall était dans la direction de naturaliste. C'est un véritable traité de pathologie générale, qui n'est réellement que de l'histoire naturelle; c'est la suite d'une impulsion donnée alors en Allemagne à l'anthropologie.

Dans cet ouvrage, il traite de la nature de l'homme comparé avec les animaux et les végétaux, pour en déduire la vraie connaissance et la supériorité de notre espèce. Il devance Cabanis dans l'étude de l'influence réciproque de l'âme et du corps. Puis, comparant la puissance de guérir de la nature et de l'art, il en déduit les règles à suivre pour diriger l'un et aider l'autre. Enfin, il a considéré l'homme sain et malade en lui-même, dans les rapports de ses deux natures, dans ses rapports avec les êtres, les milieux et les circonstances qui l'entourent: c'est donc un médecin qui prend la science tout entière; le physicien des Anglais. Ce travail, complétement dans la direction de Pinel, est une nouvelle confirmation du besoin de la science à cette époque.

Mais il nous importe surtout de suivre Gall dans l'effort qui lui est particulier, et qui est le dernier de la science comme spécialité.

III. *Anatomie du cerveau.* C'est dans ses cours, reproduits par Osiander, qu'il faut chercher sa première conception anatomique. Elle n'était certainement pas de la force de sa conception physiologique, qui a modifié la première à mesure qu'il a marché.

Il envisageait, dans ses premières leçons, le système nerveux comme un arbre dont les filaments à la peau, portant la faculté sensitive, seraient les racines fournissant la nourriture à l'âme par les organes des sens, propageant, jusqu'à son siége, les impressions de tout ce qui entoure le corps. Ce n'est là que la théorie de Condillac.

De là , les filets nerveux de la peau ne sont pas la fin des nerfs, mais leur origine, leurs racines. Ils convergent de toutes les parties du corps vers le centre ; ils atteignent la moelle épinière, et forment ainsi deux tiges ou troncs.

Chacun de ces troncs est formé de huit faisceaux de nerfs visibles et distincts. Il est évident que ces faisceaux augmentent d'épaisseur, en montant de la queue de cheval aux vertèbres cervicales , à mesure qu'ils reçoivent de nouveaux nerfs provenant de la périphérie.

Ainsi augmentée, la moelle entre par le grand trou occipital dans le crâne ; elle se dilate ; ses ramifications , s'épanouissant en longueur et en largeur, se condensent ensuite en cerveau. Les extrémités de ces circonvolutions, simulant les fleurs et les fruits de l'arbre, constituent les organes, et par conséquent les conditions matérielles, sans lesquelles l'âme de l'homme ne pourrait exercer ses fonctions.

Ces circonvolutions peuvent être étendues, déplissées, de manière à former une vaste membrane, ce que Tulpius, et surtout Camper, avaient admis dans les hydrocéphales.

Mais, en 1808 , dans son grand ouvrage de physiologie du cerveau, publié avec Spurzheim, nous trouvons une tout autre théorie ; le système nerveux est pris dans toute son étendue, et étudié bien plus en détail : on reconnaît l'influence de Spurzheim, de l'analyste physiologique. Cependant, il faut bien le dire, cet ouvrage, si l'on en retire tout ce qu'il y a d'historique, toutes les opinions diverses qui y sont accumulées sur chacun des points, se reduirait à un très-petit nombre de pages renfermant la systématisation des faits puisés surtout dans Vicq-d'Azir et Sœmmering, avec

quelques faits nouveaux et quelques vues neuves, qui
ont suffi pour donner le branle et l'impulsion à la
science. Il consacre la première partie à l'anatomie,
la seconde à la physiologie du système nerveux, et la
troisième à la doctrine des organes particuliers.

En anatomie, il commence par traiter des systèmes
les plus simples et les moins élevés, qui sont les ganglions et les plexus du bas-ventre et de la poitrine, les
systèmes nerveux de la colonne vertébrale et des sens,
en joignant à cet examen des systèmes nerveux une exposition raisonnée de leurs fonctions, pour préparer
le lecteur à la physiologie du cerveau. «Ce n'est, dit-il,
que de cette manière que le naturaliste peut réussir à
démontrer le rapport des organes de la conscience, de
la sensation, du mouvement volontaire, des sens, des
facultés intellectuelles et morales avec leurs fonctions.

«Jusqu'ici, continue-t-il un peu à tort, les connaissances des anatomistes sur ces objets ont été si défectueuses, que plusieurs révoquent encore en doute la
destination du cerveau. « En suivant, dit Reil, la méthode de dissection en usage aujourd'hui, laquelle
consiste à couper cette partie en plusieurs tranches, il
sera difficile de nous procurer une connaissance complète de sa structure. »

« C'est ainsi, ajoute Gall, que nous avons réussi, non
sans peine, à trouver et à mettre au rang des connaissances stables quelque chose de ce que l'esprit humain
peut découvrir sur la structure, l'arrangement, la connexion et les rapports des diverses parties du cerveau,
sur l'usage de ses deux substances, de même que sur
l'origine et la direction de ses filets nerveux. Nous
croyons avoir ramené par là l'ordre, l'unité et la vie
dans une étude où il y a eu jusqu'ici tant de désordre.

Là où l'on ne voyait que des formes et des fragments mécaniques, nous montrerons des appareils matériels pour les fonctions de l'âme. Sans nous arroger d'approfondir le principe essentiel des facultés, nous démontrerons néanmoins les conditions corporelles auxquelles ces facultés se trouvent subordonnées dans cette vie.

« Ce ne sera que quand l'anatomie et la physiologie seront fondues l'une dans l'autre, que la connaissance du système nerveux aura atteint toute sa perfection. » (*Préface.*)

Voilà donc plusieurs principes posés :

1° Une nouvelle méthode de dissection.

2° La systématisation de nos connaissances sur le système nerveux.

3° La démonstration d'appareils matériels pour les fonctions de l'âme.

4° La reconnaissance d'une âme, principe essentiel des facultés qui s'exercent au moyen des organes corporels.

5° La thèse de Haller et de tous ceux qui ont fait faire des progrès à la science, la nécessité d'unir la physiologie à l'anatomie, ce qui n'est au fond que la loi des causes finales, sans laquelle il est impossible d'arriver à aucune connaissance parfaite.

Ici le système nerveux forme un réseau, et non un arbre, comme dans ses premières leçons.

La matière cendrée ou substance grise est, comme pour Vicq-d'Azir, la matrice des filets médullaires, et la structure de la substance blanche est fibreuse.

Un ganglion est un amas de substance grise, d'où naissent les nerfs.

Il étudie la moelle épinière dans sa forme extérieure :

elle n'est plus un faisceau augmentant à mesure qu'elle monte et qu'elle reçoit de nouveaux nerfs; mais il démontre les renflements qui correspondent aux membres, et ceux plus petits, d'où naissent les nerfs, et qui donnent une forme générale ondulée; il étudie la structure intime, et nie l'entre-croisement des fibres dans toute l'étendue de la moelle, admis par Vicq-d'Azir et Cuvier. Ainsi, la moelle n'est pas un faisceau de nerfs du cerveau, mais une série de renflements donnant naissance à des nerfs, et conséquemment un assemblage d'autant de systèmes nerveux qu'on y observe de renflements. Il étudie les ganglions dans les animaux inférieurs et les vertébrés.

« Les systèmes nerveux de la colonne vertébrale servent au cerveau d'instruments pour le mouvement volontaire, et de conducteurs pour les sensations. »

Les nerfs dits cérébraux, les nerfs des sens ne viennent pas du cerveau, mais de la moelle allongée, composée de différents amas de substance grise; ils se détachent plus tôt ou plus tard, les olfactifs les derniers; et on peut en suivre les racines plus ou moins loin en *raclant*.

Chacun des nerfs des sens donne naissance à un système nerveux différent.

« Il y a une différence frappante entre les nerfs mous et rouge-blanchâtre du système sympathique, et les nerfs durs et blancs de l'épine du dos. D'un autre côté, les fibres nerveuses délicates du cerveau et du cervelet se distinguent des nerfs de la colonne vertébrale par leur blancheur et leur mollesse, tous les nerfs différant entre eux par la variété de leur configuration. Ainsi les nerfs ne se ressemblent nullement dans leur couleur, leur consistance, leur forme et leur texture. Souvent les divers filaments du même nerf sont très-visiblement dissemblables. Non-seulement les différents systèmes nerveux, mais aussi les filets du même nerf sortent de différents amas de substance grise, placée dans divers endroits. Les ganglions des différents systèmes sont plus ou moins nombreux, suivant que leur forme, leur consistance, leur texture et leur couleur varient. Toutes ces particularités restent les mêmes dans les mêmes nerfs; elles doivent donc avoir pour cause une différence primitive dans la structure intérieure, et être d'une nécessité essentielle pour la diversité des fonctions. » Pag. 128, t. I, in-4°.

C'est là un fait important introduit dans la science, la structure diverse des nerfs, suivant la diversité des fonctions.

« Le cerveau ne naît pas plus de la moelle épinière que celle-ci de lui. » Pag. 334. Cependant, il suit des détails que « le cerveau et le cervelet sont des développements de faisceaux provenant de la moelle. Chacun de ces faisceaux constitue un système nerveux isolé, qui, par son épanouissement, forme son organe intellectuel, aussi isolé [1]. »

Pour l'anatomie du cervelet, il ne veut donner que des vues générales, et renvoie pour les détails à Malacarne et Chaussier. Les premières racines du cervelet naissent de la substance grise. Il le fait venir des cordons restiformes ou *processus ad medullam*, renflés par des filets naissant dans le corps denté.

---

[1] Voici la donnée anatomique correspondant à la donnée psychologique par laquelle il rend les facultés indépendantes les unes des autres ; mais la donnée anatomique est tout aussi fausse que l'autre : il ne faut qu'une grossière anatomie du cerveau pour s'en convaincre. Ce sont pourtant là les deux grandes bases, les deux principes du système crânioscopique de Gall.

Le cerveau consiste essentiellement en deux substances différentes, grise et blanche. Il le fait naître des pyramides, s'entre-croisant, se renflant en traversant, ı° le pont de varole, 2° les couches optiques, 3° les corps striés, par suite des fibres blanches qui naissent dans la substance grise de ces parties. Il le fait naître encore d'autre faisceaux.

« Le cerveau, dit-il, consistant en plusieurs divisions dont les fonctions sont totalement différentes, il existe plusieurs faisceaux primitifs, qui, par leur développement, contribuent à le produire, conformément aux lois auxquelles obéissent les autres systèmes. Tous ces faisceaux sont composés graduellement de fibres produites dans la substance grise du grand renflement. On doit donc les considérer comme les premiers rudiments, ou, au moins, le commencement visible du cerveau, quoiqu'ils soient, de même que les autres systèmes nerveux, mis en communication et en action réciproque avec les systèmes nerveux situés au-dessous d'eux.

« D'après nos connaissances actuelles, nous rangeons parmi ces faisceaux les pyramides antérieures et postérieures, les faisceaux qui sortent immédiatement des corps olivaires, les faisceaux nerveux longitudinaux, qui aident à former en partie la quatrième cavité, et encore quelques autres, qui sont cachés dans l'intérieur du grand renflement. »

Tous ces faisceaux ne naissent pas d'une manière uniforme. Le côté où ils naissent tous (si l'on en excepte ceux des pyramides antérieures) est celui où ils doivent devenir des parties du cerveau. Ceux qui viennent des pyramides passent d'un côté à l'autre.

Ainsi les pyramides, depuis le point de leur naissance

dans la substance grise, sont continuellement renfor-
cées par cette substance, jusqu'à ce qu'ayant atteint
leur perfectionnement complet, elles s'épanouissent
dans les circonvolutions inférieures, antérieures et extérieures des lobes, antérieur et moyen.

Ainsi renfermés, augmentés, ces faisceaux divergent,
et s'épanouissent en une grande expansion, recouverte
partout de substance corticale, qui, en se plissant, forme les circonvolutions.

« Les corps olivaires ne sont qu'un ganglion, qui est
en raison directe avec les circonvolutions qui y naissent, qui sont celles des parties latérales et antérieures
du cerveau. »

Il regarde les couches optiques et les corps striés
comme des ganglions, d'où il fait naître des circonvolutions.

« Il en résulte que les circonvolutions ne sont que le
perfectionnement de tous les appareils précédents; et
l'on ne doit regarder ces appareils que comme des préparations destinées à former un tout. » Pag. 283, t. 1.

« Il est certain que l'on peut démontrer évidemment
l'existence de deux systèmes dans le cerveau, et que
le système rentrant contient des fibres plus nombreuses, et des faisceaux plus forts que le système sortant. »

Dans l'idée de Gall, le cerveau n'est qu'une accumulation de ganglions serrés les uns contre les autres. Le
système nerveux naît donc indépendant; et il y a autant de systèmes nerveux que d'organes. La moelle est
une succession de nerfs intervertébraux, composés de
substance grise périphérique, et de rayons de substance
blanche. Le faisceau de la moelle qui passe sous le pont
de varole, et qui naît de la substance grise, prend de
nouveaux faisceaux à mesure qu'il avance, et ils vont

ensemble constituer à toute la périphérie céphalique les circonvolutions qui sont autant d'organes séparés[1]. C'est la même chose pour le cervelet. Telle est la célèbre théorie de Gall, qui montre que les ganglions cérébraux ne sont que des additions à la moelle. D'après cela, il est évident que voilà le cerveau et le cervelet en communication avec la moelle, et, par suite, avec le grand sympathique, et telle est l'explication de l'idée de Gall sur l'influence du développement d'un organe.

Mais le système nerveux étant pair dans tous les organes, il s'agit de voir maintenant la communication entre les deux côtés, communication qui fait qu'avec deux organes, il n'y a qu'une sensation, preuve très-forte de l'existence de l'âme, d'un principe unique, qui perçoit et harmonise dans l'unité les sensations multiples. C'est ce qui conduit à l'idée de commissure.

De la face interne des expansions qui forment le cerveau, naissent des filets médullaires convergents, distincts des divergents, et qui, s'unissant dans la ligne médiane à ceux du côté opposé, constituent les commissures, qui sont le corps calleux, la voûte, les cornes antérieures, pour le cerveau; le pont de varole, pour le cervelet. Il n'était pas, pour les faits, aussi avancé que Vicq-d'Azir; mais il a systématisé.

Ayant accepté que chaque pli ou circonvolution composée de substance grise en dehors, de substance blanche en dedans, et de fibres blanches convergentes, peut être déplissée, et que, par conséquent, toute la périphérie du cerveau peut l'être également en une expansion membraneuse, il explique les circonvolutions, en montrant

---

[1] C'est toujours le développement de sa donnée anatomique fondamentale, mais erronée.

qu'il a fallu resserrer cette membrane pour arriver à la
contenir dans un petit espace, de la même manière que
les circonvolutions intestinales. Il a prouvé qu'il y avait,
au fond de cette idée, quelque chose de vrai ; mais les
circonvolutions ne sont pas, comme il le prétend, dé-
plissables sans déchirure. Il admet qu'il y a commissure entre les paires de nerfs, comme entre les hémisphères du cerveau et du cervelet.

Les ganglions, répandus dans tout le corps, sont des
amas de matière grise, où se renforcent les nerfs. Les
couches optiques, les corps striés, sont aussi des espèces de ganglions de renforcement ; et la matière grise
du cerveau et du cervelet peut être regardée comme
les ganglions des commissures ; la substance grise de
l'intérieur de la moelle également ; et l'on peut pousser
la même idée à la terminaison des nerfs sensoriaux, et
même à la peau.

Chaque paire de nerfs forme un système particulier,
conséquemment un ensemble, et ils se réunissent dans
la moelle épinière.

Le cerveau et le cervelet n'en sont pas l'origine,
mais un *diverticulum*, un appendice réservé pour certaines fonctions, éprouvant influence de la part de
toutes les parties du cordon, et en exerçant une sur
elles.

Il a cherché à montrer que les nerfs prenaient tous
origine dans la moelle vertébrale ou allongée ; mais
il n'est pas arrivé à la théorie de Bell. Il a cherché à
suivre les nerfs céphaliques jusqu'au bulbe d'où naissent les faisceaux qui vont former le cerveau et le cervelet, en sorte que c'était une espèce d'inflorescence
qui se portait aux organes des sens ; maintenant nous
sommes bien plus loin.

Telle est cette anatomie du cerveau, où l'on ne trouve réellement aucune idée physiologique, mais une étiologie anatomique incomplète sans doute, puisqu'elle est bien loin de comprendre toutes les particularités du cerveau, mais de la plus grande importance pour l'impulsion qu'elle devait donner, et qu'elle a en effet donnée à l'anatomie de cet organe, et du système nerveux en général.

On peut encore y entrevoir comme une idée physiologique, mais seulement la première conception.

Malgré cette systématisation, nous ne devons pas dissimuler que Gall a négligé un grand nombre de faits intéressants, et que, par suite, il n'est peut-être rien resté de lui dans la science, si ce n'est sa grande influence.

IV. *Physiologie*. Nous arrivons à sa physiologie; mais il est extrêmement difficile d'entrer dans cet examen sans toucher à la métaphysique, à la morale, à la psychologie, à l'histoire naturelle. Néanmoins, comme nous avons préalablement donné quelques détails, il nous sera plus facile de le suivre. Les anciens avaient déjà essayé de localiser; Gall y est arrivé beaucoup plus complétement. Suivant lui, une faculté, une fonction, quelle qu'elle soit, dérive de l'organisation. Il n'admet pas d'*idées innées*, mais des *dispositions innées*. Ces dispositions innées ne peuvent pas devenir des penchants irrésistibles, du moins dans l'espèce humaine, parce qu'elles peuvent être contre-balancées par d'autres dispositions opposées.

Cette distinction entre dispositions innées et **idées** innées, est importante et réelle. Les dispositions traduites par les penchants de l'animal, constituent sa nature. Elles sont et doivent être en lui avant qu'aucun organe des sens ne soit en état d'agir. C'est ce qu'on peut nommer une harmonie préétablie, l'harmonie voulue par la puissance créatrice, tandis que les idées, qui ne sont que des images, ne peuvent être innées; mais elles sont la suite, la conséquence de l'action immédiate ou médiate du monde, d'un corps extérieur sur un organe de sensation, que cette action soit actuelle ou passée[1].

Toute faculté dérive de l'organisation, ou l'organisation est indispensable à la manifestation des facultés de l'âme. — Mais nous ne disons pas que ces facultés sont le produit de l'organisation. (*Fossati.*)

Cela est certain, en distinguant cependant les facultés organiques des facultés locomotrices, des facultés sensoriales et des facultés intellectuelles.

En effet, dans la première catégorie, il y a, à l'aide d'éléments matériels, production et résultats maté-

---

[1] Les dispositions innées constituent ce qu'on a nommé depuis longtemps l'instinct qui pousse de dedans.—Il y a nécessairement harmonie entre les dispositions innées, l'instinct et les organes.

L'éducation et l'instruction ne peuvent pas faire naître une faculté, si une faculté n'est que la possibilité à l'acte d'une disposition.

Mais est-il aussi certain qu'elles ne puissent pas en détruire une ?

Le *climat* et la *nourriture*, c'est-à-dire, le régime, ne peuvent pas créer, ne peuvent pas engendrer des facultés. Non encore sans doute, mais ils peuvent les modifier au point de les étendre.

Les *besoins* ne peuvent pas créer des facultés ; les besoins étant la conséquence de leur existence, il est, en effet, impossible de concevoir qu'ils puissent les produire.

Il n'y a pas de qualité primitive acquise ou factice : toutes les facultés sont innées.—Cependant la natation dans l'homme ? —Les dispositions primitives des facultés de l'homme et des animaux sont innées, et leur activité et leur manifestation sont prédéterminées par l'organisme.

riels, — digestion, respiration, sécrétion; ou bien, acte, mouvement imprimé sur une substance matérielle.

Dans la deuxième catégorie, la faculté de l'irritabilité, il y a changement visible, mouvement dans l'organe, ou dans la partie de l'organisation qui jouit de la faculté de la contraction. — Le produit est le mouvement visible, appréciable, commensurable. — Dans la troisième catégorie, il y a action nécessaire d'un corps matériel sur la partie de l'organisme qui jouit de la faculté sensoriale. — Dans la quatrième catégorie, l'action immédiate du corps matériel ou de ses mouvements n'est plus nécessaire; il suffit de sa réminiscence seule pour donner lieu à la succession des phénomènes intellectuels; l'organe dans lequel ils se passent est bien une condition, mais non une condition de production, mais de siége; c'est un *substratum*, et non un instrument, un organe produisant. — En sorte que les conditions matérielles, c'est-à-dire, l'étendue, la quantité de substratum n'est pas une circonstance rigoureuse, comme dans les catégories précédentes; en effet, une sécrétion est en rapport plus ou moins manifeste avec les proportions de l'organe sécréteur et du fluide sanguin qui s'y répand. — Cela est encore assez évident pour la motilité, la proportion des fibres contractiles; mais déjà l'influx nerveux devient un élément qui peut suppléer l'autre. On peut conclure quelque chose d'analogue, mais à un moindre degré, pour les organes des sens, cependant difficilement; mais, dans les facultés intellectuelles, cela est impossible.

Quoique les anciens eussent bien senti le rapport de l'âme avec le substratum, cependant ils ne l'avaient point recherché; et c'était là la source de l'hiatus entre l'anatomie et la physiologie. Il n'en était plus ainsi pour Gall : cherchant à traduire pour arriver à la prévision, il devait localiser; et c'est là, lorsqu'on envisage le rapport de l'âme et des organes, que la thèse de Gall peut être nettement soutenue, quoiqu'il soit impossible d'arriver ici à un rapport semblable à celui qui existe entre les autres organes et leurs fonctions, qui donnent un produit matériel, comme la bile, l'œuf, le sperme, etc. Dans le cas présent, en effet, il faut reconnaître une différence entre faculté et fonction; il n'y a point de sécrétion connue pour les fonctions précitées : ainsi, comme chaque organe a une structure particulière, et une sécrétion aussi particulière, nous en concluons un rapport d'organe et de fonction; mais c'est tout autre chose dans le substratum intellectuel. Lorsqu'on envisage la digestion, il y a matière particulière modifiée, mais toujours matériellement; de même pour les sécrétions, dans les végétaux comme dans les animaux, il y a produit matériel à l'aide de matière. Mais, dans l'exercice d'une faculté, il n'y a plus de matière; par exemple, pour le système musculaire, il résulte de son action un mouvement sans aucun produit matériel, mais un mouvement sensible, d'où résulte la fonction de locomotion, et c'est la faculté qui permet à l'animal de changer ses rapports avec le monde extérieur.

Lorsque l'on considère un organe des sens, tel que l'œil, il y a choc; il y a, à l'aide de modifications, une image, ou, ce qui est la même chose, une idée *physique*; mais ce n'est pas encore l'idée plus élevée. Par là nous arrivons de la sensation à la perception, et nous sommes conduits à admettre, avec la nécessité d'un substratum, la nécessité de l'être intime qui perçoit, recueille et compare ; et ici nous ne sommes pas plus avancés par Gall, que nous ne l'étions auparavant ; et, quand on a osé dire que le cerveau sécrète la pensée comme le foie sécrète la bile, on est non - seulement étonné, mais effrayé que des penseurs aient pu tomber dans une pareille méprise.

II. *Le cerveau est essentiellement le siége des sentiments moraux et intellectuels.* C'est le siége du sentiment général, en distinguant toutefois comme nous l'avons fait. On peut le prouver :

1° *Par observations empiriques diverses.* En effet, les facultés se manifestent, augmentent ou diminuent, suivant que les parties cérébrales qui leur sont propres se développent, se fortifient ou s'affaiblissent.

2° *Par le développement anormal.* Le développement défectueux des organes de l'âme rend défectueuse la manifestation de ses facultés.

3° *Par l'ordre du développement normal des parties du cerveau.* Quand le développement du cerveau en général, ou d'un organe en particulier, ne suit pas l'ordre graduel ordinaire, la manifestation des fonctions s'écarte aussi de l'ordre ordinaire. Dans l'enfant, les parties antérieures et inférieures, les parties latérales, les parties postérieures, les parties antérieures et supérieures se développent avec les facultés.

4° *Par la différence d'organisation du cerveau dans les deux sexes*, qui explique la différence d'énergie dans certaines qualités et facultés de l'homme et de la femme. Ainsi, la tête s'allonge à la partie postérieure pour former une tête de femme, et s'allonge dans le diamètre transversal pour une tête d'homme, d'après les observations de Gall, sans critique et sans contrôle.

5° Par la considération de la transmission, par la

génération, de la conformation de la tête avec les qualités morales et intellectuelles dans les familles [1].

6° Par l'observation que les lésions de toutes les autres parties, même de la moelle épinière, n'ont aucun effet sur les facultés morales et intellectuelles : ainsi, dans les maladies des chiens, la paralysie monte de la queue jusqu'au cerveau par degrés.

7° Parce que la vie *automatique* ou organique n'exige ni le cerveau ni le cervelet, comme le prouvent les monstres.

8° Parce que, dans la série animale, le nombre des fonctions morales et intellectuelles augmente avec les parties du cerveau. Ici la thèse peut être acceptée d'une manière générale; mais il y aurait beaucoup d'objections à faire, car des animaux sans circonvolutions cérébrales ont autant d'intelligence que d'autres qui en possèdent.

V. *De la localisation des fonctions, des facultés intellectuelles et des sentiments moraux.* I. Une faculté, une fonction, de quelque nature qu'elle soit, dérive de l'organisation, dans la doctrine de Gall.

II. Les facultés, les fonctions intellectuelles et morales ont leur siége dans le cerveau.

III. Ces facultés, ces fonctions étant de sortes différentes, leur siége, leur organe doit être propre, particulier à chacune d'elles.

IV. Dès lors le cerveau n'est pas un organe unique, mais un composé d'autant d'organes qu'il y a de facultés primitives : et de même qu'un bras fatigué n'empêche pas les jambes d'agir, de même aussi nous reposons

[1] Ce qui est critiqué par les observations de M. Foville pour Toulouse et plusieurs parties de la France, et chez les Caraïbes qui appliquent une planche sur le front de leurs enfants.

un organe cérébral, en faisant agir l'autre. Mais il faut déterminer ces divers siéges ; cela était très-aisé pour l'ouïe, l'œil, etc., mais au delà la difficulté était extrême. Il fallait déterminer, 1° les facultés ; et ici on ne peut pas se dissimuler que Gall a fait une analyse extrêmement profonde. Il faut voir qu'un être a été créé dans une harmonie telle, qu'il est, avec les circonstances extérieures, dans les proportions et les limites nécessaires à son existence. Mais l'homme est créé sociable, de sorte qu'un seul homme serait un contre-sens. Dès lors il faudra soigneusement distinguer les facultés générales des facultés spéciales. D'après Gall, les facultés générales ne sont que des attributs, des qualités communes à toutes les facultés primitives, ou bien des degrés, des abstractions de ces facultés primitives.

La sensation, la perception, le souvenir, l'attention, le jugement, le raisonnement, l'imagination, qui constituent l'entendement, l'intelligence, ne sont que des qualités générales et communes à toutes les facultés. Les anciens en étaient à peu près là ; mais ils n'avaient pas franchi l'intervalle corporel que l'école française a cherché à combler, et qui l'a conduite dans le matérialisme, où elle est encore ; car le moi pour elle est animal, et n'appartient pas à l'esprit humain.

Le penchant, le désir, l'entraînement, la passion, pouvant être poussés jusqu'à *la manie*, ne sont que des degrés de tendance à l'action d'une faculté primitive, en rapport nécessaire avec le développement de l'organe de cette faculté.

N'en est-il pas de même des affections ?

La volonté est aussi une faculté générale, qui peut aider ou combattre un penchant, faciliter ou non un acte de l'intelligence.

Le besoin est un sentiment qui demande l'action d'un penchant; il est la source de la peine et du plaisir. Le plaisir est le sentiment d'un besoin satisfait, soit physique, moral ou intellectuel.

La douleur est le sentiment contraire d'une sensation physique intellectuelle ou morale exagérée.

Après avoir ainsi distingué des besoins généraux, des facultés communes, il n'est plus nécessaire de chercher de *cogitativa*, de *memorativa*, etc., c'est-à-dire, de siége, comme les anciens; car il est clair que, s'il y a, par exemple, un organe chargé de la génération, il y aura nécessairement tendance au penchant; et par là Gall montre que les philosophes anciens s'étaient trompés en localisant les facultés générales, qui ne sont que des degrés des facultés spéciales.

Il reste maintenant à déterminer quelles sont ces qualités spéciales, et où est leur siége, ou mieux leur sub-stratum particulier dans le cerveau.

La première question peut être résolue à priori, en cherchant psychologiquement, ou métaphysiquement parlant, par l'histoire naturelle de l'entendement humain seulement, quelles sont les facultés nécessaires pour que les fonctions d'un être animal agissent dans la nature.

Elle peut l'être à posteriori par l'histoire naturelle des actes de cet être.

Elle peut l'être empiriquement, en remontant des actes eux-mêmes à l'organe, ou traduisant à l'exté-rieur, c'est-à-dire, en cherchant quelle particularité du crâne correspond à telle faculté primitive. C'est cette dernière méthode qui a été employée par Gall; mais la preuve qu'elle était insuffisante, c'est que de nombreux changements ont été faits dans sa détermination.

Dans cette méthode, il a fallu démontrer que cette

traduction peut être considérée comme légitime, en prouvant que c'est le cerveau qui, le premier formé, est le législateur de ses enveloppes, et montrer que le crâne en est une.

Dès lors la masse totale, ou sa proportion, a pu être prise en considération pour toutes les facultés et leur équilibre convenable.

Puis, la proportion de ses parties ou régions principales ; parties postérieures, inférieures et supérieures ; latérales ; antérieures, inférieures et supérieures ; enfin supérieures.

Lorsqu'on étudie la série animale, on s'aperçoit que le crâne est composé de trois parties essentielles, l'une supérieure, l'autre latérale, et la troisième postérieure. On voit qu'il y a des parties plus voisines de la moelle épinière, qui est positivement locomotrice et sensible. Sœmmering avait déjà vu que plus on s'éloignait de la moelle, plus on marchait vers les facultés intellectuelles. Joignant à ce fait la belle dissertation de Camper sur l'angle facial, Gall eut dès lors un point de départ ; il dut dire : les facultés les plus animales seront les plus développées dans les animaux ; or, ces facultés sont les fonctions de reproducion et de nutrition, ce qui n'est pas pour l'homme. Le cervelet, qui est plus près de la moelle, sera donc le siége des facultés de reproduction, et, entre lui et le cerveau, sera la philogéniture, latéralement les facultés propres à le rendre capable du soin et de la défense de ses petits. Viennent ensuite les facultés propres à la nutrition ; et, selon la complication de ce penchant, il faudra un certain nombre d'organes. Les artistes grecs viennent ensuite montrer à Gall les facultés les plus élevées, et aussi les plus éloignées de la moelle dans le développement d'un beau front. Mais, au-dessus de toutes ces facultés, il y a rapport avec le Créateur, et l'organe sera placé à la partie la plus élevée du crâne, et celui qui traduit la faculté de rapport avec nos semblables sera postérieur et avant la philogéniture. On voit facilement que, s'il n'en est pas ainsi, c'est pourtant une conception de génie.

Comme conséquence de cette conception, les bosses, les protubérances que peut présenter chaque organe, ont été successivement découvertes et attachées à une faculté primitive. Le nombre de ces facultés a été, provisoirement du moins, porté à vingt-sept par Gall.

Cependant ses disciples, les propagateurs de sa doctrine, n'admirent pas la même analyse, ni la même classification ; ils multiplièrent le nombre des facultés primitives et leur assignèrent d'autres siéges en partie.

VI. *Résumé.*

La physiologie du cerveau, telle que Gall l'a conçue, n'est que ce qu'on appelle la psychologie. D'après l'analyse que nous avons faite de ses travaux, il marchait logiquement. En effet, quand il y a fonction, il y a organe ; et appareil, quand plusieurs organes se réunissent pour un même but. Mais ici, bien que la relation ne soit pas aussi visible, cependant il y a fonction, que nous appelons faculté. On aperçoit encore bien la relation de cause et d'effet dans les organes des sens ; mais lorsqu'on touche aux facultés intellectuelles, il n'est plus possible de démontrer un organe ; il n'y a que substratum dans lequel il est impossible de voir la relation de cause et d'effet ; ce substratum est pourtant nécessaire.

« S'il y a, dit Gall, un principe immatériel, que devient cette essence indépendante dans le sommeil, dans l'ivresse, dans l'hydrocéphale, dans les inflammations, les ulcères, les épanchements, les excroissances du cerveau, dans le dérangement des fonctions des viscères ? Chacun sait que ces diverses circonstances interrompent, suppriment, exaltent, altèrent de mille manières les fonctions de l'âme.

« Ces expériences, dont le résultat est constamment identique, ne doivent-elles pas nous conduire à cette conséquence, que l'exercice des facultés intellectuelles, quel que soit d'ailleurs le principe que l'on adopte, est grandement soumis à l'influence des conditions corporelles ? Dès lors, ce principe, au moins tant qu'il est soumis au corps, est du domaine du naturaliste ; c'est à lui seul d'examiner ces conditions corporelles, ces organes de l'âme, et les altérations auxquelles ils sont sujets. Ainsi, lorsqu'en écrivant une physiologie du système nerveux et du cerveau, l'on ne se propose que d'apprendre à connaître l'organe de l'intelligence en général, et les organes de chaque faculté en particulier, le but que l'on a en vue rentre incontestablement dans l'ordre des choses possibles [1]. »

Il faut nécessairement admettre ce substratum avec Gall ; mais il ne peut être partagé en organes, comme il l'a voulu. Il est composé de parties qui forment un tout, et à ces parties sont attachées des facultés. Il est entré dans l'analyse de ces facultés ; il a distingué des facultés générales et des facultés spéciales. Il a vu que les facultés générales, ce qu'on appelle désir, passion, etc., ne sont que des degrés d'un même penchant ; pour que ces degrés puissent être mis en exercice, il faut réunir plusieurs conditions. Il est en outre évident que la vo-

____
[1] *Préface,* p. VII et VIII.

lonté est une de ces facultés générales et communes à toutes les fonctions.

Il est ensuite entré dans l'analyse des facultés spéciales, leur localisation et leur traduction. Cette analyse a permis d'entrer en histoire naturelle, et c'est là la haute perfection, le grand progrès du système de Gall, sur lequel surtout nous nous appuyons pour démontrer l'immatérialité, et par suite l'immortalité de l'âme.

L'analyse de la locomotion en relation avec la moelle épinière par Sœmmering, l'angle facial de Camper, l'élévation verticale de Lavater, furent les trois premiers points de division d'où partit Gall pour arriver à localiser.

Quand on examine sa localisation, on se convainc, de la manière la plus positive, que ce n'est réellement, avec quelques améliorations, que celle de ces savants scolastiques que l'on a tant blâmés.

Dans l'établissement de sa localisation, il agit, en apparence, tout à fait empiriquement ; sans doute, il s'est trompé, et ses correcteurs encore plus, parce qu'ils ont cru qu'il n'y avait là que de l'empirisme, tandis qu'il y avait une conception de génie.

Gall divise les organes en deux catégories : la première, ceux communs aux animaux et à l'homme ; la seconde, ceux particuliers à l'homme.

Dans la première catégorie, il range sous un même ordre les organes qui tiennent à la reproduction et à la nutrition, la vie organique ; dans un second ordre, les fonctions intellectuelles, communes à l'homme et aux animaux, ce sont les rapports des lieux, les rapports mécaniques, comme dans la structure du nid des oiseaux par exemple, les rapports des couleurs, etc., ce qui comprend la vie sensitive et intellective.

Enfin, dans la seconde catégorie, il range les facultés intellectuelles particulières à l'homme, ce qui va comprendre, selon lui, la philosophie. Ici l'opiniâtreté et la théosophie sont entremêlées d'une manière blâmable, et on a eu raison de les séparer.

Nous n'examinerons pas comment il est arrivé à la détermination de la place de chaque organe; cela est peu important. Il a cru, ou fait semblant de croire, que sa localisation était la chose capitale; mais il dit, dans la fin de son ouvrage, qu'il n'y tient pas, qu'elle pourra être changée.

Ses disciples le crurent ainsi, et Spurzheim, tout le premier, a augmenté et dénaturé à tort la première détermination : il a établi trente-six organes au lieu de vingt-sept admis par Gall. C'est encore à tort qu'ils ont détruit la division des facultés en celles propres à l'homme, et celles communes à lui et aux animaux; car dès lors il est impossible de démêler la loi qui a présidé à leur distribution.

Ainsi donc, si nous examinons le système de Gall avec ses légères améliorations, nous sommes amenés au point où en était Albert le Grand et son École. Ils appelaient puissance, et peut-être avec plus de raison, ce que nous appelons faculté; et parties, ce que nous appelons organes; nous proposons le substratum pour ce qu'ils appelaient le siége de la raison : ce ne sont que des mots nouveaux à la place des mots anciens. De là ressort l'unité du tout par la réunion des parties, et une âme avec plusieurs facultés. Ainsi ils admettaient l'*anima vegetativa, sensitiva, cogitativa, moralis*, ce qui n'est pas autre chose que les trois divisions de Gall, comme nous l'avons montré, sans doute, avec quelques différences surtout dans les siéges.

Gall est pour nous le premier naturaliste physiologiste, bien supérieur à Bonnet, quoiqu'il ait refusé ce nom.

Loin de donner appui au matérialisme et au sensualisme, il a mis sur la voie de la démonstration de la nature du rapport de l'âme avec la matière, son substratum. Il se défend lui-même d'une pareille accusation. «Dans le nord de l'Allemagne, on trouve superflus les arguments par lesquels nous établissons que les dispositions sont innées dans l'homme, sans que, pour cela, sa liberté morale en soit moins réelle; et ailleurs, l'on a, au contraire, bien de la peine de s'élever jusqu'à l'idée de la coexistence des dispositions innées avec la faculté de n'en être pas irrésistiblement maîtrisé. Tandis que, d'accord avec les Pères de l'Église, avec les moralistes et avec les instituteurs, nous démontrons l'influence de l'organisation sur l'exercice des facultés intellectuelles, sans rendre pour cela l'âme matérielle. Walter, Ackermann, Steffens, et une foule d'autres, crient à l'effroyable matérialisme[1].»

La thèse de Gall est parfaitement soutenable en ce point; car l'âme et le corps sont tellement faits l'un pour l'autre, que ce n'est qu'une seule hypostase, comme l'entendaient les Pères grecs, et une seule personne avec les Pères latins. L'accusation de matérialisme ne peut donc peser sur cette partie de sa doctrine; il n'en serait pas de même de la multiplicité d'organes particuliers et séparés, comme il serait facile de le prouver.

Gall nous semble avoir le premier appliqué la méthode d'observation directe ou comparée à la physiologie du cerveau, qui n'est au fond que la psycholo-

____
[1] *Préface.*

gie, et par conséquent à ce que l'histoire naturelle offre de plus difficile et de plus élevé dans le monde créé.

Il a, peut-être mieux que personne avant lui, systématisé le système nerveux et surtout l'encéphale, en en donnant une étiologie anatomique, ou analyse rationnelle de son organisation.

Il a beaucoup plus appuyé que ses prédécesseurs sur l'importance de la substance grise, dont il a, plus positivement que Vicq-d'Azir, fait la matrice des nerfs.

Il a de même montré, d'une manière plus générale, la disposition fibreuse, et par conséquent conductrice, de la substance blanche; il a aussi essayé de montrer que tous les nerfs de l'encéphale tirent leur origine de la moelle allongée.

C'est lui qui, le premier, a fait une nécessité de disséquer le cerveau étiologiquement, c'est-à-dire, suivant un ordre déterminé et rationnel.

Le premier, il a essayé de donner l'histoire naturelle des facultés psychologiques, instinctives, sensoriales, intellectuelles et morales de l'homme, en distinguant les facultés générales des facultés particulières ou spéciales : ainsi, pour le penchant jusqu'à la passion ; pour la sensation, la perception, la mémoire, l'imagination.

Et, en essayant ensuite de déterminer ces facultés primitives et leur nombre, et abandonnant l'inutile recherche de leur siége dans le substratum général, il a proposé par empirisme, en apparence du moins, de localiser les facultés spéciales : y a-t-il réussi ? La question est loin d'être décidée. Mais il s'est aidé pour cela, certainement aussi, des déductions tirées de l'histoire naturelle des animaux, et de ce qu'avaient fait Sœmmering, Camper et Lavater.

Voulant parvenir à la prévision, et par suite à l'application, terme de toute science, il a essayé de démontrer le rapport général et particulier de l'enveloppe osseuse du crâne avec le cerveau, d'où la cránioscopie ou crâniologie, dans laquelle il a prétendu démontrer que les particularités de développement en plus ou en moins du cerveau et de ses régions sont traduites par celles du crâne à sa surface. Mais les nouveaux progrès de l'anatomie du système nerveux viendront ébranler cette partie de sa thèse, sinon dans le principe général, au moins dans les spécialités [1].

Dès lors il a pu atteindre, dans son idée, à la prévision, c'est-à-dire à connaître, par l'inspection de la tête et surtout du crâne, la tendance à telle ou telle faculté, dans des degrés différents.

Admettant que ces particularités proportionnelles dans les régions et parties de l'encépale traduites à l'extérieur sont indiquées de bonne heure dans l'homme, il a pu donner à l'éducation, à l'instruction des individus et des nations, et même de l'espèce, une direction rationnelle, en combattant par des moyens directs ou indirects le développement de cette partie du substratum, siége d'une faculté nuisible, et, au contraire, en favorisant, par des moyens également appropriés par l'usage, comme on le fait pour les organes sensoriaux et telle partie des organes locomoteurs, les facultés utiles, et surtout celles qui doivent contre-balancer les nuisibles. C'est ce qui constitue l'orthophrénie.

Mais, en portant son application à la législation cri-

---

[1] Le remarquable ouvrage du docteur Foville : *Traité complet de l'anatomie, de la physiologie et de la pathologie du système nerveux cérébro-spinal*, nous conduit bien plus loin que Gall, et renverse plusieurs de ses erreurs.

minelle, on voit comment cette partie des sciences naturelles peut atteindre un perfectionnement important, déjà indiqué par l'introduction des circonstances atténuantes dans le jugement par le jury.

Il a par là démontré la nécessité de réunir les sciences de l'organisme avec la philosophie, la morale et la politique. « Dans la physiologie, dit-il, nous nous appliquons, d'une manière spéciale, à des recherches sur les facultés de l'irritabilité, de la sensibilité, du mouvement volontaire, de même que sur les fonctions des sens, les instincts, les penchants, la volonté, la pensée, en tant que toutes ces qualités se trouvent subordonnées à des conditions matérielles ; nous tâchons d'assigner à chaque système différent sa sphère d'activité particulière, et enfin, de déterminer, d'après des lois immuables, quelle est, dans l'ensemble de tous les systèmes nerveux, la sphère d'activité ou le règne de l'homme. Dans toutes les occasions, nous prenons en considération l'éducation, la morale, la législation, l'art de guérir en général, ainsi que la connaissance et le traitement des affections mentales et morales en particulier. »

Le point le plus remarquable de l'effort de Gall, le moins incontestable, c'est d'avoir ramené l'unité dans des sciences que nous avions vues subdivisées et divergentes ; par lui, la nécessité de l'enchaînement de toutes les sciences est de nouveau démontrée.

SECTION VII. — ÉCOLE FRANÇAISE.

DE LAMARCK (JEAN-BAPTISTE-PIERRE-ANTOINE DE MONET, CHEVALIER).

1741 — 1829.

—

Arrivés à l'époque moderne contemporaine, on a senti, avec nous, combien l'histoire de la science était hérissée de difficultés. Dans quelques voies, en effet, que l'homme entre, il y porte avec lui sa nature, ses passions et ses préjugés ; le monde scientifique, qui devrait, semble-t-il, n'avoir d'autre but, d'autre intérêt que celui de la vérité, n'est pourtant pas exempt de cette condition de notre nature. On s'y passionne même d'autant plus ardemment pour ses opinions et celles de ses maîtres, que l'on se persuade plus facilement qu'il y va de l'intérêt de la vérité. Si vous joignez à cette nécessité de notre faiblesse l'absence et l'oubli du dogme des croyances religieuses, et, par suite, de la pratique de la divine morale évangélique, de la charité, qui en est le fruit et la base, et qui seule peut faire taire les passions pour laisser parler la vérité, vous verrez les difficultés se compliquer d'une manière effrayante. Car, une fois cet admirable contre-poids enlevé, à sa place naissent l'intérêt particulier, l'empire de l'amour-propre et de l'orgueil, et, au lieu du devoir, le despotique égoïsme ; de là surgissent l'intrigue, les petites coteries, les menées littéraires et scientifiques, pour s'élever soi-même et faire arriver ceux qui vous élèvent, toujours au détriment des intelligences assez fortes pour lutter contre vous, et qu'il faut abattre pour triompher ; ce qui n'est que l'égoïsme rayonnant autour de soi sur des appuis assez dévoués pour le soutenir, et assez faibles pour demeurer toujours sous sa dépendance, c'est-à-dire qu'au fond l'égoïsme se replie sur lui-même. Avec ces difficultés, pour ainsi dire, individuelles, viennent s'enlacer les influences sociales et les rouages de la politique, lorsque la science, ou plutôt ceux qui la cultivent se trouvent lancés dans ce monde qui n'est point fait pour eux. De ce nouveau centre, mille fils divers s'échappent en tous sens pour aller se lier à de nouvelles passions, à de nouveaux intérêts, à de nouvelles exigences, et viennent ensuite compliquer les difficultés, en faisant de la science un instrument, un marchepied, que l'on grandit facticement en proportion de la hauteur où l'on veut atteindre.

Tel est le caractère de notre époque, que l'on pourrait définir politico-scientifique. Comment alors venir, avec le flambeau de la nue vérité, le seul guide de l'histoire, débrouiller ce chaos de tant de passions diverses, cette complication d'intérêts et d'exigences multiples, sans redouter la révolte de tant de susceptibilités que l'on est exposé à blesser, et par là même nuire à la vérité et à la science, en avançant, ce que le temps seul peut amener, l'époque où il est permis à la vérité de parler dans le silence des passions ?

Ces considérations et d'autres tout aussi puissantes, mais purement scientifiques, ont dû nous déterminer à nous renfermer plus que jamais dans le cadre unique de la science, à y choisir le type caractéristique de cette époque dans Lamarck préférablement à Cuvier qui, sous tant de rapports, paraîtra sans doute à un grand nombre de lecteurs devoir mériter la préférence ; mais si l'on veut peser les motifs de notre détermination, on conviendra facilement que nous ne pouvions et ne devions pas faire autrement.

1° Les travaux de Lamarck et de Cuvier ont réagi les uns sur les autres, et en donnant l'histoire de l'un de ces hommes, il faut nécessairement parler de l'autre.

2° Mais comme Lamarck est venu le premier, il semble sous ce rapport devoir être préféré.

3° En outre, Lamarck a été un homme purement scientifique, tandis que l'esprit facile de Cuvier, qui semblait vouloir tout embrasser, a été trop souvent et trop récemment mêlé aux événements de la politique pour qu'il soit permis d'approfondir encore son histoire. En effet, son école, ses amis politiques, sa famille, pour ainsi dire, sont encore vivants, tandis que l'école de Lamarck s'est fondue dans l'école française ; il n'a laissé que ses relations scientifiques.

4° L'école de Cuvier n'a d'ailleurs jamais eu de caractère philosophique nettement prononcé ; l'éclectisme ne peut en avoir, et Cuvier était éclectique ; tandis que Lamarck a franchement tracé le caractère de sa doctrine, qui est devenue celle de l'école française, ou plutôt qui était le résultat de son époque. Cuvier pourrait, nous semble-t-il, être considéré comme faisant le passage de cette école à l'école actuelle, à laquelle il a rendu d'éminents services. Cette dernière considération suffirait donc, à notre point de vue purement philosophique, pour faire de Lamarck le type, et de Cuvier un appendice dans ses travaux purement scientifiques.

Par Lamarck donc, nous arrivons au dernier terme

dans l'école française ; mais, pour la bien juger, nous avons à jeter un coup d'œil rétrospectif sur le chemin que nous avons déjà parcouru.

Un grand nombre des hommes dont nous avons étudié l'histoire ont entrevu la lacune qu'ils étaient appelés à combler ; mais plusieurs aussi l'ont remplie sans le savoir et comme par la force des circonstances. Ici, comme partout, l'homme s'agite et Dieu le mène. Lamarck nous en fournira un nouvel exemple. Il apercevra en partie son effort dans la grande démonstration de la série animale, qu'il essayera d'introduire dans la science ; mais il n'apercevra pas la vérité de la thèse théologique, qu'il sera amené à démontrer par l'absurde.

La science, définie par Platon l'ensemble des connaissances divines et humaines, se compose de plusieurs parties qui, quoique en apparence distinctes, s'enchaînent au point que les progrès d'une branche ne sont pas fort éloignés de ceux d'une autre branche. Pour bien comprendre l'encyclopédie scientifique, il faut savoir que ces branches se partagent en trois grandes catégories, comme nous l'avons montré si souvent : ce sont les sciences d'instrument : la grammaire générale, la logique, la dialectique et la mathématique, que l'on pourrait toutes renfermer sous la dénomination bien comprise de *méthode* (μετὰ, ὁδός), ou voie de l'esprit humain à la recherche de la vérité. La seconde catégorie est celle qui consiste dans l'emploi de ces instruments à la connaissance des êtres et des phénomènes qu'ils présentent, soit que cette connaissance s'applique aux êtres désagrégés ou élémentaires, ou aux êtres à l'état d'agrégation, ce qui renferme tous les êtres de la nature. C'est là ce qu'on peut justement appeler, avec

Lamarck, les connaissances positives. Enfin, la troisième catégorie renferme les conséquences et les corollaires des deux premières, et constitue la partie vraiment philosophique de la science. Lorsque l'esprit humain a étudié les faits et les phénomènes pour arriver à leur prévision, l'homme alors revient sur lui-même, et s'étudie dans ses rapports avec les êtres créés, avec ses semblables, avec lui-même, et enfin avec Dieu, son grand terme, dernière branche qui n'a point été saisie par Aristote, bien qu'il eût embrassé toutes les autres.

Si l'on accepte cette division des sciences, qui est celle de tous les hommes de génie, les faits nous l'ont prouvé, elle nous amène au point de vue où il faut être pour comprendre la fin de cette histoire.

Cette science que l'homme sent, qu'il reçoit d'abord par la foi, et qu'il demande ensuite à la démonstration, ce qui est le besoin de notre époque, peut être présentée dans un ensemble de diverses manières.

On l'a envisagée comme formant une pyramide, un arbre ou un cercle. La première idée est certainement le cercle, l'encyclopédie, parce que chacun des rayons, ou science particulière, pourra réagir sur toutes les autres. La forme pyramidale donnée par Bacon, et acceptée par d'Alembert, offre, entre plusieurs autres inconvénients, celui d'exiger qu'une science soit terminée et ne puisse plus faire de progrès, pour pouvoir prendre place dans la construction de la pyramide; et en outre, quand même la science qui est à la base, par exemple, s'agrandirait, on n'en verrait pas la réaction sur les autres sciences. Cette disposition pyramidale met à la base les sciences mathématiques, puis la logique, la grammaire, etc.; intermédiairement elle place les sciences naturelles, et au sommet Dieu. La mathématique peut bien avoir réaction sur les sciences d'observation, mais la pyramide ne le montre pas ; on ne voit pas non plus comment le sommet repose sur sa base. Du reste, d'Alembert, tout en acceptant la pyramide des sciences, n'en a pas moins voulu appeler son ouvrage Encyclopédie.

La forme dendroïde[1] est due à Descartes. Sous l'emblème d'un arbre, elle montre mieux la réaction, parce que, dans un végétal, les racines, les feuilles, etc., réagissent sur l'ensemble et les unes sur les autres ; mais il n'y a point ce grand perfectionnement de voir cette réaction dans son ensemble aussi facilement que dans le cercle.

La forme circulaire n'a que des avantages : elle permet de voir l'ensemble du progrès des sciences, et laisse apercevoir en même temps comment le développement d'un rayon influe sur celui des autres rayons. Aussi, est-ce cette forme que nous avons adoptée, et qui va nous permettre de résumer en peu de mots nos époques précédentes.

Aristote trace le cercle des connaissances humaines : 1° il constitue la science, crée la grammaire générale, la logique et la dialectique ; 2° il les applique au monde, à l'état d'éléments et à l'état d'êtres, puis à l'homme moral, mais non religieux.

Pline ne concevant la philosophie ni *à priori*, ni *à posteriori*, son entreprise n'a d'autre effet que de montrer combien il faut se garder de cette tendance individuelle et matérielle : car tout effort fait en dehors de la science est comme non avenu.

Galien, sous l'influence de la religion chrétienne déjà introduite à Alexandrie, continue l'œuvre d'Aristote et de Platon, et même d'Hippocrate ; il étudie l'homme dans ses organes et leurs fonctions, et admet le but théologique.

Aussitôt que le christianisme eut rempli l'Europe; Albert le Grand termina l'encyclopédie des sciences. De cette époque à nous il y a deux grands perfectionnements : l'un de la renaissance à Buffon, et l'autre de Buffon à Lamarck et Oken.

Mais un autre fait qui est résulté de nos études, c'est que toutes les fois que la science a eu besoin d'un nouveau progrès, c'est là que s'est produit un génie; tandis que ceux qui ont travaillé dans le temps où la science n'était pas préparée pour leurs efforts, sont mort-nés.

A l'époque où nous sommes arrivés, le travail des faits est accompli ; le besoin de la science est de clore, de terminer le cercle : travail qui a été essayé en des voies diverses par l'épicurisme, le spinosisme ou le panthéisme d'une part, et par la théologie de l'autre. Nous voilà donc au point de vue nécessaire pour juger la thèse du panthéisme matérialiste et celle de la théologie catholique; à savoir : le panthéisme, qui enseigne que le monde est un être complet, se reproduisant par ses parties ; et le catholicisme, qui enseigne qu'un Dieu créateur est l'auteur de ce monde et de toutes ses parties ; mais il fallait que la science fût arrivée à ce point où nous la voyons, pour pouvoir juger et démontrer ce que l'on acceptait déjà par la foi.

Nous n'avons plus que deux points de vue à étudier, celui de l'épicurisme dans Lamarck et l'école française, et celui du panthéisme dans Oken et l'école allemande. Ces deux thèses sont de la plus haute importance ; nous commencerons par celle de Lamarck, et nous montrerons qu'en adoptant sa philosophie, on admet la création spontanée, la transformation des espèces, leur négation et l'autochthonie de ces mêmes espèces, et par suite l'action de la matière sur elle-même. Nous aurons nos six chapitres ordinaires.

I. *Éléments et extrait de sa biographie.*

Ces éléments sont en petit nombre, et peut-être sujets à la critique. Ils consistent en : 1° un Discours prononcé sur sa tombe par M. Étienne-Geoffroy Saint-Hilaire; 2° un autre Discours, également prononcé sur sa tombe par M. Latreille. Ces discours, quelque justes et vrais qu'ils puissent être, contiennent peu de détails. M. Latreille a dû lire un travail sur M. Lamarck à la Société entomologique; mais il n'est pas venu à notre connaissance.

3° Son Éloge par M. George Cuvier, secrétaire perpétuel de l'Académie des sciences. *Mém. de l'Acad. des sc., t. XIII*, 1835. Lamarck mourut en 1829, et Cuvier en 1832. Ce travail ne paraît pas avoir été dans une direction convenable pour la science, puisque le comité de lecture proposa des changements auxquels M. Cuvier se refusa; ce qui fut cause que ce discours ne fut lu qu'après la mort de son auteur, par M. Sylvestre, et, à ce qu'il paraît, assez fortement tronqué : il ne peut donc fournir d'éléments sûrs.

4° Un article de la Biographie des Contemporains, sans nom d'auteur, à la date de 1830, et par conséquent peu de temps après sa mort. L'anonyme n'était peut-être pas assez à la hauteur de la science pour juger M. de Lamarck.

5° Ses ouvrages, aussi bien que les souvenirs de ses amis, paraissent les sources les plus sûres.

Jean-Baptiste-Pierre-Antoine de Monet, chevalier de

Lamarck, naquit le 1er août 1744, à Barentin, village de Picardie, situé entre Bapaume et Albert, de parents nobles, d'origine languedocienne. Son père était seigneur de Monet, mais n'avait qu'une fortune assez médiocre, et devenue tout à fait disproportionnée au nombre de ses enfants. Lamarck, cadet d'une famille assez nombreuse, puisqu'elle se composait de huit enfants, dont il était le dernier, fut, par les conditions sociales, destiné à l'état ecclésiastique. Dès son enfance, il aimait la solitude, et avait peu les goûts de son âge. Il fut placé à Amiens chez les jésuites, où il fit sa première éducation, qui dut être aussi étendue que cet ordre remarquable savait la donner. Mais, ayant perdu son père dès l'âge de seize ans, il changea sa direction pour suivre l'état militaire, à l'exemple de ses aïeux et de ses frères, dont deux avaient été tués à la bataille de Berg-op-Zoom.

Il part donc comme volontaire, et entre à dix-sept ans, en qualité de cadet, dans le régiment de Beaujolais, muni d'une simple lettre de recommandation d'une dame de ses voisines. Il rejoignit l'armée commandée par le maréchal de Broglie, alors en Hanovre, peu de jours avant le 14 juillet 1761, jour où fut attaquée l'armée allemande commandée par le prince de Brunswick. Il assista à la bataille de Fissingshausen, qui fut perdue par les Français. Il s'y conduisit avec un courage et un sang-froid remarquables, qui peignaient dès lors toute la force et la vigueur de son caractère. Placé à un poste dangereux, tous les officiers qui le commandaient périrent, Lamarck resta seul avec quatorze ou quinze soldats, et tint, malgré les remontrances des vétérans, jusqu'au dernier moment, et il aurait péri là, si l'on n'était venu le relever. Aussi le maréchal de Broglie, instruit de ce fait, le nomma-t-il officier sur le champ de bataille, et peu de temps après il fut élevé au grade de lieutenant. Il suivit son régiment à Toulon et à Monaco.

C'est à cette époque qu'il commença ses études de botanique dans l'ouvrage de Chomel sur les plantes usuelles. Pendant qu'il était en garnison à Monaco, un de ses camarades, en jouant, l'ayant soulevé par la tête, il en résulta une altération dans les parties environnantes du cou, qui le força de recourir aux soins de la médecine, et par suite de venir à Paris, où M. Tenon eut le bonheur de le guérir au bout d'une année de soins, d'abord infructueux. Cet accident le força à quitter la carrière militaire pour suivre la profession de médecin, à l'âge de vingt-quatre ans. Mais, comme il n'était pas riche, n'ayant qu'une petite rente de 400 fr., il se vit obligé de travailler, pour vivre, dans les bureaux d'un banquier. Il demeura fort isolé, ce qui du reste s'alliait avec ses premiers goûts, et se logea très-pauvrement dans le quartier latin. C'est alors qu'il prit, vers la météorologie, la direction qu'on lui a reprochée. Il y fut déterminé par la position assez élevée de son logement, et composa sur les vapeurs de l'atmosphère un premier Mémoire, qui fut lu à l'Académie.

Le célèbre Duhamel y fit attention et en donna un rapport très-avantageux ; et il jouit du privilége de n'être pas soumis à la censure. Suivant les cours du Jardin des Plantes, il se trouva en relation avec les Jussieu, les Desfontaines, les Thouin. La nature de son esprit, à la fois méthodique et investigateur, le conduisit à critiquer les systèmes de botanique adoptés, au point que, défié par ses condisciples de faire mieux, il se mit à l'œuvre, et, en six mois, il composa sa Flore française.

Il fut aidé, comme il le déclare lui-même, dans la rédaction, par M. l'abbé Haüy, alors professeur d'humanités à Paris, non-seulement pour le perfectionnement du style, mais encore pour la disposition de son introduction. On ajoute, dans la Biographie des Contemporains, que Buffon chargea Daubenton d'arranger le discours préliminaire. Buffon dut protéger fortement cet ouvrage, comme critique des systèmes et surtout du système de Linné. Aussi le suffrage de l'Académie et la protection de Buffon lui obtinrent la faveur de voir la première édition de la Flore française publiée aux frais du gouvernement, qui, sur la proposition de Buffon, abandonna l'édition entière à l'auteur. Cet ouvrage eut un succès prodigieux, et cela devait être pour deux raisons : Buffon n'aimait pas Linné et protégeait ses adversaires; Lamarck voyait qu'on pouvait faire mieux que Linné, quoiqu'il pourra être défini Linné méthodiste et antithéiste. Sa Flore et sa Méthode dichotomique furent donc protégées par Buffon, Duhamel, etc., ce qui le mit dans une assez belle position. Il faut ajouter, pour seconde raison du succès, que les Lettres de J.-J. Rousseau avaient donné l'élan aux études botaniques, mais ne fournissaient pas les moyens de les faire. Lamarck, qui avait même été admis aux herborisations mystérieuses [1] du citoyen de Genève, vint offrir ce moyen, et son ouvrage fut épuisé en trois ou quatre ans.

A trente-huit ans, en 1779, il fut nommé membre de l'Académie des sciences, sans doute par l'influence de Buffon; car il n'était présenté au roi qu'en second.

---

[1] La condition absolue, pour y être admis, était de ne point interroger, de ne point faire attention à Rousseau, sans quoi il prenait la fuite, et laissait en plan tous ses élèves.

En 1780, il donna la seconde édition de la Flore française. Il présenta aussi, à peu près à la même époque, à l'Académie, ses *Recherches sur les causes des principaux faits physiques*. Buffon, désirant faire voyager son fils, le confia à M. de Lamarck, comme guide ; à cet effet, il lui fit donner, par le roi, la commission de visiter les herbiers, les musées, les jardins de botanique, et d'acheter les objets utiles à la collection. Il visita ainsi les pays de la Hollande, la Prusse, l'Allemagne et la Hongrie, et par conséquent les plus célèbres botanistes du temps, Gleditsch, Jacquin, Murraye.

Le voyage fut terminé plus tôt qu'il ne devait l'être, parce que le Mentor ne s'accorda pas toujours avec le Télémaque, et Buffon les rappela. A son retour, Lamarck est nommé conservateur des herbiers du Jardin du Roi. Il continua ses études favorites, fit, dit-on, quelques voyages agronomiques en France, et surtout en Auvergne, avec Thouin, et par là augmenta son herbier.

Sa réputation de botaniste s'était tellement accrue, qu'on lui confia le Dictionnaire de botanique de l'Encyclopédie méthodique, qui se publiait alors. La première partie du premier volume parut cette année, 1785, et les autres pendant les années suivantes. M. de Lamarck n'était cependant pas à cette époque tellement restreint à la botanique qu'il n'entrât quelquefois dans le champ de la zoologie, au moins comparativement, comme le prouve un mémoire qu'il lut à l'Académie des sciences, en 1785, dans lequel il compare les classes à introduire parmi les végétaux, avec celles déterminées dans le règne animal, en ayant égard, de part et d'autre, à la perfection graduée des organes.

Enfin, à la mort de Buffon, il entra comme adjoint de Daubenton à la garde du cabinet du Jardin du

Roi, et chargé de tout ce qui concernait les herbiers.

En 1791, il publia le premier volume de l'Illustration des genres en botanique, ouvrage faisant partie de l'Encyclopédie méthodique.

C'est alors (1792) qu'il s'associa avec plusieurs de ses amis, et entre autres avec Bruguières, Olivier, Haüy et Pelletier, pour la publication d'un journal d'histoire naturelle. Toutes les généralisations de cet ouvrage sont de M. de Lamarck. Ce fut lui qui donna l'idée du journal, de son but, dans un premier article intitulé : *Sur l'histoire naturelle en général*. Il y publia des articles sur la philosophie botanique, et des articles d'observation ; on y trouve aussi un article sur les travaux de Linné.

Mais voici une nouvelle époque dans sa vie ; il va encore changer de vocation, et de botaniste devenir zoologiste.

En 1792 fut fait à l'Assemblée constituante un célèbre discours, où l'on proposa la réforme de l'enseignement et la création du Muséum d'histoire naturelle. Lamarck fut le premier à bien comprendre ce que devait être cette école spéciale ; il adressa à l'Assemblée constituante un projet de réorganisation du Jardin du Roi, qui plus tard a été la base de sa constitution actuelle. Le décret d'organisation de ce jardin, converti en Muséum d'histoire naturelle, est du 10 juin 1793, sur le rapport de Lakanal, au nom du Comité d'instruction publique de la Convention.

Par ce décret, le nombre des chaires fut porté à douze, dont trois de botanique et quatre de zoologie ; par un autre article de ce même décret, ces douze chaires devaient être attribuées aux officiers de l'établissement, qui, sur la liste, n'étaient qu'au nombre

de douze, parce qu'on n'avait pas pu y mettre M. de
Lacépède, alors chassé de Paris comme ci-devant
noble.

Dans la distribution des chaires de botanique, M. Desfontaines, ancien professeur, M. de Jussieu, ancien démonstrateur, et M. Thouin, ancien jardinier en chef,
durent naturellement avoir chacun leur chaire, et M. de
Lamarck ne put être placé. Dans la distribution des chaires
de zoologie, M. Portal, ancien professeur, et M. Mertrud,
ancien démonstrateur, eurent les deux chaires d'anatomie. Les deux chaires de zoologie restaient : M. Daubenton, en prenant la minéralogie, en laissait une libre, celle
des mammifères et des oiseaux, et elle fut donnée à
M. Étienne Geoffroy, jeune homme de vingt-deux ans,
qui à cette époque aidait M. Daubenton. Restait la seconde chaire, celle des reptiles et des poissons, qui ne
pouvait appartenir qu'à M. de Lacépède, ancien sous-
garde du cabinet, et qui avait publié l'Histoire naturelle des reptiles et des poissons. Mais, dans cette combinaison, le reste des animaux, c'est-à-dire les insectes
et les vers de Linné, n'étaient pas compris, et M. de
Lamarck n'était pas placé ; en sorte que tout naturellement il fut obligé d'accepter cette position et la chaire,
qui ne fut créée et ajoutée aux autres qu'en 1795. Il se
chargea donc des animaux sans vertèbres, et lui seul le
pouvait, car là tout était à créer. A l'âge de quarante-
neuf ans il se voit obligé de changer subitement la direction de ses travaux, et de les porter sur la partie de
la science la moins avancée, la plus difficile, et pour
laquelle les collections étaient presque nulles. Il le fit
cependant avec un tel succès, qu'un an après sa nomination, il ouvre son cours le 3o avril 1796, et entre
complétement en matière. C'est aussi à cette époque

qu'il publia le résultat de ses réflexions sur les causes des principaux faits physiques.

En 1795, il est nommé membre de l'Institut lors de sa création, mais encore dans la section de botanique.

Après avoir publié, en 1796, sa Réfutation de la *théorie pneumatique* ou de la chimie nouvelle, il publia, en 1797, sous une nouvelle forme, ses Mémoires, en opposition aux idées reçues sur les questions générales de physique et de chimie, et dont il avait lu plusieurs devant l'Académie pour engager la discussion.

A cette époque naissait la grande théorie pneumatique de Lavoisier; elle était soutenue par Bertholet; Fourcroy et Lamarck n'en étaient pas satisfaits, et c'est pour cela que le dernier eut le courage de publier des mémoires contre cette opinion.

On trouve déjà, dans son septième mémoire, les bases de sa physique animale comparée à la physique végétale, et de plus, les tableaux de la classification générale des animaux, distingués en vertébrés et invertébrés. Reprenant ensuite en sous-œuvre chaque partie, il publia ses premiers travaux sur la conchyliologie présentée dans son ensemble; mais il fut arrêté dans sa classification par des considérations anatomiques tirées du sang. Ses principes, et le résultat de ses travaux, sont exposés nettement dans son système des animaux sans vertèbres. La géologie commençait ses progrès si remarquables; mais les géologues avaient imaginé et pris des temps innombrables qui ne leur coûtaient rien; Lamarck entra dans cette voie, et fit sentir l'importance des coquilles fossiles, et, dans son hydrologie ou hydrogéologie, il sonde les grandes questions géologiques, en cherchant à expliquer les faits. Cependant il n'abandonnait pas ses observations, ses pensées, ses travaux sur la météorologie, comme le prouvent les mémoires successifs qu'il inséra dans le Journal de Physique, et surtout la publication de ses Annuaires de 1800 à 1811.

Les mathématiques dominaient alors dans l'Académie; Lamarck vint pour combattre leur influence par ses travaux météorologiques; mais il trouva de l'opposition. Cependant, sentant bien qu'il n'y avait pas de science possible sans prévision, et que la prévision naît de l'observation, il crut pouvoir tirer de ses observations des prévisions sur les pluies, les vents, etc., ce qui peut être et est même vrai pour les localités; mais peut-être généralisa-t-il trop. Il était aussi arrivé à la conviction de l'influence du soleil et de la lune sur la mer. Dès lors il crut pouvoir faire un annuaire. Les mathématiciens en avaient fait un, appliqué à l'art nautique; Lamarck tourna le sien vers l'agriculture et les voyages. Mais l'Académie s'éleva contre cette publication.

Méprisés par M. de Laplace, ses travaux météorologiques furent, pour ainsi dire, dénoncés au chef du gouvernement d'alors (Bonaparte), qui eut la dureté de lui transmettre publiquement cette opinion dans une séance de présentation de l'Institut. Il dut donc cesser ses Annuaires, quoiqu'il soit resté convaincu de la vérité de ses prévisions jusqu'à sa mort; et nous sommes aujourd'hui dans cette direction.

Il n'avait pourtant pas cessé de continuer, avec une persévérance rare, ses travaux de zoologie; il publia ses nombreux mémoires sur les coquilles vivantes et fossiles, sur les polypes (Ann. du Mus., 1802-1815); sa Philosophie zoologique parut en 1809. Il travailla les dix dernières années de sa vie active à son grand ouvrage des animaux sans vertèbres, qu'il publia de 1815 à 1822. Mais, dès 1818, sa vue commença à baisser assez pour être obligé de faire faire en partie, d'abord, puis en totalité, son cours par M. Latreille. En 1820, il publia son Système analytique des connaissances de l'homme, qu'il fut obligé de dicter à cause de sa cécité presque complète. Devenu entièrement aveugle, en 1825, l'Académie, sur la proposition de M. Fournier, lui conserva ses jetons de présence, quoiqu'il ne pût assister aux séances. Enfin il mourut le 18 décembre 1829; son infirmité ne lui avait rien fait perdre de sa gaieté. Il fut marié quatre fois et eut sept enfants.

La moralité de M. de Lamarck, toute d'instinct, était assez connue. Il n'est personne parmi ceux qui ont eu l'avantage de vivre et de causer avec lui, qui n'ait admiré sa véritable philosophie; au milieu souvent des soucis que devait lui causer une position peu aisée avec une nombreuse famille, sa sérénité d'esprit était toujours entretenue par le bonheur qu'il cherchait et puisait dans la science.

En définitive, la vie de M. de Lamarck est une belle vie de savant, et elle nous montre déjà comment il était apte à toutes les parties des sciences naturelles.

III. *Énumération méthodique de ses principaux ouvrages, et comment ils nous sont parvenus.*

Lamarck, comme Aristote, a entamé toutes les parties des sciences, depuis la météorologie jusqu'à la science de l'homme. Il était logicien; mais ses principes n'étaient pas toujours bien étudiés, et les conséquences s'en apercevaient quelquefois.

Ses travaux peuvent être divisés en trois catégories. 1° d'essai; 2° d'exécution; 3° de perfectionnement.

1₀ *En météorologie.* Il a commencé par étudier *l'in-*

fluence de la lune sur l'atmosphère terrestre et les nuages; il publia ce travail dans le Journal de Physique, an **VI**.

Sur le mode de noter et de rédiger les observations météorologiques, afin d'en obtenir des résultats utiles, et sur les considérations que l'on doit avoir en vue pour cet objet (Jour. de Ph., an XI).

Sur la distinction des tempêtes d'avec les orages et les ouragans, et sur le caractère du vent désastreux (Journ. de Ph., an IX).

Recherches sur la périodicité présumée des principales variations de l'atmosphère dans les latitudes moyennes, entre l'équateur et le pôle, an IX; et sur le moyen de s'assurer de son existence et de sa détermination. Lu à l'Institut, le 26 ventôse an IX (Journ. de Ph., an IX).

Sur les variations de l'état du ciel pour l'an VIII(1800), contenant l'exposé des causes qui y donnèrent lieu (Journ. de Ph., frim. an XI).

Annuaire météorologique, précédé de probabilités acquises par une longue suite d'observations sur l'état du ciel, les variations de l'atmosphère, pour différents temps de l'année; l'indication des époques où l'on doit s'attendre à avoir du beau temps ou des pluies, des orages, des tempêtes, des gelées, des dégels; enfin, la citation, d'après les probabilités, des temps favorables aux fêtes, aux voyages, aux embarquements, aux récoltes, et aux autres entreprises dans lesquelles il importe de n'être pas contrarié par le temps; avec une instruction simple et concise sur les nouvelles mesures. Diverses éditions, revues d'année en année, de 1800 à 1812.

M. de Lamarck avait commencé ses observations météorologiques de fort bonne heure, dès 1776; dès lors il avait soumis au jugement de l'Académie des sciences un Mémoire sur les *vapeurs de l'atmosphère*, qu'elle avait d'autant plus accueilli, disait Duhamel dans son rapport sur la Flore française, que les observations renfermées dans ce Mémoire lui parurent de nature à être suivies, et qu'elle engagea l'auteur à se livrer à ce travail et à lui faire part de ses observations. Il avait donc dû les continuer; mais lorsqu'il voulut les faire connaître de nouveau, l'Académie avait changé d'esprit. Les mathématiques avaient écrasé, étouffé les sciences naturelles, et dès lors ses observations ne pouvaient plus avoir d'application; les essais, plausibles ou non, étaient traités de ridicules, et cependant ils ne l'étaient pas. C'est ce qui arriva à M. de Lamarck. Dans l'état de ses connaissances, ayant obtenu une sorte de certitude, il voulut publier des Annuaires météorologiques, comme il y avait un Annuaire du bureau des longitudes; et nous avons vu comment il fut accueilli.

Physique. *Recherches*[1] *sur les causes des principaux faits physiques, et principalement* sur ceux de la combustion; de l'élévation de l'eau dans l'état de vapeur; de la chaleur produite par le frottement des corps solides; de celle qui se rend sensible dans les décompositions subites, dans les effervescences, dans le corps des animaux pendant la vie; de la causticité; de la saveur et de l'odeur de certains corps composés; de la couleur des corps; de l'origine des composés et de tous les corps minéraux; de l'entretien de la vie des êtres organiques, de leur accroissement, de leur état de vigueur, de leur dépérissement et de leur mort. 2 vol. in-8°, 1794.

Mémoire sur la matière du son. Lu en l'an VIII, 16 et 26 brum.

---

[1] Recherches n'était pas le mot, il fallait *Pensées sur.*

Sur la matière du feu, considéré comme instrument chimique dans les analyses. Lu à l'Instit. (Journ. de Ph., floréal an VII).

Sur la formation d'une échelle chromatique.

On voit qu'il n'a touché qu'aux grandes questions de la physique ; il dit lui-même qu'il n'a point fait d'expériences.

Chimie. *Réfutation de la chimie pneumatique.* 2 vol. in-8°, 1796.

Ce travail a été résumé dans quelques pages de ses Mémoires de physique et d'histoire naturelle, sous le titre d'*Erreurs remarquables* sur lesquelles reposent les principes de la théorie pneumatique.

Réfutation de la théorie pneumatique, ou de la nouvelle doctrine des chimistes modernes, présentée article par article, dans une suite de réponses aux principes rassemblés et publiés par le comte Fourcroy dans sa Philosophie chimique, précédée d'un supplément complémentaire de la théorie exposée dans l'ouvrage intitulé : *Recherches sur les causes des principaux faits physiques*, auquel celui-ci fait suite et devient nécessaire. Paris, 1796. 1 vol. in-8°.

Sur les molécules essentielles des composés, et sur l'invariabilité de leur forme et l'unité et l'identité de leur nature. — Sur le résultat des altérations que la nature ou l'art peuvent faire subir aux molécules essentielles des composés. — Sur l'état de combinaison des principes, dans les différentes molécules essentielles des composés. — Sur la tendance naturelle qu'ont les molécules essentielles des composés à se détruire. — Sur la véritable cause des dissolutions.

Ces cinq Mémoires furent publiés, en 1797, en un vol. in-8°, sous le titre de : *Mémoires de Physique et d'Histoire naturelle*, établis sur des bases de raisonnement indépendantes de toutes théories; avec l'exposition de nouvelles considérations sur la cause générale des dissolutions, sur la matière du feu, sur la couleur des corps, sur la formation des composés, sur l'origine des minéraux, et sur l'organisation des corps vivants. Paris, 1797.

GÉOLOGIE. *Hydrologie* ou *Hydrogéologie*. Recherches sur l'influence qu'ont les eaux sur la surface du globe terrestre, sur les causes de l'existence du bassin des mers, de son déplacement, de son transport successif sur les différents points du globe; enfin, sur les changements que les corps vivants exercent sur la nature, et l'état de cette surface. 1 vol. in-8°, 1802. Cet ouvrage a été traduit en allemand par Wrede. Berlin, 1805, in-8°.

Considérations sur quelques faits applicables à la théorie du globe, observés par M. Péron, dans son voyage aux terres Australes;

En 1802, dans l'introduction de ses Mémoires sur les coquilles fossiles des environs de Paris, pour l'emploi de ce moyen dans les questions géologiques.

SUR LES CORPS ORGANISÉS EN GÉNÉRAL. *Recherches sur l'organisation des corps vivants*, et particulièrement sur son origine, sur la cause de ses développements et des progrès de sa composition, et sur celles qui, tendant continuellement à la détruire dans chaque individu, amènent nécessairement sa mort. Paris, 1802. 1 vol. in-8°. Précédé du Discours d'ouverture du cours de zoologie, donné dans le Muséum d'histoire naturelle, l'an X de la république.

Mémoire sur les classes les plus convenables à introduire parmi les végétaux, et sur l'analogie de leur nombre avec celles déterminées dans le règne animal, ayant égard de part et d'autre à la perfection graduée des organes (Mém. de l'Acad. des Sc., 1785).

PHYTOLOGIE. *Flore française*, ou Descriptions succinctes de toutes les plantes qui croissent naturellement en France, disposées selon une nouvelle méthode d'analyse, à laquelle on joint les citations de leurs vertus les moins équivoques en médecine, et de leur utilité dans les arts, précédées par un exposé des principes élémentaires de la botanique.

Dictionnaire de Botanique de l'Encyclopédie méthodique, par ordre de matière. Les quinze premiers volumes sont de Lamarck ; les neuf suivants sont de Poiret. — Les deux premiers volumes de la Botanique du Buffon de Déterville.

Illustrationes botanicæ. — *Extrait de la Flore française*, contenant l'analyse des végétaux, pour arriver à la connaissance des genres. Paris, 1792.

ZOOLOGIE. *Recherches sur l'organisation des corps vivants*, particulièrement sur leur origine, sur la cause de leur développement et des progrès de leur composition, et sur celles qui amènent la mort; 1802. Il est probable que cet ouvrage a des rapports nombreux, si même il en diffère, avec le septième de ses Mémoires de physique et d'histoire naturelle.

Système des animaux sans vertèbres. 1 vol. in-8°. Paris, 1801 (an X). Traduit en allemand par Floriep, sous le titre de Nouveau système de conchyliologie. — *Description des coquilles fossiles des environs de Paris*, comprenant la description des espèces qui appartiennent aux animaux marins sans vertèbres, dont la plupart sont figurées dans les vélins du Muséum. Ann. du Mus., du tom. Ier au tom. VIII, 1802-1806. — *Sur les genres de la sèche, du calmar et du poulpe, vulgairement polypes de mer.* Lu à l'Institut le 21 floréal an VI (Mém. de la Soc. d'hist. nat., 1 pl.). —*Prodrome d'une nouvelle classification des coquilles*, contenant une rédaction appropriée des caractères génériques, et l'établissement d'un grand nombre de genres nouveaux. Lu à l'Institut, le 21 frim. an VII (Mém. de la Soc. d'hist. nat., I, p. 64).

Il y fait sentir l'importance de cette étude pour la géologie.

Il s'appuie sur les observations et les découvertes intéressantes de G. Cuvier, sur l'organisation des animaux sans vertèbres; — sur la riche collection qu'il possède; — il annonce des éléments de conchyliologie; il cite Richard, comme ayant imaginé le nom de *cyclostoma* et *pleurotoma.*

Philosophie zoologique. 2 vol. in-8°, 1809.

Programme d'un cours de zoologie sur les animaux sans vertèbres. 1 vol. in-8°, 1812.

Les articles de conchyliologie du nouveau Dict. d'hist. naturelle de Déterville; 1817.

Histoire des animaux sans vertèbres. 7 volumes, de 1815 à 1822. M. Cuvier dit que, dans le sixième volume, les mytilacés, les malléacés, les pectinides, les ostracés, sont de M. Valenciennes.

ANTHROPOLOGIE. *Système des connaissances positives de l'homme*, restreintes à celles qui proviennent de l'observation. 1 vol. in-8°, 1821. — *Sur les cabinets d'histoire naturelle*, et leur organisation au Muséum d'histoire naturelle, de 1802 à 1815, c'est-à-dire dans les Annales du Muséum d'histoire naturelle de Paris; une suite de Mémoires pour l'établissement des genres tubicinelle, crénatule, trigonie, galatée, dicerate, amphibuline; et pour la monographie des espèces des genres porcelaine, ovule, tarière, ancillaire, olive, vo-

lute, mitre; — sur les polypiers empâtés et corticofères;
— sur quelques nouveaux genres d'insectes.

Les travaux de Lamarck nous sont parvenus : 1° par
ses conversations et ses entretiens particuliers. Sous ce
rapport, il était véritablement remarquable par la chaleur, la vivacité, la bonne foi et surtout la conviction
avec lesquelles il exposait ses idées, ses opinions, le résultat de ses profondes et continuelles méditations sur
toutes les matières qu'il avait étudiées. Mais il faut convenir que c'était peu dans l'intention de s'éclairer qu'il
entretenait la discussion; il écoutait en effet fort peu,
et, au lieu de répondre aux objections, il rentrait dans
l'exposition de ses doctrines; il était lui-même, et ne
pouvait rien recevoir d'ailleurs.

2° Par ses leçons orales, qu'il a continuées pendant
plus de vingt-cinq ans au Jardin des Plantes seulement,
avec une exactitude et une ponctualité remarquables.

Il avait pour méthode de commencer par un discours
d'ouverture, dans lequel il faisait voir d'où sortait la
branche qu'il avait à exposer; il entrait ensuite en matière par l'exposition des caractères des divisions systématiques, des classes, des ordres, des familles, des
sections et des genres, qu'il avait cru utile d'établir; ce
qu'il écrivait et dictait.

Quand il descendait aux espèces, il faisait la même
chose; après quoi il venait aux explications orales, plus
ou moins développées, et dans lesquelles il faisait entrer plus ou moins les considérations d'organisation, de
classification, de mœurs, d'habitudes, et quelquefois
d'usage, en montrant les objets. Il avait parfaitement
pris le caractère du démonstrateur méthodique et positif, comme le voulait la nature de l'établissement.

3° *Par ses ouvrages*, qui ont été composés pendant

un laps de temps de quarante-cinq ans. Ils ont eu la plus grande influence sur les progrès de la science en général, comme le dit fort bien M. Comte. Ils ont été publiés pendant la vie et sous les yeux de l'auteur, à Paris, au fur et à mesure qu'ils étaient composés.

Les sujets spéciaux, particuliers, et les essais l'ont été dans les divers recueils de l'époque, et dans ceux qu'il avait lui-même créés.

Il avait senti et publié les rapports naturels avec dégradation sériale, non-seulement dans les végétaux, mais encore dans les animaux, avant le grand ouvrage de M. de Jussieu.

Les objets généraux ont été publiés dans des ouvrages à part, et souvent à ses frais, ce qui ne laissait pas de le gêner pécuniairement, car il n'était pas riche. Il a terminé par le système analytique des connaissances positives de l'homme, publié à ses frais. — Là donc encore était l'homme de force et de conviction.

IV. *Éléments, ou matériaux de ses ouvrages et de ses travaux.*

D'après la nature du génie de M. de Lamarck, il est presque évident, à priori, que l'observation autoptique, directe, immédiate, a été la base nécessaire de ses premiers travaux; que souvent aussi l'observation des autres lui a servi; mais surtout que la méditation sur les faits observés, ou acceptés par lui et jugés à sa manière, a été la principale source des vérités ou principes qu'il a introduits dans la science, aussi bien que des erreurs de déductions auxquelles il a été conduit.

En effet, les hommes de sa trempe d'esprit, quand ils n'observent pas par eux-mêmes, prennent bien quelquefois les faits donnés par les autres, en n'acceptant toutefois que ceux qui leur conviennent, ou les forçant, les tordant même quelquefois, pour les adapter à leur cadre; mais les déductions qu'ils tirent de ces faits leur appartiennent; tandis que les esprits éclectiques font presque toujours le contraire : ils ne peuvent s'élever à une conception systématique; ils restent complétement collés sur les faits, souvent même extrêmement incomplets, sans s'en apercevoir; ils peuvent copier, peuvent prendre aux autres, prennent même nécessairement : ce que ne peuvent jamais faire les esprits tels que Lamarck.

Mais outre cette preuve à priori, que Lamarck a puisé beaucoup plus dans ses *méditations*, ce qu'en mauvaise part on nomme *imagination*, on peut le démontrer à posteriori, en jetant un coup d'œil sur l'état de la science auparavant et du temps de Lamarck, envisagé à la fois comme botaniste et comme zoologiste, ou mieux, comme naturaliste philosophe.

Qu'était donc la science en dehors de l'Académie et dans l'Académie des sciences?

Coup d'œil sur l'état des sciences avant M. de Lamarck.

I. *Dans la nation en général.* Ire *section : des sciences de l'intelligence.* 1° En dehors de l'Académie, on s'occupait beaucoup de l'art de suivre la marche et de découvrir le mécanisme de la pensée, dans l'action réciproque de sa production et de son expression. Condillac avait vulgarisé, dans ses écrits, *l'analyse logique;* il en avait élevé la puissance en y introduisant le principe de la liaison des idées, par le moyen des signes ou du langage; il montra que c'est à l'usage des signes que

l'homme doit le développement de ses facultés, et que
les langues sont la cause directe des progrès de la pensée; qu'en un mot, nous ne savons réfléchir que parce
que nous savons parler; que les langues sont des méthodes analytiques et les véritables leviers de l'esprit.
En ramenant tous les préceptes de l'art d'écrire au seul
principe de la liaison des idées, il en fit sortir toutes les
règles du style. Il essaya de pénétrer dans le développement logique de nos facultés, depuis la première impression sensible jusqu'aux notions les plus élevées.
Nous n'avons pas à juger s'il réussit; mais il fit faire
des progrès à l'art de la logique.

2° *Analyse mathématique.* Les mathématiques, qui ne
sont qu'une espèce d'analyse mécanique, s'étaient considérablement perfectionnées, au point de pouvoir être
appliquées à la mesure d'un bien plus grand nombre de
phénomènes, dans lesquels le nombre des causes agissantes était assez multiplié. Bernouilli avait en effet
commencé la révolution que le calcul différentiel et le
calcul intégral devaient produire dans les mathématiques. Il poussa aussi le calcul des probabilités, que
Pascal et Huyghens n'avaient appliqué qu'aux jeux, et il
commit l'erreur grave de vouloir l'appliquer à la morale
et à la politique, que la liberté et les passions humaines
rendent impossible à mesurer par les mathématiques;
ce qui n'est pas pour les jeux, où l'on peut déterminer
le nombre des combinaisons possibles. Les deux Bernouilli étendirent le champ des mathématiques, dans
leur application à la physique et aux divers phénomènes
de la nature, et même à la mécanique animale, dans
la mesure de la puissance des muscles.

Euler, leur disciple et leur élève, continua leur effort
et les surpassa; il développa d'une manière plus nette

et plus étendue l'analyse mathématique et le calcul algébrique; il appliqua ces instruments à la mécanique, à l'hydraulique, à la dioptrique, en un mot, à toutes les parties de la physique.

Les mathématiques étaient donc en grand progrès aussi bien à l'étranger que chez nous, car ces hommes étaient en relation avec l'Académie française. Alors, comme M. de Lamarck n'était pas géomètre, et qu'il s'appliquait à l'observation des phénomènes où l'analyse mathématique n'avait pas d'accès, on comprend comment ses travaux météorologiques furent repoussés. Ainsi donc, l'analyse logique et l'analyse mathématique étaient arrivées à un très-haut degré; mais la dernière finit par écraser l'autre, et les mathématiques prédominèrent tellement, qu'elles passèrent et qu'elles demeurent encore presque exclusivement dans l'enseignement.

3° *L'art graphique*, ou l'art de formuler les faits matériels et leurs phénomènes, soit par le langage ordinaire, ce qui constitue la description; soit par un langage convenu, particulier et général, ce qui s'appelle nomenclature; soit par la délinéation et les ressources de la peinture, l'iconographie; cet art, disons-nous, était déjà avancé et se perfectionnait tous les jours.

4° *La méthode*, ou l'art de disposer les faits, les êtres, pour mieux remplir le but que l'on se propose, était très-perfectionnée, du moins en tant que méthode artificielle, qui a pour but d'arriver plus facilement à la connaissance des noms; la méthode naturelle même, qui fait connaître la nature des êtres par comparaison, et conduit à une démonstration, commençait aussi à entrer dans le progrès; les rapports naturels des êtres étaient sentis et démontrés dans un grand nombre de

points, depuis Linné, Pallas, Adanson, Jussieu, etc.
Par sa méthode dichotomique, Lamarck a brisé, sans
doute, ces rapports naturels; mais il a montré la série
animale.

II. *Dans la section ou catégorie des sciences naturelles*, qui ont pour sujet les êtres et les phénomènes,
c'est-à-dire la nature, on avait assez généralement abandonné les grandes questions du temps, de l'espace, de
la matière, de la forme, de l'infini, du mouvement, etc.
Cependant, en Allemagne, on les soulevait. En France,
on ne s'occupait qu'à rechercher les lois des phénomènes, mais seulement partout où la mathématique
était applicable.

1º *Physique.* On s'occupait soigneusement de la lumière, de la chaleur, de la densité ou pesanteur spécifique des corps, du son, de l'électricité, du magnétisme, plutôt cependant sous le rapport des lois de leur
production, de leur propagation et de leur mesure
qu'autrement. On s'occupait surtout des corps impondérables, dont on diminuait considérablement le
nombre, par la connaissance des corps à l'état gazeux.

2º *Chimie.* C'est alors aussi que Laplace entre avec
Lavoisier dans ses théories sur la chaleur, et par suite
dans l'examen des phénomènes chimiques de la *combustion, de l'oxydation, de l'acidification;* et Lavoisier
avait pu, sur un assez grand nombre de faits, généraliser sa célèbre théorie chimique, et en faire sortir un
système et une nomenclature, d'où résultèrent une
grande simplification de la science et de nouveaux
progrès.

Nous concluons donc qu'il y avait prédominance des
sciences mathématiques, puis des sciences physiques et

chimiques, parce qu'elles se rattachaient aux premières.

3º *Astronomie.* Cette direction agit aussi fortement
sur l'astronomie. Laplace, qui était à la tête de cette
science, n'était que mathématicien; et dès lors on voit
comment, sous une telle influence, les lois *des phénomènes célestes*, et de *certains phénomènes terrestres*,
en rapport avec les premiers, étaient de plus en plus
appréhendées et saisies, par suite d'observations plus
nombreuses et plus exactes; c'est ainsi que la théorie
des comètes, et la prévision plus probable de leur retour, fut perfectionnée.

4º *Météorologie.* Mais quand on arriva à la météorologie, ce n'était plus la même chose. Malgré la connaissance
plus complète de sa composition, de son élévation, de
sa densité décroissante, et malgré encore les travaux
d'un grand nombre d'observateurs, la difficulté d'appliquer l'analyse mathématique aux phénomènes de
l'atmosphère avait peut-être été la cause que cette partie des sciences naturelles était moins cultivée, moins
estimée que vingt ans auparavant.

5º *Géologie* et *Minéralogie.* Il en fut à peu près de
même pour la géologie; tant qu'il ne s'agit que de la
grandeur, de la mesure de la terre, des influences du
soleil et de la lune sur les mouvements de la mer, il
avait été facile d'y appliquer les mathématiques, et le
progrès avait eu lieu. C'est pour cela aussi que l'étude
de la terre, dans sa forme, dans sa densité, dans
sa position, dans ses mouvements généraux ou partiels, c'est-à-dire, dans ses propriétés planetaires, était
fort avancée. Mais l'étude intrinsèque de la terre,
dans les éléments et les matériaux qui la constituent,
était beaucoup plus négligée. Ce ne fut que quand

l'abbé Haüy eut appliqué la mathématique à la minéralogie, que cette dernière science fut élevée et tirée de
l'oubli.

Cependant Buffon, Pallas, Guettard, Werner, avaient
poussé cette partie de la science; et, à l'époque dont
nous parlons, pour d'autres raisons que celles que nous
avons assignées, l'étude intrinsèque de la terre était
en voie de progrès, soit dans la disposition, la nature,
l'origine des matériaux qui la composent, soit dans la
connaissance de ces matériaux pris à part; mais, dans
l'un et l'autre cas, pour un but matériellement utile,
ou plus ou moins antithéologique.

6° *Phytologie.* La science de l'organisation, en général, était plus négligée, si ce n'est sous le rapport de
l'art, en médecine et en chirurgie; cependant on s'était
occupé des plantes, et la botanique était peut-être la
plus avancée de toutes les sciences naturelles, par suite
du grand effort produit par Linné d'abord, Bernard
de Jussieu ensuite, et même par Adanson. — La philosophie botanique existait; plusieurs systèmes de botanique avaient été formulés, et avaient conduit à
approfondir l'examen des parties sur lesquelles ils re-
posaient; les familles naturelles étaient senties, appréciées; en un mot, on touchait à la méthode naturelle
en phytologie. Outre cela, les herbiers étaient pleins;
la physique végétale était déjà assez avancée, depuis les
travaux de Hales et de Duhamel. L'anatomie végétale
était plus négligée depuis Malpighi.

7° *Zoologie.* Il n'en était pas de même de l'anatomie
de l'homme et de celle des animaux, surtout des premières classes, et même de leur physiologie, aussi bien
chacune en particulier que comparées. Nous avons vu en
effet combien cette partie des sciences naturelles s'était

avancée par suite des travaux de Haller, de Daubenton, de Camper, et surtout de Vicq-d'Azir.

La classification était beaucoup moins avancée, malgré les travaux de Linné et de son école; à peine s'il était même question de *méthode naturelle*, de *familles naturelles*, et des principes qui doivent diriger dans leur coordination, si ce n'est dans les travaux de Pallas. Cependant le *langage descriptif*, la *nomenclature* étaient introduits.

III. *Sciences de fonctions de l'homme, ou devoirs.* Enfin, dans la troisième catégorie, qui comprend les sciences de l'homme dans ses fonctions de devoirs, la science était déviée : on tendait à détruire ce que l'on appelait préjugés; tous les ouvrages étaient dirigés contre Dieu, contre la société et ses institutions, et le monde croulait de toutes parts.

Les rapports de l'homme avec le reste du monde créé n'étaient pas étudiés, et ne le sont peut-être pas encore d'une manière convenable, si ce n'est un peu en Angleterre.

Les sciences qui considèrent l'homme dans ses devoirs de famille, comme père, époux, fils ou parent, étaient plutôt faussées que développées dans la direction morale. Des esprits inspirés par le génie du mal avaient soutenu à ce sujet les paradoxes les plus opposés, les plus contradictoires avec la nature intellectuelle et spirituelle de l'homme.

La société n'était plus comprise; les sciences, qui envisagent l'homme comme faisant partie d'une certaine réunion d'hommes de pays ou de religion semblable, ou bien comme homme par rapport aux autres hommes, d'où sort la nationalité et l'humanité, quoique généralement et fréquemment étudiées, étaient plutôt ruinées, qu'établies et soutenues. Le seul lien véritablement social, le lien religieux et catholique, était tous les jours desserré et presque détruit. L'unité religieuse brisée par l'introduction de religions différentes et opposées, la nationalité dut se mettre en dehors de toute religion, et, en rompant ainsi avec sa racine, l'humanité fut abaissée jusqu'à l'égoïsme, ou plutôt forcée de se replier sur elle-même, et de se perdre dans les profondeurs du néant de son abaissement.

Quant à cette grande et belle science de l'homme avec sa conscience, la morale, réduite à celle des intérêts et du moment, elle était viciée et individualisée; et le terme, Dieu, fut rejeté.

IV. *Théologie.* Les sciences théologiques, en effet, avaient suivi ou précédé, dans leur décadence, la science de l'homme. A peine si quelques bons esprits, prévoyant aisément la terrible catastrophe dans laquelle la société allait presque succomber, montraient encore cette clef de la voûte, comme point de mire, comme terme social; tout le reste, ou bien la négligeait, entraîné, étourdi par le torrent, ou même s'efforçait de la renverser, quelquefois, il faut en convenir, chez les hommes droits, instinctivement vertueux, dans la ferme, mais aveugle persuasion qu'une instruction plus répandue, plus complète, pourrait remplacer la religion. Mais les faits et l'expérience leur ont répondu d'une voix sombre et sanglante que cela était à jamais impossible! Et les échos des sociétés mourantes, des empires renversés, le redisent depuis plus de trois mille ans; seront-ils enfin entendus !

II. *État des sciences dans l'Académie.* Tel était l'état de la science dans la société, et par suite dans l'Académie des sciences, à l'époque où M. de Lamarck, entraîné par son génie, entrait dans la lice. En effet, l’Académie des sciences était alors la représentation de la société ; elle reçut et donna tour à tour l’influence. C’est à d’Alembert qu’est due l’idée de l’Encyclopédie, cet instrument de destruction. Les sciences mathématiques régnaient en souveraines dans cette société, évidemment perfectionnées par les travaux des Euler, des Bernouilli, des Clairault, des d’Alembert, des Laplace ; elles étaient arrivées à une telle prépondérance, et à une telle importance, qu’elles embrassaient, comme de leur domaine, l’astronomie, la physique ; qu’elles tendaient à en faire autant de la *chimie* et même de la *minéralogie*, par la cristallographie.

Les sciences naturelles, proprement dites, aussi bien dans les *êtres* que dans les *phénomènes* dont elles s’occupent, se prêtant peu ou point à une application des mathématiques, devaient donc être mal appréciées dans l’Académie, et par conséquent elles étaient négligées. Au commencement du dix-huitième siècle, l’anatomie, et plusieurs autres parties des sciences naturelles, étaient beaucoup plus cultivées ; mais, dans cet intervalle, naquirent des hommes qui nuisirent à la direction philosophique et véritable. Ce ne fut pas Réaumur qui a fait en physique et en histoire naturelle ce qu’on n’a point encore surpassé ; mais, à côté, et au-dessus même de lui pour le génie, Buffon s’éleva trop tôt de plein vol aux généralisations, tandis que Daubenton et plusieurs autres observaient pour lui. Cependant Guettard et Malesherbes tentèrent la lutte contre ce puissant génie ; Buffon les écrasa et étouffa en même temps l’effort des classifications et des méthodes. Buffon, à son tour, en se séparant des mathématiciens, fut terrassé par l’école mathématique, qui prenait le dessus, et qu'il avait servie à son insu. Réaumur était mort, Duhamel, Guettard, Buffon, touchaient à la fin de leur carrière; Vicq-d'Azir avait succombé jeune; les botanistes les plus distingués de l'école française, Adanson, Antoine-Laurent de Jussieu, Desfontaines, montaient il est vrai à leur apogée, mais sans influence, aussi bien par la nature de leurs travaux que par celle de leur caractère. Dès lors n'est-on pas étonné d'apprendre qu'à l'Académie des sciences, lorsqu'un botaniste lisait un mémoire, un géomètre ait pu dire : *Eh bien, puisqu'il est question de salade, j'aime mieux aller manger la mienne.*

Enfin, les sciences zoologiques, ou de l'organisation animale, n'étaient guère appréciées que parce qu'elles conduisaient plus ou moins directement à l'art de guérir; elles étaient comprises sous le nom d'anatomie. Les zoologistes n'étaient, pour ainsi dire, prisés que parce que, s'occupant de l'organisation animale et de celle de l'homme, leur science touchait à la médecine. Aussi Daubenton, Vicq-d'Azir lui-même, quoique au plus beau moment de sa gloire, Tenon, n'étaient considérés que comme anatomistes. Il est à remarquer encore que l'ancienne Académie n'a jamais proposé un prix qui ait trait aux sciences zoologiques.

Dès lors, en dehors de l'Académie, la science générale des animaux était également dans l'enfance, tandis qu'en Allemagne Blumenbach avait déjà pu formuler des ouvrages généraux sur l'anatomie comparée, sur la physiologie, et sur l'histoire naturelle dans son ensemble.

En France, au contraire, à peine si le système de Linné était connu ; à peine si l'on aurait pu trouver plus d'une personne qui s'occupât spécialement d'une partie de la science, comme le prouve l'exécution de l'Encyclopédie méthodique, dans laquelle les mammifères furent copiés de Buffon; les oiseaux, de Brisson et de Buffon; les reptiles et amphibiens, de Lacépède; les poissons, de Bloch; les insectes, de Linné, mais par un homme spécial, Olivier; les vers, d'après Muller, par un homme spécial aussi, Bruguières, qui avait déjà notablement avancé cette partie de la série animale, si négligée en France.

Quant à la géologie, elle était déjà dans une voie de progrès par les travaux de Buffon, de Guettard et même de Desmarets, tous les trois de l'Académie des sciences. Lors donc que Lamarck arriva en 1780, les sciences naturelles en général étaient abattues, et la science de l'organisme animal en particulier était dans l'enfance; et voilà pourquoi ses ouvrages ont pu être reculés et avoir besoin de nouveaux développements. Où donc aurait-il pu puiser, pour justifier la qualification injuste d'éclectique qu'on a voulu lui imposer? D'ailleurs, lorsqu'il a copié des prémisses, il a été conduit aux erreurs les plus graves; lorsque, par exemple, il a voulu avoir recours à l'anatomie, il s'est trompé, car il ne la connaissait pas, et elle n'était par assez avancée. Il y a eu, dans ses ouvrages, systématisation; mais éclectisme, cela était impossible.

III. *État de la science dans les contemporains de de Lamarck.* A l'arrivée de de Lamarck, une ère nouvelle commence; la science va éprouver une sorte de renaissance, qui n'a point encore été, nous semble-t-il, comprise ni jugée, parce que l'on n'est point descendu dans l'examen approfondi des faits et des doctrines. Deux noms se sont trouvés en présence à cette époque, Lamarck et Cuvier.

Le baron George Cuvier a été jugé bien différemment : les uns l'ont grandi et élevé au-dessus de son vrai mérite ; secondés par sa position politique, il leur a été facile d'en faire l'homme de l'époque, l'Aristote des temps modernes; les autres, irrités peut-être par les faits de la politique ou par d'autres motifs, l'ont attaqué avec un acharnement trop violent pour n'être pas passionné. On lui a tout enlevé, science, vertus morales, et même convictions religieuses, puisque, dans la Biographie des Contemporains, on l'a accusé d'athéisme et de matérialisme, en même temps que d'hypocrisie : car, dit-on, « il fut un temps où M. Cuvier crut trouver (la date de l'existence de notre planète) dans le mot *éternité;* mais le besoin de concilier la vérité avec l'esprit de la Genèse, devait plus tard le déterminer à jeter un voile sur cette découverte. »

Il nous semble qu'entre deux opinions si extrêmes et si opposées, la vérité et la justice peuvent trouver leur place. Cuvier a été sans contredit un des hommes les plus remarquables de notre époque; la carrière qu'il a parcourue en est une preuve évidente. Tous ceux qui ont eu l'avantage de le connaître, sont unanimes pour lui accorder cette immense facilité d'esprit, cette étonnante activité d'intelligence, qui lui permettait de saisir sur-le-champ et de prime abord tout ce dont il lui plaisait de s'occuper. Il parlait de toute espèce de sciences, et écrivait avec intérêt sur toutes leurs parties, sans même en avoir fait l'étude; il lui suffisait pour cela d'une conversation avec les hommes spéciaux, ou de quelques notes rédigées par eux, et il avait l'art de tout lier et de tout enchaîner avec un intérêt si merveilleux, qu'on aurait cru que le fond lui appartenait. Il passait de la politique à l'administration,

24.

de l'administration à la science, sans trouble et sans fatigue. Mais cette facilité, qui fait les génies quand elle n'est pas émoussée, devient un écueil inévitable pour la plupart des esprits qui en sont doués : c'est, sans aucun doute, ce qui arriva à Cuvier. Il avait pourtant un grand nombre des qualités nécessaires aux progrès de la science. Écrivant avec cette facilité qui sait se mettre à la portée de tous, il rendait la science moins aride au vulgaire, et entraînait l'opinion par cette éloquence qui plaît sans fatiguer. Son Discours sur les révolutions du globe est un phénomène surprenant en ce genre : quand on n'est pas initié aux faits de la science, il est impossible d'en commencer la lecture sans l'achever, et impossible de l'achever sans être persuadé. A tout cela il joignait, quand le temps ne lui manqua pas, la sagacité d'un observateur ingénieux, témoin ses Recherches anatomiques sur les reptiles regardés encore comme douteux, ses Observations sur le daman, etc.

Mais bien des obstacles vinrent enlever à ces heureuses dispositions une partie des résultats qu'on devait en attendre; ils vinrent du dehors et de lui-même. Indépendamment de lui, l'espèce de renaissance qu'éprouvait alors la science, où il semblait que tout était à refaire après une époque de destruction et de ravages, fut pour lui, comme pour bien des gens, un obstacle insurmontable. Il était en effet trop tôt pour généraliser et systématiser, et quand il voulut le faire, il échoua. Sa méthode zoologique, ses théories zoologiques ont nécessairement succombé sous les faits plus nombreux et mieux étudiés. Il fallait donc encore approfondir les faits, et essayer de bien asseoir les principes de leur systématisation, avant de systématiser. Ce ne fut pas la

position, ni les moyens qui lui manquèrent pour cela :
de bonne heure, il fut en possession de collections
nombreuses, et il eut à sa disposition toutes les facilités
que le gouvernement français a toujours accordées à la
science. Mais il méconnut une telle position ; il lui manqua. Il se méconnut lui-même en sortant de la science
pour entrer dans la politique. Le conseil lui en fut
pourtant donné. M. De Sèze, dans la réponse qu'il lui
fit lors de sa réception à l'Académie française, après
avoir exposé ses premiers succès dans la carrière politique, ajoute « Vous le dirai-je, Monsieur, et votre
« gloire me le pardonnera-t-elle ? Je regrette presque ces
« derniers succès si nouveaux pour vous ; je redoute
« leur séduction : je crains qu'ils n'aient la puissance
« de vous enlever à cette belle carrière des sciences na-
« turelles où vous avez si peu de rivaux. » Mais le conseil
venait trop tard ; et ces carrières si variées et si opposées, jointes à la facilité d'esprit de Cuvier, furent le
plus terrible obstacle aux résultats que la science avait
le droit d'attendre de ses travaux. Il lui a pourtant
rendu d'immenses services ; il a donné le branle et
l'élan à l'étude des sciences zoologiques et géologiques ;
il a relevé les sciences naturelles dans l'Académie, et
les a en partie replacées à leur rang, mais plutôt sans
doute par sa position politique et littéraire que par leur
étude approfondie : il les a vulgarisées ; et ses ouvrages,
bien qu'inutiles pour la philosophie, sont pourtant et
demeureront encore des répertoires qu'il faut suivre et
consulter dans la voie de l'observation des faits, soit
comme guides, soit comme observations acquises. Ce
sont là des services assez grands pour mériter à Cuvier
la reconnaissance de la science ; mais ils ne suffisent
pas pour lui accorder la gloire d'être son créateur, ni

le titre d'Aristote des temps modernes ; ils ne suffisent pas pour lui acorder la gloire d'avoir agrandi le cercle des connaissances humaines, en développant les principes de la vraie philosophie.

C'est ce qu'il faut prouver : 1° Cuvier n'a jamais rien fait dans les sciences instrumentales, ni dans les sciences de physique générale.

2° Il n'a travaillé que sur *la physique particulière*, comme il l'appelle, ou *les sciences naturelles*. Dans ces sciences, il n'a rien fait en phytologie ou botanique ; rien en minéralogie, ni en géologie minéralogique ; le seul travail sur cette dernière partie de la science, auquel se rattache son nom, est dû presque entièrement à M. Brongniart, comme il le dit lui-même dans son Discours sur les ossements fossiles.

3° Il n'a donc travaillé que sur la zoologie et la paléontologie.

En zoologie générale, il a publié : 1° *Tableau élémentaire de l'histoire naturelle des animaux.* Paris, an VI.

Préface. Dans la préface de cet ouvrage, Cuvier pose le but de la science, et il est pour lui le bien-être purement matériel [1] ; le terme philosophique et moral est complétement omis.

Introduction. C'est dans son Introduction qu'il expose les généralités de la science ; et c'est là, par conséquent, qu'il doit exposer les principes que les détails démontreront, et à l'aide desquels on jugera les faits.

Or, le premier principe de la science, l'existence et la réalité de l'espèce, sans laquelle il n'y a pas de science possible, ne repose, selon lui, que sur une hypothèse : « La notion de l'espèce, dit-il, reposant donc

____

[1] Page 10.

sur la *supposition* que tous les êtres qui la composent *pourraient* être réciproquement aïeux ou descendants , *ce n'est que par conjecture* qu'on peut y rapporter, comme *variété*, tel ou tel être , qui en diffère plus ou moins [1]. »

Il semble admettre l'autochthonie des espèces et divers centres de création ; mais c'est avec une sorte d'indécision qui marque un examen un peu superficiel. « Il pa-« raît , dit-il , que, dans le principe , chaque espèce « d'animal , et même de plante, n'existait que dans une « contrée déterminée, d'où elle s'est répandue selon les « moyens que sa conformation lui donnait. Encore « aujourd'hui, plusieurs d'entre elles semblent avoir « été bornées autour de semblables centres originai-« res. . . . . »

Ainsi, l'espèce n'est qu'une hypothèse, l'autocthonie et les centres divers de création paraissent probables. De là à la transformation des espèces, à leur négation, aux créations spontanées, il n'y a qu'un pas.

Une fois la réalité de l'espèce établie, il est facile de constater des rapports naturels, et de démontrer la subordination des caractères, et par là d'arriver à la méthode ou à la systématisation des faits, des êtres ou des phénomènes. Mais si l'on part de l'hypothèse et de l'indécision , on n'arrivera jamais à une démonstration rigoureuse. C'est pour cela qu'en arrivant aux rapports naturels, Cuvier nous semble n'en pas avoir non plus atteint la loi. Dans le chapitre IV de l'Introduction, il expose ainsi ces rapports : « Les points de ressemblance « (des êtres) sont ce qu'on nomme leurs *rapports natu-* « *rels*. Plus ils sont nombreux, plus ces *rapports* sont

---

[1] Page 12.

« *grands*. Les rapports les plus constants sont en même
« temps les rapports les plus importants, les *rapports*
« *supérieurs* ; et ceux qui sont plus variables, sont les
« rapports subordonnés. Ainsi, la constance d'un *rap-*
« *port*, une fois déterminée par l'expérience, on peut
« en conclure l'importance de la partie dont ce rapport
« est pris; *et vice versâ*, lorsque le raisonnement nous
« montre l'importance d'une partie, on peut en con-
« clure que les rapports qu'on en tirera seront très-
« constants [1]. »

D'abord, ce n'est pas le nombre des ressemblances
qui établit la grandeur des rapports; autrement les
animaux inférieurs, qui ressemblent aux végétaux par
le plus grand nombre de points, la nutrition, la génération, la station, la multiplicité d'individus sur une
même tige, pour ainsi dire, etc., etc., devraient être
rangés parmi les végétaux. Il faut donc chercher une autre
loi; et cette loi repose, non sur le nombre, mais sur
l'*importance* et l'*essentialité des caractères ou rapports*.
Ainsi, dès qu'un être a ce qui est *essentiel* à l'animal,
il ne peut plus être confondu avec les végétaux, qui
manquent tous de ce caractère essentiel que nous verrons,
rons, plus tard, résider dans la sensibilité et la loco-
motilité seulement.

Ce ne sera donc plus précisément la constance d'un
rapport qui *fera conclure l'importance de la partie dont
ce rapport est pris*. Mais ce sera l'*essentialité* de ce
rapport, puisque c'est l'essence de l'être qui le fait ce
qu'il est; et dès lors les rapports seront subordonnés,
suivant qu'ils seront plus ou moins essentiels, ou qu'ils
seront plus ou moins intimement liés aux rapports es-

---

[1] Pages 15-17.

sentiels ; et ce ne sera pas précisément la variabilité qui établira la subordination des rapports. Sans doute, puisque c'est l'essentialité des rapports qui en fait l'importance, ils seront nécessairement constants, sans quoi l'être perdrait son essence, mais ils ne seront pas plus ou moins variables, car une chose variable n'est pas essentielle à l'être ; ils auront seulement plus ou moins d'intensité dans leur développement ; sans quoi, s'ils peuvent varier, il n'y a plus rien de fixe, rien d'essentiel ; partant, tous les êtres ne sont que le résultat du hasard et des circonstances plus ou moins favorables, et il n'y a plus de principes, ni de démonstration possible ; et dès lors la méthode n'est plus que « cet écha- « faudage de divisions, dont les supérieures compren- « nent les inférieures » (p. 20), si même un tel échafaudage est possible d'une manière rigoureuse ; tandis qu'à l'aide du principe de l'*essentialité* et de l'*intensité* des rapports qui en naissent, la méthode devient rigoureusement la traduction de la nature, dont tous les êtres sont systématisés d'une manière rationnelle, à l'aide d'un principe toujours le même.

Nous avions vu, dans la méthode aristotélicienne, l'homme placé en dehors et au-dessus des animaux par Albert le Grand et ses successeurs. Buffon en fit un animal, et Cuvier suit ses errements ; il place l'homme parmi les animaux, et le regarde comme le plus parfait de tous. Et dès lors, tout ce qui se passe dans l'homme, soit comme être physique, intellectuel ou social, sera le résultat de son organisation animale. « L'homme, « dit-il, a un penchant à la sociabilité, que sa faiblesse « naturelle lui rendait absolument nécessaire. » Il paraît le supposer d'abord à l'état sauvage, et il se serait développé par son organisation plus parfaite que celle des autres animaux. Mais il n'y a rien de nettement prononcé dans son exposition; on entrevoit la prédominance d'une opinion, et rien que cela : c'est une sorte d'indécision éclectique.

Les rapports naturels et la méthode conduisent à la classification, qui en est le résultat; mais pour classer, il faut comparer, et l'homme, le plus parfait des animaux, est naturellement son terme de comparaison, et à juste titre. Fondé sur ce principe qu'il a posé, que les parties principales exercent une influence sur toutes les autres, il en tire la raison pour laquelle les animaux à sang rouge ressemblent plus à l'homme que les animaux à sang blanc : « car, dit-il, toutes les parties du « corps naissant médiatement ou immédiatement du « sang, la nature du sang doit être la principale cause « des différences que ces parties subissent. Voilà pour- « quoi les animaux à sang blanc n'ont de commun avec « les animaux à sang rouge, que *ce qui entre essentiel-* « *lement dans la notion de l'animal*, tandis que la suite « de ces derniers ne présente que les modifications di- « verses d'un plan unique, dont les bases principales « ne sont point altérées [1]. »

« Ce sont aussi les différentes propriétés que le sang « reçoit par la manière plus ou moins complète dont il « est exposé à l'action de l'air, qui indiquent les meil- « leures subdivisions à faire parmi les animaux à sang « rouge [2]. »

Voilà donc sa loi, son principe, le sang rouge ou blanc, et la respiration ou l'action plus ou moins complète de l'air sur le sang. Mais *ce qui entre essentielle- ment dans la notion d'animal*, et qui par conséquent

[1] Pages 85-86.
[2] Page 86.

fait que l'animal est animal, et qu'il est plus ou moins animal, suivant qu'il possède à un plus ou moins haut degré *ce qui entre essentiellement dans la notion d'animal*, est rejeté, malgré son importance, puisque cela est *essentiel à la notion d'animal*, et malgré sa généralité, puisqu'il est essentiel aux animaux à sang blanc, aussi bien qu'à ceux qui ont le sang rouge, pour être remplacé par un caractère évidemment moins important, le sang rouge, puisqu'il n'est pas *essentiel à la notion d'animal*, et moins général, puisqu'il ne convient qu'aux animaux à sang rouge. Le principe manque donc, puisqu'il n'est pas applicable à tous les êtres qu'il s'agit de connaître et de juger. Aussi, arrivé aux animaux à sang blanc, Cuvier se trouve-t-il embarrassé. « Les animaux à sang blanc, dit-il, n'ont pas autant de « caractères communs que ceux à sang rouge; ils parais- « sent même n'en avoir que de négatifs, comme « l'absence d'une colonne vertébrale et d'un squelette « intérieur articulé, etc. Nous devons donc nous bor- « ner à les considérer successivement, et à indiquer les « diverses dégradations que leur organisation subit, et « les principales divisions qui en résultent[1]. » Et alors son caractère sera tiré de la considération du cœur musculaire ou non, de son absence ou de sa présence, et de l'absence ou de la présence d'une moelle épinière noueuse, du cerveau et des nerfs. Et il aura : « I. *Les mollusques*, qui ont un cœur musculaire, et point de moelle épinière noueuse. »

II. *Les insectes et les vers*, qui ont un vaisseau dorsal longitudinal, et une moelle épinière noueuse, au moins l'un des deux.

---

[1] Pages 372-373.

III. *Les zoophytes*, qui n'ont ni cœur, ni cerveau, ni nerfs.

Nous n'entrerons point dans ses subdivisions, parce qu'elles ont changé depuis cet ouvrage.

Mais nous devons faire remarquer que M. Cuvier est en contradiction avec son principe, ou bien est forcé de briser les rapports les plus évidemment naturels. Ainsi, les annélides ont le sang rouge, et doivent par conséquent appartenir aux animaux à sang rouge; or, pourtant, ils n'ont ni squelette, ni colonne vertébrale, ni, etc., etc.; ils manquent même de plusieurs choses essentielles, comme les sens de l'ouïe et même de la vue, une tête, un tronc distinct, des organes de locomotion, que l'on trouve dans la plupart des articulés et même dans les mollusques supérieurs; ce qui prouve le défaut du principe. En outre, il est aujourd'hui démontré que la couleur du sang ne lui est pas essentielle, puisqu'elle est due à un principe colorant.

2° *Le Règne animal*, publié en 1817, 5 vol. in-8°. Cet ouvrage, qui n'est qu'un développement du précédent, est en outre le résultat de tous ses travaux zoologiques; ce sont les mêmes principes, mais avec des perfectionnements. Le précédent était un état de la science, celui-ci en est proprement l'exposé.

Préface. Il nous apprend, dans sa préface, comment, pour composer son règne animal, il a emprunté à tous ses prédécesseurs et à ses contemporains. Daubenton et Camper lui avaient fourni des faits; Pallas avait indiqué des vues, p. VI; mais il n'y avait encore que le système de Linné qui fût général. — « Il existait sur des classes particulières des travaux très-étendus, qui avaient fait connaître un grand nombre d'espèces nouvelles; mais leurs auteurs n'avaient pas coordonné ces classes, ces genres, d'après l'ensemble de la structure.» Et alors il dut « faire marcher de front l'anatomie et la zoologie, la dissection et le classement, » pour arriver à cette coordination générale des travaux de ses prédécesseurs ou de ses contemporains. « Les premiers résultats de ce double travail, dit-il, parurent en 1795, dans un mémoire spécial sur une nouvelle division des animaux à sang blanc. » Il en fit l'application aux genres et aux sous-genres, dans son tableau élémentaire des animaux, en 1798; travail qui n'était, comme nous l'avons dit, qu'un état de la science simplement zoologique, et qu'il améliora avec le concours de M. Duméril, dans les tables annexées au premier volume de ses Leçons d'anatomie comparée, en 1800, p. VII.

Mais il sentit qu'il fallait revoir non-seulement les genres, mais encore les espèces, c'est-à-dire, « qu'il aurait fallu refaire le système des animaux. »

« Une telle entreprise, dit-il, était impossible à un seul homme, *même en lui supposant la plus longue vie, et nulle autre occupation.* » « Je n'aurais pas même, con-« tinue-t-il, été en état de préparer la simple es-« quisse que je donne aujourd'hui, si j'avais été livré à « mes seuls moyens ; mais les ressources de ma position « me parurent pouvoir suppléer à ce qui me manquait « de temps et de talent. Vivant au milieu de tant d'ha-« biles naturalistes ; puisant dans leurs ouvrages à me-« sure qu'ils paraissent ; usant avec autant de liberté « qu'eux des collections rassemblées par leurs soins ; en « ayant moi-même formé une très-considérable, spé-« cialement appropriée à mon objet, une grande partie « de mon travail ne devait consister que dans l'emploi « de tant de riches matériaux. Il n'était pas possible « qu'il me restât beaucoup à faire, par exemple, sur des

« coquilles, étudiées par M. de Lamarck, ni sur des
« quadrupèdes, étudiés par M. Geoffroi. Les nom-
« breux rapports nouveaux saisis par M. de Lacépède,
« étaient autant de traits pour mon tableau des pois-
« sons. M. Levaillant, parmi tant de beaux oiseaux ras-
« semblés de toutes parts, apercevait des détails d'or-
« ganisation que j'adaptais aussitôt à mon plan. Mes
« propres recherches, employées et fécondées par d'au-
« tres naturalistes, produisaient pour moi des fruits
« qu'elles n'eussent pas donnés tous entre mes seules
« mains. Ainsi, M. de Blainville, M. Oppel, en exami-
« nant les préparations anatomiques que je destinais à
« fonder mes divisions des reptiles, en tiraient d'a-
« vance, et peut-être mieux que je n'aurais pu le faire,
« des résultats que je ne faisais encore qu'entrevoir, etc.»
(P. X.)

Ainsi donc, M. Cuvier nous apprend dans sa préface,
en rendant justice à chacun, la manière dont il a composé son système méthodique et son règne animal. Il a
choisi, dans ses prédécesseurs et ses contemporains,
les faits dont il avait besoin pour les *adapter* aussitôt à
son plan. 1° *Pour les mammifères*, le travail était préparé par MM. Geoffroi, Illiger, et Frédéric Cuvier, son
frère, par son travail sur les dents des animaux ; 2° *pour
les oiseaux*, par MM. Levaillant et Vieillot ; 3° *pour les
reptiles*, par MM. Lacépède, Blainville, Oppel, Brongniart ;
4° *pour les poissons*, par MM. Lacépède, Bloch, Russel
et autres ; 5° *pour les mollusques*, par MM. Lamarck,
Poli, Montfort, Rudolphi ; 6° *pour les insectes*, par
M. Latreille, qui a même composé tout le volume ;
7° *pour les zoophytes*, par Lamarck, etc. ; 8° *pour tout
le règne animal*, par Linné.

Ce furent là les sources, les aides de M. Cuvier ; il

revit une partie de leurs travaux pour les vertébrés et les grands mollusques nus seulement ; il ne toucha ni aux autres mollusques, ni aux insectes, ni aux zoophytes : c'est là, du moins, ce qu'il nous apprend lui-même dans sa préface. Les vérifications qu'il fit, comme tous ceux qui veulent étudier commencent par faire, et les nouvelles observations qu'il ajouta, furent hâtées, et il y en a peu d'approfondies. Le fond de la science de Cuvier était donc, comme il nous l'apprend, l'éclectisme pur ; cela ne pouvait guère être autrement avec la disposition remarquable de son esprit pour tout embrasser avec la même facilité, et avec sa position sociale qui le mit trop en dehors de la science. Il sut couper et trancher avec un art admirable, dans lequel il excellait ; mais cela ne pouvait pas faire une science, un système logique, parce qu'il n'y avait pas et qu'il ne pouvait y avoir un principe unique et dominateur, sans lequel il est impossible de systématiser. Pour avoir ce principe, il eût fallu que tous les hommes qui lui fournirent des matériaux, l'eussent reconnu, embrassé et suivi ; or, cela était impossible et ne fut pas. Chacun d'eux avait son principe à lui, principe qui n'était applicable qu'à la partie du règne animal qu'il avait étudiée ; de sorte que Cuvier, en prenant le résultat de tant de principes divers, qui dès lors n'étaient plus des principes, dut en subir les conséquences défectueuses.

Si lui-même avait eu ce principe nécessaire, applicable à tout le règne animal, alors les faits jugés par ce principe lui devenaient, pour ainsi dire, propres, et il pouvait constituer la science ; mais nous avons vu qu'il ne l'avait pas, et les progrès de la science ne pouvaient encore le lui donner ; force lui fut donc de demeurer dans l'éclectisme zoologique.

L'introduction du règne animal est la répétition et le développement de l'introduction au tableau élémentaire de l'histoire naturelle des animaux. En outre, il y réfute justement l'influence des circonstances sur la transformation des espèces, admise par Lamarck; et il admet que les espèces se sont perpétuées depuis l'origine des choses, sans excéder les limites de leurs formes. Il définit l'espèce, *la réunion des individus descendus l'un de l'autre ou de parents communs, et de ceux qui leur ressemblent autant qu'ils se ressemblent entre eux.*

Il y a en outre un progrès très-remarquable pour la caractéristique de l'animal, car à mesure que la science marchait, il la suivait. Dans son tableau, il n'admettait que le sang rouge et le sang blanc; ici il admet, comme base des grandes divisions de la méthode, les caractères tirés des *sensations* et du *mouvement*, car non-seulement, dit-il, *ils font de l'être un animal*, mais ils établissent en quelque sorte le *degré de son animalité.* Mais ce grand principe, qui devait changer la science, n'est pas de M. Cuvier; il était introduit par les cours de M. de Blainville, qui professait depuis 1808, et ce progrès était consigné dans son *Prodrome d'une nouvelle distribution systématique du règne animal*, publié en 1816, pag. 109, dans le Bulletin par la Société philomatique, et dans le Journal de Physique. Ce Prodrome était le résultat de différents travaux sur un assez grand nombre d'animaux, choisis dans un certain nombre de points; travaux exécutés depuis 1808 à 1816, par M. de Blainville, et dans lesquels ces deux grands principes de la *sensibilité* et *de la locomoticité* sont déjà exposés.

Ces principes avaient été également démontrés par M. Virey, dans le deuxième volume du Dictionnaire d'hist. nat. de Déterville, publié en 1816. Il y définit l'animal : *un corps organisé, sensible, volontairement mobile, qui est pourvu d'un organe central de digestion.* P. 13. Il développa de nouveau cette doctrine à l'article nerfs, où il définit le système nerveux, *le zoomètre de l'animalité.* Immédiatement après la publication de ces travaux remarquables de M. Virey, qui passèrent inaperçus pour le public, M. Cuvier se hâta de publier un mémoire où il reproduisait le fond de la doctrine de M. Virey ; et enfin, dans le présent ouvrage, il adopte, comme nous venons de voir, les principes des deux savants précédents. Mais le caractère de l'éclectisme ne pouvait pas permettre à M. Cuvier d'accepter ce principe, purement et simplement ; il ne pouvait en faire qu'une pièce de sa collection, une vérité qui ne devait point effacer ce qu'il croyait aussi vrai d'autre part. En un mot, il ne sentit pas toute la valeur du principe, et ne put en faire l'application. Voilà pourquoi, aux vrais caractères de l'animalité, il joindra *le cœur et les organes de la circulation,* « qui sont, dit-il, une espèce de centre pour les fonctions végétatives, comme le cerveau et le tronc du système nerveux pour les fonctions animales. » P. 55. Ce qui le conduit à conclure : « Cette correspondance des formes générales, qui résultent de la distribution des masses nerveuses et de l'énergie du système vasculaire, doit donc servir de base aux premières coupures à faire dans le règne animal. » P. 56.

Fondé sur ces considérations, « on trouvera qu'il « existe quatre formes principales, quatre plans géné- « raux, si l'on peut s'exprimer ainsi, d'après lesquels « tous les animaux semblent avoir été modelés, et dont « les divisions ultérieures, de quelque titre que les na- « turalistes les aient décorées, ne sont que des modi-

« fications assez légères, fondées sur le développement
« ou l'addition de quelques parties, qui ne changent
« rien à l'essence du plan. » P. 57.

Ce sont les animaux vertébrés, les animaux mollusques, les animaux articulés, les animaux rayonnés, qui forment les quatre embranchements du réseau, ou de l'arbre du règne animal; car il nie l'existence d'une échelle zoologique, d'une série animale, comme nous le verrons.

Voilà donc *le règne animal*. C'est un répertoire commode, utile, nécessaire même à consulter encore, parce qu'il est plein de faits recueillis dans ses contemporains; mais sans aucune systématisation logique et naturelle, faute de principe.

3° Il a publié la Ménagerie du Muséum d'Histoire naturelle, avec Lacépède et Geoffroi.

En anatomie comparée. Jusqu'à Vicq-d'Azir, l'anatomie comparée n'était point créée; Daubenton avait fait des dissections d'animaux; mais ce n'était point, faute de principes, de l'anatomie comparée; Pallas, en montrant par l'anatomie les rapports naturels, avait plus approché de cette science spéciale; mais nous avons montré que c'était à Vicq-d'Azir que nous en devions la véritable notion, la vraie définition, et les principes à l'aide desquels cette science, étant désormais constituée, n'aurait plus qu'à se développer par les faits. La révolution vint arrêter la marche où Vicq-d'Azir avait fait entrer la science. A la création du Muséum d'Histoire naturelle de Paris, Mertrud fut chargé de la chaire d'anatomie comparée, et fut, par conséquent, le successeur de Vicq-d'Azir. Mais il ne paraît pas qu'il ait fait faire de progrès à cette partie importante de la science. Les choses en étaient là, lorsque Cuvier fut désigné par Mertrud lui-même pour son successeur.

Cuvier y porta la même sagacité d'esprit, la même faculté élective, qui lui permit, comme il le dit encore lui-même, de choisir dans les travaux anatomiques des Swammerdam, des Collins, des Monro, des Hunter, des Camper, des Blumenbach, des Daubenton, des Vicq-d'Azir, etc., etc. Mais sa zoologie, manquant de principes, il devait en être de même de son anatomie comparée, bien qu'il eût dans Vicq-d'Azir les deux grands principes de la comparaison des membres, et de l'étude d'un organe sorti de l'animal, pour le considérer, pour ainsi dire, abstractivement, et l'étudier ensuite dans la série des animaux. Aussi ne fit-il que suivre l'application de ces principes, sans en développer les conséquences, en en faisant sortir de nouveaux. Il augmenta la somme des faits plus ou moins profondément étudiés et connus. Mais comme il sut donner à ses leçons le prestige d'une exposition claire et lucide, et que de plus il sut appliquer d'une manière plus étendue que Pallas ne l'avait fait ses connaissances anatomiques à la palæontologie, l'espèce de renaissance qui s'opérait alors le fit facilement regarder comme le créateur d'une science à laquelle il ne faisait qu'apporter des matériaux avec des développements nombreux et très-remarquables. Ses leçons d'anatomie comparée furent recueillies et publiées sous ses yeux, par MM. Duméril et Duvernoy, de 1800 à 1805, 5 vol. in-8°.

Il publia aussi lui-même plusieurs travaux spéciaux d'anatomie zoologique.

1° *Recherches anatomiques sur les reptiles, regardés encore comme douteux.* 1807, in-8°, avec planches. Cet ouvrage est très-remarquable.

2° *Mémoires pour servir à l'anatomie des mollusques.* 1817, in-4°, avec figures. Ils avaient été, pour la plupart, publiés dans les Annales du Muséum.

EN GÉOLOGIE. *Essais sur la géologie minéralogique des environs de Paris*, avec des cartes géognostiques et des coupes de terrain. 1811, in-4°. Cet ouvrage fut composé conjointement avec M. Brongniart, qui y eut la plus grande et presque l'unique part, d'après Cuvier lui-même. Cuvier n'est jamais entré bien avant dans l'étude des terrains géologiques; il n'a réellement touché qu'à la palœontologie; et peut-être est-ce là une des sources des graves erreurs qu'il a introduites dans ses théories.

EN PALOEONTOLOGIE. Il a réellement donné l'élan à cette partie de la science. Pallas en avait bien posé les principes; mais Cuvier l'a répandue dans le monde, l'a rendue populaire. Cependant nous y trouvons toujours le même fond que dans ses autres travaux, c'est-à-dire, manque de principes, ou principes faux, ce qui revient au même, et étude superficielle. C'est ainsi, par exemple, qu'il a nié, contre l'évidence de faits nombreux, que les fossiles vinssent combler des lacunes dans la série animale, sans se douter toutefois que, par cette négation, il contredisait sa manière de procéder dans la reconnaissance des animaux perdus, et s'enlevait tout moyen d'arriver à la détermination d'aucun de ces animaux, puisque ce n'est que par leur ressemblance et leurs rapports avec les genres et les espèces existantes, qu'il a pu et qu'on peut les déterminer. On a répété qu'avec un seul os, un seul fragment, une facette, il pouvait reconstruire un animal; c'est une fable populaire à laquelle il n'a jamais pu croire sérieusement lui-même, bien qu'il l'ait écrite et répétée plusieurs fois.

Malgré cela, il n'en a pas moins rendu d'immenses services à la science. N'aurait-il fait que réveiller les esprits et les pousser vers l'étude, c'eût été déjà beaucoup. Mais il a fait plus, il a enrichi la science d'une foule de faits que nous interprétons mieux maintenant, mais qui lui sont dus ; et ses erreurs mêmes ont été de la plus haute utilité, en nous amenant à une étude plus approfondie, d'où la vérité a dû sortir.

Il a publié en palœontologie : 1° *Extrait d'un ouvrage sur les espèces de quadrupèdes dont on a trouvé les ossements dans l'intérieur de la terre.* 1799, in-8°.

2° *Recherches sur les ossements fossiles des quadrupèdes, où l'on établit les caractères de plusieurs espèces d'animaux que les révolutions du globe paraissent avoir détruites.* 1812, 4 vol. in-4°, avec un grand nombre de figures. Le même ouvrage, considérablement augmenté, refondu et corrigé, 5 vol. in-4°, 1821-1825, avec un supplément pour compléter l'édition précédente ; il est traduit en plusieurs langues.

Dans la troisième édition de cet ouvrage, qui est celle que nous avons entre les mains, l'auteur nous apprend encore, dans l'avertissement, que la première édition n'était qu'un recueil de mémoires sans lien et souvent contradictoires, à cause des nouvelles découvertes qui avaient modifié les derniers mémoires. Il nous y apprend aussi qu'il a profité de tous les travaux qui ont été faits en Angleterre, en Allemagne, en Italie et en France ; travaux par lesquels la science avait avancé et changé de face ; ce qui nécessitait une révision et un complément de son ouvrage. Nous avons donc ici son dernier mot, interrogeons-le. Toute sa doctrine est dans le *Discours préliminaire sur les révolutions de la surface du globe, et sur les changements qu'elles ont produits dans le règne animal.*

Ce discours est le chef-d'œuvre de Cuvier ; l'art avec lequel il est écrit, disposé et enchaîné, la clarté et la concision, tout à la fois, entraînent et charment le lecteur, qui sera facilement séduit s'il n'a fait une étude assez approfondie pour apercevoir les défauts de logique et les interprétations trop hâtées des faits.

Il commence par exposer son plan : il montrera par quels rapports l'histoire des os fossiles d'animaux terrestres se lie à la théorie de la terre ; les principes sur lesquels repose l'art de déterminer ces os, de reconnaître un genre, et de distinguer une espèce par *un seul fragment d'os. Art,* dit-il, *de la certitude duquel dépend celle de tout mon travail.* Il donnera une indication rapide des espèces nouvelles, des genres auparavant inconnus ; et il montrera que la limite des variations des espèces actuellement vivantes, ne peut expliquer les variations bien plus considérables des animaux perdus ; d'où il engage à conclure avec lui, qu'il a fallu de grands événements pour amener les différences bien plus considérables qu'il a reconnues. Il développera les modifications que ses recherches doivent introduire dans les opinions reçues jusqu'à ce jour sur les révolutions du globe. Enfin, il examinera jusqu'à quel point l'histoire civile et religieuse des peuples s'accorde avec les résultats de l'observation sur l'histoire physique de la terre.

Première preuve de révolution, par la présence de produits nombreux de la mer dans les couches horizontales des vallées et obliques des montagnes ; ce qui prouve que la mer a séjourné dans ces lieux. Ce fait est admis par tous les géologues : la mer a séjourné sur certaines parties de nos continents, et s'en est retirée ; mais Cuvier semble donner à ce fait une trop gande généralité. Il en tire la preuve d'une révolution au moins.

Preuves que ces révolutions ont été nombreuses. Il les
tire de la différence d'étendue et de nature des dépôts
superposés, et des différences entre les espèces d'animaux
qui s'y trouvent. « Il s'y est, dit-il, établi des variations
successives, dont les premières seules ont été à peu près
générales et dont les autres paraissent l'avoir été beaucoup
moins. Plus les couches sont anciennes, plus chacune
d'elles est uniforme dans une grande étendue ; plus elles
sont nouvelles, plus elles sont limitées, plus elles sont
sujettes à varier à de petites distances. » — Ces faits prou-
veraient simplement, en bonne logique, que la cause qui
les a produits agissait à l'origine sur une plus grande
échelle, et que, plus tard, l'étendue de son action était
moindre ; qu'ainsi, par exemple, un fleuve qui avait un
vaste lit et une large embouchure, après avoir presque
comblé l'une et l'autre, a pu se partager en diverses
branches séparées par d'immenses deltas, et former,
dans ces nouveaux lits et ces nouvelles embouchures, de
nouveaux terrains différents des premiers, parce que,
après avoir dénudé le sol sur lequel coulait le grand
fleuve primitif, les matières, tant brutes qu'organiques, qui se trouvaient sur les rives des nouveaux fleuves formés du premier, ne sont plus les mêmes, ayant
varié par des circonstances toutes naturelles, soit de
succession d'habitation, soit autres. Mais cela ne prouve
ni une révolution, ni une variation dans la nature du
liquide qui aurait fait varier les êtres qui l'habitaient.

Preuves que ces révolutions ont été subites. Il donne cette
preuve pour la dernière catastrophe qui a d'abord inondé
et ensuite remis à sec nos continents. « Elle a laissé encore, dans les pays du nord, des cadavres de grands
quadrupèdes que la glace a saisis, et qui se sont conservés jusqu'à nos jours, avec leur peau, leur poil

et leur chair. S'ils n'eussent été gelés aussitôt que tués, la putréfaction les aurait décomposés. Et, d'un autre côté, cette gelée éternelle n'occupait pas auparavant les lieux où ils ont été saisis; car ils n'auraient pas pu vivre sous une pareille température. C'est donc le même instant qui a fait périr les animaux, et qui a rendu glacial le pays qu'ils habitaient. » — La conclusion est conforme aux prémisses : et d'abord, ces animaux conservés par les glaces sont extrêmement rares; en outre, leur organisation même prouve qu'ils pouvaient vivre dans un pays froid, puisqu'ils sont couverts de poil comme tous les animaux qui vivent dans ces mêmes pays. Ils pouvaient donc vivre sous une pareille température, y mourir naturellement, ou y être accidentellement saisis vivants par les glaces, et se conserver ainsi. Leur petit nombre marque bien que ce fait n'est qu'accidentel. Ce n'est donc pas le même instant qui a fait périr les animaux, et qui a rendu glacial le pays qu'ils habitaient. Cela ne prouve donc pas une catastrophe subite. Comme il n'a d'autre preuve de l'instantanéité des révolutions précédentes que l'analogie de la dernière, cela ne prouve donc rien pour aucune.

Preuves qu'il y a eu des révolutions antérieures à l'existence des êtres vivants. Il les tire « de la cristallisation et de la stratification des couches des sommets escarpés des grandes chaînes qui ne contiennent aucun vestige d'êtres vivants, et de l'apparence de bouleversement que leur obliquité et leur escarpement démontrent. » Quant à la cristallisation, elle ne prouve pas une révolution, c'est une loi du règne minéral, et elle peut aussi bien, et même mieux, dans un grand nombre de cas, être attribuée à la liquéfaction ignée qu'à la

liquéfaction aqueuse. La stratification peut seulement
conduire à admettre la présence de l'eau sur ces terrains ; l'absence d'êtres organisés prouve seulement que
ces terrains ne réunissaient pas toutes les conditions
nécessaires pour donner lieu à la formation des fossiles,
mais ne prouve nullement que des êtres organisés n'existaient pas sur d'autres points du globe. — Quant à
l'obliquité des couches et à l'escarpement des montagnes, elle est une suite naturelle de la forme et de la
destination de la terre. La terre, en effet, ayant été
créée pour recevoir des êtres organisés qui auraient
besoin de divers climats, de diverses latitudes, de cours
d'eau, etc., pour se maintenir, vivre et se perpétuer,
la terre donc a dû être formée avec des montagnes
et des vallées, afin de fournir ces divers climats, ces
diverses latitudes, et donner lieu à l'écoulement des
eaux. En outre, elle est créée pour exécuter dans l'espace un mouvement, qui est une des conditions de
l'existence des êtres vivants à sa surface ; elle a donc dû
recevoir une forme arrondie, à laquelle participent les
montagnes, qui, par suite du mouvement général de
la terre, du mouvement des eaux diverses à sa surface,
de l'action des volcans, etc., ont dû nécessairement
subir un déplacement de leurs couches ; de là leur obliquité et leur escarpement. Il n'y a donc rien dans tout
cela qui prouve des *révolutions antérieures à l'existence
des êtres vivants.*

*Examen des causes qui agissent encore aujourd'hui
à la surface du globe.* Il s'agit maintenant de prouver
que tous les effets qu'il vient d'exposer ne peuvent être
dus à des causes analogues à celles qui agissent maintenant, afin de confirmer par là ses révolutions. Il ne
reconnaît que quatre de ces causes : les pluies et les

dégels, les eaux courantes, la mer et les volcans. Il en diminue l'action, pour prouver qu'elles n'ont pu produire les effets qu'il attribue aux révolutions successives; il nie que ces causes produisent aujourd'hui des effets analogues. D'abord, il y a plus de quatre causes actuellement agissantes; car, outre les pluies et les dégels, il y a l'action continuelle de l'air, qu'il est facile de constater sur les roches les plus dures, comme les granites, qui sont tous exfoliés, et presque réduits en sable à leur surface; outre les eaux courantes, il y a les eaux souterraines, qui jouent aussi un grand rôle; outre les eaux de la mer, il y a l'action des animaux marins, comme les mollusques coquillifères, les coraux, les madrépores, qui changent continuellement et avec une rapidité incroyable le fond des mers en des récifs calcaires extrêmement considérables. Les volcans à leur tour sont de plusieurs sortes : il y en a de terrestres, il y en a de marins, et tous très-nombreux. Il suffit d'observer ce qui se passe dans les grands fleuves de l'Amérique, sur les rives mêmes de nos petits courants d'Europe, pour ne pouvoir douter qu'il s'y forme des terrains nouveaux et des fossiles : ainsi, les rives de la Seine aux environs de Paris, par exemple, sont pleines de coquilles des mollusques qui vivent dans ses eaux; et ces coquilles sont empâtées dans les marnes que la Seine dépose, et y prennent évidemment tous les caractères des fossiles anciens. Il suffit encore d'étudier la vaste étendue de l'action des volcans actuels, pour ne pas douter de leur action probable ancienne. Tout porte donc à croire que les causes actuellement agissantes, ont agi anciennement.

Il examine ensuite et réfute les systèmes des géologues qui l'ont précédé. Ici il est complétement dans le

vrai; car ce sont toutes des théories plus ou moins creu-
ses, plus ou moins exclusives, et par conséquent plus
ou moins fausses. Mais il ne dit rien de la théorie et
des travaux de Pallas, que leur solidité met encore aujourd'hui à la hauteur de la science. Il donne pour raison
de la divergence de toutes ces opinions, que le problème n'avait point encore été posé sur ses vraies bases,
ni dans toute son étendue, et il le pose ainsi : « Y a-t-il
des animaux, des plantes propres à certaines couches,
et qui ne se retrouvent pas dans les autres? Quelles
sont les espèces qui viennent les premières, ou celles
qui viennent après? Ces deux sortes d'espèces s'accom-
pagnent-elles quelquefois? Y a-t-il des alternatives dans
leur retour, ou, en d'autres termes, les premières re-
viennent-elles une seconde fois, et alors les secondes
disparaissent-elles? Ces animaux, ces plantes, ont-ils
tous vécu dans les lieux où l'on trouve leurs dépouilles,
ou bien y en a-t-il qui ont été transportés d'ailleurs?
vivent-ils encore tous aujourd'hui quelque part, ou
bien ont-ils été détruits en tout ou en partie? Y a-t-il
un rapport constant entre l'ancienneté des couches et
la ressemblance ou la non ressemblance des fossiles
avec les êtres vivants? Y en a t-il un de climat entre les
fossiles et ceux des êtres vivants qui leur ressemblent
le plus? Peut-on en conclure que les transports de ces
êtres, s'il y en a eu, se soient faits du nord au sud ou
de l'est à l'ouest, ou par irradiation et mélange, et
peut-on distinguer les époques de ces transports par
les couches qui en portent les empreintes? » Pag. 27.

Il dit un mot des progrès de la géologie minérale,
dus à de Saussure et à Werner, et montre ensuite,
toujours dans son système de révolutions, l'importance des fossiles en géologie, mais surtout des qua-

drupèdes. « Il est sensible , en effet, dit-il, que les ossements des quadrupèdes peuvent conduire, par plusieurs raisons , à des résultats plus rigoureux qu'aucune
autre dépouille de corps organisés. »

« 1° Ils caractérisent, d'une manière plus nette, les
révolutions qui les ont affectés. Des coquilles annoncent bien que la mer existait où elles se sont formées. »
Mais une foule de circonstances peuvent expliquer les
variations de leur succession. « Au contraire, tout est
précis pour les quadrupèdes ; leur disparition rend certain que cette couche avait été inondée, ou que cette
terre sèche avait cessé d'exister. C'est donc par eux
que nous apprenons, d'une manière assurée, le fait
important des irruptions répétées de la mer.» Pag. 31.

Approfondissons la vérité de ces assertions. Tout
porte à croire que la disparition de la plupart des quadrupèdes fossiles a eu lieu par une cause naturelle :
1° Les plus nombreux fossiles en ce genre sont de grands
reptiles , de grands pachydermes, qui tous vivent sur
le bord des grands fleuves ou à leur embouchure, et
qui, par conséquent, sont dans les circonstances les
plus favorables pour être entraînés par ces fleuves et
devenir fossiles ; en outre, on ne les trouve pas sur une
seule et même couche , comme cela devrait être, s'ils
eussent été surpris par une irruption, mais ils sont à
des hauteurs différentes, dans la profondeur d'une
même couche , et épars dans des couches différentes.
Ils ont donc été déposés à des temps différents. Leur
disparition n'a donc pas eu lieu par une irruption, et
ne rend pas certain que cette couche avait été inondée, ou que cette terre sèche avait cessé d'exister ; elle
rend seulement certain qu'ils n'existent plus. *Ce n'est
donc pas par eux que nous apprenons, d'une manière*

assurée, le fait important des irruptions répétées de la mer.
En outre, ce n'est pas par les débris des animaux marins.
Donc, ces irruptions ne sont rien moins que prouvées.

2° La seconde raison est déduite de la première; car, dit-il, « comme ces révolutions ont, en grande partie, consisté en déplacements du lit de la mer, et que les eaux devaient détruire tous les quadrupèdes qu'elles atteignaient, si leur irruption a été générale, elle a pu faire périr la classe entière, ou si elle n'a porté à la fois que sur certains continents, elle a pu anéantir les espèces propres à ces continents, sans avoir la même influence sur les animaux marins. » Cette seconde preuve, supposant la vérité de la première, et n'ayant pas d'autre fondement, puisqu'elle n'en est qu'une déduction, n'a pas besoin de discussion.

« 3° Cette action plus complète de la disparition des quadrupèdes est aussi plus facile à saisir, parce que nous connaissons mieux les animaux terrestres que les marins, et, par conséquent, il est plus facile de juger si les débris fossiles appartiennent à des espèces vivantes ou à des espèces perdues. »

Pour prouver qu'elles appartiennent à des espèces perdues, il essaye de montrer qu'il y a peu d'espérance de découvrir de nouvelles espèces de grands quadrupèdes, et que les anciens en connaissaient autant et plusieurs mieux que nous. Ce qui n'est pas tout à fait exact. En outre, que de tous ces animaux connus des anciens, aucuns n'ont disparu, et ne disparaîtront probablement pas. Ce qui n'est pas encore exact; car nous savons que les loups ont disparu d'Angleterre; que les ours blancs ont diminué; que les ours ordinaires sont beaucoup plus rares dans les Pyrénées et les Alpes qu'il y a quelques siècles; que les daims sont maintenant confinés dans la Perse; que les éléphants, et surtout les girafes, deviennent rares; que tous ces nombreux animaux qui abondaient de l'Afrique dans les cirques de Rome, sont aujourd'hui tellement rares , qu'on a peine à s'en procurer, etc. , etc.; que le dronte, cet oiseau si commun à l'île de France et à l'île de Bourbon, a complétement disparu de notre temps, et qu'il n'en reste plus qu'un squelette à Londres, et un modèle en plâtre de la tête et des pieds, à Paris. Plusieurs animaux ont donc pu et peuvent encore disparaître. Il passe ensuite à la détermination difficile des os fossiles des quadrupèdes. Il pose, pour cette détermination, «le principe de la corrélation des formes dans les êtres organisés, au moyen duquel chaque sorte d'êtres pourrait, à la rigueur, être reconnue par chaque fragment de chacune de ses parties.

«Tout être organisé forme un ensemble , un système unique et clos, dont les parties se correspondent mutuellement, et concourent à la même action définitive par une réaction réciproque. Aucune de ces parties ne peut changer, sans que les autres changent aussi; et, par conséquent, chacune d'elles, prise séparément, indique et donne toutes les autres. »

Ce principe peut être vrai de la forme générale d'un animal; mais il s'en faut de beaucoup que son application puisse avoir lieu sur *chaque fragment de chacune des parties*. On peut bien, il est vrai, de la forme des os déduire celle des muscles, parce que ces deux sortes d'organes sont faits pour produire ensemble une même fonction, un même acte, que l'un ne produirait pas sans l'autre; mais cela encore n'est vrai que des vertébrés, bien entendu; et même y a-t-il des particularités de muscles qu'il est impossible de prévoir d'après les os, par exemple, dans les oiseaux.

On peut encore, de la forme des dents et de la mâchoire, déduire le système digestif ; mais cela devient
déjà bien plus difficile : par exemple, les estomacs de
certains singes, comme le douc et le semnopythèque,
présentent des particularités qui ne sont point en rapport avec leurs dents ; il en est de même du kanguroo.

Mais qu'on puisse déduire des dents mêmes la forme
et les proportions des membres et du squelette, cela
devient impossible. Dans le genre chat, par exemple,
toutes les dents vous prouvent un animal carnassier
qui se nourrit de proie vivante ; mais, quand il s'a-
gira d'en déduire le système osseux d'un tigre ou d'un
lion, etc., il y a de si petites différences, que vous
n'en viendrez jamais à bout. Quand vous en viendrez
aux diverses espèces de lions qui ne se distinguent que
par le système pileux, l'une d'elles ayant des houppes
de poil sur les flancs, et l'autre n'en ayant pas, il vous
sera impossible de distinguer, par de simples parties
du squelette, une espèce d'une autre. Il en est de même
du genre chien et de beaucoup d'autres. M. Cuvier lui-
même a trouvé son principe en défaut. Le *tapyrium
giganteum*, qu'il avait déterminé sur une seule *dent
complète*, se rencontra être, quand on eut trouvé la
tête entière, avec des dents absolument les mêmes, un
dinothérium, animal perdu, qui n'est point un tapyr,
et qui semble être un pachyderme aquatique comme
le morse, quoique bien différent.

Ce principe de M. Cuvier est donc faux dans sa généralité, même en s'en tenant aux dents, où il a pourtant une application plus fréquemment possible. Ainsi,
dans les ruminants, il peut avoir, dans certains cas,
une application plus ou moins probable. Mais qu'un
seul fragment, une seule facette d'os suffise, la première

personne qui a jeté les yeux sur quelques squelettes, ne le croira jamais. — Tous les fragments d'os se ressemblent à peu près, sauf dans certaines parties surtout articulaires. Les facettes ne prouvent que pour la facette conjointe de l'os qui est en connexion avec elles; au delà on ne peut rien conclure. Encore un coup, cette loi est sujette à trop d'exceptions pour être rigoureusement admise. C'est pourtant ce principe qui a étonné le monde, et résumé toute la réputation et la valeur scientifique de son auteur. Du reste, M. Cuvier lui-même en a aperçu le défaut, lorsqu'il dit: «Ce principe est assez évident en lui-même, dans cette « acception générale, pour n'avoir pas besoin d'une plus « ample démonstration ; *mais, quand il s'agit de l'ap-* « *pliquer, il est un grand nombre de cas où notre con-* « *naissance théorique des rapports des formes ne suffirait* « *point, si elle n'était appuyée sur l'observation.* » P. 49. Ce n'est en effet que par une observation minutieuse, des comparaisons répétées avec les animaux actuellement existants, que l'on peut espérer d'arriver, avec quelque certitude, à déterminer un genre, une espèce; et encore toute pièce du squelette n'est pas indistinctement bonne et suffisante pour cela; il faut des pièces importantes, comme celles de la tête; et, pour avoir une certitude complète, il en faut plusieurs et de diverses parties du squelette dans le plus grand nombre des cas. Aussi Cuvier convient-il lui-même que ce n'est que par cette voie de comparaisons multipliées qu'il a pu arriver à la détermination du plus grand nombre des animaux fossiles. «Il est vrai, dit-il, que j'ai joui « de tous les secours qui pouvaient m'être nécessaires, « et que ma position heureuse et une recherche assi- « due pendant près de trente ans m'ont procuré des

« squelettes de tous les genres et sous-genres de qua-
« drupèdes, et même de beaucoup d'espèces dans cer-
« tains genres, et de plusieurs individus dans quelques
« espèces. Avec de tels moyens, il m'a été aisé de *mul-*
« *tiplier mes comparaisons*, et de vérifier dans tous leurs
« détails les applications que je faisais de mes lois. »
P. 53.

Il expose ensuite le nombre des fossiles qu'il a déterminés, puis il considère le rapport des espèces avec les
couches, et arrive aux conclusions suivantes :

1° Les quadrupèdes ovipares, les grands reptiles ap-
paraissent les premiers dans les couches inférieures,
avant la formation de la craie.

2° Les os des mammifères marins, lamantins et pho-
ques, dans le calcaire coquillier grossier, au-dessus de
la craie.

3° Mais on n'y trouve point encore de mammifères
terrestres. Au contraire, aussitôt qu'on est arrivé aux
terrains qui surmontent le calcaire grossier, les os d'a-
nimaux terrestres se montrent en grand nombre.

Il en tire la conclusion de révolutions successives;
mais, outre que ces faits ne sont pas exacts, comme les
nouvelles observations viennent tous les jours le montrer, puisqu'on trouve des animaux perdus avec des animaux actuellement existants, ce qui confirme qu'ils ont
existé ensemble, cette succession ne prouverait qu'une
chose, c'est que ces grands reptiles qu'on trouve les
premiers, étant aussi ceux qui par leurs mœurs se trouvaient dans les conditions les plus favorables pour devenir fossiles, ont dû nécessairement être déposés avant
les quadrupèdes mammifères qui ne vivent pas dans les
mêmes conditions. Mais cela n'empêche pas leur coexistence. Ce fait est confirmé, 1° parce que ces ani-

maux sont dans des terrains d'eau douce, au rapport
même de Cuvier, et qu'ils ont pu, par conséquent,
vivre dans ces eaux douces ; 2° parce que les mammifères
qu'on trouve ensuite, comme les palæothériums, les ano-
plothériums, etc., vivaient aussi sur les bords des courants
d'eau, où ils trouvaient la nourriture et la retraite nécessaires à leur existence; ce qui les mettait encore dans les
conditions nécessaires pour devenir des fossiles : et ces
animaux ont pu et dû naturellement disparaître par la
destruction des circonstances favorables. Tout cela ne
prouve donc pas des révolutions successives. D'ailleurs,
Cuvier lui-même convient qu'il n'a pas étudié le gisement,
chose pourtant absolument nécessaire pour baser sa théorie. « Il s'en faut beaucoup, dit-il , que j'aie observé par
« moi-même tous les lieux où ces os ont été découverts.
« Très-souvent j'ai été obligé de m'en rapporter à des re-
« lations vagues, ambiguës, faites par des personnes qui
« ne savaient pas bien elles-mêmes ce qu'il fallait obser-
« ver ; plus souvent encore je n'ai point trouvé de ren-
« seignements du tout. » P. 57. Comment alors hasarder
une théorie, un système que l'on ne craint pas de donner comme certains ? Aussi, après avoir affirmé ses révolutions, ses irruptions successives avec une autorité
dogmatique, il ajoute, sans doute pour éviter ce reproche:
« Au reste, lorsque je soutiens que les bancs pierreux
« contiennent les os de plusieurs genres, et les couches
« meubles, ceux de plusieurs espèces qui n'existent plus,
« je ne prétends pas qu'il ait fallu une création nou-
« velle pour produire les espèces aujourd'hui existantes ;
« je dis seulement qu'elles n'existaient pas dans les lieux
« où on les voit à présent, et qu'elles ont dû y venir
« d'ailleurs. » Ces dernières conclusions seraient encore
à examiner; mais ce n'est pas ici le lieu.

Enfin, il tire une dernière preuve de ses révolutions, de la négation gratuite d'os humains fossiles ; il y en avait, dès son temps, de découverts, et il y en a eu beaucoup depuis. Pour appuyer cette négation, il fait une distinction : « Je dis qu'on n'a jamais trouvé d'os humains parmi les fossiles, bien entendu parmi les fossiles proprement dits , ou, en d'autres termes, dans les couches régulières de la surface du globe. » Cette distinction purement gratuite est contradictoire, et ne peut être admise : car on a trouvé des ossements humains avec des ossements d'animaux perdus, d'animaux qui se trouvent dans les couches régulières, et qui n'y ont pas d'autres caractères que dans les terrains meubles : dans un cas, les mêmes os seraient donc fossiles, et dans l'autre, ne le seraient pas, par la seule raison qu'on ne veut pas admettre comme fossiles les ossements humains avec lesquels ils se trouvent. Mais d'ailleurs on a trouvé des ossements humains dans des terrains réguliers. Cette dernière preuve croule donc comme toutes les autres, et avec elle, la théorie des révolutions et des irruptions successives et des créations répétées, qui en sont une déduction.

Cependant il donne ensuite des preuves physiques de la nouveauté des continents, puis des preuves historiques ; et il conclut en ces termes : « Je pense donc, « avec MM. Deluc et Dolomieu, que, s'il y a quel- « que chose de constant en géologie, c'est que la « surface de notre globe a été la victime d'une grande « et subite révolution, dont la date ne peut remonter « beaucoup au delà de cinq ou six mille ans ; que cette « révolution a enfoncé et fait disparaître les pays qu'ha- « bitaient auparavant les hommes et les espèces des « animaux aujourd'hui les plus connus ; qu'elle a, au

« contraire, mis à sec le fond de la dernière mer, et en
« a formé les pays aujourd'hui habités ; que c'est depuis
« cette révolution que le petit nombre des individus
« épargnés par elle se sont répandus et propagés sur
« les terrains nouvellement mis à sec, et par consé-
« quent, que c'est depuis cette époque seulement que
« nos sociétés ont repris une marche progressive,
« qu'elles ont formé des établissements, élevé des mo-
« numents, recueilli des faits naturels, et combiné des
« faits scientifiques. » P. 138.

C'est cette conclusion qui, répétée dans la chaire
chrétienne par un grand orateur [1], et redite dans une
foule de recueils et de compilations, a concilié à Cuvier
la bienveillance des théologiens. Ils se sont arrêtés à la
superficie des énoncés, sans pénétrer dans le fond du
système ; ils ont cru y trouver un accord facile avec la
tradition mosaïque. D'autres hommes, placés à un autre
point de vue, ont accusé Cuvier d'avoir déguisé son
matérialisme pour accorder la science avec Moïse. Mais
ni les uns ni les autres ne nous semblent avoir compris
la question : car si d'une part Cuvier, par quelques
phrases, semble favoriser le récit de Moïse sur le déluge universel, de l'autre, tout son système est impossible à accorder avec tout le reste du récit de Moïse, à
moins de faire au texte la violence la plus grande, de
renverser toutes les lois du langage, de la philologie et
de la logique. Du reste, cette conclusion d'un déluge,
que tout dans les sciences historiques et traditionnelles
démontre certaine, n'est en géologie, dans l'état actuel
de la science, ni prouvée ni infirmée, et cela vaut beaucoup mieux que d'identifier une doctrine certaine, celle

____

[1] Fraissinous.

de Moïse, avec des systèmes destructibles du jour au lendemain.

De la certitude géologique supposée de cette catastrophe, et de l'état supposé aussi des couches de nos continents, Cuvier tire la conclusion de révolutions antérieures, sur lesquelles nous ne reviendrons pas. Il finit enfin par exposer la série des animaux fossiles qu'il a découverts.

En résumé donc, la paléontologie, créée par Pallas, a acquis de nouveaux faits par les travaux de Cuvier; mais les principes que ce dernier a essayé d'établir comme des lois, sont erronés, et en définitive il n'a fait que suivre les principes de Pallas et des autres, c'est-à-dire, employer des comparaisons multipliées des ossements fossiles avec les animaux actuellement existants; il a, en outre, réuni dans son ouvrage les déterminations d'animaux perdus faites par un grand nombre de savants français et étrangers. Il n'a donc pas découvert, comme on l'a dit, une nouvelle création, un nouveau règne animal : d'abord cela est impossible, puisqu'il n'y a qu'un seul règne animal dont les fossiles font partie; mais, en outre, ces groupes perdus avaient déjà commencé et continuaient à être découverts et étudiés, depuis Pallas surtout et avant Cuvier, par un grand nombre de savants de l'Europe. Le service qu'il a rendu, c'est de résumer tous leurs travaux, en y joignant ses propres observations; mais il n'a introduit aucun principe dans la science, toutes ses théories sont fausses, et même assez généralement abandonnées par les hommes qui font marcher la science, pour n'être même plus jamais cité dans les ouvrages faits par eux, non-seulement pour les théories, mais même pour les faits géologiques, qui, de son aveu, lui étaient pour la plupart inconnus. Ainsi,

Lyell, qui a donné l'ouvrage de géologie positive le plus récent, et qui est le seul résumé un peu convenable de l'état de la science, ne cite pas une seule fois Cuvier.

Philosophie de la science. Il ne nous reste plus qu'à étudier ce qu'il a fait pour la philosophie de la science; il ne l'a jamais abordée, si ce n'est dans le seul article *Nature* du grand dictionnaire d'histoire naturelle, et il nous semble bien loin d'y être toujours dans le vrai.

Il donne d'abord l'étymologie du mot Nature, qu'il fait sortir de l'idée de naissance, puis il en explique les diverses acceptions. Il entre ensuite dans l'examen de la série animale, qu'il dit être fondée sur l'admission d'une nature distincte du Créateur, et moins puissante que lui. Ceci n'est pas exact : il a confondu une erreur de Lamarck avec une vérité de fait; car c'est un fait que l'existence d'une série animale. Lamarck, il est vrai, avait voulu en déduire l'existence de cette nature dont parle Cuvier; mais la série animale ne se lie nullement à l'existence d'une telle nature; elle suppose et prouve, au contraire, une intelligence souveraine et infinie, qui a tout fait avec ordre et harmonie. Nous n'entrerons pas dans les objections qu'il fait contre la série animale, elles ne seraient pas comprises ici, elles trouveront leur place ailleurs.

Nous ne parlerons point des travaux historico-politiques de Cuvier, ils sont en dehors de la science.

Il a, en outre, travaillé à plusieurs recueils scientifiques et biographiques, toujours avec la même facilité; mais il a deux ouvrages en ce genre : 1° *Recueil des éloges historiques* lus dans les séances publiques de l'Institut, dont il était secrétaire perpétuel; et 2° *Histoire des progrès des sciences naturelles depuis* 1789 *jusqu'à ce jour,* 1826.

Les ouvrages de Cuvier à la main, nous pouvons donc conclure que, si Cuvier était un homme de grand talent, d'un esprit facile et étendu ; s'il était observateur souvent ingénieux ; s'il a rendu de grands services à la science en résumant dans ses livres les observations zoologiques, anatomiques et paléontologiques de ses contemporains, il ne peut pourtant être regardé comme le représentant de son époque, et la source où Lamarck aurait puisé.

En effet, Lamarck vint à Paris en 1768 ; il publia sa Flore Française en 1778 ; entra à l'Académie en 1779 ; publia un Mémoire comparatif des classes des végétaux et des animaux, en 1785 ; ouvrit son cours sur les animaux sans vertèbres, en 1796 ; jeta les bases de sa classification générale des animaux dans un tableau de ses Mémoires, en 1797 ; publia son travail entièrement neuf sur la conchyliologie, en 1799 ; son Système des animaux sans vertèbres, en 1801 ; sa Philosophie zoologique, où se trouve la classification générale des animaux, en 1809.

Cuvier naquit en 1769 à Montbelliard, un an après l'arrivée de Lamarck à Paris. Il vint à Paris en 1795, au moment où Lamarck ouvrait son cours sur les animaux sans vertèbres ; il publia alors plusieurs mémoires sur les mollusques. Ce ne fut qu'en 1817 qu'il publia son Règne animal, où est sa classification, huit ans, par conséquent, après la Philosophie zoologique de Lamarck.

D'après ces faits et ces dates, il est donc évident que Lamarck n'a pu emprunter à Cuvier que quelques faits tirés de ses mémoires. Les principes de Lamarck étaient d'ailleurs trop opposés à ceux de Cuvier, pour qu'il ait pu lui emprunter ; les principes, la doctrine, les systèmes de Lamarck sont posés d'une manière absolue ;

tandis que Cuvier, portant l'éclectisme dans les sciences naturelles, n'y a introduit aucun principe démontré ni démontrable. Il n'a rien fait dans les sciences instrumentales ni dans la physique générale; il n'a travaillé que sur la zoologie et la paléontologie; et, dans ces deux sciences, il a le plus souvent puisé dans les ouvrages des autres pour composer les siens. 1° Pour les mammifères, le travail lui était préparé par MM. Geoffroy, Illiger, et Frédéric Cuvier, son frère, par son travail sur les dents des animaux ; 2° pour les oiseaux, par Levaillant et Vieillot; 3° pour les reptiles, par Lacépède, de Blainville, Oppel, Brongniart; 4° pour les poissons, par Lacépède, Bloch, Russel et autres ; 5° pour les mollusques, par Lamarck, Poli, Montfort, Rudolphi; 6° pour les insectes, par Latreille, qui a même composé tout le volume; 7° pour les zoophytes, par Lamarck, etc.; 8° pour tout le règne animal, par Linné. Cuvier n'a touché par lui-même qu'aux vertébrés et aux grands mollusques nus seulement.

En anatomie comparée, il a suivi les principes de Vicq-d'Azir et de Pallas, a puisé dans les travaux anatomiques des Swammerdam, des Collins, des Monro, des Hunter, des Camper, des Blumenbach, des Daubenton, etc., et a ajouté de nouveaux faits de détails assez nombreux, mais n'a rien systématisé, parce que l'éclectisme l'a empêché ici, comme en zoologie, d'accepter un principe et d'en développer les conséquences.

En géologie minéralogique, il n'a fait que peu de chose, et, de son aveu, M. Brongniart a eu la plus grande part dans l'Essai sur la géologie minéralogique des environs de Paris, seul travail sur cette matière où se trouve le nom de Cuvier.

En France, il a donné l'élan à la paléontologie : Pallas en avait posé les principes, Cuvier s'en est trop souvent écarté ; de là les nombreuses erreurs de faits et de doctrines qu'il a jetées dans tous les esprits. Il a profité, dit-il, de tous les travaux qui ont été faits en Angleterre, en Allemagne, en Italie et en France ; travaux par lesquels la science avait avancé et changé de face. Cuvier les a importés et répandus en France ; il les a pris comme il les a trouvés, et il y a joint les fossiles des environs de Paris, surtout ceux de Montmartre ; et c'est là un des points qui ont singulièrement contribué à établir sa grande réputation.

Esprit pénétrant, il parut capable de tout ; mais n'aborda jamais aucune difficulté sérieuse pour la résoudre. Il savait choisir tout ce qui se prêtait à une exposition rapide et facile ; éloignant avec soin toutes les difficultés, et ne les laissant même pas soupçonner à son lecteur, il écrivit le plus souvent pour ceux qui lisent, mais non pour ceux qui étudient. Il s'est trompé plus d'une fois, a rectifié plus tard ses erreurs, mais sans en avertir et sans discuter les faits ; son exposition en eût souffert. Aussi, presque tout le monde l'a lu ; et de là tant d'idées fausses sur les grands principes, tant d'obstination à les suivre en aveugle, si peu de science véritable, et même si peu d'esprits capables de comprendre ce qu'elle est en effet.

Il a rendu des services bien plus réels au progrès en réhabilitant les sciences naturelles dans l'Académie, en employant son crédit politique au développement, à l'amélioration du Muséum d'histoire naturelle, et en luttant avec une grande habileté pour la conservation des droits et de l'indépendance de ce précieux établissement. C'est là une de ses gloires incontestables, et sur laquelle justice ne lui a peut-être pas été assez rendue.

Enfin, il contribua pour la plus large part au noble élan qui a, dans ces dernières années, fait faire tant de progrès aux sciences naturelles en France.

Malgré tout cela, il ne restera que peu de chose de lui dans la science; rien sous le rapport des principes et de la philosophie, puisqu'il n'en avait pas; rien par conséquent dans la systématisation des faits, puisqu'elle était fausse. Les deux ou trois principes qu'il a essayé d'introduire dans la science, comme celui de la considération du sang; celui sur la détermination des fossiles avec un seul fragment, une facette d'os, n'ont pu soutenir la rigueur d'un examen approfondi, et ils ont nui à la science quand on a voulu les suivre. C'est ainsi qu'en adoptant les considérations tirées du sang, dans la révision et le développement de ses premiers travaux, Lamarck a échoué.

Il suit de là que les théories et les systèmes de Cuvier ne peuvent rester dans la science; déjà son système zoologique est abandonné; il en est de même de son système paléontologique et de sa théorie de la terre. Il ne restera que des faits nombreux d'anatomie comparée et de paléontologie.

Cuvier n'est donc pas l'Aristote des temps modernes, puisqu'il n'a point embrassé le cercle des connaissances humaines; qu'il n'a même travaillé que sur une seule partie de la science, la zoologie, qu'il a considérée sous les trois points de vue de zooclassie, d'anatomie et de paléontologie, sans toutefois pouvoir systématiser aucune de ces parties. Il ne pouvait donc pas caractériser une époque; il n'est peut-être que le complément de Lamarck dans la seule direction anatomique.

Nous n'avons point à juger Cuvier, ni comme homme politique, ni comme homme social, ni comme homme religieux. Nous devons cependant à notre conscience de lui rendre justice sous le dernier rapport. On l'a calomnié en l'accusant de matérialisme : qu'il y ait dans ses doctrines quelques biais conduisant à cette thèse, nous ne le nions pas ; mais les conséquences qu'on pouvait en tirer n'étaient de sa part ni aperçues, ni volontaires ; au contraire, il a continuellement professé dans ses ouvrages les vérités religieuses dont il avait la conviction. Projeter sur ses convictions des insinuations calomnieuses est donc une injustice que nous nous faisons un devoir de repousser.

Enfin, en dernière conclusion de tous les faits exposés, nous croyons avoir prouvé que Lamarck n'a point été dirigé par Cuvier ; qu'il ne l'a point copié ; qu'il n'a pu être éclectique, mais qu'il a été lui-même. Philosophe profond, ayant embrassé toutes les parties de la science et les ayant systématisées, il tenta de terminer la philosophie, et par là il comprit le besoin de l'époque en essayant d'y répondre. La question n'est pas ici de savoir si sa réponse fut juste, mais de savoir s'il l'a faite, et comment il y fut conduit ; c'est ce que nous apprendra l'analyse de ses ouvrages.

V. *Analyse des principaux ouvrages de de Lamarck.*

Nous avons donc à étudier les principaux ouvrages de de Lamarck ; ils portent sur presque tous les points des sciences naturelles.

I. *En physique générale.* Il nous apprend lui-même que, de très-bonne heure, il s'était occupé de cette partie de la science, et que, par ses observations et celles des autres, il s'était fait des idées propres sur les faits physiques. Il a publié deux volumes intitulés :

Recherches sur les causes des principaux faits physiques, et particulièrement sur celles de la combustion; de l'élévation de l'eau dans l'état de vapeur; de la chaleur produite par le frottement des corps solides entre eux; de la chaleur qui se rend sensible dans les décompositions subites, dans les effervescences, et dans les corps de plusieurs animaux pendant la durée de leur vie; de la causticité; de la saveur et de l'odeur de certains composés; de la couleur des corps; de l'origine des composés de tous les minéraux; de l'entretien de la vie des êtres organiques, de leur accroissement, de leur vigueur, de leur dépérissement et de leur mort; par J. B. Lamarck, professeur de zoologie au Muséum d'histoire naturelle. Paris, an 11 [1].

Il proteste d'abord contre la séparation de la physique et de la chimie, qui, pour lui, sont la même science; puis, voulant atteindre à une théorie qui embrasse la nature entière, tant les corps bruts que les corps organisés, sous le nom commun de *physique*, qui comprenne toute la science, il donne cette définition : « Une théorie physique ou chimique solide est celle

----

[1] Il donne à cet ouvrage le nom de *Logique physico-chimique*. Il le dédie au peuple français, et a soin d'avertir qu'il n'avait pas voulu dédier la Flore française à *Louis Capet*, ni à un autre grand seigneur qu'on lui avait dit le désirer. Il nous apprend aussi qu'il avait présenté le manuscrit de cet ouvrage quatre ans auparavant à l'Académie; qu'elle nomma des commissaires pour lui en rendre compte sans en entendre la lecture; que les commissaires ne firent pas de rapport pour des causes qu'il ne veut pas dire, mais sans doute parce qu'ils trouvaient un grand nombre d'objections à lui faire; que ses grands travaux, entrepris alors sur la botanique, le firent en suspendre la publication, mais qu'il le fit parapher par le secrétaire de l'Académie; et on trouve, en effet, à la fin du second volume, p. 400, la déclaration du secrétaire.

qui ne présente qu'un petit nombre de principes simples, clairs, féconds, dont on peut déduire les conséquences et toutes les applications qu'exige l'observation des faits. » En physique, dit-il, les suppositions
sont toujours extrêmement dangereuses. Pag. 33o.

Il établit ensuite la matière comme non homogène,
mais jouissant de propriétés générales. Les quatre éléments simples de la matière sont le *feu*, qui peut ap-
paraître sous trois états : le *feu éthéré*, comprenant les
fluides électriques et magnétiques; le *feu fixé*, mer
immense, dans laquelle sont plongés tous les corps,
et qui les pénètre tous; le *feu calorique*, qui produit
la chaleur, dilate les corps, vaporise les fluides et lance
la lumière.

Les autres éléments sont l'*air*, l'*eau* et la *terre*. La
chaleur, la lumière, les couleurs, les odeurs, les saveurs, sont des phénomènes résultant de l'état particulier du feu fixé; il en est de même du son.

Lamarck avait donc essayé toutes les questions les
plus abstraites, les plus difficiles, sans observations,
sans expériences qui lui fussent propres, il faut en
convenir; aussi est-il en opposition avec la plupart des
théories reçues. Ses travaux de méditation avaient
porté non-seulement sur les faits physiques proprement
dits, mais aussi sur *les faits organoleptiques*, c'est-à-
dire, sur ceux qui sont le résultat du monde extérieur
sur nos organes, et encore sur l'origine des corps composés qui existent dans la terre, d'où il avait été conduit à s'élever jusqu'à la recherche des causes qui
entretiennent la vie dans les corps organisés, et sur
les principaux phénomènes qu'ils présentent. Par là les
sciences organiques étaient reliées à la physique; mais
on était alors dans une tout autre direction, et il ne
fut pas compris.

II. *Chimie*. Ses travaux sont ici de même nature qu'en physique; ils ne reposent que sur la méditation des faits acceptés d'autrui. Ils n'avaient pas le caractère demandé par la mode, et ils semblaient arrêter le char du triomphateur [1], qui venait d'atteindre un des plus beaux résultats de l'époque.

Cependant il avait procédé avec la méthode et les précautions indiquées par les principes, en ayant égard successivement *aux molécules essentielles des composés, à l'invariabilité de leur forme, et à l'unité ou l'identité de leur nature, aux combinaisons de leurs principes pour former les composés, aux altérations que les circonstances naturelles ou artificielles peuvent faire subir aux molécules essentielles; à leur tendance naturelle à se détruire.*

C'est à l'aide de ces réflexions qu'il s'efforça de réfuter la théorie pneumatique des chimistes modernes, sans y parvenir, quoiqu'il ait montré qu'elle portait en elle les germes de sa chute dans les parties exagérées.

Sa théorie à lui-même n'était pas soutenable; c'était celle du phlogistique. Néanmoins, admettant que l'acte chimique n'a lieu que sur les molécules essentielles des corps, et qu'il existe des principes simples, essentiellement différents entre eux, et non pas une matière homogène, il arrive aux proportions définies et à la théorie des atomes, qu'on a été obligé d'admettre, depuis lui, dans la science [2].

---

[1] Lavoisier.

[2] Pour lui, la molécule essentielle est le résultat d'un certain nombre de *principes* combinés ensemble dans de *certaines proportions,* formant une petite *masse indivisible* sans composition, imperceptible à nos sens à cause de sa petitesse extrême. C'est dans la molécule essentielle (ou atome) que réside la nature d'un composé. Tant que

Il y a, selon lui, une échelle de dégradation dans les différents composés existants ou possibles, quant à l'intimité d'union de leurs principes. La nature ne tend pas à former des combinaisons; au contraire, elle tend à détruire celles qui existent. Les combinaisons directes, c'est-à-dire l'union des éléments libres, ne peuvent être produites immédiatement que par le moyen des organes dont sont pourvus les êtres doués de la vie.

Tous les produits et les résidus des altérations et des changements que la nature ou l'art font subir à des matières composées, n'étaient pas contenus et tout formés dans ces matières.

En résumé, de Lamarck a soutenu que la physique et la chimie ne font qu'une même science. Il a étudié la théorie des corps bruts et des corps organisés, et par là il a embrassé toute la science. Il n'a pu résoudre toutes les difficultés, faute de faits et de progrès non existants alors; mais il a émis plusieurs idées heureuses, et sa marche était rigoureusement logique. Il n'avait pas seulement étudié les faits physiques, mais encore les faits organoleptiques; par là il avait bien distingué les deux sciences, et défini ce que devait être une théorie. C'est à lui qu'est due l'introduction de la physique dans les sciences naturelles proprement dites; il disait : La physique des corps bruts, la physique des corps organisés. Conduit à rechercher les causes des phénomènes, il s'est trouvé en opposition avec les théoriciens pneumatistes. Il était donc dans la direction proportionnelle, quoique les résultats n'aient pas répondu à ses efforts. Sa théorie fut celle du phlogistique, bien

la molécule essentielle conserve sa nature, *le nombre*, *la proportion* et *l'arrangement* des principes qui la composent, restent nécessairement les mêmes.

qu'il en ait dit; il acceptait le feu, l'air, l'eau et la terre comme seuls éléments. Il rejetait les expériences de Lavoisier, pour admettre le feu éthéré, le feu fixé, le feu calorique : il suivait Stahl. Ainsi donc, il faussait les faits fournis par les expériences des pneumatistes : dès lors il était obligé de créer des corps, qui n'étaient pas toujours en harmonie avec les faits. Ainsi, les couleurs étaient dues au feu fixé, l'opacité aussi ; il en était de même pour les sons; c'était un être, un fluide particulier : et ici il était encore plus facile de le combattre; mais il était conséquent. S'occupant de l'état et de la nature des corps, il était arrivé à des choses remarquables pour cette époque, *la théorie atomistique* et des proportions définies, à laquelle sont revenus les chimistes, après avoir adopté puis abandonné Lavoisier.

Pour lui, la matière n'était pas homogène. On n'entrevoit pas par quelle raison il adopte cette espèce de principe inutile à sa théorie.

Voulant établir l'unité de nature dans les éléments qui composent les corps, tout ce qui existe est pour lui le résultat de la vie, un produit des corps organisés, sauf les éléments; thèse difficile à concevoir.

Enfin, il a touché tous les grands termes de la chimie et les a définis; il avance que ce sont les molécules qui constituent les corps, par agrégation dans les corps inorganiques, par agglomération dans les corps organisés. Il est le premier qui ait donné cette idée, et elle paraît juste.

En thèse générale, les objections qu'il a faites à la théorie de Lavoisier tombent par l'examen; mais il y avait, dans son travail, méthode, attention de définir les mots, et dessein d'arriver à des généralités. Il est sans doute bien loin d'y avoir réussi, quoiqu'il ait eu plusieurs idées remarquables. Une chose qui n'a point été sentie, parce qu'on n'a point approfondi, c'est le rapport frappant qui existe entre Lamarck et Buffon. Tous deux ont voulu embrasser et généraliser toutes les sciences; tous deux ont été conduits à créer le monde à leur façon, Buffon en avouant que ce n'était qu'une pure hypothèse, il est vrai; Lamarck sérieusement et par conviction, erronée sans doute. La physique de Lamarck est presque la même que celle de Buffon; celui-ci avait seulement plus de puissance.

En météorologie. Sans soutenir qu'il eût réussi dans les détails, on peut dire qu'il a posé la météorologie sur ses véritables bases; nous avons trouvé la preuve de ses travaux à ce sujet dans un nombre assez considérable de mémoires particuliers. Il a commencé par étudier les espèces de phénomènes, les espèces d'orages, les espèces de vents, etc.; il en a déterminé les variétés dans un premier mémoire. Voulant faire part aux autres de sa manière de procéder dans les observations, il a composé sur l'art d'observer. Il a cherché ensuite s'il n'y avait pas périodicité dans la reproduction des phénomènes, d'où il est conduit à leur étiologie, à la recherche des causes qui ont pu produire ces phénomènes et leurs variations, pour tâcher d'arriver à leur prévision; et c'est ce point qu'on lui a reproché : c'était lui reprocher d'avoir fait de la science; car pour terminer une science, il faut prévoir. Cette prévision même l'avait conduit à penser, avec Toaldo, que l'atmosphère qui enveloppe la terre pouvait être comparée à la mer, qui en remplit les principaux bassins; qu'elle a une épaisseur ou profondeur et une densité convenables; qu'elle est influencée par l'action du satellite de la terre, comme la mer, et par le soleil, centre de son système; et qu'alors la position plus ou moins rapprochée, plus ou moins oblique de celui-ci, devait exercer périodiquement une action sur les mouvements généraux et particuliers de cette mer gazeuse; et dès lors ces mouvements généraux pouvaient être prévus et prédits, comme le font les astronomes pour le flux et reflux de la mer et pour les grandes marées. Et le vent est donc la marée de l'atmosphère, ou mieux, les vents sont les courants de la mer aérienne. Du reste, cette théorie, qu'il avait acceptée de Toaldo, les astronomes la confirment aujourd'hui.

En homme sage cependant, Lamarck avait limité ses prévisions aux lieux où il avait observé, c'est-à-dire en Europe. On lui reproche de n'avoir pas réussi : ce n'est pas ce dont il s'agit, mais seulement de juger s'il a procédé logiquement.

En géologie. Lamarck n'a jamais fait de travaux géologiques proprement dits. Dans son hydrogéologie, il a traité la question d'étiologie du bassin des mers et des formations marines qui composent la plus grande partie des terrains tertiaires. Il a même cherché à apprécier les changements que les corps organisés exercent sur la nature et sur l'état de cette surface. Enfin, dans son grand et beau travail sur les coquilles fossiles des environs de Paris, il a donné un bel exemple de la manière dont on doit procéder dans l'étude de la conchyliologie appliquée aux questions zoologiques, les regardant comme de premier ordre, pour éclairer *la véritable théorie de notre globe*, et pour *mesurer les modifications que les espèces vivantes subissent avec l'état des lieux qu'elles habitent.*

Il admet que ces coquilles sont les dépouilles d'ani-

maux qui ont vécu dans les lieux où on les trouve;
qu'il y a plusieurs de ces animaux dont on trouve les
analogues, et qui habitent encore les mers. D'où, par
conséquent, la mer a autrefois séjourné dans ces lieux,
et il en conclut qu'il y a eu déplacement des mers;
que ce déplacement a été graduel, et dû à une cause
lente et toujours active; que la continuité d'action de
cette cause porte à regarder comme probable que les
parties découvertes aujourd'hui redeviendront le bassin des mers; et que celui-ci sera de nouveau mis à
découvert. En sorte que, pour M. de Lamarck, *la masse
des eaux formant les mers, non-seulement s'abaisse,
mais encore se promène pour ainsi dire, à la surface
de la terre.* C'étaient les idées de Buffon, et plus anciennement d'Aristote.

Les mers, continuellement et souvent fortement agi-
tées par l'action de la lune, produisent des excavations
dans le sol qui en forme le bassin; celui-ci s'abaisse,
et par suite les eaux qu'il contient. Dès lors une partie
du bassin est mise à découvert, d'où l'étendue des terres
sèches augmente; les eaux pluviales les labourent, creu-
sent des vallées, et par conséquent produisent des
montagnes. Mais les matières entraînées dans le bassin
des mers vont se déposer en quelques endroits, remplissent ces lieux, et ainsi poussent la mer successivement à la surface du globe. Son équilibre, par suite du
changement du centre de gravité, est changé; d'où
modification dans la position, la direction, l'inclinai-
son de l'axe et ses rapports avec le soleil, d'où enfin
changement de *température et de climats.*

Il reconnaît une chaleur commune et constante dans
la masse du globe terrestre, et rejette la supposition
d'un refroidissement graduel; mais il admet la source

de cette chaleur dans l'impulsion de la lumière solaire refoulant le *feu éthéré*.

Ainsi, par l'étude de l'action des phénomènes existants, il a cherché à expliquer, à donner l'étiologie des faits anciennement produits à la surface de la terre.

Il est arrivé au même résultat par l'étude de la paléontologie. Admettant que, parmi ces coquilles fossiles, il y en a plusieurs dont on connaît les analogues, qui habitent encore les mers; que plusieurs au moins de ces analogues ne se trouvent aujourd'hui que dans des climats dont la température est très-différente de celle des lieux où se trouvent les fossiles, il en conclut qu'il s'opère un changement continuel, quoique infiniment lent, dans le climat ou la température, relativement à chaque partie du globe. Il cite, à ce sujet, *le nautilius pompilius, les palmiers, le succin, le caoutchouc, les empreintes de fougères, les os d'éléphants et de crocodiles.*

Que si, dit-il, nos observations ne peuvent apercevoir, mesurer ces changements, c'est qu'ils sont excessivement lents, et que nos observations ne remontent que de trois à cinq mille ans; d'où, pour lui, la terre n'est pas *stationnaire*, quoiqu'elle le paraisse. Il ne veut donc que des révolutions lentes, et point de catastrophes ou de changements brusques.

Admettant que les minéraux ou les corps bruts sont des produits de la vie (plus tard, il les partagera en deux catégories, dont la première a été formée immédiatement par la nature, et la seconde par les corps organisés), il repousse l'idée que la terre puisse être considérée comme un corps vivant.

Il a donc touché à la géologie de main de maître; il

a parfaitement senti qu'il fallait chercher l'explication
des phénomènesanciens dans les phénomènes actuels :
thèse soutenue aujourd'hui par presque tous les géologues. Mais, dans sa manière d'envisager les choses, il
fallait des milliers d'années, conclusion à laquelle il
prétend arriver, d'ailleurs, par ses théories minéralogiques et organiques. Au fond, quoiqu'il ait procédé
d'une manière logique dans le reste de sa théorie, cependant il n'a pas rencontré aussi juste, parce que les
faits ne lui étaient pas assez connus, et qu'il n'y en
avait même pas assez à sa disposition pour en faire
sortir une étiologie rigoureuse.

*Minéralogie. Théorie des corps bruts, ce qu'ils sont et
leur distinction.* Il n'a jamais fait aucun travail spécial
sur cette classe de corps naturels; mais, dans son grand
Mémoire sur les corps composés, il a consacré un article à ce qu'il nomme *Théorie des corps bruts.* Il est à
remarquer qu'il termine par là son Mémoire sur *les
corps composés.* C'est un renversement qui tenait à sa
thèse, de les considérer comme un résultat des corps
organisés.

Définition. Il entend par corps bruts, tout corps et
toute matière qui ne fait pas partie d'un être vivant;
toute masse qui n'est pas organisée et douée de vie;
tout corps même qui n'est plus vivant, quoiqu'il puisse
encore présenter des restes de l'organisation dont il a
joui; tout corps, en un mot, qui ne s'entretient point,
ni ne s'accroît pas par la nutrition, enfin qui n'est pas
assujetti à la mort.

Les corps bruts ne peuvent être considérés comme
formant série avec les corps vivants, dont ils sont séparés par une distance infinie.

Étiologie, origine. Les corps bruts ont été formés à

différents temps, et il s'en forme encore tous les jours. Ils n'ont pas été formés par la nature, c'est-à-dire, par la combinaison directe des éléments les uns avec les autres. Leur origine est dans les corps vivants ; mais depuis ils ont éprouvé des altérations et des changements qui ont modifié leur état originel. Ces changements ont leur cause principale dans le composé lui-même.

Tous les composés minéraux, naturels ou artificiels, ne sont donc que des résultats d'altérations qu'ont subies d'autres composés préexistants. Tous les composés dans la nature sont de deux sortes, ou mieux, doivent leur origine à deux causes. Les uns sont le résultat des combinaisons directes qui s'opèrent par l'action organique des corps vivants ; les autres sont dus aux altérations diverses que les composés primaires ont été forcés de subir par la nature ou par l'art.

En 1820, dans son ouvrage sur les connaissances positives de l'homme, il attribue l'origine des corps inorganiques à deux sources : à la première appartiennent les corps formés immédiatement par la nature ; et, à la seconde, ceux qui sont formés médiatement par les corps vivants.

Lamarck tranche à priori cette question de l'origine des corps bruts ; mais la thèse n'est pas encore résolue : le phosphate de chaux, par exemple, qui entre dans les os, est-il formé de toute pièce dans l'organisme, ou bien vient-il des aliments ? Les expériences de Vauquelin sur les poules paraîtraient prouver la première opinion.

Durée des corps bruts. La persistance d'un corps brut est en rapport direct avec la proportion de l'élément terreux.

Forme. Par l'analyse naturelle qui se fait des composés, résultats de l'organisation, reste l'élément terreux. Ces molécules terreuses, par les altérations qui les ont rendues plus compactes, plus dures, se sont converties en *molécules pierreuses.* Celles-ci, charriées par l'eau, s'unissent par agrégation, se font *masses* : si c'est avec lenteur dans un liquide parfaitement en repos, le corps *cristallise;* dans le cas contraire, il n'y a que des *masses.*

A mesure que, dans ces masses, l'élément terreux se démasque, le minéral passe de l'état crétacé à celui d'argile, contenant de plus en plus de *silice;* puis à l'état de *silice,* de *quartz,* et enfin *vitreux.*

Les matières argileuses sont évidemment, selon Lamarck, des produits de détritus ou résidus des végétaux.

Or, comme les corps bruts les plus nouvellement formés ou laissés par les corps organisés, sont ceux où l'élément vitreux doit être le moins démasqué, on voit pourquoi les minéraux argileux sont les plus superficiels; les marnes viennent ensuite, puis les calcaires, puis les quartzeux, puis enfin les vitreux ou granitiques et porphyriques.

D'où il faut conclure qu'il n'y a pas de roches antérieures à l'existence des corps organisés, dans la théorie de Lamarck, puisque tout corps composé est dû à leur action. Mais alors sur quoi reposent les corps organisés? Quel est leur point d'appui, leur séjour? La thèse n'est pas soutenable.

Les matières inorganiques n'ont pas de patrie, ce qui est le résultat de leur origine organique; en effet, quoique les corps organisés diffèrent suivant les climats, il n'en est pas de même des minéraux, parce que peu importe qu'ils proviennent de telle ou telle espèce ?

Classification ou Distribution méthodique. Ayant admis que les minéraux ont leur origine dans les corps vivants, végétaux ou animaux, qu'ils se transforment, se modifient à mesure qu'ils s'éloignent de leur source, les modifications portant sur la démarcation de l'élément terreux pour passer à l'état vitreux, il a essayé un tableau de disposition des minéraux. Partant de deux séries, animale et végétale, qui forment des humus, il arrive par deux lignes successives au quartz et au verre. La série végétale donne naissance à l'argile, etc.; la série animale produit de l'argile et des carbonates de chaux. Le mélange des argiles végétales, des argiles et des carbonates animaux devient des marnes, qui, en s'altérant de plus en plus, produisent les quartz et enfin les verres.

MÉTALLISATION. Sa thèse était beaucoup plus difficile pour les métaux; il a cependant essayé de les faire entrer dans sa théorie de création par les animaux. Les dépouilles ou produits des corps vivants, par la dissipation et l'addition de certains principes, sont transformés en différentes substances métalliques; les principes dissipés sont principalement l'air et l'eau; les principes ajoutés sont essentiellement le feu carbonique, qui métallise.

Les inflammations et commotions souterraines lui semblent être un des plus puissants moyens employés pour condenser, fixer le feu carbonique sur certaines matières terreuses, et ainsi les métalliser.

Bien plus, il admet (pag. 102) que ces corps inorganiques, s'ils sont gélatineux, et qu'ils ne soient pas complétement homogènes, peuvent être organisés directement par la nature, qui peut y déterminer des mouvements vitaux.

BIOLOGIE GÉNÉRALE. Nous arrivons aux corps organisés qui seront susceptibles de produire les minéraux. Lamarck s'est beaucoup occupé de biologie, c'est-à-dire, de toutes les questions qui ont rapport aux êtres vivants ; mais ses idées durent être modifiées par l'état de la science à cette époque. Il se trouva sous l'influence de Vicq-d'Azir et de Bichat. Vicq-d'Azir avait déjà montré que les corps de la nature ne peuvent être partagés en trois règnes ; et l'idée de méthode naturelle était aussi introduite : il était donc dans une direction plus avancée qu'avant lui.

Nous envisageons Lamarck comme un terme dans l'histoire des sciences naturelles, terme qui doit nous conduire à la démonstration de la série animale ou de l'ordre de la création. Il est important pour nous de montrer qu'un naturaliste a prouvé qu'il y avait série, produite, selon lui, par la nature agissant sur la matière première, et pour nous créée par un Dieu souverainement parfait. Dans la dernière thèse philosophique de Lamarck, il admet un Dieu créateur, mais qui n'a créé que la matière et la nature, laissant à ces deux créatures uniques le soin d'organiser tout le reste. C'est l'épicuréisme formulé sous une nouvelle face. Il était donc important pour notre thèse de nous arrêter sur lui, afin d'arriver à la démonstration, par l'absurde d'abord et directe ensuite, de la thèse catholique.

Nous avons déjà analysé ses travaux de physique, de chimie, de géologie et de minéralogie ; il nous reste à étudier ses travaux sur le règne organique.

Dans ses premiers ouvrages de 1794, il n'y a que les trois dernières propositions qui aient trait à la biologie.

Mais, dans les mémoires de physique et d'histoire naturelle, en 1797, époque à laquelle il avait dû s'occuper bien davantage de ce sujet, à cause de sa chaire au Muséum de Paris, on trouve deux articles développés et d'un grand intérêt ; l'un intitulé : *Théorie des êtres vivants*, et l'autre, *Théorie des corps bruts*. On y remarque, avec plusieurs assertions fausses ou erronées, d'autres peut-être exagérées ou hasardées, un grand nombre d'idées, de conceptions vraies, originales ou non, réunies en un système complet, avec des définitions nettes et claires.

Ses idées sur la biologie furent plus développées, plus hardies dans ses *Recherches sur l'organisation des corps vivants*. C'est dans cet ouvrage qu'il essaye de remonter à la première origine des êtres vivants (1802).

Il leur donne encore de nouveaux développements dans sa Philosophie zoologique, dont le second volume est entièrement consacré à ce sujet.

En 1815, il les reprend encore dans son introduction à l'Histoire des animaux sans vertèbres, et y consacre le premier volume tout entier.

Enfin, en 1820, à l'âge de soixante - quatorze ans, il y revint pour la dernière fois, dans son ouvrage des Connaissances positives de l'homme.

Il nous apprend, pag. 6 de la préface de ses Recherches sur l'organisation des corps vivants, qu'il avait entrepris une *Biologie*, pour l'exécution de laquelle il avait amassé des matériaux.

Recherches sur l'organisation des corps vivants, et particulièrement sur son origine, sur la cause de son développement et des progrès de sa composition; sur celle qui, tendant continuellement à la destruction dans chaque individu, amène nécessairement sa mort.

Première Partie. —*Des progrès de la composition, de l'organisation des corps vivants, à mesure que les circonstances les favorisent.* Ainsi, il admet que ce sont les circonstances qui vont développer l'organisation.

Il admet qu'il y a dégradation d'une extrémité à l'autre de la chaîne des animaux : 1° les mammaux, les oiseaux, les reptiles, les poissons ;

— Anéantissement de la colonne vertébrale.

2° Les mollusques, les crustacés, les annélides ;

— Anéantissement du cœur.

3° Arachnides, insectes ;

— Anéantissement de la fécondation sexuelle.

4° Vers ;

— Anéantissement de la vue.

5° Radiaires et polypes.

La série qui constitue l'échelle animale réside dans la distribution des masses, et non dans celle des individus ou des espèces.

Ce ne sont pas les organes, mais les habitudes, déterminées par les circonstances, qui ont, avec le temps, déterminé la forme des corps des animaux, le nombre des organes et les facultés.

IIe Partie. —— *De la formation directe des premiers traits de l'organisation ; de la cause qui produit et entretient les mouvements organiques, et de l'origine des corps vivants.*

Tous les êtres qui font partie du globe terrestre se partagent évidemment en deux règnes distincts : le règne des êtres vivants et le règne des corps bruts. Point de lien, point de chaînes entre ces deux règnes, qui ne sont pas même comparables.

Les premiers jouissent seuls d'un mouvement particulier, qu'il nomme mouvement organique, dont la possibilité constitue la vie.

Il existe, dans tous les êtres vivants, deux forces, deux puissances très-distinctes et toujours en opposition entre elles, de manière que chacune d'elles détruit perpétuellement les effets que l'autre parvient à produire.

1° L'*assimilation*, qui fournit plus de principes fixes que la cause des pertes n'en enlève ou n'en fait disparaître.

2° Au contraire dans la *sécrétion*, la somme des matières fixes qui s'évacuent est toujours moins considérable que la quantité qui a été introduite par l'assimilation.

« La vie est l'unique cause de tous les composés, non-seulement des végétaux et des animaux, mais encore de tous les corps qui se trouvent à la surface de la terre. — Tout être vivant a la faculté de composer lui-même sa propre substance.

« La nature crée elle-même les premiers traits de l'organisation dans des masses où elle n'existait pas, et ensuite l'usage de la vie développe et compose les organes. La nature forme nécessairement des générations spontanées à l'extrémité la plus simple de chaque règne. »

Il parle des fonctions vitales premières : la première faculté de la nature animale est celle de se reproduire.

Il expose ensuite quelques considérations relatives à l'homme ; puis en vient aux espèces parmi les corps vivants. Il en nie l'existence, et prétend qu'il n'y a que des individus. — Il nie également, avec Daubenton, l'espèce parmi les minéraux.

Recherches sur le fluide nerveux. Ce sont d'abord quelques considérations préliminaires : du fluide nerveux en général et comme cause de la *pensée*, de la *volonté*, de la *contractilité musculaire*, du *sentiment*, des *mouvements volontaires*.

Puis quelques questions de physique et de chimie générale.

Dans l'article intitulé : *Théorie des êtres*, il commence par établir que tout être vivant est composé de parties contenantes et de parties contenues.

Il définit la vie, le mouvement qui résulte dans les parties de l'exécution des fonctions de leurs organes essentiels, ou la possibilité de ce mouvement.

Dans les organes, il distingue la faculté qu'ils ont d'agir, de l'exercice de cette faculté. Et les êtres doués de la vie naissent et meurent nécessairement.

Il parle ensuite des fonctions organiques essentielles à la conservation de la vie et à celle de l'espèce; il réduit ces fonctions à cinq : la circulation, la respiration, la sécrétion, la nutrition, la génération, et il les définit successivement d'une manière générale. Il admet qu'il existe, dans l'organisation des êtres vivants, une gradation remarquable, depuis la plus simple organisation jusqu'à la plus compliquée. Il donne ensuite les bases de la *physique végétale* (pag. 177), définissant les végétaux des êtres vivants, sans sentiment, sans mouvement spontané, jouissant néanmoins, pendant un temps limité, et souvent avec une sorte de suspension passagère, du mouvement organique qui constitue la vie.

Il passe ensuite en revue les solides et les fluides, dans les principales parties qui constituent l'organisation des végétaux; traite de leur naissance, puis de leurs fonctions organiques : circulation, respiration, sécrétion, nutrition, génération. — Il donne, comme caractères

propres aux végétaux, de se nourrir de matières simples.

Après avoir parlé des végétaux, il expose parallèlement les bases de la *physique animale.* Il définit les animaux : des êtres organisés, doués du sentiment et de
la faculté de se mouvoir volontairement, n'ayant pas
la faculté de former des combinaisons premières, mais
bien celle de surcharger de principes les combinaisons
déjà existantes ; jouissant de facultés particulières, telles
que l'irritabilité de la fibre, le sentiment, le mouvement volontaire, la digestion.

Enfin, il termine par la théorie des corps bruts.

Passant ensuite aux formes sous lesquelles la vie
s'exécute aussi bien dans les végétaux que dans les animaux, il admet la génération spontanée, au commencement de chaque règne ; et que les circonstances différentes déterminent des besoins différents dans ces
premiers êtres produits ; ces besoins ont réagi sur les
organes qui devaient les satisfaire, et les ont ainsi modifiés ; d'où des formes végétales ou animales différentes ; d'où encore pas d'espèces distinctes, définies,
immutables ; si elles nous paraissent telles, c'est parce
que nous ne les voyons qu'un moment. Deux à trois
ans pour lui ne sont qu'un instant.

Ainsi donc Lamarck, après avoir étudié les corps en
général, est descendu dans l'étude des corps à forme
déterminée, ce qui est la méthode aristotélienne. Il a
été essentiellement biologiste, bien qu'il l'ait nié. Il
n'a jamais employé le nom d'êtres inorganiques par
opposition à celui d'organiques. Nous l'avons vu considérer les corps organisés dans toutes leurs propriétés.
Il n'a jamais envisagé la forme dans les animaux ; il ne
l'a admise qu'en quatrième caractère. Dans toutes les

parties des sciences qu'il a touchées, il a envisagé les êtres comme *substrata* des phénomènes, et ne s'est jamais élevé à la morale; pour lui elle était toute de sentiment.

PHYTOLOGIE. La biologie générale nous conduit à la phytologie, qui est la science des végétaux étudiés en eux-mêmes. Lamarck a, sur cette partie de la science, des travaux de quatre ou cinq sortes : 1° des mémoires ou des dissertations particulières sur des genres ou espèces de plantes; 2° une désignation analytique de toutes les espèces connues alors en France; sa Flore française; 3° un Dictionnaire de botanique, qui devait renfermer, sous forme alphabétique, tout ce qui concerne la phytologie, c'est-à-dire, l'anatomie, la physiologie, la classification et la description des plantes; 4° un ouvrage plus original, qui devait donner la caractéristique littérale et iconographique des plantes; 5° un mémoire de conception d'une partie de la chaîne des êtres créés.

Nous nous bornerons à parler des derniers. A cette époque, Lamarck, imbu des idées de Buffon, proclamait hautement que la nature rejette les classes et les familles, et contrarie presque partout les genres même les moins composés, au point qu'il était persuadé que l'on finirait sans doute par n'avoir, dans chaque genre, qu'une suite d'espèces, multipliées souvent en autant d'espèces que d'individus. Aussi voulait-il que les genres fussent tous regardés comme artificiels, et qu'on n'eût égard à aucun rapport naturel en les formant; et il pensait cependant qu'il y a une série naturelle des plantes. On conçoit cette espèce de contradiction, en considérant que c'est dans cette partie des sciences naturelles qu'il s'est d'abord fait connaître.

Du reste, ses ouvrages de phytologie portaient plus sur la botanique proprement dite, que sur l'*anatomie* et la *physiologie* des végétaux, qu'il a pourtant exposées d'une manière intéressante. Ils portaient encore sur la distribution méthodique des corps organisés. Nous avons indiqué un mémoire de Lamarck, prouvant qu'il avait senti les rapports qui peuvent exister entre leur classification et celle des animaux, en ayant égard, chez les uns et les autres, à la perfection graduée des organes : ce dernier point de vue paraît lui appartenir.

Il insiste sur la considération des rapports des êtres dans un ordre à établir dans l'étude des productions de la nature, et il fait voir combien, en phytologie, le système de Linné rompt de ces rapports ; il y insiste de plus, parce qu'il était à la fois intéressant et utile d'établir cet ordre de manière qu'on pût juger , d'une part , les rapports naturels d'une plante avec les autres, et en même temps sa situation la plus convenable dans la série graduée des êtres d'un même règne, en se servant, pour la déterminer, de la gradation, soit dans le nombre, soit dans la perfection des organes essentiels. C'est en se basant sur ces principes, qu'il est arrivé à proposer de partager en six classes les familles naturelles des plantes, telles qu'elles étaient établies au Jardin du Roi par L. de Jussieu, en formant une série depuis les plus complètes jusqu'aux plus incomplètes ; et il commence par les polypétales, où se trouvent toutes les plantes susceptibles d'une irritabilité notable : comme si le principe de la vie se rendait plus manifeste dans ces végétaux, et les rapprochait, en quelque sorte, des autres êtres organiques, en qui l'irritabilité se trouve jointe à une qualité plus parfaite, qu'on nomme sensibilité.

Il termine par les cryptogames, plantes plus simples
que les autres, et qui présentent une organisation plus
imparfaite ou moins complète, surtout celles qui forment les dernières sections, que l'on pourrait regarder
comme de simples ébauches de végétaux.

La grande difficulté qu'il a éprouvée à établir cet
ordre, le porte à penser que les familles à découvrir
viendront remplir les vides, et rendre la gradation
moins imparfaite. Enfin, il termine en montrant que
le nombre des classes et l'ordre qu'il leur donne mar-
chent parallèlement avec celles des animaux :

 1° *Les quadrupèdes*..... *Les polypétalées.*
 2° *Les oiseaux*......... *Les monopétalées.*
 3° *Les amphibies*....... *Les composées.*
 4° *Les poissons*........ *Les incomplètes.*
 5° *Les insectes*......... *Les unilobées.*
 6° *Les vers*............. *Les cryptogames.*

Mais l'exécution de la classification était difficile,
pour ne pas dire impossible.

Dans l'introduction de son Dictionnaire, où il est
question de l'histoire des progrès de la botanique et
de l'exposition des systèmes et des méthodes de classification des plantes, M. de Lamarck, après avoir exposé les principes et la méthode établie par Jussieu
dans le Jardin de Botanique, déclare qu'il la considère
comme ce qui a été fait de mieux, et comme offrant
la distribution la plus naturelle des végétaux qu'on
eût encore imaginée, et comme renfermant une foule
de rapprochements heureux, fondés sur les vrais rapports; il ajoute qu'il la croit cependant susceptible d'un
plus grand degré de perfection.

Il pense que, dans la comparaison des plantes, on
doit avoir spécialement égard aux parties de la fructifi-

cation, c'est-à-dire au fruit, parce que c'est à lui, comme à un centre, que se rapportent les autres parties, qui semblent ne vivre que pour lui. — Mais la fleur est composée de plusieurs parties; et pour déterminer leur degré d'importance et de préférence, il établit en principe que la ressemblance tirée d'une partie, a d'autant plus de valeur que la partie elle-même existe dans un plus grand nombre d'individus. Affectant une valeur terminale à chaque partie, il en fait un tableau, et propose alors d'établir les genres en série graduée, et d'appliquer le nom de famille au milieu d'un certain nombre de ces genres, dans une colonne à part : idée qui montre combien il était préoccupé de la série.

ILLUSTRATIONS DES GENRES. C'est un ouvrage qui a dû avoir une influence marquée sur l'étude des plantes, en ce que le plan des *Institutions* de Tournefort y est étendu, complété et perfectionné, étant appliqué à plus de deux mille espèces, et qu'ainsi la caractéristique iconographique vient en aide à la caractéristique linnéenne, et que l'une et l'autre sont exprimées avec la netteté de conception et d'expression qui est le propre de l'esprit de de Lamarck.

Quant à la description, ou mieux à la spécification de chaque espèce de plante en particulier, ainsi qu'à la caractéristique des espèces, des genres et autres subdivisions de familles, de classes, il est difficile de trouver plus de netteté, de clarté ou de concision comparatives, que dans le Dictionnaire de botanique ; il approche de Linné, s'il ne l'a pas surpassé.

Cuvier, dans son Éloge historique de de Lamarck, dit que la Flore française est un ouvrage d'un plan neuf et d'une exécution pleine d'intérêt. Cependant il ajoute, plus loin, que cette sorte de dichotomie existe implicitement dans toutes les méthodes distributives, et il a raison, quand on veut pousser les distinctions jusqu'aux espèces.

Ainsi donc, les travaux botaniques de Lamarck devaient le conduire à la connaissance des plantes par l'analyse. Il fallait donc critiquer les méthodes existantes, et il entra dans l'idée de Buffon, qu'il n'y a point d'espèces, mais seulement des individus; aussi voulait-il que tous les genres ne fussent qu'artificiels, sans aucun égard aux caractères naturels. Mais il change d'opinion par la conviction et l'étude; apercevant son erreur, il comprend qu'il y a série végétale; ce ne fut toutefois qu'après avoir étudié les corps de la nature en général, et parce qu'alors aussi se développaient les idées de Jussieu, qu'il sentit parfaitement que les idées de Buffon devaient être abandonnées. Il vit qu'il y avait deux points importants à saisir, les rapports naturels et la place dans la série; de là son Mémoire pour faire voir que les végétaux devaient être classés, comme les animaux, par familles. En second lieu, pour arriver à démontrer la série, il faut étudier l'organisation; mais ici il n'y avait pas de fonction, et il n'a pu faire la même faute que pour les animaux : il resta dans l'organisme. Les parties les plus élevées du végétal sont évidemment celles qui tiennent à la reproduction; et Lamarck arrive à cette thèse. Cependant, il avait toujours une tendance à envisager les fonctions, et dès lors le *mimosa pudica*, l'*hedisarum gyrans*, étant regardés comme irritables, il commence par eux, parce que les plantes les plus irritables et les plus composées devront être mises à la tête, et à la fin celles qui n'ont plus aucune irritation et les moins composées. Mais n'y aurait-il pas, dans la série animale, quelque chose

28.

d'analogue? On divisait alors, d'après Linné, les animaux en six classes ; et il trouve également six classes dans les végétaux. Voilà donc deux séries parallèles, dont il cherche à démontrer les analogies. Peut-être n'y a-t-il pas toujours réussi. Reprenant ensuite chacun de ces groupes, il essaye de montrer qu'il y a dégradation descendante, et rentre ainsi dans la méthode naturelle. Les parties de la fructification devront fournir les caractères les plus importants, et dans ces parties ce sera essentiellement le fruit, car tout est fait pour lui. Jussieu a été beaucoup plus loin ; il a pénétré jusqu'à l'embryon, et dans l'embryon, il est arrivé aux cotylédons. Il s'agit maintenant, pour Lamarck, d'attacher à chaque partie un nombre qui en marque la valeur. A l'aide de ces principes, il va établir des familles, qui seront tellement remplies, qu'on arrivera à dissimuler les limites, qui sont pour lui des degrés de développement ; et le nom se trouve au milieu de la division, pour montrer qu'il y a nuance ; il reconnaît aussi des hiatus, qui seront remplis à mesure que l'on découvrira les familles inconnues.

Il en sera de même pour les animaux ; et alors voilà deux tiges sortant d'une même souche, et s'élevant plus ou moins ; et ici de Lamarck va soutenir la thèse des trois règnes de Linné.

Zoologie. C'est dans la dernière période de sa vie qu'il a fait entrer la zoologie dans ses conceptions ; ce fut seulement en 1805 que, chargé de la chaire des mollusques, il changea de direction.

Parallèlement à Lamarck, entraient dans la science, les modifications sorties de l'anatomie par Cuvier, tandis que Lamarck, comme nous l'avons vu et comme nous le verrons, partait essentiellement de la biologie et des fonctions. En sorte donc que si tous deux partaient d'un principe différent, ils devaient arriver à des conséquences différentes.

Lamarck n'a jamais fait de travaux spéciaux qui aient trait à l'anatomie ou à la physiologie de cette grande classe de corps ou d'êtres organisés. Il a donc été obligé d'avoir recours aux travaux des autres, quand il a cru devoir se servir de renseignements sur l'organisation des animaux, pour perfectionner ses travaux zoologiques.

Il est cependant aisé de montrer que ses conceptions générales à ce sujet étaient parfaitement établies.

Ses travaux dans cette partie des sciences naturelles portent donc essentiellement sur la distinction et la caractéristique des espèces animales, sur leur classification ou distribution systématique, sur leur disposition sériale de gradation ou de dégradation dans la composition des organes. Ses ouvrages ici sont encore de préparation, d'exécution et de perfectionnement. Mais nous ne devons nous arrêter qu'aux ouvrages qui dénotent ses travaux et ses progrès successifs dans la série animale tout entière, ou dans la série des animaux sans vertèbres.

Son premier essai de classification du règne animal se trouve dans son VIIe Mémoire de physique et d'histoire naturelle, pag. 314; 1797, à la fin de l'article intitulé Bases de la physique animale; c'était aussi celle qu'il suivait dans ses cours. C'est dans ces premiers tableaux que se trouve, pour la première fois, formulée, d'une manière nette, la division dichotomique des animaux, suivant qu'ils sont vertébrés ou invertébrés[1];

[1] Cuvier avoue que cette division et ces démonstrations sont dues à Lamarck ; et il ajoute qu'une nouvelle classification, fondée sur l'a-

et ceux-ci, dont il était chargé d'enseigner l'histoire, et qui comprennent les ordres de la classe des vers de Linné, sont convertis en classes distinctes : les *mollusca* et les *testacea* dans une seule, sous le premier nom, comme l'avait indiqué Pallas, Poli, et celle des zoophytes, partagée en radiaires et en polypes. Mais c'est aussi dans ces tableaux, qu'à l'imitation de Cuvier, et contre ses propres principes, les mollusques sont séparés des autres vers de Linné par les insectes, et mis avant ceux-ci dans la série ; c'est la seule chose qu'il ait empruntée à Cuvier, et il s'est trompé en contredisant ses principes.

En 1801, parut son Système des animaux sans vertèbres, dans lequel on trouve le Discours d'ouverture du cours de 1800, où il dit s'être soustrait au système linnéen.

Il y a fort bien exprimé l'idée de la série animale et végétale, et exposé la réfutation de la carte géographique ou du réseau des animaux.

La classification y est toujours la même, si ce n'est que les insectes sont partagés en trois classes, les *crustacés*, les *arachnides* et les *insectes*.

C'est aussi, dans cet ouvrage, qu'il a distingué les organes de la respiration en *poumons*, *branchies*, *trachées* aériennes, *trachées* aquifères ; et sa caractéristique porte sur les organes de la respiration.

En 1812, dans l'extrait du cours de zoologie, qui suivit la Philosophie zoologique, il soutient toujours

natomie *des animaux à sang blanc*, venait d'être publiée en 1795, et que Lamarck l'adopte en grande partie, en remplacement de celle de Linné et de Bruguières qu'il avait suivies dans ses premiers cours jusque-là ; que depuis lors, il la modifia de diverses manières sans l'altérer entièrement.

la série animale , mais non graduelle et régulière ; il la commence par les animaux les plus simples ; il partage les animaux en trois sections : 1° *apathiques* , 2° *sensibles*, 3° *intelligents*. Les zoophytes ou *apathiques* sont partagés en *infusoires*, *polypes*, *radiaires* et *vers* ; les sensibles , en *insectes*, *arachnides*, *crustacés*, *cirrhipèdes*, *mollusques*; les *intelligents* ou vertébrés , comme à l'ordinaire.

Dans sa *Philosophie zoologique* (1809), Lamarck expose de nouvelles considérations relatives à l'histoire naturelle des animaux; à la diversité de leur organisation et des facultés qu'ils en obtiennent ; aux causes physiques qui maintiennent en eux la vie, et donnent lieu aux mouvements qu'ils exécutent ; et enfin, à celles qui produisent le sentiment et l'intelligence dans ceux qui en sont doués.

Il traite ensuite de l'existence d'une série animale , démontrant la composition de l'organisation. Il en conclut que la nature a produit successivement les différents corps doués de la vie, en procédant du plus simple au plus composé.

Cherchant alors en quoi consiste la vie , il crut pouvoir regarder comme certain que ces deux causes générales , qui ont amené les animaux à l'état où nous les voyons, sont le mouvement des fluides dans l'intérieur des animaux, et l'influence des circonstances. Il osa même aller plus loin, et chercher les causes physiques du sentiment. Ayant remarqué que le système nerveux est le seul système organique capable de produire le phénomène, il reconnut aisément que, le plus simple possible, il ne produit que la contraction musculaire, puis, plus compliqué, le sentiment, et, plus avancé encore dans sa composition, l'intelligence. Il cherche ensuite le mécanisme de la sensation, et il croit qu'elle peut ne produire qu'une perception dans les animaux privés d'organe intellectuel, ou une idée dans ceux qui ont cet organe. Mais en quoi consiste le mécanisme? Dans l'émission d'un fluide partant du point affecté, ou dans une simple communication de mouvement dans le même fluide? Il penche pour la dernière opinion. De là, le sentiment et l'irritabilité sont des phénomènes très-différents, ayant une source différente: le *sentiment* est borné à un système particulier d'organes, et l'irritabilité est le propre de toute l'organisation animale.

Il s'occupe ensuite du *sentiment intérieur*, qui ne peut exister que dans les animaux sensibles; et il pense que les besoins physiques et moraux eux-mêmes sont la source où les mouvements et les actions puisent leurs moyens d'exécution.

Enfin, dans les animaux qui n'ont pas de système nerveux, qui n'ont pas le sentiment intérieur, la vie n'est produite qu'à l'aide des excitations qu'ils reçoivent de l'extérieur.

En sorte que, portant cette observation dans les mouvements vitaux des animaux en général, il reconnaît pour causes des phénomènes de la vie :

1° La puissance excitatrice des mouvements vitaux dans l'action des milieux ambiants ;

2° Le mouvement des fluides dans leur intérieur;

3° L'influence des circonstances.

Il donne enfin une distribution générale de la série animale, dont nous ne reproduirons que la suite des grandes classes :

<table>
<tr><td rowspan="9">Invertébrés . . . . . .</td><td>Ier degré d'organisation . .</td><td>infusoires.
polypes.</td></tr>
<tr><td>IIe . . . .</td><td>radiaires.
vers.</td></tr>
<tr><td>IIIe . . . .</td><td>insectes.
arachnides</td></tr>
<tr><td>IVe . . . .</td><td>crustacés.
annélides.
cirrhipèdes.
mollusques.</td></tr>
</table>

<table>
<tr><td rowspan="5">Vertébrés . . . .</td><td>V^e . . . .</td><td>poissons.
reptiles.</td></tr>
<tr><td>VIe . . . .</td><td>oiseaux.
monotrêmes.
mammifères.</td></tr>
</table>

Histoire des animaux sans vertèbres. Introduction (1815), à soixante-quatorze ans.

Dans cet ouvrage, Lamarck commence par définir son sujet, les animaux, par opposition avec les corps inorganiques, et avec l'autre partie des corps organisés ou végétaux; et ensuite en eux-mêmes, et il en tire leur définition et leurs caractères essentiels. Cette définition même, ou le caractère essentiel, lui sert à démontrer que tous les animaux ne le sont pas au même degré, et qu'il y a dans leur organisation, et par conséquent dans leurs facultés, une progression décroissante ou croissante, suivant le point de départ que l'on choisit; et dès lors on pourra démontrer la série par les organes; ce qu'il commencera d'abord par l'homme, et terminera par l'éponge, la monade.

Cela établi, ce qui était assez facile, il cherche d'où sont venus et quels ont été les moyens employés pour instituer la vie animale, pour produire et établir cette comparaison progressive de l'organisme et de ses facultés chez les animaux, et il s'efforce de démontrer que c'est la nature.

Il travaille à prouver que toutes les facultés générales

dont jouissent les animaux doivent être considérées comme des phénomènes, uniquement produits par l'organisation.

Qu'il en est de même des *penchants* dans tous les animaux sensibles et dans l'homme lui-même, et que ce sont ces penchants, plus ou moins prononcés, qui déterminent les changements, les modifications dans ces organes établis par la nature.

Mais qu'est-ce que c'est que la *nature*, qui a produit les animaux, leurs organisations et leurs facultés croissantes ou décroissantes, et quels moyens a-t-elle employés ? C'est la dernière question générale que traite Lamarck, et il définit la *nature* comme une puissance qui emploie pour moyens *l'attraction universelle*, et *la répulsion par les fluides subtils*.

Parvenu à ce point, ses principes pour la classification des animaux, et celle-ci exécutée, se calquent sur la manière dont la nature avait agi dans la production des animaux.

Voilà la thèse de Lamarck. Suivons-le dans la démonstration qu'il en donne.

Ire PARTIE. *Des caractères essentiels des animaux comparés à ceux des autres corps de notre globe.*

CHAP. I. *Des corps inorganiques.* Ils sont hors d'état de vivre, et par conséquent n'exigent aucune organisation intérieure; ils n'ont point de *tissu cellulaire* servant de base à une organisation intérieure, mais seulement une structure particulière; ils n'ont que des propriétés, et non des facultés. Leur fin, comme leur origine, est indéterminée.

Il les définit *par l'individualité existante dans la molécule intégrante et par la fixité*, sans avoir ici recours à leur origine. Ils fournissent tous les matériaux qui constituent les corps organisés.

Il les partage, d'après le degré de rapprochement des molécules qui constituent les masses : en *solides*, sujet de la minéralogie ;

En *fluides*, qui se divisent en *fluides liquides*, *fluides gazeux*, et ceux-ci en *fluides élastiques* et *fluides subtils*. Il insiste surtout sur ces derniers, qui sont *le calorique*, *le fluide électrique*, *le fluide magnétique*, et peut-être *la lumière*, parce qu'ils sont pour lui la cause excitatrice de tous les mouvements vitaux.

CHAP. II. *Des corps vivants et de leurs caractères essentiels.*

Il les définit *par l'individualité dans la réunion, la disposition et l'état des molécules intégrantes diverses qui constituent le corps, et ensuite par l'existence en eux d'un ordre de choses et d'un état des parties qui permettent à des causes excitatrices d'introduire les phénomènes de la vie, qui en amène plusieurs autres.*

La nature a commencé en même temps la formation de ces corps, qui ne constituent pas une chaîne unique, mais deux branches séparées à leur origine.

Leur étude complète donne sujet à la biologie ou à la science de la vie, qu'il pense avoir été le premier à distinguer sous ce nom.

Ces corps jouissent de facultés propres et de mouvements internes vitaux, que permet leur état organique. Ils éprouvent des pertes et des réparations, ils ont des besoins. Ils suivent un ordre de développement successif jusqu'à une certaine limite. Ils naissent de l'isolement de certaines parties d'un corps semblable.

CHAP. III. *Des caractères essentiels des végétaux.*

La définition qu'il en donne est négative et par opposition aux animaux. Elle porte sur un phénomène, sur un acte, sur une faculté, et par conséquent est dynamique et non statique : ce qui pèche contre la logique, lorsqu'il est question de corps ou d'êtres matériels. En 1820, il dit qu'un végétal n'est pas excitable, et conséquemment ne jouit pas de la faculté de se mouvoir.

Il les définit donc, *des corps vivants non irritables, incapables de contracter instantanément et itérativement aucune de leurs parties sur elles-mêmes, et dépourvus de la faculté d'agir ainsi que de celle de se déplacer.*

Aussi distingue-t-il les végétaux des animaux, surtout par l'absence de l'irritabilité dans les parties solides ou concrètes des premiers, par suite de la différence dans la composition chimique. Il admet un certain orgasme, un certain éréthisme dans toutes les parties simples des végétaux, pour suppléer l'irritabilité. Cet orgasme est probablement dû à des fluides élastiques, qui y subsistent quelque temps avant de se dégager.

Quant aux mouvements des fluides, ils sont dus à des excitations extérieures. Ils sont proportionnels aux causes. Il n'y a point d'organes spéciaux, point de digestion, point de circulation réelle.

Les végétaux sont susceptibles d'avoir deux sortes de végétations opposées, l'une ascendante, l'autre descendante, et d'être souvent composés.

Du reste, il admet que, dans la production des végétaux, la nature a commencé par les plus simples et les plus imparfaits, et qu'entre eux et les animaux il y a une ligne de démarcation bien tranchée.

Chap. IV. *Des animaux en général, et de leurs caractères essentiels.*

Il les définit : *des corps vivants doués de parties irri-*

tables, contractiles instantanément et itérativement sur elles-mêmes ; ce qui leur donne la facilité d'agir, et à la plupart celle de se déplacer.

Cette définition est positive, directe sans doute : elle porte sur des parties et non sur des phénomènes ; mais ces parties mêmes sont définies par une faculté ou propriété dynamique.

Les animaux sont donc des corps vivants irritables, ou doués de parties contractiles, susceptibles de mouvements subitement et itérativement reproduits à chaque provocation d'une *cause excitante.*

Cette irritabilité réside dans la fibre musculaire contractile ; elle est mise en action par l'excitation, mais n'est pas proportionnelle aux causes qui la produisent.

Elle n'est le produit d'aucun système particulier d'organes, mais bien celui de l'état chimique de la substance de l'être animal, joint à l'ordre de choses.

Suivant Lamarck, il n'est pas vrai que tous les animaux jouissent de la faculté de sentir, ni qu'ils aient tous des muscles et puissent en avoir, ni qu'ils soient pourvus d'une cavité digestive.

Il n'y a pas d'êtres sensibles qui ne se meuvent pas ; mais il y en a qui se meuvent sans être sensibles , ou qui sont dépourvus de sentiment : le mouvement étant une conséquence de la sensibilité, et non pas celle-ci de celui-là.

Toute faculté animale dépend de l'organisation.

Les animaux sont susceptibles d'avoir leurs solides ainsi que leurs fluides participant aux mouvements vitaux ; de se nourrir de matières étrangères, déjà composées, qu'ils ont la faculté de digérer ; d'offrir une immense disparité dans leur composition et dans leurs facultés ; d'être les uns irritables seulement, d'autres

irritables et sensibles, et d'autres irritables, sensibles,
et intelligents.

IIe PARTIE. *De l'existence d'une progression dans la
composition de l'organisation des animaux, ainsi que
dans le nombre et l'éminence des facultés qu'ils en obtiennent* (pag. 109).

Il commence par se défendre de l'opinion d'une
chaîne non interrompue et graduelle des corps les plus
bruts aux corps vivants les plus élevés. Il reconnaît,
entre ces deux séries de corps, un hiatus immense.

Il n'admet pas davantage une chaîne graduée entre
les deux règnes de corps vivants, c'est-à-dire, entre les
végétaux et les animaux. Ainsi, pour lui, les trois branches sont complétement isolées, et ne se lient nulle
part entre elles.

Il repousse dans la série des productions végétales ou
animales, toute disposition en arbres, réticulation,
carte géographique, parce que, dit-il, elle serait contraire à l'ordre progressif partout reconnaissable.

Il ne reconnaît cet ordre progressif que dans chacun
des règnes, et formant deux séries partant d'un même
point et divergeant.

Et encore il ne l'admet pas comme série simple, ré-
gulièrement graduée dans toute son étendue. Mais
c'est une progression dans les masses principales ou
classiques, et non dans les espèces, ni même dans les
genres, si ce n'est dans certaines branches de la série,
avec lacune dans certains points, avec des anomalies.

Cette progression régulière est déterminée par une
cause première et prédominante, qui donne à la vie
animale le pouvoir de composer progressivement l'organisation, et non pas par hasard (pag. 130).

Les lacunes, les anomalies sont dues à la différence

des circonstances devenues une cause accidentelle et modifiante.

Il accepte les expressions d'animaux parfaits et d'animaux imparfaits comme exactes.

Pour déterminer le degré de perfection ou d'imperfection, il reconnaît que l'organisation de l'homme étant la plus élevée, la plus parfaite, plus celle d'un animal s'en approche, plus il est élevé ; et, au contraire, plus elle s'en éloigne, moins il est élevé et plus il est imparfait.

Prenant ensuite cette progression à sa manière, c'est-à-dire, suivant sa classification qui repose sur les organes intérieurs et extérieurs, et jamais sur ceux de la sensibilité, de la locomotion, encore moins sur la forme, il prouve cependant cette progression d'une manière évidente, aussi bien pour les organes que pour les fonctions et les facultés, en portant surtout son attention sur celles-ci, qu'il connaissait mieux que ceux-là.

Il pense que le type primitif par où la nature a commencé la série animale, est la *monade terme*. Pour les végétaux, il ne décide pas si la nature n'a pas commencé la série végétale par deux ou trois types.

IIIe PARTIE. *Des moyens employés par la nature pour instituer la vie animale dans les corps*, pour composer ensuite progressivement l'organisation dans les différents animaux ; établir en eux différents organes particuliers, qui leur donnent des facultés en rapport avec ces organes (pag. 138).

Tous les corps, quels qu'ils soient, sont des productions de la nature.

Les animaux sont des corps ; donc ce sont des productions de la nature.

Si les animaux n'existaient pas, elle pourrait les produire encore de la même manière et par les mêmes voies.

Ces moyens ne peuvent être que physiques; ce sont:

1° L'attraction universelle toujours régulière;

2° L'action répulsive des fluides subtils, mis en expansion, et très-irrégulière dans son action.

Admettant ensuite comme hors de doute les générations spontanées, mais dans les organisations les plus simples, il conçoit facilement, dit-il, qu'un petit corps gélatineux soit produit dans les eaux par l'attraction ou la force réunissante; que ce petit corps réunisse dans son intérieur les fluides expansifs, d'où agrandissement des interstices des molécules agglutinées, et formation des utricules; d'où tension, éréthisme, orgasme. Cet orgasme produisit bientôt des ouvertures dans les parois des cellules qui communiquèrent entre elles, et des liquides pénétrèrent dans leur intérieur; d'où composition des parties contenantes et des parties contenues. Mais alors les fluides subtils y pénétrant, y rentrant et en sortant par saccade, il en résulta mouvement dans les liquides contenus, en même temps que transpiration et absorption, et par conséquent vie et organisation. L'organisation est donc un produit de la matière et de ses lois, et la vie un phénomène et non un être, ni une propriété d'aucune matière, d'aucun corps quel qu'il soit.

Maintenant, pour expliquer comment ces petits corps vivants deviennent des végétaux ou des animaux, il a recours à la composition chimique, sans dire cependant en quoi elle consiste, en quoi elle diffère dans les uns et dans les autres.

Pour arriver ensuite à expliquer comment les espèces

animales, car il ne parle plus des espèces végétales, ont pu exister, il a recours à un principe de réaction des circonstances extérieures, qui déterminent de nouveaux besoins; besoins qui déterminent de nouveaux organes; d'où il admet qu'après les générations spontanées, qui ont commencé chaque série particulière, les espèces animales sont ensuite provenues les unes des autres. Comment? Il ne le dit pas.

IVe Partie. *Des facultés générales dans les animaux, et toutes considérées comme des phénomènes uniquement organiques.* (Pag. 177).

Toute faculté animale est un phénomène organique. Il admet cependant un sentiment intérieur comme une faculté obscure, quoique puissante, qui n'a rien de commun avec celle d'éprouver des sensations, ni avec celle de penser; sentiment que, suivant lui, on a nommé à tort conscience. Aucune matière n'a en elle-même la faculté de sentir. Le sentiment est un phénomène organique; mais pour sentir, il ne suffit pas qu'un animal ait des nerfs, il faut encore qu'il ait un centre commun, auquel ils aboutissent.

Les actions intellectuelles, telles que l'attention, les comparaisons, le jugement, en un mot la pensée, sont des phénomènes purement physiques. Ils sont produits par les mouvements de déplacement de plusieurs fluides subtils qui sont des modifications du fluide nerveux.

Pour Lamarck, en effet, il n'est pas permis de douter que l'influence nerveuse agisse autrement qu'à l'aide d'un fluide subtil, mis subitement en mouvement.

Le sentiment et le mouvement musculaire étant des facultés indépendantes, les nerfs, chez les animaux qui jouissent de ces deux facultés, doivent être de deux sortes : les uns qui ne servent qu'aux sensations, et les autres à l'excitation musculaire, quoiqu'ils ne nous paraissent que des nerfs; les uns agissant de dehors vers un centre intérieur, les autres, d'un ou plusieurs centres vers les muscles.

Plus une faculté est éminente, plus le système d'organes est composé. Dès lors, quand toutes les facultés de l'animal sont à leur sommet de perfection, le système nerveux, qui, à un certain degré, n'était partagé qu'en deux systèmes particuliers, l'un pour effectuer les mouvements des muscles, l'autre pour exécuter les sensations, est porté à trois pour augmenter l'activité des organes, et à quatre pour la conversion des sensations en idées.

Ve PARTIE. *Des penchants, soit des animaux sensibles, soit de l'homme même, considérés dans leur source, et comme phénomènes de l'organisation.*

Les penchants des animaux sont des phénomènes uniquement organiques et purement physiques. Ils prennent leur source dans les organes, et dans les systèmes d'organes qui y donnent lieu.

Les penchants, comme les facultés, sont dans un rapport constant avec l'état des organes qui les procurent, c'est-à-dire que, très-développés quand l'organe est à son plus grand développement, ils cessent quand celui-ci n'existe plus.

Il paraît attacher une très-grande importance à cet apophthegme. Mais, en réalité, n'est-ce pas une de ces vérités banales qui ne tirent pour sa thèse à aucune conséquence ?

Aussi, continue-t-il, les animaux inférieurs qui sont dépourvus d'appareil nerveux, doivent aussi l'être de la faculté de sentir, de conscience et de sentiment intérieur.

Si donc ces animaux se meuvent, ce n'est pas en

eux qu'est la cause excitatrice de leurs mouvements, et
alors elle vient nécessairement du dehors.

VIe Partie. *De la nature, ou de la puissance en quelque sorte mécanique, qui a donné l'existence aux animaux, et qui les a faits nécessairement ce qu'ils sont.*
(Pag. 250.)

« La nature n'est qu'un ordre de choses qui n'a pu se
donner l'existence; il faut donc recourir à son sublime
auteur, dont la volonté est partout exprimée par l'exécution des lois de la nature qui viennent de lui.

« La nature atteste donc son auteur ! ! ! »

Ainsi, elle est pour Lamark l'ensemble des lois qui
régissent l'univers, et par conséquent la matière et les
corps qui en sont formés.

« La nature est un ordre de choses étranger à la matière, ou immatériel, déterminable par l'observation
des corps, et dont l'ensemble constitue une puissance
inaltérable dans son essence, assujettie dans tous ses
actes, et constamment agissante sur toutes les parties
de l'univers physique.

«La nature n'est pas l'univers, qui est l'ensemble de
tous les corps et de toutes les matières qui existent, qui
ne sauraient avoir en propre aucune activité, aucune
sorte de puissance. »

Ce serait plutôt le *Nisus formativus* de Blumenbach.

«C'est un ensemble d'objets non métaphysiques, étrangers aux parties de l'univers, formant un ordre de causes toujours actives, et de moyens qui régularisent et
permettent les actions de ces causes, dont la source
doit être attribuée à la volonté du puissant auteur de
toutes choses (1820).

« La nature se compose : du mouvement répandu
dans toutes les parties des corps; des lois de tous les

ordres, qui mettent dans l'univers l'ordre et l'harmonie.

« Elle a à sa disposition l'espace et le temps, ou la durée.

« Elle ressemble en quelque sorte à la vie, en ce que celle-ci n'est pas un être, mais un ordre de choses animé de mouvement, qui a sa puissance, ses facultés, et qui les exerce nécessairement tant qu'elle existe.

« Mais elle en diffère en ce qu'elle est immutable, inaltérable, et n'a de terme que la volonté du Créateur.

« Ce n'est pas Dieu même, puisque ses actes sont forcés ou nécessaires, suivant des lois constantes dans des circonstances déterminées, et que le pouvoir de Dieu ne peut être limité par aucune loi.

« Ce n'est pas une âme universelle qui dirigerait vers un but tous les changements et tous les mouvements qui ont lieu dans l'univers.

« Elle ne peut donc avoir un but, une intention dans ses opérations.

« Si le résultat de ses actes paraît quelquefois présenter des fins prévues, c'est parce que sa direction, suivant des lois constantes, a été primitivement combinée pour le but que s'est proposé le Créateur. »

Ce qui veut dire au fond qu'il y a des causes finales, non dans la matière, qui pâtit suivant les lois à elle imposées par le Créateur, mais dans l'intelligence infinie du Créateur.

« Mais au fond, ajoute Lamarck, même dans les animaux, la finalité est une apparence plus qu'une réalité.

« Malgré sa puissance de produire, de renouveler, changer, déplacer et décomposer les corps dans l'univers, ce qui n'a lieu que conformément aux lois établies par Dieu, la nature ne peut produire le désordre; elle ne peut produire le mal ni le bien, qui ne sont que relatifs ; elle ne peut, sur la matière, que la transporter d'un lieu dans un autre ; sur le mouvement, que le diviser ; sur l'espace, que le remplir diversement ; sur le temps, qu'en employer des portions diverses dans ses opérations.

« Le mot de hasard n'exprime que notre ignorance des causes.

« La nature n'est qu'un instrument, que la voie partielle employée par Dieu pour mettre toutes les parties de l'univers dans l'état mutable où elles sont constamment. C'est une sorte d'intermédiaire entre Dieu et les parties de l'univers physique, pour l'exécution de la volonté divine, un pouvoir assujetti. Ce n'est que dans ce sens qu'on dit que les animaux et les facultés qu'ils possèdent, les végétaux, les corps non vivants, sont des produits de la nature.

« Son domaine est l'univers, qui est indestructible et immutable, quoique toutes ses parties, dont la matière est la base, soient continuellement modifiées et changeantes ; c'est elle qui fait exister tous les corps dont la matière est la base. La nature produit, mais ne crée pas, ce qui est le caractère de la puissance divine seule. »

En définitive, Lamarck reconnaît un Dieu créateur, qui pouvait créer ou ne pas créer l'univers, formé de tout ce qu'il a créé.

Et dans cet univers, qui comprend tout, il distingue la matière, sujet impassible, soumise à des lois générales et particulières, d'où résultent tels corps, tels phénomènes.

Et ce sont ces lois, cette harmonie, qu'il nomme nature, et dont il fait une puissance aveugle, véritable création ontologique, qui évidemment remplace Dieu, puisque tous les êtres en sont la production.

VIIe Partie. *De la distribution générale des animaux, de ses divisions et des principes sur lesquels ces deux objets doivent être fondés.* (Pag. 281.) C'est ce qui concerne l'art en zoologie. Il commence par poser les trois questions suivantes :

1° Quelles sont les opérations à faire pour l'exécution d'une bonne distribution des animaux, et pour celle d'une suite de divisions nécessaires à établir dans cette distribution ?

2° Quels sont les principes qui doivent guider dans ces opérations, afin d'éviter tout arbitraire?

3° Quelle disposition faut-il donner à la distribution générale des animaux, pour qu'elle soit conforme à l'ordre de la nature dans la production des êtres?

Il prétend qu'il n'y a aucune espèce qui soit d'une constance absolue. L'opinion que les races des corps vivants sont aussi anciennes que la nature, et ont toujours été ce qu'elles sont aujourd'hui, lui semble erronée, et reposer sur la difficulté que l'on éprouve à embrasser un temps considérable.

La nature a nécessairement suivi un ordre dans la production des corps vivants ; elle ne les a pas produits à la fois, et elle a suivi l'ordre du plus simple au plus composé ; car ce n'est pas par le hasard qu'il se trouve une gradation manifeste dans la simplification des animaux.

Pour découvrir cet ordre, il a fallu d'abord avoir égard aux rapports de ces corps, mais soigneusement distinguer ces rapports, suivant qu'ils sont généraux ou particuliers, qu'ils appartiennent aux opérations directes de la nature dans la composition progressive de l'organisme animal, ou qu'ils sont le résultat de l'influence des circonstances.

Le principe que c'est de l'organisation intérieure que

l'on doit emprunter les rapports les plus essentiels à connaître est parfaitement fondé.

Mais, d'après l'ensemble de l'organisation, et non d'après telle partie intérieure, isolée, choisie arbitrairement.

Pour parvenir à trouver ce principe qui doit guider, il faut déterminer les principales sortes de rapports et le degré relatif de leur valeur :

1° Rapports d'espèces, servant à rapprocher les races entre elles, établis sur des particularités de forme générale, et des particularités extérieures pour les genres.

2° Rapports de masses, établis sur la considération presque unique de l'organisation intérieure dans toutes ses parties, pour les familles, les ordres, les classes.

3° Rapports de rang, établis sur la comparaison d'une organisation quelconque, dans l'ensemble de ses parties, avec une autre organisation donnée, prise comme point de départ; et ce point de départ de comparaison ne peut être que l'homme.

4° Rapports particuliers, établis sur la comparaison des parties semblables ou analogues, prises isolément chez différents animaux, et qu'aucune cause particulière n'a modifiées. Ces rapports doivent être mesurés dans leur ordre d'importance, d'après le principe de la généralité plus grande dans son emploi, ce qui donne les organes : 1° de la digestion; 2° de la respiration; 3° du mouvement; 4° de la génération; 5° du sentiment; 6° de la circulation.

Ces rapports doivent être mesurés encore d'après le principe de plus grande analogie avec le mode employé dans une organisation supérieure, pour les modes différents de chaque organe, ce qui donne, par exemple, les poumons avec les branchies, les trachées aériennes avec les trachées aquifères.

5° *Rapports particuliers* entre des parties modifiées, établis sur la comparaison de parties considérées séparément dans différents animaux, mais de parties modifiées par des causes accidentelles, et soigneusement distinguées de ce qui est dû au plan réel de la nature.

Passant à la troisième question : Quelle disposition faut-il donner à la distribution générale des animaux, pour qu'elle soit conforme à l'ordre de la nature dans la production de ces êtres ?

Il s'appuie sur son système de zoogénésie. La nature, n'opérant que graduellement, n'a pu produire les animaux que successivement, et par conséquent a procédé du plus simple au plus composé. Il dit que la distribution générale des animaux doit être établie dans le même sens.

C'est, suivant lui, le seul ordre naturel, instructif, favorable à l'étude de la nature.

Il appuie cet ordre sur la considération de la nature comme créatrice, et de plus, sur ce qui est admis en phytologie.

Il entre ensuite dans les divisions intérieures. Il admet que les animaux sans colonne vertébrale présentent, par masses, des plans si différents, qu'ils n'ont de commun que la possession de la vie animale. Aussi, dit-il qu'en 1812 il proposa de les partager en deux coupes primaires, ce qui avec les vertébrés en forme trois, que, d'après la considération des actes du système nerveux, il nomme *apathiques*, *sensibles*, *intelligents*.

Il fait ensuite entrer en considération, pour la première fois, la forme, mais comme dernier caractère. Admettant que l'ordre dans lequel la nature a produit les différents animaux est loin d'être simple ; qu'il est

rameux, et paraît même composé de plusieurs séries
distinctes, il propose ce qu'il nomme un ordre présumé
de la formation des animaux, offrant deux séries séparées, subrameuses. Il pense que l'ordre de production
fut d'abord simple, mais que, dès qu'un certain nombre d'animaux eût été formé, des circonstances particulières donnèrent lieu à la formation d'une nouvelle
série, toutes deux ayant quelques rameaux simples.

ZOOCLASSIE. Il nous reste enfin, pour apprécier tout
l'effort de Lamarck, à exposer sa distribution générale
des animaux; mais pour le bien juger sous ce rapport,
il faut voir en quel état était cette partie de la science
à son époque, ce que les tableaux synoptiques suivants
mettront en évidence pour tout le monde.

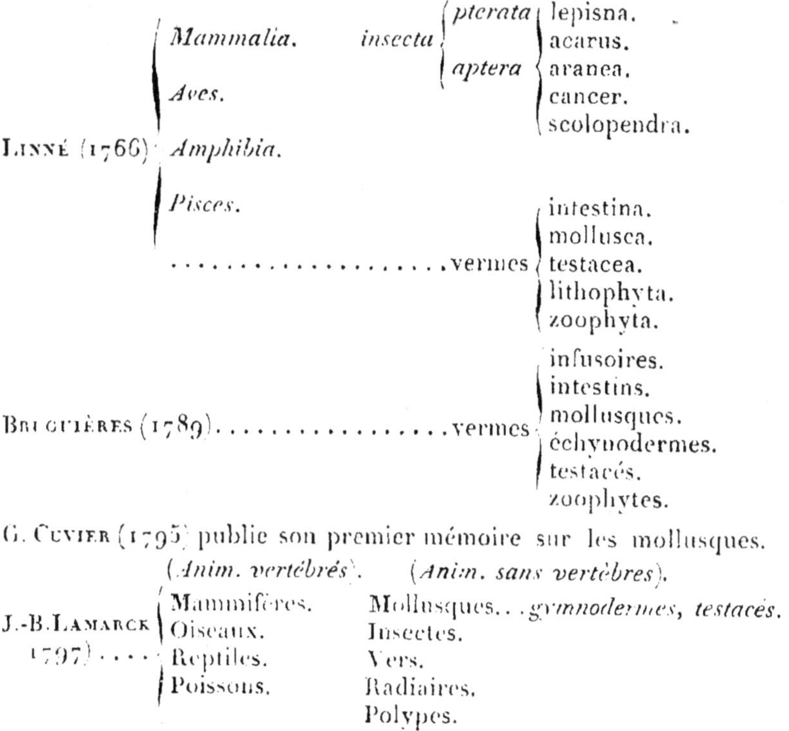

G. Cuvier (1798)....

(*Anim. à sang rouge*).
Mammifères.
Oiseaux.
Reptiles.
Poissons.

(*Anim. à sang blanc*).
Mollusques... céphalopodes. / gastéropodes. / testacés. / céphalés.
Insectes et vers.
Zoophytes.

G. Cuvier (1800)....

(*Anim. vertébrés*).
Mammifères.
Oiseaux.
Reptiles.
Poissons.

(*Anim. invertébrés*).
Mollusques... — céphalopod. { nus. / testacés. } — gastérop. { s. coq. / à coq. } — acéphalés { s. coq. / à coq. }
Vers.
crustacés.
insectes.
zoophytes.

De Lamarck (1801). *Système des animaux sans vertébres*...

(*Anim. vertébrés*).
Mammifères.
Oiseaux.
Reptiles.
Poissons.

(*Anim. sans vertébres*).
Mollusques. .... — céphalés { nus. / conchylifères. } — acéphalés { nus. / conchylifères. }
Crustacés.
Arachnides.
Insectes.
Vers.
Radiaires.
Polypes.

De Lamarck (1809). *Philosophie zoologique*.

Anim. sans vertébres.
1er *degré d'organisation*.. { infusoires. / polypes. }
IIe .... { radiaires. / vers. }
IIIe .... { insectes. / arachnides. / crustacés. / annélides. / cirrhipèdes. / mollusques. }

Anim. vertébrés.
IVe .... { poissons. / reptiles. }
Ve .... { oiseaux. / mammifères. }

De Lamarck.
Extr. du cours
de 1812.

* *Animaux apathiques* ..... { infusoires. polypes. radiaires. vers. épizoaires. }

** *Animaux sensibles* .... { insectes. arachnides. crustacés. annélides. cirrhipèdes. mollusques. } animaux sans vertèbres.

*** *Animaux intelligents* ..... { poissons. reptiles. oiseaux. mammifères. } animaux vertébrés.

De Lamarck
(1815).
*Hist. nat. des
animaux
sans verté-
bres.*
Introduction.

*Ordre
présumé de la
formation des
animaux.*

Anim. inarticulés.   *Anim. articulés.*

Animaux.

apathiques { infusoires. polypes. }

Radiaires.

ascidiens.   Vers.

.... ÉPIZOAIRES

sensibles.. { *Acéphales. Mollusques.* }   Insectes.

annélides.   arachnides.

crustacés.

cirrhipèdes.

INTELLIGENTS. { poissons. reptiles. oiseaux. mammifères. }

homme.

Système analytique des connaissances positives de l'homme, restreintes à celles qui proviennent directement de l'observation. 1 vol. in-8°, 1820 (à soixante-dix-neuf ans).

Discours préliminaire.

« Je me suis livré constamment à l'observation des faits, et me suis ensuite efforcé de rassembler tous ceux qui avaient été constatés par d'autres observateurs.

« L'observation étant la base sur laquelle tout repose dans mon ouvrage, il me paraît difficile qu'on en ait une meilleure. »

Il distingue les objets nécessairement créés, de ceux qui sont évidemment produits.

Principes primordiaux. (Pag. 7.)

L'homme seul a la faculté d'observer la nature, de considérer son pouvoir sur les corps, les lois, tous les changements et les actions, etc.

Il est le seul des êtres qui ait senti la nécessité de reconnaître une cause supérieure et unique, créatrice de l'ordre admirable qui existe; qui ait élevé sa pensée jusqu'à l'auteur suprême de ce qui est, de Dieu enfin, dont il a conçu une idée indirecte, mais réelle, d'après la conséquence nécessaire de ses observations.

Première partie. Des objets que l'homme peut considérer hors de lui, et que l'observation peut lui faire connaître. Ire *Section.* Des objets nécessairement créés.

CHAP I. De la matière. CHAP. II. De la nature.

IIe *Section.* Des objets évidemment produits.

CHAP. I. Des corps inorganiques. CHAP. II. Des corps vivants en général. — Des végétaux, des animaux.

Deuxième partie. De l'homme et de certains systèmes organiques, observés en lui, lesquels concourent à l'exécution de ses actions.

Analyse des phénomènes qui appartiennent au sentiment.

IIe *Section.* De la sensation. CHAP. I. Des sensations particulières.

Cʜᴀᴘ. II. De la sensation générale.

IIIᵉ *Section*. De l'intelligence; des objets qu'elle emploie, et des phénomènes auxquels elle donne lieu.

Cʜᴀᴘ. I. Des idées. (Extrait du Dict. de Déterville.)

Cʜᴀᴘ. II. Du jugement et de la raison. (Extrait du Dict. de Déterville.)

Cʜᴀᴘ. III. De l'imagination. (Extrait du Dict. de Déterville.)

VI. *Résultat des travaux de de Lamarck et appréciation de son effort.*

Le but de de Lamarck était de montrer que tout avait été produit avec ordre ; que cet ordre était sérial, et qu'il pouvait être lu. — Et, contre son intention, il arrive à démontrer *per absurdum* que le monde n'a pu être créé que par une puissance infiniment intelligente. Pour arriver à ce but, il a envisagé la science en général, et dans chacune de ses parties.

1. *Parties de la science.* 1° *En physique générale.* Il a émis l'idée que les couleurs et leur diversité pourraient bien dépendre de la vitesse avec laquelle un fluide subtil se dégage des corps colorés. — Que les saveurs et les odeurs sont de même genre que la causticité, mais à des degrés moindres d'une même action chimique.

2° *En chimie générale.* Il a cherché à prouver que tous les actes chimiques ont pour sujet les atomes qui entrent dans la composition des corps; — que ces atomes, par leur nature, leur forme et leur disposition, déterminent la différence des corps composés, et par là il arrivait à la théorie des atomes et des proportions définies, acceptée par les chimistes après la théorie de Lavoisier, que Lamarck avait combattue.

3° *En météorologie.* Il a essayé de montrer que l'atmosphère est une mer aérienne, susceptible de courants plus ou moins violents, plus ou moins réguliers, déterminés par l'action d'attraction de la lune à ses différentes phases et positions, et par l'action d'attraction de la chaleur du soleil. D'où l'on a pu conclure, avec quelque fondement, que les animaux microscopiques en sont les habitants naturels.

4° *En géologie.* Que l'appréciation des phénomènes agissant aujourd'hui, peut servir à donner l'étiologie de l'état actuel du globe, dont la surface n'est jamais stable; que la mer n'est pas fixée à un lieu déterminé, mais qu'elle se retire, ou abandonne peu à peu un lieu pour se porter dans un autre, ce que les coquilles fossiles peuvent démontrer; qu'ainsi les continents actuels étaient anciennement le fond des mers, et les mers d'aujourd'hui d'anciens continents.

5° *En minéralogie.* Que les corps inorganiques sont séparés des corps vivants par un hiatus immense; qu'on peut les établir en série, soit d'après l'ancienneté de leur origine, soit d'après l'état de leur structure, de plus en plus éloignée de celle des corps vivants.

6° *En biologie.* Il dit quelque part que c'est à lui qu'est dû ce nom. Il n'a jamais parlé de la forme des corps organisés, ni de son étiologie, rarement des limites du développement; s'il l'avait fait, il lui eût été difficile de soutenir sa thèse de l'origine des corps organisés.

Il a établi la distinction des nerfs rentrants sensoriaux, et sortants locomoteurs du système nerveux central.

Il a admis faussement que tous les phénomènes

biologiques, depuis le plus simple, l'absorption, jusqu'au plus élevé, la pensée, sont le résultat de l'organisation ; que la vie consiste dans une suite de mouvements déterminés par une cause existante dans des corps disposés à cet effet.

7° *En phytologie.* Il pense que les végétaux sont des corps vivants, non irritables ; qu'ils peuvent être simples ou composés ; qu'ils ne forment pas, avec l'autre branche des corps vivants, une série simple, mais une branche partant du même point, d'une masse inorganique, susceptible de s'organiser ; qu'ils forment une série entre eux.

8° *En zoologie.* Il a montré que les animaux diffèrent des végétaux par l'irritabilité ; que la science ne doit pas se borner à la classification, à la distinction des êtres, mais qu'elle doit étudier les rapports des organes et des facultés. — Il a transporté la biologie en zooclassie, c'est-à-dire que la grande importance de la première lui a dissimulé la nature et l'importance de la seconde. Mais c'est lui qui a eu, le premier, l'idée que la distribution méthodique des animaux devait calquer, représenter la série croissante et décroissante de leur organisation et de leur faculté, et que cette série était démontrable par l'organisation aussi bien que par ses actes : deux innovations importantes, qui constituaient le besoin de la science à son époque.

II. *Science générale ou philosophie.* Il s'est élevé plus qu'aucun philosophe naturaliste, à une conception étendue de l'ensemble des connaissances humaines, par la seule considération approfondie de la nature, c'est-à-dire, la partie objective, mais sans atteindre à une conception générale, non pas en négligeant tout à fait les sciences préliminaires, mais bien le terme de la science et son but, Dieu et le devoir; car il n'a pu atteindre à la connaissance de l'homme dans ses devoirs et ses rapports avec les êtres créés, avec lui-même, et surtout avec ses semblables et avec Dieu.

En effet, il a poussé à l'extrême la conception moléculaire ou atomistique d'Épicure, c'est-à-dire, la production de tout corps inorganique, comme de tout corps vivant par les seules forces de la nature, agissant sur la matière d'une manière nécessaire et aveugle, et, par conséquent, détruisant toute liberté, toute intelligence et toute obligation, comme tout devoir; bien que, sur la fin de sa vie, il ait admis un Dieu, créateur de la matière et de la nature. Mais son Dieu est bien voisin de celui d'Épicure; car, une fois la matière et la nature créées, il abandonne tout à l'aveugle nécessité, sans plus s'en occuper, et la providence est détruite. La seule différence entre lui et Épicure, c'est que ce n'est pas seulement par la forme des atomes, mais encore par leur composition chimique, que les combinaisons des composés se sont opérées.

Aussi le terme de la science, Dieu, et son but, le devoir, n'ont jamais été compris dans la conception de la science par Lamarck.

Cependant il a rempli, d'une manière remarquable et nécessaire, un des besoins de la philosophie :

1° Par la démonstration *à priori* et *à posteriori* de l'ordre de la création des êtres ;

2° Par la possibilité de lire cet ordre, et de le traduire par la méthode ;

3° Enfin il a prouvé, par l'absurde, que cet ordre ne peut être que la conception et l'exécution d'une intelligence souveraine et infinie, puisque l'étiologie matérialiste qu'il en donne, est insoutenable et se détruit d'elle-même. Le même résultat va être obtenu par la conception panthéiste.

Pour apprécier, d'une manière convenable, l'effort produit par Lamarck, il faut substituer les termes de méditation à imagination, de prévision à prédiction, de système à hypothèse, de conviction à entêtement, et l'on pourra avoir une idée plus juste de sa direction, de l'intensité de son effort et de son importance sur les progrès de la science pendant la longue durée de sa vie, et sur ses progrès futurs.

De Lamarck a eu la gloire, comme tous les hommes de sa force, de ne jamais s'être aidé, ni fait aider par aucun collaborateur, ce qui arrive, au contraire, fréquemment à l'éclectisme.

On ne peut nier, cependant, qu'il ne se soit successivement lui-même influencé par les ouvrages de Bichat, de Cabanis, par ceux de G. Cuvier, son émule et son contemporain, mais qui n'a fait que l'introduire dans une voie erronée, et contradictoire avec ses principes eux-mêmes.

Il a toujours cherché à disposer les êtres organisés dans l'ordre sérial de leur dégradation ou de leur gradation dans l'organisation.

Malheureusement, le principe qui le guidait n'était pas toujours convenable, et les raisons qu'il donne à l'appui de l'ordre qu'il croyait tel et qu'il établissait, étaient plutôt tirées de cet ordre lui-même d'après d'autres considérations, en sorte qu'il tournait souvent dans un cercle vicieux.

Il n'a pas été, et n'a jamais pu être plagiaire. C'était un esprit éminemment méditatif, cherchant toujours à s'appuyer sur l'observation autoptique, mais n'y pou-

vant pas toujours réussir : tant ses conceptions *à priori*
étaient fortes, et empêchaient l'observation d'être complète.

C'était aussi un homme de conviction, qui devait
d'autant plus tenir à ses opinions scientifiques, qu'il
avait mis plus de temps à les acquérir, et qu'il croyait
avoir pris plus de précautions pour ne pas tomber dans
l'erreur. Aussi le germe de toutes les idées qu'il a développées plus tard, se trouve-t-il dans ses premiers
écrits. Dès ses premiers ouvrages, sa conception s'élève
assez haut pour essayer de comprendre, sous le même
titre de *physique*, les questions de physique, de chimie générale, de météorologie, de géologie et de biologie végétale et animale.

Il est avec Buffon, dont il est la conséquence, le seul
naturaliste qui ait osé essayer de comprendre *l'univers*
ou l'ensemble des êtres dans un système général d'explication, et par là de clore le cercle des connaissances
humaines, sans Dieu, sans l'homme social, moral et
religieux, ce qui l'a conduit à l'absurde, à la contradiction du cercle vicieux, et à la démonstration que le
matérialisme épicuréiste est impuissant à constituer la
science.

SECTION VIII. — OKEN.
1758—1828.

Nous venons de voir le pas que la philosophie avait
dû faire pour atteindre son but : la démonstration de
la nature réelle de l'homme, et par conséquent de ses
devoirs, auxquels ses droits sont subordonnés. Ce pas
a été exécuté par Lamarck.

Il consiste en ce que la philosophie est passée entre les mains d'un naturaliste pour lequel les circonstances où il a vécu ont été telles, qu'il a pu pousser le système atomistique jusqu'à ses dernières limites, comme il l'avait été dans le paganisme par Épicure. De cette exagération même est sortie la preuve de la vérité par l'absurde, argument tout géométrique.

Mais, en même temps, l'ordre sérial des êtres créés a été démontré *a priori*, et quelquefois même *a posteriori*.

Nous avons maintenant un autre besoin à remplir pour démontrer cette série, c'est de voir si, sous le rapport des formes, des organes, etc., on peut arriver à en donner la preuve, ou bien s'il n'y a dans l'univers qu'un seul être renfermant tout en lui-même, et dont les différents êtres ne sont que le développement, ou des parties de ce grand tout. Il faut voir si en prenant, par exemple, le premier mammifère, nous y trouverons tout ce qu'il y a dans la série des animaux qui lui sont inférieurs, et réciproquement. Telle est la thèse du panthéisme.

Il s'agit donc de juger si l'être considéré dans son développement va prendre la forme rayonnée, puis la forme paire dans un mollusque, un articulé, et ainsi successivement la forme de tous les animaux jusqu'à son entier développement. Lamarck avait accepté cette thèse sans la discuter.

Afin de bien saisir comment ce nouveau point a été introduit, et comment, par lui et malgré lui, la science est arrivée à son état adulte intellectuel, pour ainsi dire, il nous faut jeter un nouveau coup d'œil sur ce que nous appelons et sur ce que d'autres ont dit être la philosophie.

Peu d'hommes l'ont réellement comprise dans son

ensemble, dans sa nature, dans son étendue et dans son but.

Pour Aristote, la philosophie était l'ensemble des connaissances humaines, mais en s'arrêtant à l'homme, sans s'élever jusqu'à Dieu.

La scolastique avait pour idée dominante que Dieu, à titre de créateur du monde, est la raison dernière de toute obligation et de toute loi, en vertu des motifs subjectifs et objectifs de sa volonté.

Descartes, dans le projet de son grand ouvrage *De mundo*, avait très-bien senti que le moyen le plus assuré pour savoir comment nous devons vivre, est de connaître auparavant quels nous sommes, quel est le monde dans lequel nous vivons, et quel est le créateur de cet univers où nous habitons.

Mais ce qui a empêché, pour un grand nombre, la conception de la philosophie, c'est que les uns l'ont bornée à la partie théorique ou spéculative, tandis que les autres l'ont réduite à la pratique. Ni les uns ni les autres ne se sont aperçus que la philosophie est l'ensemble des connaissances, en tant qu'appartenant à l'homme comme être social et susceptible de moralité.

Les uns l'ont prise du point de vue divin; les autres, du point de vue de l'homme, et d'autres, enfin, de celui de la nature.

Ceux qui ne l'ont considérée que dans l'homme, comme Socrate, n'ont envisagé que la morale, dont ils ont exposé les règles d'une manière plus ou moins complète.

Ceux qui ne l'ont considérée que dans la nature, comme Lamarck et Oken, n'ont jamais pu s'élever jusqu'à la moralité de l'homme; ils sont demeurés dans les lois de la matière, plus ou moins faussement saisies, comprises et exposées.

Ceux enfin qui n'ont pris la philosophie que dans la partie théologique, bien que dans le vrai par la foi dans une autorité divine, n'ont pourtant pu lier leur conception avec le monde par la démonstration.

Albert le Grand et son école avaient saisi la vraie conception; mais lorsque leur direction a été abandonnée par la scission de la science et de la foi, nous avons vu ce qui en est résulté, le développement énorme dans l'observation des faits, et l'absence nécessaire de principes et de systématisation logique.

A l'époque où nous sommes arrivés, il était donc besoin de reprendre la philosophie dans sa totalité, dans son ensemble. Le but, l'importance de la science pour l'homme, c'est de se connaître soi-même, de connaitre ses devoirs, et parvenir ainsi au bonheur, qui n'est que le sentiment de l'emploi harmonique et convenable de ses facultés physiques, intellectuelles et morales ou religieuses.

Or l'homme qui veut atteindre au but, au terme, c'est-à-dire à la connaissance de soi-même et de ses devoirs, autrement que par le sentiment qui est inné en lui, et qui l'y porte par la foi à une révélation divine; l'homme qui veut arriver à cette connaissance par la démonstration ou *à posteriori*, n'y peut parvenir que par la science complète, constituant la philosophie ou la sagesse, qui le ramènera nécessairement à la foi, sans laquelle il n'y a ni connaissance terminée, ni devoirs remplis, ni par conséquent de bonheur possible. La science, en effet, c'est la sagesse, la connaissance, *scire, sapientia*; mais, dans cette connaissance, il n'est pas question des droits, le philosophisme seul les met en avant; et toute philosophie qui ne parle que des droits est fausse, parce qu'elle en néglige la source. La vraie philosophie pose les devoirs en principe, et en déduit les droits.

La conception de la science, ainsi envisagée, est donc un besoin pour l'esprit humain. Or, elle ne peut avoir lieu que dans un ordre qui, embrassant toutes les connaissances, les fasse se déduire les unes des autres, pour conduire l'esprit, par une sorte de syllogisme, à une conclusion rigoureusement légitime.

I. Et d'abord se présentent les sciences instrumentales, à l'aide desquelles seules la nature, l'homme et Dieu sont étudiés convenablement. Ces trois grands sujets ne peuvent être connus individuellement et en eux-mêmes, sans l'être l'un par l'autre, l'homme par la nature, et Dieu par l'homme et la nature. La science a été donnée à l'homme pour arriver à ce terme, non pas à son moi individuel, mais, si l'on peut ainsi dire, à son moi social. Dès lors, pour y parvenir, il lui faut des instruments, ce sont les sciences préliminaires, l'*organon* des anciens commentateurs d'Aristote, la grammaire, la logique, d'où découlent la méthode et la nomenclature, la dialectique, les mathématiques, l'art graphique, qui peut être naturel, hiéroglyphique ou conventionnel, la rhétorique. Aussi, en instruction publique, malgré toutes les perturbations politiques, on a toujours commencé par ces sciences. Mais, à l'époque où nous sommes arrivés, il y a un perfectionnement qui n'était pas dans Aristote; c'est le *criticisme*, l'art de conduire la raison, mieux encore, l'art de connaître, envisagé comme différant de la science. Kant est l'auteur de ce dernier progrès dans la logique, comme nous avons vu que la graphique avait reçu des développements de Condillac, dont la tendance a d'ailleurs introduit tant de choses malheureuses. Puis nous avons vu les mathématiques, poussées à l'excès, prédominer, à l'exlusion des autres sciences instrumentales, et même devenir les plus rebelles à la théologie, parce que les mathématiciens s'imaginèrent créer les lois du monde, tandis qu'il ne faisaient que les apercevoir.

II. Les sciences qui résultent de l'application de l'instrument intellectuel à la connaissance de l'ensemble des êtres créés ou de la nature et des lois qui les régissent, sont les sciences naturelles ; à leur tête vient la métaphysique, qui traite des questions générales de temps, d'espace et de corps matériels ; viennent ensuite la cosmologie, la physique, la chimie, la minéralogie, la biologie, et pour terminer, la zoologie et l'anthropologie, qui embrasse le moi individuel et le moi social.

Voilà maintenant que ces diverses branches vont réagir les unes sur les autres en déterminant le progrès. C'est ainsi que Fournier, ayant aiguisé l'instrument analytique, Cauchy l'appliquera à l'optique ; c'est de même encore que Condillac nous a montré le langage réagissant sur la pensée.

III. Enfin, arrivés au terme des sciences naturelles, à l'étude de notre moi individuel et social, nous allons en voir sortir les sciences qui résultent de l'application de l'instrument intellectuel à cette étude, la philosophie pratique. Nous sentons bien en effet que nous sommes au-dessus du poisson, et même du mammifère le plus élevé ; mais le sentiment ne suffit pas à la raison rebelle et pervertie, *la foi encore moins*, puisqu'on la rejette sans vouloir même examiner ses fondements. Il faut donc y arriver par comparaison. Suis-je plus qu'un singe ? Y a-t-il en moi quelque chose de divin, comme le disaient Aristote, Galien, etc.?

Voilà donc l'homme arrivé à étudier son moi social dans ses rapports avec les autres êtres créés, avec sa famille: — le droit naturel; avec sa nation et les autres : — la politique; avec soi ou sa conscience: — l'éthique; avec Dieu, la religion; d'où il lui est aisé de déduire ses devoirs, comme des prémisses d'un syllogisme on déduit rigoureusement une conséquence, et par suite revenir logiquement à la soumission à la foi, afin d'atteindre par là la paix, le repos et le bonheur, ou le bon et le beau, en devenant plus parfait.

Nous comprendrons maintenant comment l'effort de Lamarck n'avait pu être fait que par un naturaliste, qui s'est trouvé placé dans les circonstances les plus favorables, s'occupant des végétaux et des animaux inférieurs, à une époque où la société, dans une crise convulsive, avait pu pousser, nous ne pouvons pas dire le matérialisme, mais sa conséquence, l'absurdité et la déraison, au point de représenter les idées morales par des êtres déshonorés, par la prostitution divinisée; au point encore de méconnaître l'empire de la vertu, puisque l'admirable conception chrétienne, qui offre pour modèles et pour appuis des saints, des hommes dont l'exemple encourage et anime, fut enlevée, pour offrir, à la place de ces héros de l'humanité, des choux et des carottes ! ! !

Il fallait à une telle époque, pour réveiller une société mourante et désorganisée, un homme comme Lamarck, qui, libre de tout, excepté de sa conviction, pût faire remonter la philosophie de l'abîme de l'absurdité au point où elle était sous Épicure, afin que de là la raison humaine pût s'élever plus haut.

Dès lors la vérité révélée d'une création par une puissance infiniment intelligente, devait être remplacée par le système atomistique, dans lequel la nature produisait tous les êtres, tous les actes par ses propres forces. Mais, en même temps, la force aveugle du hasard était rejetée; l'ordre sérial était démontré, la coïncidence de cet ordre avec nos preuves logiques pour arriver à sa conception, était reconnue; les causes finales mêmes étaient démontrées, ou mieux les rapports entre l'organisation et les circonstances où elle doit agir, seulement, avec la thèse que ce sont celles-ci qui déterminent le développement de celle-là, c'est-à-dire la thèse des causes finales renversée.

Mais les choses ne pouvaient pas en rester là; elles ont dû logiquement remonter au panthéisme où il y a une conception, en apparence plus forte et plus élevée. Les besoins du progrès sont ici d'atteindre le même but que dans l'épicuréisme, également par la démonstration de l'absurde ou de l'impossible, sous la direction philosophique de ce panthéisme, ou du monde considéré comme un tout, un être vivant, immortel, éternel, dont les parties représentent le tout ; et ainsi du matérialisme et du panthéisme nous verrons les sciences forcées de revenir à la théologie.

Lamarck avait démontré la série animale par les considérations biologiques, plus encore que par celles de l'organisation ; c'était le penchant déterminé par les besoins, nés eux-mêmes des circonstances, qui avait amené les changements d'organisation, les espèces animales, et par suite la série des animaux.

Il fallait que la thèse pût être soutenue pour la métamorphose des organes, afin que tout l'organisme fût embrassé. C'est le pas que la science doit à Oken; il y a été conduit par la philosophie de la nature, due à Schelling. Aussi, pour comprendre ce nouvel effort, devons-nous jeter un coup d'œil sur le système du naturisme en Allemagne.

Le besoin de la philosophie séparée de la foi, était donc de reprendre la science dans sa totalité, afin de revenir au point nécessaire pour retrouver une relation entre les principes et les devoirs. A la suite des ravages de la réforme, dont les conséquences brisèrent tous les liens entre la science humaine et la théologie, le premier effort, après les dogmatistes Leibnitz et Wolf, est celui de Kant. Il a constitué une sorte de science, ayant pour but de vérifier rigoureusement : 1° *la possibilité des connaissances;* 2° *leur fondement;* 3° *leur usage*, avec la prétention de concilier l'*apostériorisme*, l'*apriorisme*, et le *scepticisme*.

Il commence par voir ce que c'est que la sagesse ou la science, et il la distingue de la connaissance. La sagesse est le but le plus élevé de la raison.

La raison doit être distinguée en raison théorétique et raison pratique.

La raison théorétique ne peut que faire servir nos idées à régulariser nos connaissances; elle est fondée sur la notion de la nature.

La raison pratique est chargée de déterminer notre libre arbitre conformément aux idées de devoir et de droit. Elle est fondée sur la liberté.

Nos connaissances doivent être distinguées en connaissances réelles et en connaissances empiriques (*à posteriori*).

Ces deux classes de connaissances forment deux sphères tout à fait distinctes, mais entre lesquelles intervient la faculté de juger.

Suivant Spix, Kant, distinguant le *noumène* (*noumenon*, monde réel des choses en elles-mêmes) du *phé-*

nomène, a seulement contemplé celui-ci comme objet
de la connaissance humaine. ·

Les sciences de la première catégorie ont pour caractère la nécessité et l'universalité. Elles comprennent la
philosophie et les mathématiques. Elles sont elles-
mêmes de deux sortes, synthétiques et analytiques.

Les connaissances synthétiques *à priori* constituent
la forme de la connaissance. Elles ne peuvent être fondées que sur les lois de l'individu , et sur la connaissance qu'il a de l'harmonie de ses facultés.

La faculté de connaître théorétique , spéculative ,
consiste dans la sensibilité (réceptivité) et l'entendement (spontanéité).

La sensibilité a deux sortes d'éléments, les uns matériels , les autres formels.

Les éléments matériels sont les sensations; les éléments formels sont l'espace et le temps , qui ne sont
qu'en nous *à priori*.

L'entendement recueille les matériaux fournis par la
sensibilité, pour en former des notions , des jugements.
— Les lois en vertu desquelles il opère sont les quatre
catégories.

Les formes de la sensibilité et de l'entendement sont
tout ce qui détermine la connaissance, en s'appliquant
à la matière fournie par l'expérience.

Notre connaissance en fait d'objets réels se réduit
à l'expérience. Toutefois nous ne connaissons aucune
chose en soi , mais seulement des phénomènes de l'esprit humain[1]. Une connaissance réelle en vertu d'idées
n'est pas possible, les idées n'ayant pas de terme correspondant pour nous dans le domaine de l'expérience.

Il est donc impossible à la raison théorétique de dé-

____
[1] C'est la base de l'idéalisme transcendental.

montrer la réalité ou l'existence des objets suprasensibles ou métaphysiques, non plus que les idées de l'existence de Dieu, de l'immortalité de l'âme, de la liberté. Ces choses transcendentales sont placées en dehors des limites de l'expérience et de la connaissance humaine, et sont seulement des objets de la foi.

Il affirme que la matière des représentations et des conceptions nous est fournie par l'impression des objets extérieurs, et, par conséquent, toutes les représentations, quant à cela, sont empiriques (*à posteriori*).

Mais que les formes de toutes les représentations et des conceptions (*espace*, *temps*, *catégories*) sont innées dans notre âme, et s'ajoutent, à son dire, à la matière puisée extérieurement pour produire la représentation. Sous ce rapport, toutes les représentations et conceptions sont indépendantes de l'empirisme, et sont *à priori*; et tous nos jugements, formés par l'un ou l'autre mode, sont synthétiques.

Donc toutes les fonctions de l'âme, sorties de la perception par les sens, remontent vers elle par la conception, le jugement, le raisonnement, la volonté et la foi [1]; de telle sorte que Kant a pensé que tout dépend des formes de la sensibilité et de l'intelligence. Il pose ainsi une conception plus idéale de la composition, de la structure intime de la matière, en établissant que toute matière n'est diverse que par le degré de la force expansive et contractive.

Tel est le rapide exposé de la raison théorétique qui conduit directement à l'idéalisme, puisqu'il n'y a de réalité possible que dans les formes de la sensibilité et de l'intelligence.

---

[1] *Ad illam conceptus, judicii, ratiocinii, voluntatis ac fidei ascendere.*

La raison pratique est *autonome*[1] ; mais elle demande la liberté (libre arbitre) comme condition nécessaire. Elle se compose de connaissances pratiques , lesquelles déterminent pour nous , non ce qui est, mais ce qui doit être. La loi morale s'élève au-dessus du libre arbitre. C'est à la raison pratique que les idées de libre arbitre, d'immortalité, de Dieu, etc., doivent leur certitude ; c'est une croyance, une foi attachée à la raison pratique.

Le souverain bien étant le but total de l'homme raisonnable, il s'ensuit l'harmonie de la nature sensible, de la nature rationnelle de l'homme, c'est-à-dire, l'accord de la raison théorétique et pratique.

La loi morale se distingue de *la loi judaïque* en ce qu'elle règle les actes intérieurs, tandis que celle-ci ne règle que les extérieurs.

La moralité n'est pas le bonheur ; mais elle rend digne d'être heureux.

Le propre de Kant est donc la distinction de la connaissance et de la science. Il n'a fait entrer dans son système que l'histoire naturelle de l'homme ; il passe sous silence l'étude des corps naturels ; c'est pourquoi Fichte et Schelling lui ont reproché qu'il n'y avait pas de lien dans son système.

Cependant Kant a créé une sorte de science, à l'aide de laquelle on jugerait les connaissances humaines ; de là, la raison théorétique et la raison pratique, entre lesquelles s'interpose le jugement.

Sa division des sciences est toujours : 1° aiguiser ou connaître l'instrument ; 2° l'appliquer à la connaissance de la nature ; 3° enfin, en déduire les devoirs. — Les

[1] Sa propre loi.

connaissances synthétiques ne peuvent être fondées que sur les facultés de l'intelligence et sur la conscience de leur harmonie. — La faculté de connaître, théorétique spéculative, consiste dans la sensibilité nommée réceptivité, et dans l'entendement, qui est la spontanéité. Par là Kant rentre évidemment dans la théorie de Locke et de Condillac, qui font tout sortir des sens. — L'entendement recueille les éléments fournis par les facultés pour en former des notions et des jugements, par les lois qui sont les catégories, à peu près analogues à celles d'Aristote. — Ici Kant va sortir du positif. — Les formes de la sensibilité et de l'entendement sont tout ce qui détermine la connaissance; toutefois nous ne connaissons aucune chose en soi, mais seulement des phénomènes. Là nous entrons dans l'idéalisme.

Mais arrivés à la raison pratique, Kant nous conduit à la loi morale et au libre arbitre. Une fois qu'on est entré dans ces deux parties de sa philosophie, on y est véritablement à l'aise ; mais le lien manque, et il ne veut pas l'établir. En résultat, nous avons le perfectionnement de l'art de la connaissance distincte de la science et s'exerçant sur elle.

Voilà le point où Kant avait laissé la philosophie. Partant de cette doctrine que nous ne connaissons rien en soi, Fichte va établir le pur idéalisme, et nous conduire dans ce qu'il appelle la philosophie transcendentale.

FICHTE. *Théorie ou doctrine de la science.* Fichte a poussé le système de Kant comme Spinosa celui de Descartes.

Pour lui, *la science est un système de connaissances déterminées par un principe supérieur, lequel exprime la valeur et la forme de notre savoir.*

La doctrine de la science doit donc avoir un principe qui ne relève d'aucune autre science. Pour nous, ce principe est Dieu; mais, pour lui, c'est le moi humain.

La doctrine de la science est la philosophie.

Elle comprend les modes d'actions auxquels l'esprit humain se conforme nécessairement; elle forme un tout achevé et complet; elle a pour objet les actes de l'esprit humain. — Par là Fichte nous ramène à Kant.

Dans tout jugement, il y a acte propre du moi, et acte volontaire.

Dans toute sensation, il y a également acte du moi, mais acte involontaire.

Le moi est donc à la fois l'agent et le produit de l'acte. Le moi se pose comme sujet, en même temps qu'il s'aperçoit comme objet.

Le sujet, c'est le moi pensant, *ego,* — *subjectus animâ præditus.*

L'objet, c'est tout ce qui n'est pas moi, le monde extérieur en général, et chacune des parties qui le constituent en particulier.

Dans le sujet pourvu d'une âme (*ego*), il discerne le monde triple (*mundus triplex*), savoir : 1° l'objet, c'est-à-dire l'état passif et limité; 2° le sujet agissant en limitant et libre; 3° l'action elle-même, procréant d'elle-même l'objet et le sujet, et illimitée, libre et absolue; contemplant tout ce qui est matériel et objectif, comme le degré inférieur de l'âme agissante; duquel, en percevant, en sentant, en jugeant, en comprenant enfin et en voulant, sort peu à peu la conscience de soi, de son être intelligent.

D'où il déduit ces trois principes : 1° moi est moi; 2° moi n'est pas non moi; 3° le moi est donc la réalité unique, et la nature est une non réalité sans âme et sans vie, se produisant uniquement comme limite, ou comme négation opposée à l'activité du moi.

Sans objet, point de sujet; le moi est tout à la fois sujet et objet.

Tout se déduit du moi, en admettant que le subjectif produit l'objectif, sans que celui-ci produise celui-là. Ainsi, ni la conscience, ni les objets, ni la matière de la connaissance, ni ses formes, ne sont présupposées comme données, mais sont produites par un acte du moi, et recueillies par réflexion.

La conscience elle-même, avec tous ses phénomènes, est un acte primitif du sujet. Le non moi, en s'opposant comme limitation au moi, produit tous les objets, ainsi que l'espace.

En résumé donc, tout est en soi, c'est-à-dire, le moi est essentiellement l'être absolu et indépendant, tellement qu'il n'y a plus besoin de corps : dès lors le moi est à la fois sujet et objet. C'est de la contemplation du subjectif que sort l'objectif. Il en résulte que l'existence absolue de Dieu, comme réalité unique, indépendante, n'existe qu'en nous; nous en avons la conscience, et de là résulte le monde. L'idéalisme est donc tout pour lui; il n'y a plus de réalité : ce n'est que sur des images que notre esprit travaille.

Cependant il fait sortir le devoir, comme à l'ordinaire, de la nature de l'être. Il n'admet point de droit positif; sans la société, il n'y aurait pas de droit, tout droit se rapportant à la communauté, et n'ayant d'existence que par elle.

Schelling. *Système de l'identité absolue.* Schelling va tenter d'établir la réunion de tout ce qui se trouve dans Kant et dans Fichte pour arriver jusqu'à Dieu :

c'est une combinaison de Platon et de Spinosa. Son idée
était de donner une forme générale à la philosophie,
parce qu'il prétend atteindre à la connaissance de l'absolu et à l'intelligence des lois qui constituent l'ordre
entier des choses finies. Son but a été d'introduire dans
la science une construction idéale de l'univers, rapporté
non pas à ce qu'il peut nous paraître, mais à ce qu'il
est en soi.

Cette philosophie efface la distinction des notions
empiriques et des notions rationnelles, et embrasse le
cercle entier des connaissances spéculatives. Elle rallie
à une seule idée tous les êtres de la nature. Elle iden-
tifie Dieu avec la nature, et tombe nécessairement dans
le panthéisme.

La science doit reposer sur ce qui sait et sur ce qui
est su. Ce qui sait est sans doute subjectif, et ce qui est
su objectif, c'est-à-dire, le moi et la nature.

Plotin, philosophe d'Alexandrie, avait dit : Tout ce
qui existe est en vertu de l'unité, est un, et a en soi
l'unité. La pluralité, l'être divisible et la vie se développent par voie de séparation du sein de l'unité, comme du point central du cercle.

Schelling, s'attachant surtout au point de vue réel ou
philosophique de la nature, a pu dire : *La science est une
image de l'univers*, en tant qu'elle déduit les idées des
choses de la pensée fondamentale de l'absolu, d'après
les principes de l'identité dans la triplicité, et en tant
que, dans cette construction, elle reproduit la marche
de la nature, c'est-à-dire, la succession des formes
que celle-ci revêt tour à tour.

La science philosophique peut être considérée comme
formée de deux parties opposées et parallèles, se faisant
concevoir l'une par l'autre :

La philosophie de la nature, et la philosophie trans-cendantale.

La première, partant du moi, en déduit l'objectif, le divers, le nécessaire, la nature.

La deuxième, partant de la nature, en déduit le moi, ce qui est libre, ce qui est un et simple.

Ces deux parties ont l'une et l'autre pour principe commun, que les lois de la nature doivent se retrouver immédiatement au dedans de nous, comme lois de la conscience; et réciproquement, les lois de la conscience doivent pouvoir se constater par le monde extérieur, où elles se retrouvent comme lois de la nature.

Toutes deux aussi ont pour tendance commune de faire concevoir, les unes par les autres, les forces de la nature et celles de l'âme, en les expliquant comme identiques.

Ainsi, contre Fichte, il admet l'existence d'objets réels; et partant de la nature, il en déduit le moi humain, comme du moi il déduit la nature. Il arrive ensuite à donner des définitions des diverses parties de la science : c'est ainsi que le beau est l'infini représenté dans le fini; l'art, représentation des idées, est une révélation de Dieu dans l'esprit humain. — La moralité est la tendance de l'âme à s'unir avec le centre, avec Dieu; elle est le bonheur pur, et constitue la vertu elle-même. Sa première base est la croyance en Dieu ; car de l'existence de Dieu suit immédiatement l'existence d'un monde moral.

Mais, pour concevoir comment du multiple peut sortir l'unité et de l'unité le multiple, réunissant en soi le caractère de l'unité et de la multiplicité, voici, dans le tableau suivant, comment il systématise sa doctrine :

I. L'ABSOLU, le tout dans sa forme primitive, Dieu se manifeste dans

II. LA NATURE, l'absolu dans sa forme secondaire, il s'y produit dans deux ordres de relatifs, savoir :

LE RÉEL	L'IDÉAL
sous les puissances	
Pesanteur..........matière.	Vérité............science.
Lumière...........mouvement.	Bonté............religion
Organisme.........Vie..	Beauté...........art.

Au-dessus, et comme formes réfléchies de l'univers, se placent :

III. *L'homme* (le microcosme).......... *l'État.*

Le système du monde (l'univers entier).. *l'histoire.*

L'État ou l'ordre social n'est autre chose que la vie commune réglée conformément au type divin par rapport à la morale, à la religion, à la science et à l'art.

L'histoire, dans sa totalité, est une révélation qui se développe sans cesse progressivement.

Schelling distingue Dieu ou l'absolu dans toute la pureté de cette idée, de Dieu existant, se révélant à l'état de personnalité, *Deus implicitus, explicitus.* — Le principe de l'homme est la personnalité composée d'intelligence et de volonté.

Le système de Schelling est évidemment le panthéisme de Spinosa, et il a été copié par un philosophe français qui distingue aussi nettement que Schelling, Dieu ou l'être absolu, de Dieu existant se révélant à l'état de personnalité.

GOETHE. Jusqu'ici, malgré les exagérations de l'idéalisme et du panthéisme théorique, tous ces hommes avaient pleinement accepté cette haute partie de la philosophie qui constitue le devoir et la religion ; mais il fallait bien que tôt ou tard la conséquence rigoureuse de leurs principes fût déduite ; ce sera là l'œuvre de Gœthe, le Voltaire de l'Allemagne, qui, avec son esprit satanique, sa vanité orgueilleuse, va saper de front toute morale et toute idée grande. Ce sera lui aussi qui nous marquera le passage de la philosophie de la nature à son application aux corps naturels, et qui, par conséquent, nous conduira à Oken, ou aux derniers résultats de la thèse panthéiste.

Gœthe a plutôt été poëte et artiste que naturaliste, bien qu'il ait réclamé, avec une vanité puérile, ce titre pendant une grande partie de sa vie ; néanmoins les idées de Gœthe font un passage nécessaire à la conception de la doctrie d'Oken. En effet, Kant avait perfectionné l'art de la connaissance ; Fichte avait exagéré la conception de l'image, et enfin Schelling a séparé ces deux parties, les a mises en évidence, et en a posé le lien. De leur doctrine va sortir comme conséquence, que la partie représente le tout, et que la série des êtres peut être représentée par un seul être, comme essayera de le démontrer Oken ; mais il ne serait jamais arrivé là, sans l'intermédiaire de Gœthe, par la théorie de la *métamorphose*. Dans cette théorie, ce sera la lumière qui déterminera une molécule à devenir un végétal, et l'obscurité, au contraire, en fera un animal. C'est pourtant à notre Buffon qu'il faut remonter pour avoir l'idée-germe du système de Gœthe. C'est là que Gœthe l'a prise. Après avoir reproché à Buffon d'avoir cédé à l'esprit du vulgaire, il ajoute [1] : « Mais son esprit avait

---

[1] *OEuvres d'histoire nat. de Gœthe*, traduct. de Martins, p. 161.

été plus loin ; car il dit, vol. IV, pag. 379 : « Il existe
« un type primitif et universel , et dont on peut suivre
« très-loin les diverses transformations. » En parlant
ainsi, il énonçait la maxime fondamentale de l'histoire
naturelle comparée. » C'est cette thèse que Gœthe va
soutenir, et il va l'envisager en artiste. Les arts doivent
nécessairement toujours commencer par l'extérieur :
c'est ainsi que Camper l'avait fait pour son angle facial ; or il était artiste. Toutes ces idées doivent en effet
germer dans la tête d'un peuple essentiellement méta-
physicien , et qui possède le génie des arts. Gœthe a
jeté ses idées dans divers mémoires ; et quoiqu'il ait
commencé de très-bonne heure, sa théorie de la métamorphose des plantes n'a pourtant été bien conçue
et bien exposée que par M. de Saint-Hilaire dans sa
Morphologie. Ce qu'il y a de remarquable , c'est que
ce fut sous le ciel de l'Italie que ces idées germèrent en
son esprit. Elles appartenaient à Wolf, Prussien exilé,
qui les avait déjà exposées.

C'est la méditation *à priori*, plutôt que l'expérience
et l'observation, qui a conduit Gœthe à sa théorie.
« C'est le temps, dit-il, et non pas les hommes, qui
fait les plus belles découvertes. » Et puis, *l'intelligence
est supérieure à l'expérience;* au point qu'il soutient
qu'une expérience, et même plusieurs expériences mises en rapport, ne prouvent absolument rien ; qu'il
est infiniment dangereux de vouloir confirmer par
l'observation immédiate une proposition quelconque.
Aussi dit-il que l'homme se complaît dans la représentation d'une chose plus que dans la chose même.

« Il est dangereux, dit-il encore, de faire, d'une expérience, la démonstration immédiate d'une hypothèse ; mais on peut bien en faire un usage médiat. »

Il y a du reste de la sagesse et de la vérité dans ces axiomes de Gœthe; car, comme il le dit, la disproportion de notre intelligence avec la nature des choses avertit que nul homme n'a la capacité d'en finir avec un sujet quel qu'il soit.

Mais, « embrasser dans les corps organisés l'ensemble de leurs parties extérieures, qui sont visibles, tangibles, pour en déduire leur structure intérieure, et dominer ainsi le tout par l'intuition, est la tendance scientifique la plus convenable, en harmonie avec l'instinct. » C'est là la thèse de M. de Blainville.

Voilà comment Gœthe a été conduit directement à la morphologie. Camper en avait fait également dans son angle facial.

Gœthe distingue la morphologie en statique, qu'il a peu étudiée, et qui est pourtant la base de notre connaissance, et en morphologie mobile et variable, qu'il a suivie dans le cours du développement de la plante. Ce qui le conduisait là, c'était cette idée, que « la nature, tenant de Dieu et de l'homme, tend sans cesse à s'affranchir des lois qu'elle s'est elle-même posées, et qu'elle observe cependant dans ses moindres productions, comme dans les plus grands phénomènes. »

Une chose remarquable et qui va nous donner une des causes de la direction de Gœthe, c'est qu'il y a presque toujours dualisme dans l'action d'un grand homme. Il faut une opposition pour faire jaillir la lumière : c'est ainsi que nous avons vu Cuvier opposé à Lamarck ; Gœthe se trouva en opposition avec Schiller : le contact de ces deux esprits leur permit un échange de principes, et leur frottement fit jaillir de nouvelles idées. Gœthe avait toujours eu du goût pour les sciences naturelles. Un jour qu'il invitait Schiller à étudier la nature, celui-ci lui répondit que « la méthode fragmentaire et morcelée suivie dans l'étude de la nature, ne lui paraissait pas convenable pour attirer les philosophes à cette étude. » Gœthe ayant aisément conçu qu'il y avait une autre méthode consistant, au contraire, à procéder *du tout à la partie*, répondit à Schiller qu'il y avait une autre méthode, qui consistait à étudier le tout, et à descendre ensuite aux spécialités; qu'ainsi il pouvait lui donner le prototype de la plante et de l'animal; c'est-à-dire que Gœthe mit en usage la méthode synthétique, qu'il regarde, avec juste raison, comme un caractère essentiel du génie allemand. — Schiller accepta la discussion; mais il doutait que ces deux méthodes, analytique et synthétique, pussent marcher parallèlement. Aussi répondit-il à l'exposition que lui fit Gœthe de sa théorie des métamorphoses dans les plantes : « Tout ceci n'est pas de l'observation, mais une idée. » A quoi Gœthe répondit : « *Une idée, une conception doit servir de base à l'observation.* » Sans cesse il répétait qu'il fallait apprendre *à voir avec les yeux de l'esprit, sans lesquels on tâtonne dans les sciences naturelles*, comme dans les autres.

Il chercha donc, dans les végétaux et dans les animaux, un type non réel, quoique résultat de l'observation, qui fût une image abstraite et générale de toutes les parties et de toutes les différences qu'elles présentent dans ces deux règnes.

Pour lui, l'idée seule d'un être vivant, existant par lui-même, séparé des autres, et doué d'une certaine spontanéité, emporte avec elle l'idée *d'une variété infinie dans une unité absolue*.

Cette idée, qui peut avoir quelque apparence d'application aux végétaux, ne lui a pas réussi pour les animaux.

C'est par là qu'il arrive à traiter de *la métamorphose dans les plantes*, c'est-à-dire, de la transformation des parties de la plante les unes dans les autres.

C'est encore à Linné qu'il faut remonter pour trouver le germe de cette conception. Il avait cru remarquer que la partie externe du calice correspondait à l'écorce, et les pétales à l'aubier, etc. Il avait appliqué cette manière de voir aux bourgeons des arbres, et lui avait donné le nom de *prolepsis* (anticipation), parce qu'il supposait que toute plante annuelle était destinée à vivre six ans, et qu'en fleurissant et fructifiant, elle anticipait sur le temps.

Gaspard-Frédéric Wolf (1764), dans une dissertation sur la génération, exposa cette métamorphose comme explicable par le mode de développement des organes végétaux. En effet, il montre que, depuis les cotylédons jusques et y compris les graines, ce ne sont que des feuilles modifiées. — Il attribue cette modification au décroissement de la force végétale.

Pour Gœthe, la même chose se fera par des sucs plus élaborés. Les forces vitales d'une plante se manifestent, selon lui, de deux manières : par la végétation, en poussant une tige, des feuilles; par la reproduction, au moyen de fleurs et de fruits.

Dans le premier cas, il y a propagation successive; dans le second, elle est d'un seul coup.

Dans tous les deux, ce sont les mêmes organes (la feuille) qui s'étendent en feuilles sur la tige, se contractent pour le calice, s'étendent de nouveau pour la corolle, se resserrent de nouveau pour les étamines, et s'étendent pour la dernière fois dans le fruit.

Il y a aussi changement dans le degré de réunion, autour d'un centre, des différents organes en nombre constant, et dans certaines limites de développement.

Il y a anastomose dans la formation de la fleur et du fruit, c'est-à-dire réunion.

Plus tard, il accepta presque l'opinion de Schelver, qu'il n'y a pas de sexe, et que la théorie de la métamorphose conduit à la doctrine de la résolution en poussière, vapeur et eau.

De la métamorphose chez les animaux. Cette thèse était facile pour les végétaux, où tout est similaire; mais il n'en est pas de même pour les animaux, ne pouvant y atteindre directement, vu la grande différence des organes dans le nombre, la position, la structure et les usages. Ce que Wolf avait parfaitement reconnu, Gœthe admet que chez eux tous les organes subissent, non plus *une métamorphose successive*, comme cela a lieu dans les plantes, mais une *métamorphose simultanée*, déjà préparée au moment de la conception; qu'elle procède de deux manières, agissant tantôt d'après un thème donné, faisant passer un organe par des dégradations successives (la colonne vertébrale, par exemple); tantôt agissant sur des parties, sans leur faire perdre leur caractère typique (les deux premières vertèbres, par exemple); il ne s'agissait que de retrancher à l'une ou d'ajouter à l'autre : malheureusement Gœthe n'ayant pas la réalité, a créé d'après ses conceptions.

Toutefois, ne pouvant réellement parvenir à démontrer directement la théorie des métamorphoses, même en s'aidant de la comparaison que l'on peut faire entre celle des insectes et des plantes, il essaye de le faire indirectement par la conception d'un type idéal, fictif, en admettant que toutes les parties de l'animal, prises ensemble ou isolément, doivent se trouver dans tous les animaux.

Ce type, suivant Gœthe, n'est pas une mesure; car une mesure est quelque chose de réel, de positif, tandis que le type est quelque chose d'idéal. Ce type ne peut donc pas être l'homme, qui n'est qu'une mesure ; il doit être formulé par abstraction. Il ne peut exister comme être vivant, la partie ne pouvant être l'image du tout. Il doit être anatomique, former un modèle universel, contenant, en ostéologie, par exemple, tous les os de tous les animaux, pour servir de règle, en ayant égard, autant que possible, aux fonctions physiologiques.

Un coup d'œil sur le règne animal l'a *convaincu qu'il existe un dessin primitif, qui se retrouve dans toutes ses formes diverses ;* cependant que *la nature n'a pu les diversifier à l'infini.*

Voilà donc son type idéal; il a toujours fait exception de l'espèce humaine, et c'est un tort; il n'a pas voulu l'adopter pour mesure, parce qu'il voulait la rabaisser au rang des animaux; ce n'est que dans ce dessein qu'il fit ses divers mémoires sur l'os incisif, qui ne prouve cependant rien au fond. En créant ainsi un type, il a blâmé tout ce qu'on a fait en anatomie. Du reste, il s'est arrêté pour son type à l'ostéologie, ce qui était facile; mais, en pénétrant plus avant dans les organes et les tissus, cela devenait impossible.

Pour suivre maintenant le type dans toutes ses métamorphoses, il faut chercher la cause qui fait varier les organes; et il arrive ainsi à la thèse de Lamarck. Mais il en diffère cependant, en ce que Lamarck introduisait les circonstances extérieures avec les besoins et les penchants intérieurs de l'animal, tandis que Gœthe trouve cette cause de variation des organes dans *les modificateurs ambiants* ou *les circonstances extérieures seules;* dès lors il est conduit comme Lamarck à rejeter les causes finales, quoique leur évidence le force à les représenter comme lui par une contradiction remarquable; il dit, en effet, que *les organes d'un animal, leurs rapports entre eux, leurs propriétés spéciales déterminent les conditions d'existence.*

C'est la thèse d'Aristote, de Galien et la nôtre. *L'animal,* même pour lui dans une autre thèse, *pris en lui-même et isolément, est un petit monde qui existe par lui-même et pour lui-même;* ce qui est faux.

Mais voici des principes importants pour la thèse d'Oken : *Le total d'un animal est un budget fixe,* c'est-à-dire que la nature ne peut dépasser; ce principe est faux, car dans les singes, par exemple, les uns n'ont point de queue et les autres en ont une très-longue; dans ces derniers, il faudra donc retrancher de quelque autre partie pour que le budget ne soit pas dépassé; mais d'où retranchera-t-on? Il en est de même dans une chauve-souris, il y en a qui n'ont point de queue, d'autres qui en ont, et d'autres qui ont divers organes appendiculaires sur la tête, etc.

Il y a dans Gœthe une faiblesse de principe qui décèle le défaut d'observation; ainsi, voulant expliquer pourquoi les femelles sont moins belles que les mâles, il pose ce principe qui est le même que le précédent : « Il existe, dit-il, une loi en vertu de laquelle *une partie ne saurait augmenter de volume, sans qu'une autre diminue;* ainsi, par exemple, la matrice dans la femme, par son grand développement, a empêché la force plastique de se porter assez à l'extérieur pour y produire la beauté. »

Un autre principe plus vrai, c'est que *le type est comparable avec lui-même dans ses différentes parties,* ce que nous admettons et ce que Vicq-d'Azir avait déjà prouvé ; et c'est ce qu'Oken admettra *à priori* pour la tête.

Gœthe ajoute : « Toutes les parties d'un animal, prises ensemble ou séparément, doivent se trouver dans tous les animaux. » C'est encore un principe faux. Du reste, quand on a cherché à le démontrer par l'anatomie de signification des organes, il en est résulté une grande utilité pour les progrès de la science.

« On doit, dit-il encore, chercher à déterminer un organe en lui-même et ses rapports avec l'ensemble, reconnaître les droits de chaque organe isolé, sans méconnaître son influence sur le tout. » Le voilà dans la thèse de Vicq-d'Azir.

C'est à l'aide de ces principes que Gœthe voulut créer son anatomie comparée. Il avait étudié l'anatomie avec Wolf, sous le célèbre Hoder, à Iéna ; mais il n'avait pas assez de connexion dans ses idées et ses observations pour systématiser.

Il commence par exécuter et formuler son type ; et pour cela, ayant d'abord égard à la forme, il fait remarquer que le corps des animaux qui ont un certain degré de développement est divisé en trois sections exerçant des fonctions différentes : 1° la tête, concours des organes des sens ; 2° le thorax, contenant les organes de la vie intérieure ; 3° l'abdomen, contenant les organes de la reproduction ; — avec des organes appendiculaires disposés sur ces parties d'une manière variée.

Il prend ensuite un exemple général dans l'ostéologie; il y avait été poussé par le séjour de M. de Humboldt à Iéna. « Il est indispensable, dit-il, de rechercher et de noter tous les os qui peuvent se présenter, et pour y parvenir, il faut examiner les espèces d'animaux les plus diverses, d'abord à l'état de fœtus, puis dans leurs développements successifs. » Et il traite de :

I. *La composition et la division du type ostéologique.*

A. *Dans la tête,* il énumère dix-huit parties osseuses sans autre ordre bien distinct que celui d'avant en arrière ; et comme il a dit qu'il n'y avait espérance de trouver des os similaires que dans le fœtus, il a soin de distinguer les os dans le jeune sujet. C'est pour cela encore qu'il recommande beaucoup l'étude de l'ostéogénie pour répondre à ces deux questions : 1° Trouve-t-on dans tous les animaux tous les os du type ? 2° Comment reconnaître leur identité ? Un même os a-t-il toujours la même place ? a-t-il toujours la même destination ?

Quant à la question de déduire les os du crâne de la vertèbre, il convient de cette affinité, mais nie qu'on puisse la généraliser ni la prouver ; il compte six vertèbres dans la tête : 1° l'occipitale ; 2° la sphénoïdale postérieure ; 3° la sphénoïdale antérieure ; 4° l'os palatin ; 5° la mâchoire supérieure ; 6° l'os intermaxillaire. C'est donc lui qui nous a mis dans la direction des vertèbres céphaliques, quoiqu'il n'en ait pas compris la valeur ni la démonstration.

B. Venant ensuite au *tronc,* il considère :

I. La colonne vertébrale (*spina dorsalis*) dans le cou, le dos, les lombes, le bassin et la queue.

II. La série sternale (*spina sternalis*), qu'il rapproche ainsi heureusement de la colonne vertébrale.

C. *Organes appendiculaires* (*adminicula*). Il passe

ensuite aux appendices, parmi lesquels il place : 1° la mâchoire inférieure ; 2° les bras ; 3° les pieds ; 4° les os intérieurs (hyoïdes et cartilages).

Il avait erré en plaçant la mâchoire supérieure au rang des vertèbres. M. de Blainville a rectifié cette erreur en démontrant qu'elle est un appendice comme l'inférieure. Il était, du reste, dans la vérité pour bien des cas, quoiqu'il ait commis des erreurs.

II. Il traite ensuite de *la méthode suivant laquelle il faut décrire les os isolés*. Et il veut qu'on étudie le développement et la délimitation du système osseux en général ; les différences, 1° dans les soudures ; 2° dans les limites ; 3° dans le nombre ; 4° les différences de grandeur ; 5° de forme. Il y a là des choses intéressantes.

III. Sa troisième étude porte *sur l'ordre qu'on doit suivre dans l'étude du squelette*. Puis il en donne un exemple spécial dans son Mémoire de 1786, sur l'existence de l'os incisif dans la mâchoire supérieure de l'homme comparée à celle des animaux. C'est sur cet os qu'a roulé toute la discussion de Gœthe avec les anatomistes allemands. Blumenback et les autres soutenaient que l'absence de l'os incisif séparait l'homme du singe ; Gœthe, au contraire, soutenait qu'il y avait un os incisif dans l'homme, et il se contredit en expliquant, par les causes finales, qu'il rejetait, la raison pour laquelle cet os est sitôt soudé dans l'espèce humaine. Voilà, en un résumé rapide, l'ensemble des principes de Gœthe ; principes qui, étudiés et approfondis, pouvaient conduire à de grands résultats ; mais on ne saurait dire qu'il ait eu le sentiment de son effort, tant cela était artistique pour lui.

Oken. Les besoins de la science, à l'époque où nous sommes, étaient de démontrer la série animale non plus par l'étude des êtres eux-mêmes formulés et définis statiquement ; non plus par celle de leurs actes ou par la biologie de ces êtres, comme l'a fait Lamarck ; non plus même par l'étude de l'organisation normale et adulte, envisagée dans chacune de ses parties, considérée pour ainsi dire à travers les espèces par l'anatomie comparée.

Mais cette démonstration devait se faire dans le point de vue du parallélisme entre les degrés de développement des organes d'une espèce et les degrés de la série, en tenant compte du développement proportionnel de l'espèce suivant sa place dans cette série, sans omettre la considération des sexes et des anomalies.

Or, pour bien comprendre ce dernier progrès venu en son temps comme tous les autres, il fallait nous arrêter un moment à exposer la théorie des métamorphoses telle qu'elle a été établie par Wolf et développée par Gœthe. Il fallait montrer que cette théorie, fondée nécessairement sur la conception d'une idée ou d'un type idéal, autre qu'une mesure, c'est-à-dire, qu'un être réel, se rattachait nécessairement à l'idéalisme transcendantal de Kant, de Fichte et de Schelling.

C'est ce que nous avons fait en analysant brièvement les principes proposés par Gœthe et l'application qu'il en a faite aux plantes et aux animaux. Nous avons aisément reconnu que si la conception était facile pour une grande partie des végétaux, à cause de la similitude des parties, cela était beaucoup plus difficile pour les animaux, chez lesquels les organes ne naissent pas les uns des autres ; que cependant l'essai infructueux qu'en avait fait Gœthe devait avoir un résultat important pour l'étude de l'animalité en elle-même, et pour celle des différents degrés de son développement dans les deux sexes et dans les monstruosités naturelles. C'est ce que nous avons montré en exposant son plan d'ostéologie où se trouvent d'importantes considérations, bien que Gœthe soit loin d'avoir eu une conception générale de l'organisation animale et de la science.

Maintenant, pour apprécier Oken, il ne faut pas perdre de vue qu'il est parti de la définition de la science donnée par Fichte : « La science est un système « de connaissances déterminées par un principe supé- « rieur, lequel exprime la valeur et la forme de notre « savoir. » Ce sera donc avec ce principe supérieur à la science et en dehors d'elle qu'il va la concevoir, et ce principe il l'empruntera à Schelling, complétant la définition de Fichte, en ces termes : « La science est une « image de l'univers, en tant qu'elle déduit les idées des « choses de la pensée fondamentale de l'absolu, d'après « les principes de l'identité dans la triplicité, et en tant « que dans cette construction elle reproduit la marche « de la nature, c'est-à-dire, la succession des formes « qu'elle revêt tour à tour.» Voilà tout Oken ; car, partant de l'idée du tout existant par lui-même et représenté dans ses parties, il voit dans la succession des êtres la manifestation ou la répétition des parties de ce tout. Par cette loi est fourni le principe d'une disposition, d'une classification et d'une nomenclature rationnelle de ces êtres ; ce qu'il nomme la philosophie de la nature ou de l'objectif.

Oken étant le seul naturaliste vivant dont nous ayons eu besoin de parler pour démontrer les progrès de la science par son histoire, nous ne devons pas nous arrêter à exposer sa biographie, ni les éléments de ses travaux, ni leur énumération méthodique ; nous passons immédiatement à l'exposition de sa philosophie de la nature.

Système d'anatomie et d'histoire naturelle. « La nature, dans son ensemble, doit être considérée comme un corps organique, dont les parties seraient le développement, ou plutôt la répétition d'un seul principe; » voilà l'idée de Schelling. « Les éléments sont, pour les minéraux, les végétaux, les animaux, le principe dont ces corps émanent, dont ils sont le développement ou mieux la répétition. »

Les éléments sont au nombre de quatre : 1º le feu; 2º l'air; 3º l'eau; 4º la terre.

« Excepté les éléments, il n'y a rien dans l'univers qui puisse exercer une action quelconque. Or, comme nul être ne peut éprouver de modifications que par l'influence d'un autre, les éléments n'ont pu en recevoir que par leur influence réciproque ; existant seuls primitivement, le nombre des changements ne peut donc pas dépasser le nombre de trois. » Voilà Dieu nié, et la triplicité de Schelling admise dans l'unité matérielle.

« La nature est donc composée de quatre grandes masses » ou règnes, qui sont :

1º *Les éléments.* . . . . . Règne uni-élémentaire ;
2º Les minéraux. . . . Règne bi-élémentaire ;
3º Les plantes. . . . . . Règne tri-élémentaire;
4º Les animaux. . . . . Règne quadri-élémentaire.

I. ÉLÉMENTS. L'histoire naturelle des éléments est l'objet de la physique et de la chimie.

Le feu est composé de trois agents : 1º la chaleur; 2º la lumière; 3º l'éther ou pesanteur.

L'air est le feu condensé.

L'eau est l'air condensé avec un excès d'oxygène.

La terre est l'eau condensée avec un excès de carbone.

Les matières simples, telles que l'hydrogène, l'azotate, l'oxygène et le carbone, sont pour les éléments ce que sont pour les corps organisés les parties ou systèmes anatomiques.

Les différentes combinaisons de ces matières simples produisent les différences dans l'élément terrestre, le seul qui puisse éprouver des changements.

Ces combinaisons sont au nombre de quatre :

1° Si le carbone est pur, ce sont les minerais ;

2° S'il est combiné avec l'hydrogène, — les combustibles ;

3° Si avec l'hydrogène et l'oxygène, — les sels ;

4° Si avec l'oxygène seul, — les terres.

II. MINÉRAUX. « Les minéraux ne sont autre chose que l'individualisation de leurs parties ou organes. » Ils sont bi-élémentaires.

Ils se divisent d'abord, d'après les éléments, en quatre classes :

Ire c. Minéraux purement terreux, — terres, — m. terriques.

IIe c. M. influencés par *l'eau*, — sels, — m. aquatiques.

IIIe c. M. influencés par *l'air*, — carbures, — m. aériques.

IVe c. M. influencés par *le feu*, — minerais, — m. igniques.

« La nature a produit les minéraux d'après des lois constantes, immuables, de manière que leur *nombre*, leur *place* sont fixés ; d'où les familles et les genres ne sont nullement arbitraires. »

Son système minéralogique donne la preuve de cette assertion ; chaque classe, chaque ordre, chaque famille, chaque genre étant divisé en quatre d'après les classes.

Ordres.		*Familles.*	
I.	Terres pures...... silices..	I.	pures......quartz.
II.	— influencées par les sels.... argiles..	II.	argiliques..zircons.
III.	— influencées par les combustibles...... talcs...	III.	talciques.. spinelles.
IV.	— influencées par les minerais. chaux..	IV.	calciques.. chrysobérils.

1. Cl. Min. terreux.

Ce système est complétement erroné, si ce n'est pour les carbures peut-être, quelques sels et quelques minerais. Mais l'application de son principe est rigoureusement logique, comme on vient de le voir.

III. Végétaux. Les plantes sont des corps individuels composés des trois éléments planétaires, terre, eau et air, agissant chacun librement selon sa nature.

Le règne des plantes n'est que le développement individuel des organes ou parties de la plante.

Les parties anatomiques de la plante correspondent à

	la terrre.	l'eau.	l'air.
Elles sont au nombre de trois qui produisent, en s'individualisant :	le tissu cellul.	les lacunes.	les trachées.
1° Par une première métamorph. :	la racine.	la tige.	la feuille.
2° Par une seconde métamorphose :	la semence	la capsule.	la corolle.
3° Par leur réunion :		le fruit.	

Ce qui porte le nombre des organes ou parties à dix ; d'où le système des plantes en trois sous-règnes :

1° Végétaux à moelle ;
2° — à souche ;
3° — à fleurs.

Et en dix classes qui sont :

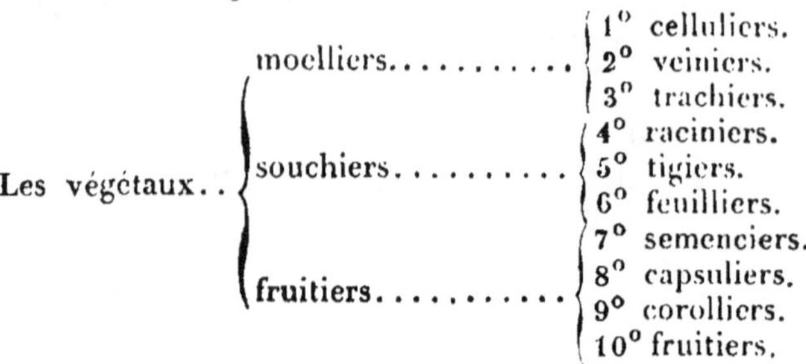

La raison de ce système est bien claire. « La plante ne pouvant être que la réalisation individuelle d'un ou plusieurs organes, dans chaque plante existe la tendance à produire des organes plus élevés. Une plante, par exemple, qui n'est composée que de racine, cherchera à pousser une tige, puis des feuilles, etc. Quand elle n'a pas assez de force pour s'épanouir en feuilles réticulaires, on dira qu'elle s'est arrêtée à la tige, ou qu'elle est une plante tigière, etc. Toutes les plantes, à l'exception des inférieures, parcourent cette échelle, et se distinguent les unes des autres d'après le degré sur lequel elles sont parvenues à s'élever. »

C'est donc pour les plantes encore le principe de Schelling avec les métamorphoses de Gœthe.

IV. LES ANIMAUX. Un animal est un corps végétal qui réunit aux organes des trois éléments les parties du quatrième, c'est-à-dire du feu.

Les parties organiques des trois éléments terrestres sont :

1° *Les intestins*, comme organe de *la terre*;

2° *Les veines*, comme organe de *l'eau*;

3° *Les trachées* ou *poumons*, comme organe de *l'air*.

Les parties de l'élément animal ou du *feu* sont :

1° *Les os*, comme organe de *la pesanteur*;

2° *Les muscles*, comme organe de *la chaleur ;*

3° *Les nerfs*, comme organe de *la lumière.*

Les parties végétales se nomment *entrailles ;* les parties animales, *chair.*

Le corps animal est donc composé de trois systèmes, chacun divisé en trois :

1° *Système sexuel ;*

2° *Système entraillier ;*

3° *Système carnal* ou proprement *animal.*

Le système sexuel donne. . . . .
- les parties du germe. . sperme. . œuf. . . . . enveloppes fœtales.
- parties sexuelles. . . . reins. . . . part. fem. part. mâle.

Le système entraillier donne. . . . . intestins. . vaisseaux. poumons.

Le système carnal donne. . . . .
- part. de la chair. . . os. . . . . muscles. . nerfs.
- part. des sens. . . . . sens.

D'où le système des animaux en treize classes, dont le caractère, le nom et la place sont donnés par un organe significatif.

« Le règne animal s'étant développé dans le même ordre que les organes dans le corps animal, dès lors les organes doivent former, caractériser et représenter les classes. Dès lors aussi on voit comment elles ne doivent être qu'au nombre de treize, suivre l'ordre des organes et en tirer leur nom. » De là, nous aurons le système animal ainsi conçu :

A. *Viscères* ou *à peau sans chair.*   *Viscériers peaussiers.*

Règne animal. / Animaux à	*a.* à germe...germiers..polypes...	spermiers...	infusoires.
		oviers......	coraux.
		fétiers......	zoophytes.
	b. à sexe.....sexiers...mollusques.	reiniers.....	radiaires.
		femelliers...	moules.
		masculiers..	limaces.
	c. à entrailles.entrailliers..insectes.	intestiniers..	vers.
		veiniers.....	crabes.
		pulmoniers..	mouches.

B. *Animaux à chair, carniers.*

à chair,......carniers...........	ossiers.....	poissons.
	musculiers..	reptiles.
	nerviers....	oiseaux.

C. *Animaux à sens.*

à sens.....sensiers............. sensiers... mammifères.

Les ordres, les familles, les tribus, etc., répondront au nombre des organes ; en voici l'exemple pour la tribu des canards :

Familles.

Tribu des canards.	I. Germiers ...	Canard	fétier.....	colymbus.
		—	ovier.....	alca.
		—	spermier..	aptenodytes.
	II. Sexiers.....	—	reinier....	rhynchops.
		—	femellier...	larus, sterna.
		—	masculier..	diomedea, procellaria.
	III. Entrailliers..	—	intestinier..	plotus.
		—	pulmonier..	phaéton.
		—	veinier....	pelecanus.
	IV. Carniers...	—	ossier.....	mergus.
		—	musculier..	anas.
		—	nervier....	phænicopterus.

Les genres sont distribués d'après leur *organe caractéristique.*

Pachydermes :

G. p. Peaussier........... Cochon.

G. p. Languier........... Hippopotame.

G. p. Nasier............. Éléphant.

G. p. Oreillier............... Rhinocéros.

G. p. Oculier.............. Cheval.

Ainsi, pour Oken, le règne animal n'a pu se développer qu'en ajoutant un organe à son point de départ ; c'est la thèse de Lamarck. Mais, dans son application rigoureuse, on voit de combien d'erreurs elle pullule : ainsi, pour ne prendre que les pachydermes, en n'admettant que ses cinq genres fondés sur ses cinq organes, il lui est impossible de comprendre tous les pachydermes ; les dinothériums et tous les animaux perdus n'y peuvent entrer. On ne voit pas non plus pourquoi le cochon est plutôt le genre peaussier que l'éléphant et l'hippopotame ; pourquoi le tapyr n'est pas nasier au lieu d'être peaussier ; pourquoi l'éléphant, qui a des oreilles si développées, n'est pas aussi bien oreillier que le rhinocéros, etc.

Il reste un autre point à étudier. Gœthe était arrivé à représenter les parties dans le tout ; Oken va reprendre la thèse, mais d'une manière bien plus complète.

Un animal est composé de deux cônes opposés base à base, ce qui est un fait très-juste : maintenant le squelette est composé de deux parties, du tronc et de la tête, qui se correspondent mutuellement ; la tête est la répétition du tronc, ce qu'il s'agit de voir.

Son programme est de 1807.

La colonne vertébrale n'est, selon lui, d'abord qu'une gaîne, qui forme une seule et unique vertèbre ; par suite de l'ossification, elle se partage en plusieurs autres vertèbres.

Le tronc est composé de la colonne vertébrale, des côtes et des membres. Ici il reprend l'anatomie comparée des membres, comme Vicq - d'Azir ; mais il va le rectifier.

	Les Thoraciques.		Les Abdominaux.
Les membres sont composés de parties correspondantes.	Épaule... { omoplate.............. fourchette. clavicule.............	Bassin..	{ os des îles. pubis. ischion.
	Bras..... { humérus............. radius. cubitus.............	Jambe..	{ fémur. tibia. péroné.
	Main.... { carpe.............. métacarpe. doigts..............	Pied...	{ tarse. métatarse. doigts.

Toutes les parties du tronc se répètent dans la tête.
C'est ce qu'il va développer dans une thèse soutenue à
Iéna en 1804. Gœthe avait fait six vertèbres dans la
tête; Oken, avec plus de raison, n'en fera que quatre.

Coprs de la vertèbre.	Apophyses transverses perforées.	Apophyses épineuses.
	1° La vertèbre auriculaire.	
Os basilaire...........	occipitaux latéraux..	occipital supérieur.
	2° La vertèbre linguale.	
Sphénoïde postérieur...	grandes ailes......	pariétaux.
	3° La vertèbre oculaire.	
— antérieur....	petites ailes.......	frontaux.
	4° La vertèbre nasale.	
Vomer..............	ethmoïdes.........	nasaux.

Les membres se répètent de même dans la tête : les
mâchoires supérieures sont la répétition des bras; les
mâchoires inférieures, celle des pieds.

« Il y a toujours (sauf l'avortement) autant de mâchoires qu'il y a de pieds : dans les classes à deux paires de pieds, toujours deux paires de mâchoires; dans
les classes à trois paires de pieds, comme dans les insectes hexapodes, aussi trois paires de mâchoires; et
dans les insectes à cinq paires de pieds, comme dans
les écrevisses, aussi cinq paires de mâchoires.

« Les mâchoires, ou les pieds de la tête, sont enfin

composés du même nombre d'os que ceux du tronc.

« La mâchoire *supérieure* est composée des mêmes pièces que le *membre* thoracique, et elles sont même visibles dans les mammifères :

1° Épaule......
Os temporal................. omoplate.
Conduit auditif externe........ fourchette.
Caisse...................... clavicule.

2° Bras........
Os jugal................... humérus.
Apophyse postérieure......... radius.
Apophyse jugale .... cubitus.

3° Carpe....... L'os de la mâchoire supérieure composé de plusieurs pièces.

4° Main........ Les dents sont les doigts et les ongles.

La mâchoire inférieure représente les membres pelviens. Ses parties sont visibles surtout dans les reptiles et les poissons.

Bassin.......
Os articulaire........ os des îles.
Os angulaire........ os ischion.
Os supplémentaire... os pubis.

Jambe.......
Os coronoïde....... cuisse.
Os operculaire...... jambe.

Pied. ....
Os dentaire........ tarse.
Dents............. doigts et ongles.

Les appendices des insectes ne sont que des trachées ou des branchies endurcies, comme on peut le voir dans les crustacés.

Il cherche maintenant à montrer que les mâchoires internes ou viscérales des insectes se sont conservées dans les quatre classes supérieures.

C'est avec plus de justesse qu'il a indiqué des organes de la reproduction dans le mâle et la femelle chez ces animaux.

Ainsi, pour le squelette, Oken a parfaitement répondu à son principe.

Sur le développement, il a encore des choses intéressantes. Il n'est pas entré dans d'autres parties de
l'anatomie.

Ce principe de l'idéalisme panthéiste, que tout est
dans tout, que les parties représentent le tout, principe qui n'est pas admissible *à posteriori*, a pourtant
conduit Oken *à priori* à des découvertes remarquables,
comme celle, par exemple, des vertèbres et des appendices de la tête, etc.

Le tableau suivant résume toute la théorie panthéis-
tique d'Oken.

LE MONDE EST UN ANIMAL COMPOSÉ DE

I. *Règne uni-élémentaire.*

TERRE.   EAU.   AIR.   FEU..... { pesanteur. chaleur. lumière. }

En se combinant deux à deux, les éléments donnent naissance au

IIe *Règne bi-élémentaire*................... Minéraux.

TERRIQUES.   AQUATIQUES.   AÉRIQUES.   IGNIQUES.

En se combinant trois à trois, les éléments donnent naissance au

IIIe *Règne tri-élémentaire*............ Végétaux composés de

Ire *Métamorphose parenchyme.*	1° Tissu cellulaire.	2° Vaisseaux.	3° Trachées..... Moelliers.... {	1 celluliers.... moisissures. 2 veiniers..... vessiers. 3 trachiers.... agarics.
IIe *Métamorphose souche.*	4° Racine.	5° Tige.	6° Feuilles..... Souchiers..... {	4 raciniers.... acotylédones. 5 tigiers...... monocotylédones. 6 feuilliers.... apétalées.
IIIe *Métamorphose fleur et fruit.*	7° Semence.	8° Capsule.	9° Corolle..... Fleuriers..... {	7 semenciers... épigynes. 8 capsuliers... monopétalées. 9 corolliers.... polypétalées pé- rigynes.
			10° fruit... {	10 fruitiers.... polypétalées hy- pogynes.

Par la combinaison des quatre éléments naît le

IVe *Règne quadri-élémentaire*....... Animaux.

PARTIE VÉGÉTANTE.

1° Intestins.   2° Veines.   3° Poumons .....
4° Organe femelle.   5° Organe mâle.   6° Embryon.....   } Viscériers *peaussiers*
7° Œuf.   8° Sperme.   9° Fœtus........ /

germiers....... { 1 spermiers..... infusoires.
                { 2 oviers .... coraux.
                { 3 fœtiers . ..... zoophytes.

sexiers........ { 4 reiniers...... radiaires.
                { 5 femelliers..... moules.
                { 6 masculiers.... limaces.

entrailliers ..... { 7 intestiniers... vers.
                   { 8 veiniers...... crabes.
                   { 9 pulmoniers... mouches.

FEU

PARTIE ANIMANTE.

10° Os... pesanteur. ...
11° Muscles chaleur ....
12° Nerfs.. lumière.....   } Carniers........
13° Sens.............. ...

/ 10 ossiers..... poissons.
{ 11 musculiers. reptiles.
{ 12 nerviers... oiseaux.
{ 13 sensiers.... mammifères.

Le sytème d'Oken ne comprend évidemment que la *philosophie de la nature*. Ce n'est que le développement d'une partie du système général de la philosophie de Schelling, et surtout de l'unité dans la multiplicité : les parties du tout en sont la représentation.

Il n'est nullement question de la partie préliminaire dans la science ; non plus que des parties terminales. Il est donc moins complet que Lamarck.

Il a répondu au vœu de Schiller, *d'attirer les philosophes à l'étude de la nature, en abandonnant la méthode fragmentaire ou morcelée*. Il a suivi la méthode contraire, indiquée par Gœthe, en procédant du tout à la partie. Il a cherché avec Schelling, l'unité dans la triplicité. Il a accepté le principe esthétique de Gœthe, qu'une idée, une conception doit servir de base à l'observation. Il a encore accepté, avec le même Gœthe, la variété infinie dans une unité absolue.

Les avantages de son système sont :

1° D'embrasser tous les corps naturels sous un même principe, sous une même loi, ce qui a permis de constituer la science de la nature.

2° D'en montrer la gradation depuis le règne élémentaire jusqu'à l'homme.

3° De pouvoir la traduire par une nomenclature systématique rationnelle.

4° D'avoir une régularité qui permet sa conception avec la plus grande facilité.

5° De faire marcher parallèlement les degrés de développement d'un animal avec ceux de la série.

6° De conduire, par des inductions systématiques, à des découvertes positives ; ainsi en ostéologie et en embryologie.

7° De montrer que le nombre des combinaisons d'organes est limité.

Ses désavantages sont une suite nécessaire de sa conception. En effet, elle ne repose que sur une vue *à priori*, que sur un principe contestable, idéal, qui ne peut être employé comme méthode de classification. La forme n'est jamais prise en considération, et elle ne pouvait l'être, puisque le principe est la métamorphose, c'est-à-dire, le changement continuel.

Récapitulation. — Après avoir terminé les préliminaires nécessaires pour faire comprendre l'influence de M. Oken sur les progrès de la science, nous sommes entrés dans l'intérieur de sa doctrine, et nous avons montré qu'il n'était qu'une émanation de Kant, Fichte et Schelling. Intermédiairement s'était placé un artiste qui, essayant de se peindre la nature, a mis l'idée au-dessus des choses.

C'est à lui qu'est due la théorie des métamorphoses, très-importante pour comprendre la philosophie de la science, telle qu'elle est entendue par Oken.

La théorie de Gœthe était tirée de Buffon, que sa nature poétique avait porté à traiter toutes ces grandes questions. Gœthe, obligé de combattre Schiller qui reprochait aux sciences leur morcellement, voulut lui en prouver la synthèse pour ainsi dire ; et aussitôt qu'il eut montré qu'on pouvait appliquer aux sciences naturelles la philosophie de la nature de Schelling, tous les Allemands entrèrent dans cette voie. Oken, dès le premier ouvrage qu'il a publié, a pris pour épigraphe : *Una natura, confluxio unica.* Dès lors il a pu établir une série naturelle dans ce principe, en déduire une classification et une nomenclature rationnelles.

Nous ne nous sommes point arrêtés à critiquer, d'une manière plus ou moins plaisante, les expressions et les idées ; nous avons pris sérieusement une chose serieuse. M. Oken, comme naturaliste, essaye de se faire une idée de la conception du monde. Partant de la définition de la science donnée par Fitche ou par l'idéalisme, puis s'élevant à la conception du moi réfléchissant, sentant *en soi l'idée du tout* existant par lui-même et représenté dans ses parties, il voit, avec Schelling, dans la succession des êtres, et dans les états par lesquels ils passent, la manifestation et la répétition des parties de ce tout. Ce qui lui fournit le principe d'une disposition, d'une classification, d'une nomenclature rationnelles de ces êtres. C'est là la philosophie de la nature ou de l'objectif.

Mais alors cet objectif, dans le règne animal surtout, a dû être envisagé autrement qu'on ne l'avait fait avant lui, non plus dans les individus finis, terminés, statiques, mâles ou femelles et normaux, mais dans les phases de leur développement ou dans leurs métamorphoses, et dans leur morphologie anatomique, ou dans leur organisation considérée sous le point de vue du principe de la répétition du tout dans les parties, non-seulement symétriquement et bilatéralement dans les animaux pairs, mais encore dans la direction longitudinale, une extrémité représentant l'autre, comme un côté le fait à l'égard de l'autre; le ventre à l'égard du dos.

Dès lors l'anatomie comparée, dominée d'un principe *à priori*, a paru changer de nature, au point qu'elle a été désignée sous les dénominations nouvelles d'anatomie transcendentale, de théorie des analogues, de signification des parties de l'organisation.

Mais au fond, elle est restée la même, comme il est aisé de le concevoir; et la connaissance de l'organisation de l'homme par l'étude de celle des animaux, des

végétaux, et même des minéraux, des éléments matériels de ces trois classes de corps, *et vice versâ*, a été
comprise dans sa conception générale.

Seulement le réalisme a paru s'élever à l'idéalisme
par des abstractions de plus en plus hautes, c'est-
à-dire, de plus en plus éloignées du point réel ou
matériel, tellement qu'on a pu croire être arrivé à la
science première, que Dieu seul peut atteindre.

Mais ceux des naturalistes qui ont voulu suivre
Oken, ou même développer ses principes, n'étant plus
retenus par les faits matériels, sont entrés dans la voie
de l'anéantissement de la science, qu'ils ont remplacée
par une conception idéale, qu'ils n'avaient pas même
pu s'approprier.

Cependant Oken n'en a pas moins laissé, comme
résultat scientifique, 1° la possibilité d'une conception
générale, dominant l'ensemble de la nature à l'état d'é-
léments, comme à celui de corps minéraux, végétaux
et animaux, d'où la science de l'organisation a pu être
sentie, définie, et formulée par l'établissement d'un
principe;

2° La série animale, démontrée sous un autre point
de vue, qui tend à comprendre tous les états sous lesquels un animal peut se présenter;

3° La classification des êtres naturels, sentie dans
son importance, puisqu'elle est en concordance parfaite avec la conception de l'existence de la série;

4° Enfin, la nomenclature est également appréciée
dans sa haute valeur, puisqu'elle devient une conséquence du principe qui domine l'établissement de la
série et de la classification.

Dans sa classification, rigoureuse d'après son principe,
il arrive, avec quelques inversions, à celle de Lamarck;

car, en renversant les vers, les crabes, les mouches, et les mettant à la place des moules et des limaces, on a absolument le système de Lamarck.

Celui-ci admet que les classes, les genres sont artificiels; Oken, au contraire, pose absolument qu'ils sont déterminés et qu'il ne peut y en avoir un plus grand nombre. Nous notons ce point de doctrine, qui nous servira plus tard dans l'établissement de la série.

Mais, par cela même que le principe dominateur de la philosophie de la nature est fantastique, qu'il ne repose que sur une hypothèse, la série animale, bien que conçue, n'est pas démontrée. La classification est hypothétique, et la nomenclature inutile.

Ainsi la zoologie est retombée dans le chaos. L'existence des espèces a été niée; celle de la série l'a été de même, parce que, n'ayant pas été sentie ce qu'elle est réellement, et n'étant appuyée que sur des hypothèses, elle n'a pu être démontrée.

La possibilité d'une classification naturelle des êtres et même des animaux, a été niée; on a abandonné, ridiculisé la théorie des causes finales. On a voulu appliquer aux corps organisés les mêmes théories, les mêmes principes que ceux qui conviennent aux corps bruts ou inorganiques, et ensuite nier leur création par une puissance infiniment intelligente.

Dès lors la conception de la zoologie comme science a été retardée, et par là même a été empêchée son introduction dans la philosophie ou dans la science générale, à sa place et pour son seul et unique but, la connaissance véritable de l'homme et de ses devoirs envers les êtres créés, envers lui-même, envers ses semblables et envers Dieu. Or, pourtant, point de philosophie sans ce terme.

Nous avons vu dans Lamarck que les êtres animaux les plus élevés sont des résultats de la matière et de la nature. Nous venons de voir dans Oken que le monde est un animal, et qu'il n'existe que lui. Or, puisque ces deux doctrines aboutissent à l'absurdité, à l'incohérence, à la contradiction flagrante et continuelle des faits, des êtres et des phénomènes, et qu'elles ne peuvent conduire à la sagesse ou à la philosophie, il faut bien qu'il y ait autre chose que ces deux systèmes, qui renferment tous ceux qui ont jamais été imaginés en opposition au catholicisme. Nous n'avons pas combattu les individus, nous avons exposé les doctrines; il s'agit de combattre celles-ci, et par là de faire entrer la science dans l'utilité de l'homme social, vivant pour le présent et pour le futur; acceptant le Créateur qui a fait l'homme à son image, et le monde pour l'espèce humaine. C'est à démontrer cette thèse à l'aide des perfectionnements ou des progrès que la zoologie ou la science de l'organisation animale a faits dans son ensemble et dans ses particularités, et par conséquent à combattre les objections qu'on lui a opposées, que doit être employé le nouvel effort demandé par la philosophie, en revenant à la conception aristotélicienne terminée par la doctrine du christianisme.

Et comme cette thèse est comprise dans celle de la série animale, c'est à sa démonstration que nous consacrerons le volume suivant.

RÉSUMÉ GÉNÉRAL.

Arrivés au terme d'un aussi long travail, il est nécessaire d'en retracer à notre esprit la trame et l'enchaînement. Nous achèverons par là de montrer d'une
manière claire et définie ce qu'il faut entendre par le
cercle des connaissances humaines, et quel rang y occupe
chaque science. Nous retracerons de nouveau la marche
logique et rigoureuse de l'esprit humain, en représentant à notre esprit, comme dans un tableau, la succession harmonique des divers efforts qui ont été tentés
jusqu'à ce jour pour constituer la philosophie.

Nous comprendrons aussi maintenant pourquoi nous
ne plaçons au tableau qu'un certain nombre de personnages, qui y remplissent une fonction. Parmi eux,
les uns le dominent tout entier et influent sur l'effet de
chacune de ses parties ; les autres n'y occupent qu'une
place de détail qui contribue pourtant à l'harmonie de
l'ensemble. Mais autour de chaque personnage typique
se groupent une foule de figures secondaires qu'il fallait
éloigner pour ne pas introduire la confusion, et dont il
fallait pourtant résumer les traits dominants dans le
type auquel ils se rattachent ; c'est ce que nous avons
fait dans le chapitre qui a pour titre : *Éléments des
travaux*. Ici, il ne peut plus être question que des
efforts principaux entre lesquels il serait impossible
d'en intercaler de nouveaux sans faire double emploi.
Quant aux sentinelles perdues qui sont venues avant le

33.

temps, leur effort a été nul, il n'a point servi au progrès, et par conséquent ils ne pouvaient figurer dans notre dessin.

Le but de notre travail doit aussi se résumer dans ce tableau, par lequel nous voulons démontrer graphiquement la marche naturelle et progressive de la philosophie, c'est-à-dire de l'ensemble des connaissances humaines et divines, comme constituant un cercle complet, ayant pour terme DIEU ou *la puissance intelligente créatrice*, que l'homme seul peut concevoir, non pas en elle-même, mais seulement par ses œuvres; cette intelligence souveraine et sa connaissance ne pouvant pas plus être séparées de la philosophie qu'un point de la circonférence ne peut être séparé du cercle, sans l'empêcher d'être terminé. Le moyen, l'instrument à l'aide duquel l'homme peut arriver à ce but, est son intelligence qui lui a été donnée à cet effet. Les matériaux sur lesquels l'homme doit porter son instrument pour en faire sortir la connaissance, le terme, sont les êtres existants ou le monde, qui ont été créés pour lui.

Il suit de là que la marche de l'esprit humain a été d'abord de disposer, de préparer et d'aiguiser ses instruments, de les appliquer ensuite à l'étude du monde, et comme terme à l'homme matériel ou physique et moral, c'est-à-dire social et nécessairement religieux, et par conséquent arriver à DIEU.

D'où réponse à ces grandes questions : Que suis-je ? l'œuvre de Dieu, fait à son image; d'où viens-je ? de Dieu; où vais-je ? à Dieu. Pourquoi m'a-t-il créé? pour être glorifié par la manifestation de sa toute-puissance, de son intelligence et de son amour, ou du triple caractère de son être absolu et parfait, dans la création de l'être de transition entre la matière et l'esprit.

Mais cette grande et magnifique vérité, la seule importante et nécessaire à la vie sociale, et renfermant en elle toutes les autres vérités, dut être acceptée d'abord de sentiment et par la foi, afin de devenir pratique en servant de base à la sociabilité humaine. Cependant, la liberté de l'homme et sa raison devaient tôt ou tard chercher le rapport intime qu'il y a entre sa nature et cette vérité, afin que la raison, satisfaite par la détermination de ce rapport, se soumît à la foi, comme à la loi de son bonheur et de son repos. L'ensemble des êtres créés, le monde visible, montrant à l'intelligence humaine un ordre harmonique, un plan magnifique, une conception intelligible et démontrable en rapport avec toutes les facultés de l'esprit humain ; la raison alors se trouve logiquement entraînée à admettre, à embrasser ce rapport, cette proportion qui existe entre elle et le monde qui l'entoure ; mais, par une conséquence rigoureuse, une intelligence supérieure et infinie lui apparaît comme la source et la cause souveraine de ce monde créé, de l'homme lui-même et des rapports logiques de la raison humaine avec le plan harmonique de la création. Et c'est de là que doit naître enfin le profond *rationabile obsequium* du grand apôtre saint Paul, par la soumission rationnelle de la raison rebelle à la foi, et par l'accomplissement des devoirs découlant des rapports de la créature avec son Créateur.

Ce grand, ce pénible travail n'a pu se faire tout d'un coup ; il a fallu une longue succession d'efforts plus ou moins puissants, mais déterminés par les besoins successifs de la science humaine ; besoins successifs nés les uns des autres, et qui ont fait surgir dans le temps voulu les hommes que la providence destinait à les remplir, souvent à leur insu et comme malgré eux ;

afin que, quand la foi, cette lumière nécessaire de l'humanité, serait obscurcie par les passions et verrait un grand nombre d'esprits se révolter contre sa divine autorité en travaillant à saper les bases de la société humaine, la science arrivée à son terme fût assez mûre et assez puissante pour redevenir *sa servante*, en rappelant à son but la raison égarée.

Non-seulement ces efforts scientifiques providentiels devaient se succéder dans une marche logique, mais encore dans la seule direction qui pouvait permettre à la raison de s'attacher aux êtres réels, positifs. Seuls, en effet, ils pouvaient lui permettre de saisir, de comprendre un plan, un enchaînement harmonique, positif et réel, invariable et toujours le même; seuls, par conséquent, ils lui donnaient l'espoir d'arriver à une démonstration excluant tour à tour toute hypothèse, pour ne laisser plus que la réalité toujours subsistante de l'accord des faits, qui sont ici les êtres et les phénomènes, avec la raison même; de là, comme conséquence nécessaire, doit sortir enfin l'accord de la science avec la foi, puisque d'une part les faits, qui sont les êtres créés, sont l'œuvre de Dieu, et que de l'autre la foi est fondée sur la souveraine vérité de sa parole. En partant de ces principes, on comprend comment les sciences qui ont reçu le nom de naturelles, parce qu'elles embrassent les êtres créés, devaient fournir la seule direction logique qui permît la démonstration; c'est pour cela que nous avons suivi les progrès de l'esprit humain dans ces sciences. Dès lors, il nous a été facile de nous convaincre que tous les efforts que nous avons étudiés étaient chacun dans les besoins de la science à l'époque où ils sont venus, et déterminés par les progrès mêmes de cette science. Le génie de chacun des hommes que nous avons considérés n'aurait pu rien sans cela ; car l'esprit humain, qui est essentiellement philosophique, n'agit et ne marche que logiquement, c'est-à-dire, suivant un ordre qui est en rapport d'une part avec l'essence même et la nature de ses facultés intellectuelles qui sont l'instrument de la science, et de l'autre avec les êtres créés qui en sont la matière ou le moyen par lequel il s'élève jusqu'au Créateur. L'ensemble des sciences suit donc une marche ascensionnelle , à laquelle il faut appliquer le levier convenable pour arriver au terme. C'est cette marche dont il nous reste à retracer le tableau , contracté et réduit à ses principaux traits.

Aristote, par la puissance de son génie, a conçu que l'ensemble des connaissances humaines constitue la philosophie ; et il est conduit à tracer dans la science le grand tableau de la création. Dans ce but, il a employé, dirigé, aiguisé l'instrument intellectuel. Comprenant , en effet , que l'étude des choses se compose de l'histoire des faits et de leur étiologie ou de la recherche et de l'explication des causes , et que pour parvenir à les connaître il faut donner à l'esprit la méthode en général, puis la méthode en particulier, la classification et la nomenclature, qui conduisent à lire l'ordre de la création manifesté par la dégradation des êtres, ou leur série, Aristote a créé la méthode qui est l'art de se prouver la vérité à soi-même et de la démontrer aux autres en combattant l'erreur. Il a appliqué cet instrument à la connaissance des corps naturels, à l'état d'éléments, à l'état de monde, à l'état d'êtres. Tant qu'il ne s'est agi que de l'ensemble des connaissances humaines, il a tout embrassé sauf l'expérience, il a conçu et tracé le cercle, il l'a développé dans le but de mieux connaître l'espèce humaine qu'il a prise pour mesure, et qu'il considère enfin dans ses rapports avec la famille, la nation et le monde; il a établi que la recherche des causes est le but de la philosophie, dont il a vu ainsi le terme à la fois intellectuel, qui tend à remonter à Dieu, et physique qui, lorsque l'on y reste, tend uniquement au matérialisme. Mais bien qu'il eût vu ce double but, il n'a pu arriver jusqu'aux rapports de l'homme avec Dieu; cela n'était possible que par le secours de la révélation, et dès lors le cercle ne pouvait être clos.

Galien, continuant l'œuvre d'Aristote et comprenant la philosophie comme lui, vient dessiner au tableau de la création l'homme sain et malade pour servir de mesure aux proportions des autres parties; pour cela, il élargit la méthode d'observation en ouvrant une voie expérimentale beaucoup plus développée; enfin, sous l'influence chrétienne, il a vu plus clairement le but *théologique* dans la grande thèse des causes finales.

Albert le Grand agrandit la toile, accroît les traits, et illumine le tableau par le rayon divin qui en montrera le but et en fera saisir les harmonies. Il élargit le cercle par un plus grand nombre d'observations et par des descriptions plus complètes; mais surtout il le finit et le clôt en acceptant le premier verset de la Genèse: *Au commencement Dieu créa le ciel et la terre.* En ajoutant à ce qu'avait fait Aristote, la grande démonstration de la révélation, il détermine le but de toute science.

A partir de cette époque, le cercle des connaissances humaines est terminé. La philosophie a été l'ensemble des connaissances divines et humaines pour arriver à la sagesse qui est la connaissance des créatures, des œuvres de Dieu, en un mot la lecture des êtres et des lois de Dieu qui les régissent, pour de là nous élever à sa glorification. Mais le cercle peut être agrandi dans le nombre des matériaux, dans leur connaissance plus intime, dans l'aiguisement et l'emploi de l'instrument qui doit enfin sentir les rapports et les lois; et par suite dans la démonstration plus adéquate de Dieu par ses œuvres.

Ces perfectionnements dans chacune de ces directions, après une sorte d'*incubation*, pendant laquelle travaillaient des circonstances fortuites, vont nécessairement avoir lieu; mais comme il est impossible à un seul homme d'embrasser toutes les parties augmentées, il faudra prendre chacune d'elles l'une après l'autre pour les perfectionner autant qu'elles en sont susceptibles.

2° *Reprise.* GESNER commence par une énumération plus complète des corps naturels, et surtout des animaux, en rappelant consciencieusement et méthodiquement tout ce qui avait été dit sur chacun d'eux, toutefois sans critique autre que philologique. Il fait le bilan de ses prédécesseurs, et découvre à ses successeurs ce qu'il y a de fait dans le tableau qui doit représenter la création; il leur montre sur quelle partie ils doivent diriger leur pinceau pour la perfectionner. Son but, individuel en apparence, est pour lui théologique en réalité.

VÉSALE, étudiant plus profondément *la mesure* en elle-même et dans ses actes, dessine l'homme dans sa structure et ses fonctions, afin que ses successeurs puissent y jeter l'œil pour dessiner tous les autres êtres à leur place, à leur rang; d'où naîtront les nuances harmoniques du tableau. Dans ce but, il étend le champ de l'expérience plus loin que Galien, sur chacune des parties de l'organisme; par là, il tend plus directement à la connaissance des causes par la démonstration de la cause prochaine.

HARVEY vient continuer sous ce rapport expérimental par l'étude des deux phénomènes les plus importants déduits de l'organisation, la circulation et la génération. Il perfectionne le dessin de Vésale, en commençant à marquer le degré de vie qu'il faudra donner à chaque partie.

De ces faits comme prémisses ressortent des corôllaires, qui entraîneront le perfectionnement nécessaire alors de la méthode, de la logique dans l'art d'interpréter la nature pour les corps bruts d'abord.

BACON applique la méthode à l'étiologie des phénomènes; il insiste sur l'expérience qu'il régularise; du reste, il comprend nettement que la philosophie est *Dieu*, *l'homme* et *la nature*.

DESCARTES perfectionne la méthode mathématique, la méthode logique; mais surtout il appelle comme base de la science l'étude des corps organisés et celle de la structure de l'homme comparée aux animaux en particulier.

Bacon et Descartes agrandissent donc la puissance de l'instrument, l'échelle de proportion à l'aide de laquelle on pourra copier sur la nature les traits divers qu'il faudra tracer au tableau.

RAY développe la direction de Gesner et l'élargit considérablement; cependant, le nombre des faits simples s'accroissant demandait que la méthode fût perfectionnée, non plus pour l'interprétation des faits, afin qu'ils servissent à l'explication des phénomènes, mais qu'elle le fût sous le rapport de classification des corps naturels, végétaux et animaux; en conséquence Ray cherche à ranger les êtres qui doivent entrer au tableau dans l'or-

dre le plus convenable pour être éclairés par le rayon
divin; cependant son ordre est artificiel, parce qu'il est
sans intention de rapports.

LINNÉ agrandit cette direction et élargit le rayon de
quantité en augmentant les êtres et les faits connus;
mais surtout il agit sur celui de la méthode, en la distinguant suivant qu'elle a ou non intention d'exprimer
les rapports des êtres. Elle se partage entre ses mains
en méthode artificielle qu'il perfectionne, et en méthode naturelle qu'il comprendra sans la démontrer, et
qui ne repose pas sur l'ensemble des caractères, mais
sur leur importance et leur subordination. Son effort
s'appesantira sur la nomenclature, cet art qui, par des
expressions, des mots conçus convenablement, analyse
une méthode et traduit les caractères des êtres de manière à les faire connaître facilement, en quelque grand
nombre qu'ils soient. Il agit si puissamment sur cette
partie de la science, qu'il semble la créer, et qu'il peut
inventer ce grand titre : *Systema naturæ.*

Ainsi donc Linné, en perfectionnant l'ordre et inscri-
vant au tableau le moyen de le lire, montre qu'il y a
un ordre plus parfait, capable de saisir toutes les nuances de la nature et de les harmoniser dans leur ensemble; mais il éloigne le but en rabaissant l'homme parmi
les animaux.

BUFFON vient donner la vie et les couleurs, afin de
mieux faire ressortir les harmonies du tout ; il peint
ce que les autres ont dessiné. Nécessairement antagoniste de l'effort précédent, tant que celui-ci conserverait son caractère artificiel, l'effort de Buffon deviendra d'autant plus élevé, d'autant plus important,
d'autant plus religieux, que l'étude des rapports naturels des êtres apprendra à mieux lire ce qu'ils sont.

Sentant, devinant les rapports des êtres avec le sol qui les supporte, et les harmonies de ces êtres entre eux, Buffon crée l'histoire naturelle géographique ; il reprend l'étiologie d'en haut, envisagée par rapport à l'homme, mais physiquement, à l'aide de la méthode mathématique. Dès lors, se fiant à son génie et n'ayant rien qui l'arrête, il abandonne Aristote pour suivre la physique de Descartes ; il est conduit, par son effort même, à étudier le sol et le mode de sa création, qu'il remplace par des hypothèses ; il crée lui-même la terre, et ne s'arrêtant pas là, il en fait autant pour les animaux et l'homme. Ainsi livré à son imagination, il ne dessine plus, il peint, et quelquefois de manière à cacher le dessin par la beauté du coloris, mais aussi de sorte à laisser des traces ineffaçables dans l'histoire de l'esprit humain. En sortant de la direction théologique, il ouvre les voies à l'athéisme.

La tendance de Buffon était bonne, les moyens manquaient. On ne crée pas dans les sciences ; on lit ce qui est créé : la prétention de créer est absurde, même dans les plus grands génies.

3ᵉ *Reprise.* Depuis Albert le Grand jusqu'à Buffon, toutes les parties du cercle des connaissances humaines ont été reprises et étendues. Le cercle s'est considérablement agrandi ; mais la science n'est pas encore arrivée à son terme. Il faut, pour l'y conduire, que tous les rayons soient repris de nouveau, qu'ils soient nettement formulés et arrêtés. Le besoin de la science, reconnu et proclamé par Linné, était la méthode naturelle ou les rapports naturels des êtres, leur dégradation sériale ; or, comme ces rapports naturels ne pouvaient être reconnus et appréciés que par l'étude comparée de l'organisme et de ses actes intérieurs et extérieurs, on voit comment le pas à faire était une anatomie comparée et une physiologie.

HALLER, dans son immortelle physiologie, mène à fin l'effort de Galien et de Vésale; il donne à ses successeurs les lois de la vie des êtres, lois qui permettront de les connaître plus à fond, et de découvrir l'ordre plus parfait dans lequel ils doivent être disposés.

PALLAS, en cherchant les rapports des animaux dans l'étude de leur organisation considérée exclusivement, fait connaître leur structure, et appelle, avec Deluc, ceux qui ne sont plus, pour combler les lacunes du tableau, et ainsi la palæontologie est créée.

VICQ-D'AZIR donne la loi qui servira à comparer tous ces êtres, et crée l'anatomie comparée dans ses principes.

Dès lors les méthodes ou classifications naturelles peuvent être senties, en estimant les principaux points nettement établis d'abord en phytologie, puis en zoologie, en chimie, de là en minéralogie et en géologie.

Mais comme l'esprit humain ne fait pas tout à la fois, la nomenclature suivit ou dut suivre de près ce mouvement d'une manière proportionnelle à l'avancement de la science, et les méthodistes viennent former des groupes, des familles ; c'est ce que fit Adanson.

L. DE JUSSIEU, enfin, fait un pas définitif. Il expose ce que c'est que la méthode naturelle en général, ses règles, ses principes, la subordination des caractères, et en fait l'application aux végétaux, l'un des pas les plus importants qui aient été faits, et qui fut transporté, avec plus ou moins d'habileté, aux autres corps de la nature, par des copistes qui l'ébauchèrent ou l'estropièrent. Ainsi donc les Jussieu viennent ranger en ordre au tableau une partie des êtres naturels, ou plutôt donner la loi de cet ordre.

Mais dans ce mouvement progressif, qui se fit presque tout à la fois dans la dernière moitié du dernier siècle, on perdit généralement de vue *le but religieux, le terme de la science.* On créa des lois des phénomènes, des lois des opérations des corps, au lieu de les lire. On s'appuya mal à propos sur la philosophie de Bacon, faussement entendue ; on crut qu'une science ne consistait qu'à connaître la loi des phénomènes ; et, comme la chimie fit de grands progrès, soit dans la matière mieux décomposée, soit dans la connaissance des lois d'un plus grand nombre de phénomènes, on se persuada facilement qu'il n'était plus besoin de remonter au Créateur ; alors la science, de plus en plus abaissée à l'application immédiate, devint *industrie,* et se décomposa en autant de manières qu'il y eut de directions à fortune.

Malgré ce dévergondage et sous son influence, la science accomplit pourtant son dernier développement.

PINEL, agrandissant l'effort de Jussieu, essaye la méthode naturelle en pathologie, ce qui nécessite .la création de l'anatomie générale par

BICHAT, et comme conséquence, la dernière reprise de l'étude de la mesure par ce grand homme ; d'où sort l'anatomie générale, l'anatomie des tissus, l'anatomie de développement ; ce qui conduira à l'étude synthétique.

BROUSSAIS, enté sur les deux précédents, développe l'anatomie pathologique, cherche le siége **des maladies,** arrive à la thérapeutique rationnelle, **au diagnostic des maladies,** et à la pathologie générale.

Pinel, Bichat et Broussais, par leurs efforts réunis, achèvent donc la partie du tableau où apparaît l'homme, qui est désormais une mesure suffisamment connue, mais le dernier avec Gall, en lui enlevant le principe qui le fait homme, et le rayon divin.

GALL augmente notablement l'un des rayons les plus importants du cercle de la philosophie, celui du siége des facultés intellectuelles, de leur analyse, de leurs rapports proportionnels avec le *substratum;* et par là il conduit au lien d'union entre la matière et l'esprit, et montre, à son insu et malgré sa tendance, la moralité humaine. Mais, comme le précédent, il a eu une conception fausse de la science.

DE LAMARCK, s'appuyant sur cet état des sciences, conçoit le hardi projet de reconstituer la philosophie ou le cercle scientifique ; il pousse à l'extrême la thèse antithéologique; et, conséquent au principe qui le domine, il a été conduit à soutenir des thèses qui ont été aisément ridiculisées. L'effort qu'il a produit n'en a pas moins été d'une grande intensité, en ce qu'il a senti et souvent prouvé la *série animale,* la série de création. Pour lui, les corps naturels, nés et non créés, ont commencé par les plus simples, et les circonstances les ont modifiés de proche en proche. — Nous, au contraire, nous soutenons que la série animale est une loi de la création, comparable à la loi de l'attraction, de la chute des graves , et tout aussi facilement démontrable.

OKEN. Cependant, l'immoralité de l'athéisme s'étant démontrée fatale par ses effets, on lui a donné une forme nouvelle, représentée par Oken, considéré comme le dernier terme de la philosophie de la nature, dans laquelle l'antithéologie a essayé de se reproduire sous forme de *panthéisme*, d'une manière spécieuse et forte. Le principe a été de retrouver le tout dans ses parties. Si, dans tous les cas, ce principe a entraîné à des erreurs manifestes, à des rapprochements erronés, il n'en a pas moins conduit à certaines découvertes importantes avant la méthode aristotélicienne, qui a eu néanmoins besoin de les rectifier et de les confirmer, pour qu'elles pussent être introduites dans la science.

Ainsi Gall et Broussais, laissant à Lamarck et à Oken le soin de terminer toutes les parties du tableau dans l'ombre et les ténèbres, sans but et, pour ainsi dire, en broyant les couleurs au hasard, il en est résulté quelque chose de monstrueux, facile à ridiculiser, parce que le tableau, n'étant plus éclairé par le rayon divin, ressemble dans l'ombre à une caricature dont le vulgaire n'aperçoit que le côté risible sans voir la puissance du dessin. Cependant l'absurdité même force à rappeler le rayon divin, et à sa lumière le tableau scientifique de la création terminé reprend ses proportions harmoniques, et permet d'espérer qu'il sera bientôt la copie aussi parfaite que possible de la conception du Créateur.

En effet, la marche aristotélicienne, continuant ses progrès, arrive à démontrer de plus en plus la théorie des causes finales, la série croissante et décroissante des organisations, et par suite, non-seulement un plan dans chacune d'elles, mais un plan général dans l'ensemble des êtres, comme il y en a un pour chaque famille, comme il y en a un pour chaque espèce et pour chaque être, ainsi que des rapports nécessaires entre eux. Par là se trouve démontré le sceau d'un Dieu, créateur de toute chose, aussi évident dans l'ensemble que dans l'individu ; d'où ressort la conception du grand Être qui a créé l'homme à son image et à sa ressemblance, puisque seul il peut lire ce plan, et par conséquent sentir en lui-même le prototype de Dieu : c'est là l'effort qui s'exécute actuellement.

Tels sont aujourd'hui, dans l'opinion que nous professons, celle de l'Aristote chrétien, les progrès de la philosophie; progrès naturels, progrès que l'on ne peut comparer qu'aux phénomènes du développement de l'homme lui-même, et qui ne pouvaient avoir lieu autrement, à moins de passer à un état monstrueux qui les aurait tenus dans une sorte d'arrêt de développement, ou qui les aurait même empêchés de subsister en les éteignant avant terme; ce que l'on peut admettre comme possible, puisque autrement l'œuvre de Dieu aurait été incomplète, ce qui ne peut se concevoir.

Quant à ces enfants perdus qui se sont montrés presque à tous les âges de la science, qui ont fait une pointe hardie mal à propos, ou qui ont tiré avant l'ordre, leurs efforts ont été presque toujours sans effet, lorsque même ils n'ont pas nui. Nous ne devions pas en parler, non plus que de ces prétendus éclectiques, puissants pour eux, impuissants pour les progrès réels de la philosophie; ils savent toujours mieux choisir ce qui leur convient que ce qui convient à la science; ils ont bien pu faire rire aux dépens de gens d'une bien plus grande force qu'eux, lorsque ceux-ci se laissaient entraîner dans quelques exagérations, quelquefois même sans les comprendre; mais voilà tout.

Nous avons donc dû les passer sous silence, aussi bien que ces expérimentateurs, ces créateurs d'espèces, de systèmes, qui ont eu, en zoologie, la prétention de tout coordonner, et qui quelquefois ont introduit une déviation plus grande encore.

Il n'en est pas de même des mathématiciens, des

physiciens, des chimistes : leurs efforts dans le perfectionnement de la logique mécanique, dans l'appréciation des lois des phénomènes généraux ou moléculaires qui régissent la matière, doivent certainement
compléter le cercle; mais, ne devant et ne pouvant au-
cunement les juger, nous les plaçons en dedans du
cercle qui va résumer graphiquement toute notre histoire et notre thèse.

FIN.

TABLE GÉNÉRALE

DES MATIÈRES

CONTENUES DANS LES TROIS VOLUMES.

Les chiffres romains désignent le tome, et les chiffres arabes la page.

FIN DE LA TABLE GÉNÉRALE.

TABLE DES MATIERES

DU TOME TROISIÈME.

———